全国电力出版指导委员会出版规划重点项目

火力发电职业技能培训教材

HUOLI FADIAN ZHIYE JINENG PEIXUN JIAOCAI

锅炉设备运行

（第二版）

《火力发电职业技能培训教材》编委会　编

U0261568

中国电力出版社

CHINA ELECTRIC POWER PRESS

内 容 提 要

本套教材在 2005 年出版的《火力发电职业技能培训教材》基础上，吸收近年来国家和电力行业对火力发电职业技能培训的新要求编写而成。在修订过程中以实际操作技能为主线，将相关专业理论与生产实践紧密结合，力求反映当前我国火电技术发展的水平，符合电力生产实际的需求。

本套教材总共 15 个分册，其中的《环保设备运行》《环保设备检修》为本次新增的 2 个分册，覆盖火力发电运行与检修专业的职业技能培训需求。本套教材的作者均为长年工作在生产第一线的专家、技术人员，具有较好的理论基础、丰富的实践经验和培训经验。

本书为《锅炉设备运行》分册，主要内容有锅炉综述、燃料及燃烧理论基础、锅炉汽水系统组成及工作原理、锅炉燃烧系统组成及工作原理、制粉系统、锅炉附属设备、锅炉启动、锅炉运行调节、锅炉停运及停炉后的养护、锅炉的结渣、磨损、积灰和腐蚀、锅炉故障停炉和事故处理、锅炉辅助设备故障、锅炉效率与经济运行、锅炉检修后的验收与机组试验、锅炉热力试验、发电厂可靠性管理和锅炉寿命。

本套教材适合作为火力发电专业职业技能鉴定培训教材和火力发电现场生产技术培训教材，也可供火电类技术人员及职业技术学校教学使用。

图书在版编目（CIP）数据

锅炉设备运行/《火力发电职业技能培训教材》编委会编. —2 版 . —北京：中国电力出版社，2020.3（2023.8 重印）
火力发电职业技能培训教材
ISBN 978 - 7 - 5198 - 4392 - 2

Ⅰ.①锅…　Ⅱ.①火…　Ⅲ.①火电厂 – 锅炉运行 – 技术培训 – 教材
Ⅳ.①TM621.2

中国版本图书馆 CIP 数据核字（2020）第 033084 号

出版发行：中国电力出版社
地　　址：北京市东城区北京站西街 19 号（邮政编码 100005）
网　　址：http://www.cepp.sgcc.com.cn
责任编辑：娄雪芳（010 - 63412375）　柳　璐
责任校对：黄　蓓　王海南
装帧设计：赵姗姗
责任印制：吴　迪

印　　刷：廊坊市文峰档案印务有限公司
版　　次：2005 年 3 月第一版　2020 年 5 月第二版
印　　次：2023 年 8 月北京第十六次印刷
开　　本：880 毫米×1230 毫米　32 开本
印　　张：14.25
字　　数：489 千字
印　　数：3001—4000 册
定　　价：78.00 元

《火力发电职业技能培训教材》(第二版)

编　委　会

主　任：王俊启

副主任：张国军　　乔永成　　梁金明　　贺晋年

委　员：薛贵平　　朱立新　　张文龙　　薛建立

　　　　　许林宝　　董志超　　刘林虎　　焦宏波

　　　　　杨庆祥　　郭林虎　　耿宝年　　韩燕鹏

　　　　　杨　铸　　余　飞　　梁瑞珽　　李团恩

　　　　　连立东　　郭　铭　　杨利斌　　刘志跃

　　　　　刘雪斌　　武晓明　　张　鹏　　王　公

主　编：张国军

副主编：乔永成　　薛贵平　　朱立新　　张文龙

　　　　　郭林虎　　耿宝年

编　委：耿　超　　郭　魏　　丁元宏　　席晋奎

教材编辑办公室成员：张运东　　赵鸣志

　　　　　　　　　　　　徐　超　　曹建萍

《火力发电职业技能培训教材
锅炉设备运行》（第二版）

编 写 人 员

主　编：张国军

参　编（按姓氏笔画排列）：

　　　　许林宝　　李戌敏　　巢　鹤　　焦传宝

《火力发电职业技能培训教材》（第一版）

编 委 会

第二版前言

2004年，中国国电集团公司、中国大唐集团公司与中国电力出版社共同组织编写了《火力发电职业技能培训教材》。教材出版发行后，深受广大读者好评，主要分册重印10余次，对提高火力发电员工职业技能水平发挥了重要的作用。

近年来，随着我国经济的发展，电力工业取得显著进步，截至2018年底，我国火力发电装机总规模已达11.4亿kW，燃煤发电600MW、1000MW机组已经成为主力机组。当前，我国火力发电技术正向着大机组、高参数、高度自动化方向迅猛发展，新技术、新设备、新工艺、新材料逐年更新，有关生产管理、质量监督和专业技术发展也是日新月异，现代火力发电厂对员工知识的深度与广度，对运用技能的熟练程度，对变革创新的能力，对掌握新技术、新设备、新工艺的能力，以及对多种岗位上工作的适应能力、协作能力、综合能力等提出了更高、更新的要求。

为适应火力发电技术快速发展、超临界和超超临界机组大规模应用的现状，使火力发电员工职业技能培训和技能鉴定工作与生产形势相匹配，提高火力发电员工职业技能水平，在广泛收集原教材的使用意见和建议的基础上，2018年8月，中国电力出版社有限公司、中国大唐集团有限公司山西分公司启动了《火力发电职业技能培训教材》修订工作。100多位发电企业技术专家和技术人员以高度的责任心和使命感，精心策划、精雕细刻、精益求精，高质量地完成了本次修订工作。

《火力发电职业技能培训教材》（第二版）具有以下突出特点：

（1）针对性。教材内容要紧扣《中华人民共和国职业技能鉴定规范·电力行业》（简称《规范》）的要求，体现《规范》对火力发电有关工种鉴定的要求，以培训大纲中的"职业技能模块"及生产实际的工作程序设章、节，每一个技能模块相对独立，均有非常具体的学习目标和学习内容，教材能满足职业技能培训和技能鉴定工作的需要。

（2）规范性。教材修订过程中，引用了最新的国家标准、电力行业规程规范，更新、升级一些老标准，确保内容符合企业实际生产规程规范的要求。教材采用了规范的物理量符号及计量单位，更新了相关设备的图形符号、文字符号，注意了名词术语的规范性。

（3）系统性。教材注重专业理论知识体系的搭建，通过对培训人员分析能力、理解能力、学习方法等的培养，达到知其然又知其所以然的目的，从而打下坚实的专业理论基础，提高自学本领。

（4）时代性。教材修订过程中，充分吸收了新技术、新设备、新工艺、新材料以及有关生产管理、质量监督和专业技术发展动态等内容，删除了第一版中包含的已经淘汰的设备、工艺等相关内容。2005 年出版的《火力发电职业技能培训教材》共 15 个分册，考虑到从业人员、专业技术发展等因素，没有对《电测仪表》《电气试验》两个分册进行修订；针对火电厂脱硫、除尘、脱硝设备运行检修的实际情况，新增了《环保设备运行》《环保设备检修》两个分册。

（5）实用性。教材修订工作遵循为企业培训服务的原则，面向生产、面向实际，以提高岗位技能为导向，强调了"缺什么补什么，干什么学什么"的原则，在内容编排上以实际操作技能为主线，知识为掌握技能服务，知识内容以相应的工种必需的专业知识为起点，不再重复已经掌握的理论知识。突出理论和实践相结合，将相关的专业理论知识与实际操作技能有机地融为一体。

（6）完整性。教材在分册划分上没有按工种划分，而是按专业分册，主要是考虑知识体系的完整，专业相对稳定而工种则可能随着时间和设备变化调整，同时这样安排便于各工种人员全面学习了解本专业相关工种知识技能，能适应轮岗、调岗的需要。

（7）通用性。教材突出对实际操作技能的要求，增加了现场实践性教学的内容，不再人为地划分初、中、高技术等级。不同技术等级的培训可根据大纲要求，从教材中选取相应的章节内容。每一章后均有关于各技术等级应掌握本章节相应内容的提示。每一册均有关于本册涵盖职业技能鉴定专业及工种的提示，方便培训时选择合适的内容。

（8）可读性。教材力求开门见山，重点突出，图文并茂，便于理解、便于记忆，适用于职业培训，也可供广大工程技术人员自学参考。

希望《火力发电职业技能培训教材》（第二版）的出版，能为推进火力发电企业职业技能培训工作发挥积极作用，进而提升火力发电员工职业能力水平，为电力安全生产添砖加瓦。恳请各单位在使用过程中对教材多提宝贵意见，以期再版时修订完善。

本套教材修订工作得到中国大唐集团有限公司山西分公司、大唐太原第二热电厂和阳城国际发电有限责任公司各级领导的大力支持，在此谨向为教材修订做出贡献的各位专家和支持这项工作的领导表示衷心感谢。

《火力发电职业技能培训教材》（第二版）编委会

2020 年 1 月

第一版前言

近年来，我国电力工业正向着大机组、高参数、大电网、高电压、高度自动化方向迅猛发展。随着电力工业体制改革的深化，现代火力发电厂对职工所掌握知识与能力的深度、广度要求，对运用技能的熟练程度，以及对革新的能力，掌握新技术、新设备、新工艺的能力，监督管理能力，多种岗位上工作的适应能力，协作能力，综合能力等提出了更高、更新的要求。这都急切地需要通过培训来提高职工队伍的职业技能，以适应新形势的需要。

当前，随着《中华人民共和国职业技能鉴定规范》（简称《规范》）在电力行业的正式施行，电力行业职业技能标准的水平有了明显的提高。为了满足《规范》对火力发电有关工种鉴定的要求，做好职业技能培训工作，中国国电集团公司、中国大唐集团公司与中国电力出版社共同组织编写了这套《火力发电职业技能培训教材》，并邀请一批有良好电力职业培训基础和经验，并热心于职业教育培训的专家进行审稿把关。此次组织开发的新教材，汲取了以往教材建设的成功经验，认真研究和借鉴了国际劳工组织开发的 MES 技能培训模式，按照 MES 教材开发的原则和方法，按照《规范》对火力发电职业技能鉴定培训的要求编写。教材在设计思想上，以实际操作技能为主线，更加突出了理论和实践相结合，将相关的专业理论知识与实际操作技能有机地融为一体，形成了本套技能培训教材的新特色。

《火力发电职业技能培训教材》共 15 分册，同时配套有 15 分册的《复习题与题解》，以帮助学员巩固所学到的知识和技能。

《火力发电职业技能培训教材》主要具有以下突出特点：

（1）教材体现了《规范》对培训的新要求，教材以培训大纲中的"职业技能模块"及生产实际的工作程序设章、节，每一个技能模块相对独立，均有非常具体的学习目标和学习内容。

（2）对教材的体系和内容进行了必要的改革，更加科学合理。在内容编排上以实际操作技能为主线，知识为掌握技能服务，知识内容以相应的职业必需的专业知识为起点，不再重复已经掌握的理论知识，以达到再培训，再提高，满足技能的需要。

凡属已出版的《全国电力工人公用类培训教材》涉及的内容，如识绘图、热工、机械、力学、钳工等基础理论均未重复编入本教材。

（3）教材突出了对实际操作技能的要求，增加了现场实践性教学的内容，不再人为地划分初、中、高技术等级。不同技术等级的培训可根据大纲要求，从教材中选取相应的章节内容。每一章后，均有关于各技术等级应掌握本章节相应内容的提示。

（4）教材更加体现了培训为企业服务的原则，面向生产，面向实际，以提高岗位技能为导向，强调了"缺什么补什么，干什么学什么"的原则，内容符合企业实际生产规程、规范的要求。

（5）教材反映了当前新技术、新设备、新工艺、新材料以及有关生产管理、质量监督和专业技术发展动态等内容。

（6）教材力求简明实用，内容叙述开门见山，重点突出，克服了偏深、偏难、内容繁杂等弊端，坚持少而精、学则得的原则，便于培训教学和自学。

（7）教材不仅满足了《规范》对职业技能鉴定培训的要求，同时还融入了对分析能力、理解能力、学习方法等的培养，使学员既学会一定的理论知识和技能，又掌握学习的方法，从而提高自学本领。

（8）教材图文并茂，便于理解，便于记忆，适应于企业培训，也可供广大工程技术人员参考，还可以用于职业技术教学。

《火力发电职业技能培训教材》的出版，是深化教材改革的成果，为创建新的培训教材体系迈进了一步，这将为推进火力发电厂的培训工作，为提高培训效果发挥积极作用。希望各单位在使用过程中对教材提出宝贵建议，以使不断改进，日臻完善。

在此谨向为编审教材做出贡献的各位专家和支持这项工作的领导们深表谢意。

《火力发电职业技能培训教材》编委会

2005 年 1 月

第二版编者的话

《锅炉设备运行》职业技能培训教材，自2004年6月出版以来，深受广大读者的欢迎，至今已十五载，在此期间，随着机组的不断增大，锅炉设备的不断改进，在运行值班方面的日常监视、维护、正常的设备操作和设备发生异常及事故时的处理等方面也在不断更新完善，因此编委会决定对本教材进行修编，即第二版编写工作。

本书在第一版的基础上，进行了框架结构的调整，第一版中的协调控制、除灰运行和电除尘器的运行分别归至发电厂集控运行和环保设备运行。增加了当前新技术、新设备、新工艺的同时还对第一版中的不足之处进行了修改。修编后的本教材更加贴近生产实际，具有更强的实用性。

本书共分十六章。第一、二章由大唐山西发电有限公司太原第二热电厂许林宝修编，第三至六章由大唐山西发电有限公司太原第二热电厂李戌敏修编；第七至九章由大唐山西发电有限公司太原第二热电厂巢鹤修编；第十至十六章由大唐阳城发电有限责任公司焦传宝修编。全书由大唐山西发电有限公司张国军主编。

由于修编过程中时间紧张，作者水平所限，疏漏和不足之处在所难免，敬请各使用单位和广大读者及时提出宝贵意见。

编　者

2020年1月

第一版编者的话

受中国电力出版社及山西电力公司的委托编写本书。作为职业技能鉴定培训教材，本书体现了职业技能培训的特点以及理论联系实际的原则，着重讲述了运行值班方面的日常监视、维护、正常的设备操作和设备发生异常及事故时的处理等方面的知识，尽量反映了新技术、新设备、新工艺、新材料和新方法，本教材以 200MW、300MW 机组及其辅机为主，有相当的先进性和适用性。

本书为《锅炉设备运行》职业技能培训教材，分三篇二十六章。其中第一章由太原第二热电厂白国亮编写；第六、十三至十六章由太原第二热电厂秦宝平编写；第二至五、七章由太原第二热电厂李志刚编写；第九至十一章由太原第二热电厂白宏明编写；第八、十二章由太原第二热电厂樊志胜编写；第十七至二十六章由太原第二热电厂闫文编写。全书由太原第二热电厂白国亮担任主编，太原第二热电厂张国军主审。

在编写过程中得到了山西电力管理局有关部门和大唐太原第二热电厂领导、大唐太原第二热电厂发电二部领导的大力支持和帮助，他们为本书提供了咨询、技术资料及许多宝贵建议，在此一并表示衷心的感谢。

由于编写过程中时间紧张，作者水平所限，疏漏和不足之处在所难免，敬请各使用单位和广大读者及时提出宝贵意见。

编者
2005 年 1 月

目 录

锅 炉 综 述

第一节 锅炉设备的作用

　　火力发电厂的三大主机是锅炉、汽轮机、发电机。锅炉用燃料燃烧放出的热能将水加热成具有一定压力和温度的蒸汽，然后蒸汽沿管道进入汽轮机膨胀做功，带动发电机一起高速旋转，从而发电。整个过程中存在三种能量转换过程，在锅炉中燃料的化学能转换成热能，在汽轮机中将热能转换成机械能，在发电机中将机械能转换成电能。锅炉是发电厂最重要的能量转换设备之一。

　　图1-1示出了一台煤粉锅炉的主要设备，由图可知，锅炉是由"锅"和"炉"两部分组成的。"锅"就是锅炉的汽水系统，由省煤器、汽包、下降管、水冷壁、过热器及再热器等设备组成。它的任务是使水吸热蒸发，最后变成一定参数的过热蒸汽。其过程是：给水由给水泵打入省煤器以后，逐渐吸热，温度升高的给水进入汽包，经由下降管进入水冷壁中循环吸热，并蒸发成为饱和蒸汽；饱和蒸汽在汽包中经分离、清洗后，引入过热器，逐渐过热到规定温度，成为合格的过热蒸汽，然后送往汽轮机；过热蒸汽在汽轮机高压缸中膨胀做功后，汽温、汽压均下降，在高压缸出口由导管将蒸汽引入锅炉再热器中第二次再过热成为高温再热蒸汽，然后再送往汽轮机中、低压缸中继续膨胀做功。

　　"炉"就是锅炉的燃烧系统，由炉膛、烟道、燃烧器及空气预热器等组成。其工作过程是：送风机将空气送入空气预热器中吸收烟气的热量并送进热风道，然后分成两股：一股送给制粉系统作为一次风携带煤粉送往燃烧器，另一股作为二次风直接送往燃烧器。煤粉与一、二次风经燃烧器喷入炉膛进行燃烧放热，并将热量以辐射方式传给炉膛四周的水冷壁等辐射受热面；燃烧产生的高温烟气则沿烟道流经过热器、再热器、省煤器和空气预热器等设备，将热量主要以对流方式传给它们。在传热过程中，烟气温度不断降低，最后由引风机送入烟囱，排入大气。

　　锅炉的炉膛具有较大的空间，煤粉在此空间内悬浮燃烧，炉膛周围墙

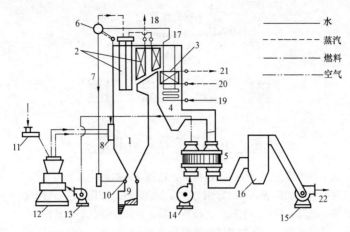

图 1-1　煤粉锅炉及辅助设备示意

1—锅炉水冷壁；2—过热器；3—再热器；4—省煤器；5—空气预热器；

6—汽包；7—下降管；8—燃烧器；9—排渣装置；10—联箱；

11—给煤机；12—磨煤机；13—排粉机；14—送风机；

15—引风机；16—除尘器；17—省煤器出口联箱；

18—过热蒸汽；19—给水；20—进口再热蒸汽；

21—出口再热蒸汽；22—排烟

壁上布置有密集排列的水冷壁管，管内有水和蒸汽流过，既能吸收炉膛的辐射热，又能保护炉墙不致被烧坏。燃烧火焰中心具有 1500℃ 或更高的温度，但在上部炉膛出口处，烟气温度要低于煤灰的熔点，以免熔化的灰渣黏结在烟道内的受热面上。使煤粉燃烧所生成的较大灰粒沉降至炉膛底部的冷灰斗中，逐渐冷却和凝固，并落入排渣装置，形成固态排渣。大量较细的灰粒随烟气离开炉膛，流经一系列对流受热面，逐渐冷却，最后由引风机经烟囱排入高空。排烟的温度通常为 150℃ 左右。为了减少排烟所带出的飞灰，防止环境污染，离开锅炉的烟气先流经除尘器使绝大部分飞灰被捕捉下来。最后只有少量细微灰粒排入大气。

第二节　锅炉的类型及参数

一、锅炉的种类

锅炉的种类很多，可按不同的方式分类：

按工质的流动特性可分为自然循环锅炉、强制循环锅炉、低倍率循环锅炉、复合循环锅炉及直流锅炉。

按燃烧方式可分为室燃炉、旋风炉、层燃炉、流化床燃烧炉。

按燃用的燃料可分为燃煤炉、燃油炉、燃气炉。

按蒸汽压力可分为低压锅炉、中压锅炉、高压锅炉、超高压锅炉、亚临界锅炉、超临界锅炉。

按受热面布置的方式可分为塔形锅炉、U 形锅炉、π 形锅炉、L 形锅炉。

按炉膛压力可分为负压锅炉、正压锅炉。

按排渣方式可分为固态排渣锅炉、液态排渣锅炉。

按用途可分为电站锅炉、工业锅炉、船用锅炉、机车锅炉。

二、锅炉的参数

表明锅炉基本特征值的量称为锅炉参数，锅炉主要参数有锅炉容量、蒸汽压力、蒸汽温度。

在我国，工业蒸汽锅炉和电站锅炉的容量都用额定蒸发量表示。额定蒸发量表明在额定蒸汽压力、蒸汽温度、规定的锅炉效率及给水温度下，连续运行时所必须保证的最大蒸发量，单位为 t/h。

蒸汽压力和蒸汽温度是指过热器主汽阀出口处的过热蒸汽压力和温度，单位是 MPa 和℃。对于没有过热器的锅炉，可以用主汽阀出口处的饱和蒸汽压力和温度表示。对于具有再热器的锅炉，蒸汽参数还包括再热器出口的蒸汽压力和温度。

三、火力发电用锅炉的型号

锅炉型号表示锅炉的基本特征，我国规定锅炉用 3 ~ 4 组字码表示其型号，如 SG400/13.7 - 540/540 表示上海锅炉厂生产，容量 400t/h、过热蒸汽压力 13.7MPa、过热蒸汽温度 540℃、再热蒸汽温度 540℃的锅炉。

近年来，大型锅炉也有不标示蒸汽温度的，如 DG1025/18.24 表示东方锅炉厂制造，最大连续出力 1025 t/h、过热蒸汽压力 18.2MPa 的自然循环汽包锅炉。

火力发电厂锅炉装机参数见表 1 - 1。

表 1 - 1 　　　　　　　　火力发电厂锅炉装机参数

锅炉类型	装机容量	用水量	压力	温度	用煤量
中低压	25/50MW		3.4MPa	435℃	
高压	50/100MW		9.8MPa	540℃	

锅炉类型	装机容量	用水量	压力	温度	用煤量
超高压	125/200MW		13.70MPa	535/535℃	
亚临界	300/600MW	1025t/h	16.70MPa	540/540℃	135t/h
超临界	600/800MW	2060t/h	20.07MPa	538/566℃	184t/h
超超临界（国产）	1000MW	2980t/h	26.15MPa		400t/h
超超临界（世界）	1300MW	3980t/h	26.75MPa		

第三节 自然循环锅炉

锅炉的水循环就是汽水混合物在锅炉蒸发受热面回路中不断流动。在锅炉的水循环回路中，汽水混合物的密度比水的密度小，利用这种密度差而造成的水和汽水混合物的循环流动称为锅炉的自然循环。

一、采用对冲燃烧方式的300MW自然循环锅炉

图1-2所示是北京巴威公司采用B&W技术设计制造的亚临界压力300MW锅炉，锅炉采用双调风旋流式燃烧器对冲燃烧、自然循环、烟气挡板调温方式，炉膛由膜式水冷壁组成。炉膛的宽度、深度、高度（前后墙水冷壁下联箱到顶棚管中心线的距离）分别为13350、12300、46400mm。燃用山西晋中贫煤，在炉膛的前后墙各布置三层双调风旋流式燃烧器，每层四只，共24只。燃烧器射出的煤粉气流对冲燃烧，形成双L形火焰。

水冷壁管共有680根，管子规格为φ60×7mm的内螺纹管和φ60×7.5mm的光管，管子材料为20G。汽包的两端封头下部和汽包底部靠近端头的部位分别布置4根大直径下降管。汽包端头部位的下降管为φ457.2×50mm，汽包底部的下降管为φ533.4×55mm，供水分配管92根，分别供给各下联箱。汽水引出管124根，规格为φ133×16mm，材质为20G。

炉膛上部布置屏式过热器，折焰角上部布置高温过热器。水平烟道末端布置高温再热器，尾部竖井由中隔墙分成前后两个烟道，前部布置低温再热器，后部布置低温过热器和省煤器。在两个烟道底部设置烟气挡板，两个烟道在挡板后部又合并在一起，经两个烟道引入两台回转式空气预热器。

一级过热器布置在尾部竖井烟道的后部，由三个水平管组和一个垂直管组组成。水平管组的管子外径为51mm，材质为20G、15CrMo及部分l2Cr1MoV，三管圈并绕，沿炉宽布置118片，由省煤器管悬吊。垂直布置

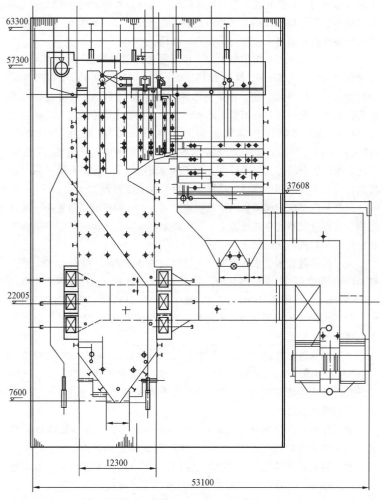

图 1-2 B&W 技术亚临界压力 300MW 锅炉（单位：mm）

的出口管组的规格为 $\phi51\times8$mm，材质为 12Cr1MoV，6 管圈并绕，沿炉宽布置 8 片，分前后两束布置。

大屏过热器位于炉膛上部，由外径为 51mm，材质为 15CrMo、12Cr1MoV、12Cr2MoWVTiB 及部分 SA-213TP304H 的钢管组成，36 管圈并绕，分前后两束，沿炉宽布置 8 片。采用大节距布置，可增强受热面的辐射传热能力，并防止相邻管屏搭接渣桥。为保证管屏横向节距，从大屏入口联箱引出两根 $\phi51$ 的管子伸进炉膛，在管组下部将 8 片屏固定，定位管引出顶棚后直接进入二级过热器出口联箱。

二级过热器布置在折焰角上方，由后屏和高温过热器两个管组组成。后屏管组由管径为 51mm，材质为 15CrMo、12Cr1MoV、12Cr2MoWVTiB 等的钢管组成。14 管圈并绕，沿炉宽布置 22 片，顺流传热。后屏过热器的固定装置是一根从进口联箱引出的 $\phi51$ 管子，该管出顶棚后进入二级过热器出口联箱。高温过热器管组由外径为 51mm，材质为 12Cr1MoV、12Cr2MoWVTiB 和部分壁厚 7.5mm 的 SA-213TP304H 钢管组成。7 管圈并绕，出口管束的蒸汽温度较高，为了减少辐射热量，保护高温管束，故将出口管束夹在中间。高温过热器管组沿炉膛宽度布置 22 片。

过热蒸汽温度的调节采用两级喷水减温。第一级减温器布置在一级过热器和大屏过热器的连接管道上，二级减温器布置在大屏过热器出口联箱和后屏过热器进口联箱之间。

低温再热器有四个水平管组，由规格为 $\phi60 \times 5mm$，材质为 20G 和少量 l5CrMo 钢管组成，4 管圈并绕，沿炉宽布置 118 片。过渡管组由规格为 $\phi60 \times 4.5mm$，材质为 l5CrMo、12Cr1MoV、SA-213T22、12Cr2MoWVTiB、SA-213TP304H 的钢管组成，8 管圈并绕，沿炉宽布置 59 片，与垂直布置的高温再热器相连。

高温再热器由直径 60mm，管材为 15CrMo、12Cr1MoV、SA-213T22、12Cr2MoWVTiB、SA-13TP304H 的钢管组成，8 管圈并绕，沿炉宽布置 59 片。低温再热器最下方的一组管束与高温再热器烟气进口处的一组对应连接，其余依次连接。

省煤器布置在尾部竖井烟道的一级过热器之后，与烟气流成逆流布置。水平管组由规格为 $\phi51 \times 6mm$，材质为 20G 的钢管组成，2 管圈并绕，沿炉宽布置 118 片，由水平管组向上延伸的两排垂直悬吊管由规格为 $\phi60 \times 9mm$，材质为 l5CrMo 的钢管组成，穿过顶棚，分别进入省煤器前后上联箱。给水由给水管道从锅炉左侧引入省煤器下联箱，省煤器出口水经出口联箱由左右两根导水管引入汽包。

空气预热器为三分仓回转式，转子直径为 10330mm。

二、采用四角燃烧方式的 300MW 自然循环锅炉

图 1-3 所示是东方锅炉厂根据 CE 技术设计制造的亚临界压力 300MW 锅炉，采用四角切圆燃烧、自然循环、摆动式燃烧器调温方式。炉膛的宽、深、高分别为 13335、12829、54300mm，燃用西山贫煤和洗中

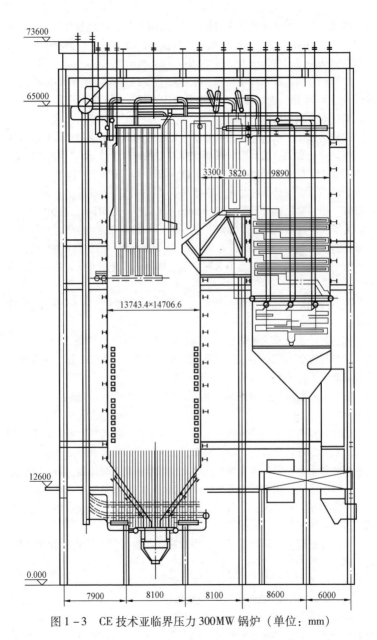

图 1-3 CE技术亚临界压力300MW锅炉（单位：mm）

煤的混煤。在炉膛四角布置 4 只摆动式直流燃烧器，燃烧器有 6 层一次风喷口，4 层油喷口，6 层二次风喷口，气流射出喷口后，在炉膛中央形成直径为 700mm 和 1000mm 的两个切圆。

炉膛四壁由膜式水冷壁组成，水冷壁管由内螺纹管和光管组成，662 根管子分为 24 组，前后墙和两侧墙各布置 6 组，与 6 根大直径下降管连接，形成 6 个独立的循环回路。

锅炉的顶棚、水平烟道的两侧墙、尾部竖井烟道都由过热器管包覆。

在炉膛上部的前墙和部分两侧墙水冷壁的向火面上紧贴壁式再热器，前墙布置 239 根，两侧墙各布置 122 根，切角处不布置。

炉膛上部空间悬吊着大屏过热器和后屏过热器，大屏过热器采用大节距布置，相邻两片屏的间距为 2743.2mm，纵向节距为 61mm，沿炉宽布置 4 片。为了减少热偏差，每片屏分 4 个小屏，14 管圈并绕。后屏过热器的横向节距为 685.8mm，纵向节距为 64mm，13 管圈并绕，沿炉宽布置 19 片。

折焰角上部的水平烟道中布置中温再热器，14 管圈并绕，沿炉宽布置 29 片。

高温再热器布置在中温再热器之后的水平烟道中，共 64 片，7 管圈并绕。

高温过热器位于水平烟道的末端，共 84 片，6 管圈并绕。

锅炉尾部竖井烟道中布置低温过热器，沿炉宽布置 112 排，由 3 个水平管组和 1 个垂直管组组成，5 管圈并绕。

省煤器布置在低温过热器之后，横向排数为 92 排，顺列布置，3 管圈并绕。

过热蒸汽温度的调节采用三级喷水减温。第一级布置在低温过热器和大屏过热器的连接管道上，第二级布置在大屏出口联箱和后屏进口联箱的左右连接管道上，第三级布置在后屏出口联箱和高温过热器左右连接管道上。一级喷水用于粗调，当高压加热器切除时，喷水量剧增，此时应增大一级减温水量，防止大屏、后屏及高温过热器超温。三级喷水作为微调和调节过热蒸汽温度的左右偏差。二级喷水作为备用。

为了保证管屏间距和管子的自由膨胀，在管屏间设置定位管和滑块，定位管由蒸汽冷却。

锅炉配置两台三分仓空气预热器，转子直径为 10320mm。

三、B&W–360MW 级 W 型火焰锅炉

B&W–360MW 级 W 型火焰锅炉是我国湖南岳阳电厂引进的亚临界自然循环锅炉，锅炉整体布置如图 1–4 所示。沿烟气流程布置屏式过热器、

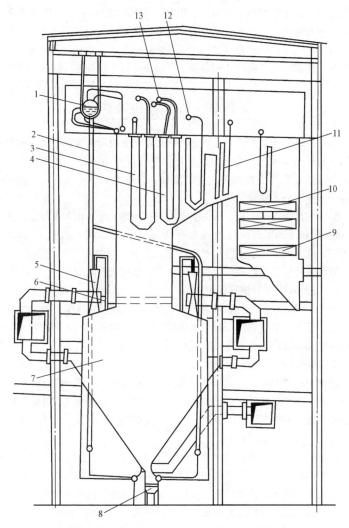

图 1-4 B&W-360MW 级 W 型火焰锅炉

1—汽包；2—集中下降管；3—前屏过热器；4—高温过热器；
5——次风主燃烧器；6—通风燃烧器；7—下部着火炉膛；
8—排渣装置；9—省煤器；10—低温过热器；11—再
热器；12—再热器出口联箱；13—过热器出口联箱

高温过热器，水平烟道中布置高、低温再热器（即再热器为单级布置），尾部竖井烟道中布置低温过热器和省煤器。过热蒸汽温度调节采用两级喷水减温，再热蒸汽温度调节采用炉底供热风的方式。炉底注入热风还可以使冷灰斗区域的炉渣凝聚体积减小，以利于排渣并可减轻受热面的磨损。

第四节　控制循环锅炉

多次控制循环锅炉是在自然循环锅炉基础上发展起来的，其结构与自然循环锅炉基本相同，多次控制循环锅炉还依靠循环泵（又称锅水循环泵）使工质在蒸发受热面中作强制流动，既能增大流动压头，又便于控制各个回路中的工质流量。

对中、高压锅炉来说，采用多次控制循环并未显示出多大好处，因为汽压低于 16.0MPa 时，自然循环锅炉是完全可靠的。汽压在 16.0 ~ 19.0MPa 范围内采用多次强制循环将更为有利，可采用直径较小的汽包、上升管和下降管，受热面布置也比较自由，负荷调整范围大。

一、300MW 控制循环锅炉

图 1-5 所示为上海锅炉厂按 CE 技术设计制造的 300MW 控制循环锅炉的整体布置，其受热面布置与自然循环锅炉大致相同，不同的是水循环系统中增加了循环泵，水冷壁管径减小。

二、600MW 控制循环锅炉

图 1-6 所示为哈尔滨锅炉厂制造的配 600MW 汽轮发电机组的 HG - 2008/186 - M 型亚临界压力多次强制循环锅炉。其额定压力为 18.22MPa，过热蒸汽温度/再热蒸汽温度为 540.6/540.6℃，额定蒸发量为 2008t/h，给水温度为 278.3℃，Ⅱ型布置。

燃烧器采用四角切圆方式，分六层布置。12 只油枪用于锅炉启动及助燃，水循环系统采用循环泵加内螺纹管控制循环。在炉膛冷灰斗以上区域内膜式水冷壁采用内螺纹管，其优点是内螺纹管可使水冷壁管中流速降低，流量减少，从而降低循环泵的压头，降低厂用电率。同时，可以将循环倍率从 4 降至 2 而仍具有相同的循环可靠性，并保持其管径小、质量小的优点。锅炉采用 3 台 CE - KSB 低压头循环泵，其中两台投运就可满足锅炉 100% 出力，另一台为备用。

过热器、再热器、省煤器采用大管径、小曲率半径的管组，顺流布置；过热器、再热器各级之间利用集中大管道及三通管结构连接，增加了充分混合的条件，简化了布置。在炉膛上部布置壁式辐射再热器和大节距

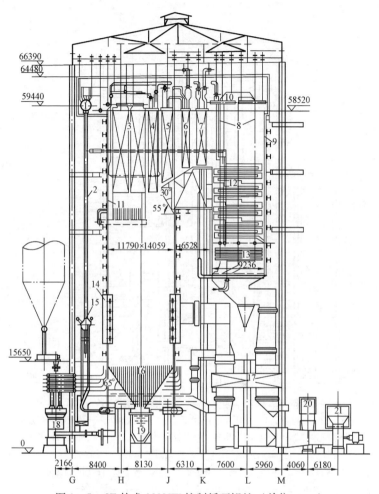

图 1－5　CE 技术 300MW 控制循环锅炉（单位：mm）

1—汽包；2—下降管；3—分隔屏过热器；4—后屏过热器；5—屏式再热器；
6—末级再热器；7—末级过热器；8—悬吊管；9—包覆管；10—炉顶管；
11—墙式辐射再热器；12—低温水平过热器；13—省煤器；14—燃烧器；
15—循环泵；16—水冷壁；17—回转式空气预热器；18—磨煤机；19—
出渣器；20——次风机；21—二次风机

的分隔屏过热器增加过热器、再热器的辐射特性，并起到切割旋转烟气的
作用，从而减少进入过热器的烟气沿炉宽方向的烟温偏差。

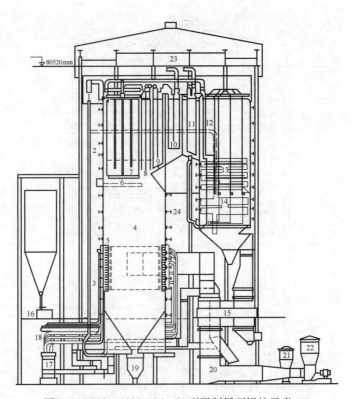

图 1-6 HG-2008/186-M 型强制循环锅炉示意

1—汽包；2—下降管；3—循环泵；4—水冷壁；5—燃烧器；6—墙式辐射再热器；7—分隔屏过热器；8—后屏过热器；9—后屏再热器；10—末级再热器；11—末级过热器；12—立式低温过热器；13—水平低温过热器；14—省煤器；15—回转式空气预热器；16—给煤机；17—磨煤机；18—煤粉管道；19—除渣装置；20—风道；21——次风机；22—送风机；23—锅炉钢架；24—刚性梁

再热器调温主要采用摆动式燃烧器，用改变摆动喷嘴角度的方法改变火焰中心高度，从而改变炉膛出口温度。由于再热器布置在炉膛出口高温烟气区，因而对摆动喷嘴的调温有较大的敏感性。过热器汽温除受摆动喷嘴的影响外，主要采用一级喷水减温器，该减温器布置于分隔屏进口前，根据再热蒸汽温度控制燃烧器的角度，再根据过热蒸汽温度来调节喷水量，另外在再热器进口设两只事故喷水减温器，不做调温用，仅作为紧急事故处理用。

三、锅水循环泵

自然循环锅炉是借助汽水密度差进行工作的，随着锅炉蒸汽参数的提高，汽水密度差越来越小，从而使工质在循环回路中流动越来越困难；一般当汽压超过 18.6MPa 时，自然循环已不能可靠地工作，必须采取强制循环，即借助水泵的压头使工质在循环回路中流动，这种泵即为强制循环泵，俗称锅水循环泵。

锅水循环泵已在大容量控制循环锅炉中得到广泛应用，它不仅能够保证锅炉蒸发受热面内水循环的安全可靠，还缩短了机组的启动时间，减少了启动热损失，同时也提高了锅炉对低负荷工况的适应性，可以更好地满足调峰。

循环泵结构的主要特点是将泵的叶轮和电机转子装在同一主轴上，置于相互连通的密封压力壳体内，使泵与电机结合成一体，避免了泵的泄漏问题。电机运行中产生的热量由高压冷却水带走，因此，泵体内的电机必须配有冷却水系统。从图 1 – 7 中可以看出，两种泵的出口管结构不相同，

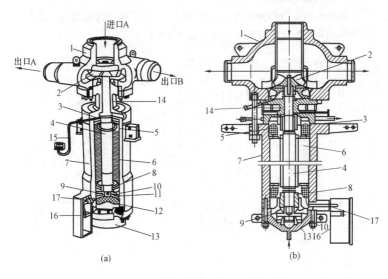

(a)   (b)

图 1 – 7　KSB 泵与 Tyler 泵

（a）KSB 泵的剖视；（b）Tyler 泵的剖视

1—泵壳；2—叶轮；3—上端轴承；4—主轴；5—定子线圈端部；6—定子线圈断面；7—电动机外壳；8—下端轴承；9—推力轴承推力块；10—辅助叶轮；11—推力盘；12—滤网；13—电动机下座盖；14—隔热体；15—温度报警指示器；16—接线盒；17—引线密封

KSB 型泵出口管两侧沿径向对称布置，泵壳为球体，球体内腔大，与叶轮流向不吻合，结构比较笨重，但泵壳体壁薄，热应力较小。Tyler 型泵出口管两侧切向布置，泵壳体内腔与叶轮流向紧密吻合，结构比较紧凑。

第五节 直流锅炉

直流锅炉又称一次强制循环锅炉。直流锅炉的结构与自然循环锅炉或多次强制循环锅炉不同，它没有汽包。汽包锅炉的汽包既是加热、蒸发、过热三阶段的汇合点，又是三阶段的分界点；直流锅炉既没有汇合点也没有固定的分界点。当工况变化时，三阶段的分界点也随之移动，给水由给水泵打进以后，在锅炉受热面管中顺序流经加热、蒸发、过热各区段，一次全部加热成过热蒸汽，其全部阻力损失均由给水泵压头来克服。

一、直流锅炉结构

根据炉膛蒸发受热面布置方式的不同，有水平围绕管圈式、垂直上升管屏式和回带管屏式三种基本类型，如图 1-8 所示。

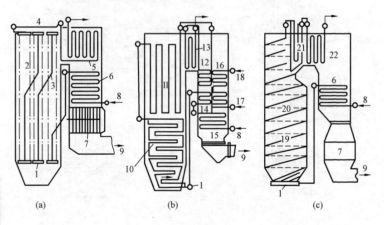

图 1-8　三种直流锅炉结构

（a）垂直上升管屏式；（b）回带管屏式；（c）水平围绕管屏式

1—下联箱；2—垂直管屏；3—下降管；4—顶棚过热器；5—过热器；6—省煤器；
7—空气预热器；8—给水入口；9—烟气出口；10—水平回带管屏；11—垂直
回带管屏；12—低温过热器；13—高温过热器；14—高温省煤器；15—低温
省煤器；16—再热器；17—再热器入口；18—再热器出口；19—水平围绕
倾斜管；20—水平围绕水平管；21—屏式过热器；22—高温对流过热器

二、600MW 超临界压力锅炉

600MW 超临界压力锅炉为Π型布置，如图 1-9 所示。炉膛下部布置螺旋管圈水冷壁，炉膛上部布置垂直管屏水冷壁。螺旋管圈水冷壁通过焊接在鳍片管上的张力板悬吊于炉顶钢架上，螺旋管圈水冷壁的重量负载传递给张力板，再由张力板把重量负载均匀地传递给炉膛上部的垂直管屏，从而实现螺旋管圈的悬吊，因而可自由向下膨胀。

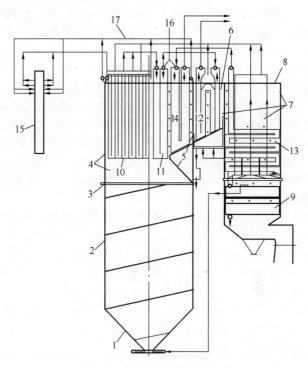

图 1-9　600MW 超临界锅炉整体布置

1—炉膛灰斗；2—螺旋水冷壁；3—过渡件；4—垂直水冷壁；5—折焰角及管屏；
6—延伸侧墙；7—尾部包覆管及管屏；8—炉顶管；9—省煤器；10—大屏
过热器；11—后屏过热器；12—末级过热器；13——级再热器；14—末级
再热器；15—汽水分离器；16—联箱；17—连接导管

下辐射区和上辐射区水冷壁的连接部位称为过渡段。沿烟气流程方向布置前屏过热器、后屏过热器、高温再热器、高温过热器、低温再热器、省煤器和两台三分仓空气预热器。

锅炉过热器和再热器的吸热比例比较大,约占工质总吸热量的46%,需要较多的过热器和再热器受热面。为了增强摆动式燃烧器调节再热蒸汽温度的效果并增强传热,高温再热器受热面布置在靠近炉膛的部位。过热蒸汽温度的调节由煤水比进行粗调,两级喷水减温进行细调。

这种锅炉的特点是:将水冷壁分成上、下两部分,下辐射区的热负荷高,水冷壁采用螺旋式布置,相邻管圈外侧管子间的温差小,适宜采用膜式壁,能适应滑参数运行的要求,水冷壁管中的质量流速较高,对防止膜态沸腾的发生有利。上辐射区采用垂直一次上升管屏式,使水冷壁刚性增强。

三、SG-1025/170UP 型锅炉

如图1-10所示,该锅炉采用单炉膛结构、一次垂直上升、三级混合型水冷壁,烟气挡板调节再热蒸汽温度。炉膛宽度为13.035m,炉膛深度为12.195m,四角为45°切角,采用直流式燃烧器、四角双切圆燃烧方式,两个切圆直径分别为 $\phi730$ 和 $\phi886$,燃烧器喷口可上下摆动 $\pm15°$。

水冷壁为膜式壁结构。在水冷壁下辐射区管屏进口管道中装设了52只可调节流阀。其作用是在水动力调整试验中调节水冷壁各管屏的流量,减少阻力偏差,按热负荷分布调节各水冷壁管屏的流量,改善水动力特性,提高水冷壁的安全性。

炉膛上方前部布置4片分隔屏过热器,后部布置18片后屏过热器、水平烟道中布置高温过热器和高温再热器。尾部竖井由分隔墙分隔为前后两个烟道,前部烟道中布置低温再热器,后部烟道中布置低温过热器,省煤器分两部分分别布置在低温再热器和低温过热器之后。两个烟道出口处装有调节汽温的烟气挡板。烟道末端布置两台三分仓空气预热器。

再热蒸汽流程为汽轮机高压缸排汽→事故喷水减温器→低温再热器→微量喷水减温器→高温再热器→汽轮机中压缸。

这种直流锅炉的特点是:

(1) 结构简单,便于组合安装及采用全悬吊结构。

(2) 具有稳定的水动力特性。

(3) 由于一次垂直上升,各管间的膨胀差别小,适宜于采用膜式水冷壁。

(4) 总流程长度短,汽水系统阻力小。

(5) 水通过所有管屏一次上升到顶就全部蒸发成蒸汽,汽水在水冷壁上升过程中还需经几次混合。

其缺点是只适用于大容量锅炉;对于小容量,则会因工质的质量流速小,导致管壁超温,或因管径小导致水冷壁刚度差。

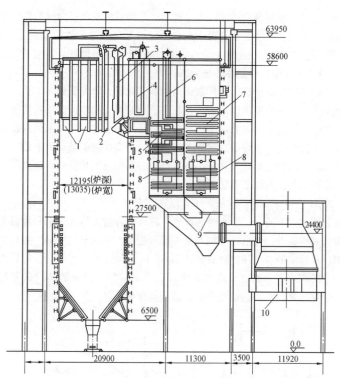

图 1-10 SG-1025/170UP 型锅炉（单位：mm）

1—前屏过热器；2—后屏过热器；3—高温过热器；4—高温再热器；5—低温
再热器；6—低温再热器引出管；7—低温过热器；8—省煤器；
9—调节挡板；10—回转式空气预热器

第六节 低倍率循环锅炉

国内电厂中有相当数量的低倍率循环锅炉，一般采用塔型布置，容量
等级为 600、500、300MW。低循环倍率锅炉是在直流锅炉和多次强制循
环锅炉基础上发展起来的一种锅炉，它是直流锅炉的改进，其再循环系统
称为全负荷再循环系统。

一、低循环倍率锅炉的特点和工作原理

1. 低循环倍率锅炉的特点

其特点为无汽包，炉膛蒸发受热面中的工质采用强制循环。从炉膛受

热面出来的汽水混合物进入汽水分离器，分离后的蒸汽引向过热器，水则与省煤器出来的给水在混合器中混合后再经再循环泵送入炉膛蒸发受热面，因而蒸发受热面中的流量大于蒸发量，其循环倍率较低，一般为 1.2～2.0，可用于亚临界和超临界压力的锅炉。

低循环锅炉由于有再循环泵，当负荷变化时，蒸发受热面中循环流量变化不大，因而与直流锅炉相比，额定负荷时可采用较低的工质流速，使蒸发受热面流动阻力显著减小；与自然循环锅炉相比，用汽水分离器取代汽包，可使金属耗量降低，制造工艺简化，与多次强制循环锅炉相比，循环倍率小，因而再循环泵功率小且无汽包。低循环锅炉除要保证再循环泵的工作可靠外，其调节系统也比其他类型的锅炉复杂。

2. 低循环倍率锅炉系统及工作原理

如图 1－11 所示，给水经省煤器 1 进入混合器 2 与从汽水分离器 8 分离出的锅水混合，然后用再循环泵 4 经分配器 5 输送至水冷壁 7 的各个回路中。水冷壁的各个回路装有节流圈 6，以合理分配各回路的水量，水冷壁产生的汽水混合物在分离器 8 中进行分离，分离出来的蒸汽送至过热器，分离出来的水则送回混合器，进行再循环。

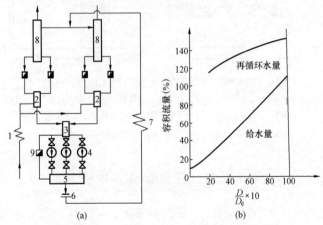

图 1－11　低循环倍率锅炉的系统及工作原理

(a) 循环系统；(b) 工作原理

1—省煤器；2—混合器；3—过滤器；4—再循环泵；5—分配器；6—节流圈；
7—水冷壁；8—汽水分离器；9—备用管路

二、500MW 亚临界参数低倍率循环塔型锅炉

图 1－12 示出了 500MW 亚临界参数低倍率循环塔型锅炉，炉膛宽度

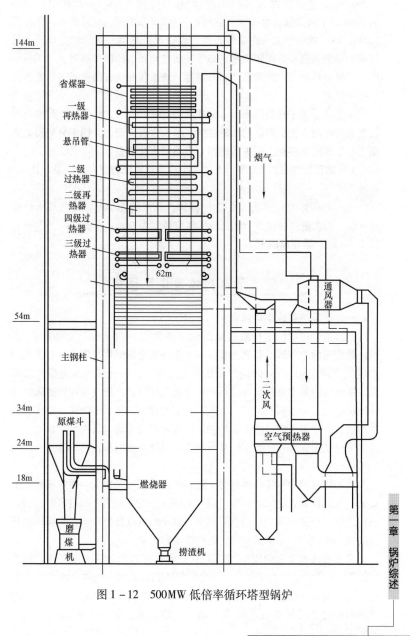

图 1-12 500MW 低倍率循环塔型锅炉

第一章 锅炉综述

为 19.44m，炉膛深度为 15.3m，锅炉总高度为 114m。在炉膛出口标高 64.79m 以下布置膜式水冷壁，标高 64~102m 布置膜式壁过热器，在标高 52.34~62m 处的膜式水冷壁外布置覆盖壁式过热器。在炉膛出口以上的烟道中沿烟气流程方向依次水平布置三级过热器、四级过热器、二级再热器、二级过热器、一级再热器、省煤器。悬吊管和所有的壁式过热器作为一级过热器。

水循环系统采用低倍率循环方式，循环倍率为 1.25~1.4。汽水流程设置为两个独立的流路，每个流路设一组汽水分离器。在两组分离器的水侧之间由连通管连接，以平衡两路分离器的水位偏差。

6 台循环泵布置在 6m 平台上，每个汽水流路配置 3 台循环泵，其中 1 台作为备用。

汽水分离器为外置式，直径为 ϕ950，高度约为 30m，分离器水位在 13m 处。最大水位高度为 16m，最低水位高度为 10m。当水位高于 24m 或低于 2m 时，循环泵跳闸。

第七节　循环流化床锅炉

一、循环流化床锅炉简介

循环流化床锅炉是在鼓泡床锅炉（沸腾炉）的基础上发展起来的，因此鼓泡床的一些理论和概念可以用于循环流化床锅炉，但是又有很大的差别。早期的循环流化床锅炉流化速度比较高，因此称为快速循环床锅炉。快速床的基本理论也可以用于循环流化床锅炉。鼓泡床和快速床的基本理论已经研究了很长时间，形成了一定的理论。要了解循环流化床锅炉的原理，必须要了解鼓泡床锅炉和快速床锅炉的理论以及物料从鼓泡床→湍流床→快速床各种状态下的动力特性、燃烧特性以及传热特性。

1. 流态化

当固体颗粒中有流体通过时，随着流体速度逐渐增大，固体颗粒开始运动，且固体颗粒之间的摩擦力也越来越大，当流速达到一定值时，固体颗粒之间的摩擦力与它们的重力相等，每个粒可以自由运动，所有固体颗粒表现出类似流体状态的现象，这种现象称为流态化。

对于液固流态化的固体颗粒来说，颗粒均匀地分布于床层中，称为"散式"流态化。而对于气固流态化的固体颗粒来说，气体并不均匀地流过床层，固体颗粒分成群体作紊流运动，床层中的空隙率随位置和时间的不同而变化，这种流态化称为"聚式"流态化。循环流化床锅炉属于

"聚式"流态化。

固体颗粒（床料）、流体（流化风）以及完成流态化过程的设备称为流化床。

2. 临界流化速度

（1）对于由均匀粒度的颗粒组成的床层中，在固定床通过的气体流速很低时，随着风速的增加，床层压降成正比例增加，并且当风速达到一定值时，床层压降达到最大值，该值略大于床层静压，如果继续增加风速，固定床会突然解锁，床层压降降至床层的静压。如果床层是由宽筛分颗粒组成的话，其特性为：在大颗粒尚未运动前，床内的小颗粒已经部分流化，床层从固定床转变为流化床的解锁现象并不明显，而往往会出现分层流化的现象。颗粒床层从静止状态转变为流态化进所需的最低速度，称为临界流化速度。随着风速的进一步增大，床层压降几乎不变。循环流化床锅炉一般的流化风速是 2～3 倍的临界流化速度。

（2）影响临界流化速度的因素。

1）料层厚度对临界流速影响不大。

2）料层的当量平均料径增大则临界流速增加。

3）固体颗粒密度增加时临界流速增加。

4）流体的运动黏度增大时临界流速减小，如床温增高时，临界流速减小。

二、循环流化床锅炉的结构

锅炉采用单汽包，自然循环方式，总体上分为前部及尾部两个竖井。前部竖井为总吊结构，四周有膜式水冷壁组成。自下而上依次为一次风室、密相床、悬浮段，尾部烟道自上而下依次为高温过热器、低温过热器及省煤器、空气预热器。尾部竖井采用支撑结构，两竖井之间由立式旋风分离器相连通，分离器下部连接回送装置及灰冷却器。燃烧室及分离器内部均设有防磨内衬，前部竖井用敷管炉墙，外置金属护板，尾部竖井用轻型炉墙，由八根钢柱承受锅炉全部重量。

锅炉采用床下点火（油或煤气），分级燃烧，一次风比率占 50%～60%，飞灰循环为低倍率，中温分离渣排放采用干式，分别由水冷螺旋出渣机、灰冷却器及除尘器灰斗排出。炉膛是保证燃料充分燃烧的关键，采用湍流床，使得流化速度在 3.5～4.5m/s，并设计适当的炉膛截面，在炉膛膜式壁管上铺设薄内衬（高铝质砖），即使锅炉燃烧用不同燃料时，燃烧效率也可保持在 98%～99%。

分高器入口烟温在 800℃左右，旋风筒内径较小，结构简化，筒内仅需一层薄薄的防磨内衬（氮化硅砖），使用寿命较长，循环倍率为 10 ~ 20。

循环灰输送系统主要由回料管、回送装置，溢流管及灰冷却器等部分组成。床温控制系统的调节过程是自动的，在整个负荷变化范围内始终保持浓相床床温 850 ~ 950℃间的某一恒定值，这个值是最佳的脱硫温度。当自动控制不投入时，靠手动也能维持恒定的温床。

保护环境，节约能源是各个国家长期发展首要考虑的问题，循环流化床锅炉正是基于这一点而发展起来，其高可靠性、高稳定性、高可利用率、最佳的环保特性以及广泛的燃料适应性，特别是对劣质燃料的适应性，越来越受到广泛关注，完全适合我国国情及发展优势。

三、循环流化床锅炉工作原理

循环流化床锅炉一般由汽包、水冷壁、过热器、再热器、减温器、省煤器及各种连通管道、联箱组成，工作原理是水在省煤器里加热后，进入汽包，经下降管进入各水冷壁下联箱，再进入水冷壁，受热后成为汽水混合物，密度降低自然上升入汽包，经汽水分离，饱和蒸汽由汽包顶部进入各级过热器逐级加热后进入汽轮机做功，初级乏汽再次进入再热器加热后再次进入汽轮机做功，如图 1 - 13 所示。

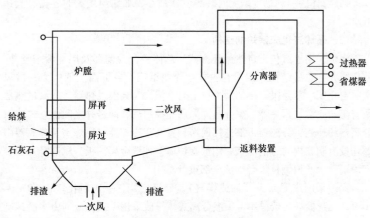

图 1 - 13　典型的循环流化床锅炉原理

循环流化床一般都是 π 型设计，流化床炉膛底部为布风室，大量热风经布风帽将炉膛底部煤颗粒及床料吹起燃烧，循环流化床炉膛出口为烟气分离器，经分离后烟气进入垂直烟道，分离出的大颗粒未燃尽煤颗粒经回料腿进入炉膛再次燃烧。

第二章

燃料及燃烧理论基础

第一节 燃 料

燃料是指在燃烧过程中能够产生热量的物质。电厂锅炉是耗用大量燃料的动力设备，燃料的性质对锅炉工作的安全性和经济性有重大的影响。对于不同的燃料，要采用不同的燃烧方式和燃烧设备。因此，对于锅炉设计和运行人员来说，了解燃料的性质和特点是很重要的。

燃料按状态不同可分为固体、液体和气体三类。煤是我国电厂锅炉的主要燃料，某些优质煤往往具有其他工业生产所需的某些特性，如果作为动力燃料，只利用其热量，就未能物尽其用。因此，对锅炉来说，应尽量燃用对其他工业没有更大经济价值的燃料。

原油和天然气是宝贵的化工原料，不宜作为锅炉用燃料。目前，只有极少数电厂用石油炼制后的残余物——重油或油渣作为锅炉燃料。高炉煤气是炼铁炉的副产品，可用于钢铁厂或邻近的锅炉作为燃料；焦炉煤气有时也作为锅炉的燃料，然而燃烧这些煤气的锅炉毕竟为数很少，本章主要介绍煤和重油。

一、煤的组成及其性质

（一）元素分析和工业分析

煤是包括有机成分和无机成分等物质的混合物，其分子结构十分复杂。为了实用方便，都通过元素分析和工业分析来确定各种物质的百分含量。

煤中的元素组成一般是指有机物中的碳（C）、氢（H）、氮（N）、氧（O）、硫（S）的含量。根据现有的分析方法，尚不能直接测定煤中有机物的化合物，因为其中大多数的化合物在进行分析时会逐渐分解。因此，一般是测定煤的元素组成，即确定上述元素含量的质量百分比，作为煤的有机物的特性。

煤的有机物的元素组成并不能表明煤中所含的是何种化合物，也不能充分确定煤的性质。但是，元素组成与其他特性相结合，可以用于判断煤的化学性质。元素组成的变化往往代表着煤化程度的差别。随着煤化程度的提高，碳含量逐渐增加，氧含量则逐渐减少。氢的含量也随煤化程度的增加而稍微下降。煤的元素组成是燃烧计算的依据。此外，煤的技术分类也与元素组成有一定关系。

煤中元素组成的测定（元素分析）大多借助燃烧，并设法测定燃烧生成物中该元素的含量，或加入某种化合物使被测成分转化为易于测定的物质等。元素分析是相当繁杂的，一般电厂只做工业分析，即按规定的条件将煤样进行干燥、加热或燃烧，以测定煤中的水分、挥发分、固定碳和灰分。通过工业分析，能了解煤在燃烧时的某些特性。

（二）煤的成分

为了进行燃料的燃烧计算并了解煤的某些特性，常将燃料的成分分为碳（C）、氢（H）、氧（O）、氮（N）、硫（S）、水分（M）和灰分（A）。

1. 碳

碳是煤中含量最多的可燃元素。地质年代长的无烟煤，其含碳量可高达90%（按可燃基成分），而年代浅的煤则只有50%左右。每千克碳完全燃烧时可放出约32700kJ（7800kcal）的热量。碳是煤的发热量的主要来源。煤中一部分碳与氢、氮、硫等结合成挥发性有机化合物；其余部分呈单质状态，称为固定碳。固定碳要在较高的温度下才能着火燃烧。煤中固定碳的含量愈高，就愈难燃烧。

2. 氢

氢是煤中发热量最高的元素，煤中氢的含量大多在3%～6%的范围内。煤中的氢，一部分与氧结合成稳定的化合物，不能燃烧；另一部分则存在于有机物中，在加热时挥发出氢气或各种碳氢化合物（C_mH_n），这些挥发性气体较易着火和燃烧。氢的发热量很高，每千克氢燃烧可放出约120MJ（2860kcal）的热量（当燃烧产物为水蒸气时）。

3. 氧和氮

氧和氮是煤中的杂质是有机物中的不可燃成分。燃料中的氧有两部分，一部分是游离氧，能助燃；一部分与氢或碳结合成化合状态，不能助燃。氧在各种煤中的含量差别很大。年代浅的煤含氧量较高，最高可达40%左右。随着煤化程度的提高，氧的含量逐渐减少。煤中氮的含量一般不多，只有0.5%～2.0%。氮在燃烧时会或多或少地转化为氮氧化物（NO_x），造成大气污染。

4. 硫

煤中的硫以有机硫（与 C、H、O 等结合成复杂的化合物）、黄铁矿硫（FeS_2）和硫酸盐硫三种形态存在。硫酸盐一般不再氧化，表现为灰分。可燃硫只包括前面两种形态。每千克硫完全燃烧时可放出热量 9040kJ。硫是煤中的有害元素，虽然在燃烧时可放出一定热量，但其燃烧产物是二氧化硫或三氧化硫气体，这种气体和水蒸气结合生成亚硫酸或硫酸蒸气，当烟气流经低温受热面时，若金属受热面温度低于硫酸蒸气开始结露的温度（露点）时，硫酸蒸气便在其上凝结，腐蚀锅炉尾部受热面。

二氧化硫和三氧化硫气体从烟囱排入大气，对环境将造成污染，所以现在的大容量锅炉均在烟气出口设置烟气脱硫装置。

5. 水分

水分也是煤中的杂质，煤中水分由表面水分和固有水分组成。各种煤的水分含量差异很大，最少的仅 2% 左右，最多的可达 50% ~ 60%。一般来说，随着地质年代的增加，水分逐渐减少。此外，煤的水分含量还与其开采方法、运输和储存条件等因素有关。

表面水分也称为外在水分（M_{wz}），主要由于在开采过程中或因雨、露、冰、雪进入煤中的，依靠自然干燥就可以去除；固有水分也称为内在水分（M_{nz}），靠自然干燥不能除掉，必须将煤加热至 102 ~ 105℃ 才能去除。外在水分和内在水分的总和通称为全水分。

当进行煤的试验分析时，在实验室里要先把煤在规定的温度和相对湿度下进行自然干燥，干燥后煤样所含有的内部水分，称为分析水分。

水分的存在，不仅使煤中的可燃元素含量减少，当煤燃烧时，水分蒸发还要吸收热量，使煤的实际发热量减少。

水分多的煤着火困难，且会延长燃烧过程，降低燃烧室温度，增加不完全燃烧及排烟损失。

6. 灰分

煤中含有不能燃烧的矿物杂质，在煤燃烧后形成灰分，灰分是煤的主要杂质。将煤样在空气中加热到（800 ± 25）℃，燃烧 2h，余下的物质就是灰分。灰分是燃料完全燃烧后形成的固体残余物的总称，其主要成分是硅、铝、铁、钙以及少量镁、钛、钠和钾等元素组成的化合物。各种煤中灰分含量差异很大，少的只有 10% 左右，多的可达 50%。此外，灰分含量与煤的开采方法、运输和储存条件等因素有关。

灰分含量越大，发热量就越低，开采费用相对增加，同时会增大制粉电耗。灰分容易隔绝可燃质与氧化剂的接触，因而多灰分的煤不易燃尽。

（三）煤的工业分析成分

燃料的元素分析是比较复杂的，所以火电厂常采用工业分析法。按规定的条件将煤样进行干燥、加热或燃烧，以测定煤中的水分、挥发分、固定碳和灰分。通过工业分析，能了解煤在燃烧时的某些特性。

1. 水分

把试样放在烘干箱内，保持 $102 \sim 105\,℃$ 约 2h 后，试样失去的质量占原试样质量的百分数，即为该煤的水分值。

2. 挥发分

把上述失去水分的试样置于不通风的条件下，加热到 $(850 \pm 20)\,℃$，这时挥发性气体不断析出，约 7min 后可基本结束，煤失去的质量占原试样（未烘干加热前）质量的百分数，即为该煤的挥发分值。

3. 固定碳和灰分

去掉水分和挥发分后，煤的剩余部分称为焦炭，焦炭由固定碳和灰分组成。将焦炭放在 $(800 \pm 20)\,℃$ 下灼烧（不要出现火焰），到质量不再变化时，取出来冷却，这时焦炭所失去的质量就是固定碳的质量，剩余部分则是灰分的质量。这两个质量各占原试样质量的百分数，即是固定碳和灰分在煤中的含量。

二、煤的主要特性

（一）发热量

单位质量的燃料在完全燃烧时所放出的热量称为燃料的发热量，其单位是 kJ/kg（固体燃料、液体燃料）或者 kJ/m³（气体燃料）。发热量是动力用煤最重要的特性，它决定煤的价值，也是进行热效率计算不可缺少的参数。

燃料的发热量分为高位发热量和低位发热量。高位发热量是指 1kg 燃料完全燃烧时放出的全部热量；低位发热量则需从燃料高位发热量中扣除燃料燃烧过程中氢燃烧生成的水和燃料带的水分汽化的吸热量，因为这个热量锅炉收不回来，所以锅炉技术中常采用低位发热量。

对于煤的收到基，高位发热量和低位发热量的关系可以用式（2-1）来表示

$$Q_{gr,ar} - Q_{net,ar} = 2500 \times (9H_{ar}/100 + M_{ar}/100)$$
$$= 25 \times (9H_{ar} + M_{ar}) \qquad (2-1)$$

式中　$Q_{gr,ar}$、$Q_{net,ar}$——高、低位发热量，kJ/kg；

2500——GB/T 2587—2009《设备能量平衡通则》规定水在恒容状态下的汽化热，kJ/kg。

由于不同种类的煤具有不同的发热量，并且往往相差很大。同一燃烧设备在相同的工况下，燃用发热量低的煤时，煤的消耗量必然就大；燃用发热量高的煤时，煤的消耗量必然就小。因此，只能说明煤消耗量的大小，不能正确表明其经济性。为了正确表明设备运行的经济性，引用了标准煤的概念。规定标准煤收到基的低位发热量为 29307.6kJ/kg。这样，不同燃料的消耗量即可通过式（2-2）换算成标准煤的消耗量

$$B_b = B \, Q_{\text{net,ar}}/29307.6 \qquad\qquad (2-2)$$

式中　　B_b——标准煤的消耗量，kg/h；

　　　　B——实际煤的消耗量，kg/h。

（二）挥发分（V）

燃料中的挥发物质随温度的不断升高而挥发出来，这些气体大部分是可燃的，如 CO、H_2、CH_4、H_2S 等，只有少部分是不可燃的，如 O_2、CO_2、N_2 等。

燃料中挥发分的含量取决于燃料的碳化程度。一般来说，燃料碳化程度越深，挥发分含量越少。燃料种类不同，挥发分的含量也不相同。大致数值是褐煤大于 40%；烟煤为 20%~40%；贫煤为 10%~20%；无烟煤在 10% 以下。

挥发分开始析出的温度与燃料的碳化程度有关，一般来说，碳化程度越浅，挥发分析出的温度越低。大致数值是褐煤为 130~170℃；烟煤为 170~260℃；贫煤为 390℃；无烟煤为 380~400℃。

挥发分的含量对燃烧过程的发生和发展有很大影响。燃料燃烧时，挥发分首先析出与空气混合并着火。因此，挥发分对燃烧过程的初阶段具有特殊意义。燃料挥发分越多，越容易着火，燃烧过程越稳定。

挥发分是燃料分类的重要依据。在设计锅炉时，炉膛结构、燃烧器类型以及受热面的布置等均与挥发分含量有关。锅炉运行时，燃料的着火、燃烧的稳定、燃烧过程的经济调整等也都与挥发分含量有直接关系。

（三）焦结性

煤在隔绝空气加热时，水分蒸发、挥发物析出后，剩下不同坚固程度的固体残留物（焦炭）的性质，称为煤的焦结性。它是煤的重要特性之一，但在煤粉炉中，其对燃烧的影响并不显著。

（四）灰分熔融特性

通过试验的方法可以测出煤的灰分熔融特性的数据 DT、ST、FT（旧称灰熔点 t_1、t_2、t_3）。DT 是灰熔融性变形温度，ST 是灰熔融性软化温度，FT 是灰熔融性熔化温度，可以用于判断煤在燃烧过程中结渣的可能

性。各种煤的灰熔融特征温度一般在 1100 ~ 1600℃。凡 ST > 1400℃ 的煤称为难熔灰分的煤，ST = 1200 ~ 1400℃ 的煤称为中熔灰分的煤，ST < 1200℃ 的煤称为易熔灰分的煤。

不同的煤具有不同的灰熔融特征温度，而同一种煤的灰熔融特征温度也不是固定不变的，这与灰分的各种成分、灰分所处的周围介质条件及灰分含量有关。具体来说，影响灰熔融特征温度有以下几种因素。

1. 成分因素

组成煤灰的成分以及各种成分的含量比例，是决定灰熔融特征温度高低的最基本因素。煤灰的成分一般是三氧化铝（Al_2O_3）、二氧化硅（Si_2O）、各种氧化铁（FeO、Fe_2O_3、Fe_3O_4）、钙镁氧化物（CaO、MgO）及碱金属氧化物（Na_2O、K_2O）等，主要成分有 Si_2O、Al_3O_2、CaO，其他成分则甚微。

灰中含有熔点高的物质越多，灰的熔点也越高；反之，若含有熔点较低的物质（FeO、Na_2O、K_2O 等）越多，则灰的熔点也越低。煤中硫铁矿等含量多时，也会使灰熔点下降。有的物质有助熔作用，比如 CaO，其本身熔点为 2570℃，但当与 FeO 和 Al_2O_3 组成混合物时，灰熔点会降低到 1200℃。

2. 介质因素

实践证明，当周围介质性质改变时，会使灰熔点发生变化。如当有 CO、H_2 等还原性气体存在时，会使熔点降低。这是由于还原性气体能使灰分中的高价氧化铁（Fe_2O_3）还原，产生低熔点的氧化亚铁（FeO）。

3. 浓度的因素

当灰分组成一样，所处环境的周围介质也一样，但煤中含灰量不同时，熔点也会发生变化。实践证明，烧多灰分的煤容易结渣。

（五）可磨性

由于各种煤的机械强度不同，可磨性也不同。煤的可磨性用可磨性指数 K_{km} 表示。

某一种煤的可磨性指数，即在风干状态下，将标准煤和所磨煤由相同粒度破碎到相同细度时消耗的电能之比，用式（2-3）表示

$$K_{km} = E_{bz}/E_x \qquad (2-3)$$

式中　E_{bz}、E_x——磨标准煤和所磨煤种时的耗电量，kWh/t（按煤计）。

标准煤是一种极难磨的无烟煤，其可磨性指数等于 1。越容易磨的煤，可磨性指数 K_{km} 越大。我国规定一般难磨的煤种 $K_{km} < 1.2$，易磨的煤种 $K_{km} > 1.6$。

另外，GB/T 2565—2014《煤的可磨性指数测定方法　哈德格罗夫法》规定了哈氏可磨性指数 HGI，它与 K_{km} 的换算可用式（2-4）求出

$$K_{km} = 0.034(\text{HGI})^{1.25} + 0.61 \qquad (2-4)$$

（六）着火点

煤的着火点是在一定的条件下，将煤加热到不需外界火源即开始燃烧时的初始温度，单位为℃。着火点与煤的风化、自燃、燃烧、爆炸等有关，所以它是一项涉及安全的指标。

三、主要动力煤的特点

火电厂燃用的煤通常称为动力煤。动力煤主要依据煤的可燃基挥发分（V_{daf}）进行分类，一般分为以下几种。

1. 无烟煤（$V_{daf} \leqslant 10\%$）

无烟煤俗称白煤，碳化程度低。它具有明亮的黑色光泽，机械强度一般较高，不易研磨，焦结性差。无烟煤碳化程度最高，即含碳量很高，杂质很少，故发热量较高，大致为 21000 ~ 25000kJ/kg（约 5000 ~ 6000kcal/kg）。但由于挥发分很少，故难以点燃。燃烧时火焰很短，燃尽也较困难。无烟煤储存时不会自燃。

2. 贫煤（$V_{daf} = 10\% ~ 20\%$）

贫煤的碳化程度比无烟煤低，它的性质介于无烟煤和烟煤之间，而且与挥发分含量有关。挥发分较低的贫煤，在燃烧性能方面比较接近于无烟煤。

3. 烟煤（$V_{daf} = 20\% ~ 40\%$）

烟煤的碳化程度低于贫煤。烟煤的挥发分较多，水分和灰分一般较少，故发热量也较高。某些烟煤由于含氢较多，其发热量甚至超过无烟煤。但也有部分烟煤因灰分较多使其发热量降低。烟煤容易着火和燃烧。对于挥发分超过 25% 的烟煤及煤粉，要防止储存时发生自燃，制粉系统要考虑防爆措施。对于多灰（有时多水）的劣质烟煤还要考虑受热面的积灰、结渣和磨损等问题。

4. 褐煤（$V_{daf} > 40\%$）

褐煤的碳化程度较低。褐煤的外表呈棕褐色，似木质，挥发分含量最高，有利于着火。但褐煤水分和灰分都较高，发热量较低，一般小于 16750kJ/kg（4000kcal/kg）。对于褐煤也应注意储存中发生自燃的问题。

四、燃料油

火力发电厂主要燃用重油，有时也燃用柴油。重油是石油炼制后的残余物，因其密度较大，所以称为重油。锅炉用的重油有渣油和燃料重油

两种。

重油的发热量较高，一般为 38000 ~ 45000kg/kg。重油的含氢量较高，所以重油很容易着火燃烧，并且几乎没有炉内结渣及磨损问题，但硫分和灰分对受热面的积灰要比煤粉炉严重得多。

轻柴油在发电厂中主要用于点火，而不作为主要的燃用燃料。

（一）燃料油的特性指标

1. 黏度

黏度反映液体的流动性。黏度愈小，流动性能愈好。国内电厂一般采用恩氏黏度，恩氏黏度是指在一定温度下（50、80、100℃等），200mL 重油从恩氏黏度计流出的时间与 20℃ 同体积的蒸馏水从恩氏黏度计流出的时间之比。重油在常温下黏度过大，温度越高，黏度越小，但温度到 100℃ 以上后重油的黏度则无太大变化，所以输送前必须加热。加热温度根据重油的品种及黏度情况而定。对于压力雾化喷嘴的炉前燃油，为了保证油喷嘴前的黏度小于 4°E，以保证其雾化质量，油的温度大致应在 100℃ 以上。

2. 凝固点

物质由液态转变为固态的现象称为凝固。开始发生凝固时的温度称为凝固点。当油温降到某一数值时，重油变得相当黏稠，以致使盛油试管倾斜 45° 时，油表面在 1min 之内，尚不出现移动倾向，此时的温度称为凝固点。油中含有石蜡时会使凝固点升高。凝固点高的油将增加输送和管理的困难。我国重油的凝固点一般在 15℃ 以上。

3. 闪点

当燃油加热到某一温度时，表面就有油气产生，油气和空气混合到某一比例，当明火接近时即产生蓝色的闪光，瞬间即逝，这时的温度称为闪点。闪点是安全防火的一个指标。容器内的油温至少应比闪点低 10℃，但压力容器和管道内，由于没有自由液面，可不受此限。由于重油不含容易蒸馏的轻质成分，故闪点较高，常为 80 ~ 130℃；而原油的闪点为 40℃ 左右。

4. 燃点

当加热温度升高到某一值时，燃油表面上油气分子趋于饱和，当与空气混合且有火焰接近时即可着火，并能保持连续燃烧，此时的温度称为燃点或着火点。油的燃点一般要比闪点高 20 ~ 30℃，其具体数值视燃油品种和性质而不同。闪点和燃点越高的油，着火危险性越小。

5. 密度

在一定温度下，单位体积油的质量称油的密度，用符号 ρ 表示，单位为 t/m^3。

（二）燃料油的分类

发电厂锅炉燃料油有重油和柴油等。

1. 重油

重油可分为燃料重油和渣油。燃料重油由裂化重油、减压重油、常压重油和蜡油等按不同比例调和制成，根据国家标准有一定的质量要求。按 80℃ 时的运动黏度分为 20、60、100 和 200 等四个牌号。渣油是在炼制过程中排除下来的残余物，不经处理，直接供给电厂做燃料，它没有质量标准，渣油可以是裂化重油、减压重油、常压重油等。

重油的特点是重度和黏度较大，重度大脱水困难，黏度大则流动性就差。锅炉用部分重油的特性指标见表 2-1。

表 2-1　　　　　　锅炉用部分重油的特性指标

重油牌号	20	60	100	200
黏度°E80（不大于）	5.0	11	15.5	5.5~9.5
凝固点（不高于,℃）	15	20	25	36
闪点（开式）（不低于,℃）	80	100	120	130
灰分（不大于,%）	0.3	0.3	0.3	0.3
水分（不大于,%）	1.0	1.5	2.0	2.0
含硫量（不大于,%）	1.0	1.5	2.0	3.0
机械杂质（不大于,%）	1.5	2.0	2.0	2.5

2. 轻柴油

轻柴油在发电厂中主要用于点火，而不作为主要燃用的燃料。轻柴油由各种石油的直馏柴油馏分、催化柴油馏分或混合热裂化柴油馏分等组成，其产品按凝固点不同可分为 10、0、−10、−20、−35 等 5 个牌号，见表 2-2。

表 2-2　　　　　　轻柴油的主要质量指标

质量指标	10	0	−10	−20	−35
十六烷值　（不小于）	50	50	50	45	43

质量指标		10	0	-10	-20	-35
馏程	50%馏出温度（不高于,℃）	300	300	300	300	300
	90%馏出温度（不高于,℃）	355	355	350	350	
	95%馏出温度（不高于,℃）	365	365			350
黏度（20℃）	恩氏黏度（°E）	1.2~1.67	1.2~1.67	1.2~1.67	1.15~1.67	1.15~1.67
	运动黏度（cst）	3.0~8.0	3.0~8.0	3.0~8.0	2.5~8.0	2.5~7.0
10%剩余物残碳（不大于,%）		0.4	0.4	0.3	0.3	0.3
灰分（不大于,%）		0.025	0.025	0.025	0.025	0.025
含硫量（不大于,%）		0.2	0.2	0.2	0.2	0.2
机械杂质		无	无	无	无	无
水分（不大于,%）		痕迹	痕迹	痕迹	痕迹	无
闪点（闭式）（不低于,℃）		65	65	65	65	50
腐蚀（铜片、50℃、3h）		合格	合格	合格	合格	合格
酸度（以KOH计，不大于,mg/mL）		10	10	10	10	10
凝固点（不高于,℃）		+10	0	-10	-20	-35
水溶性酸或碱		无	无	无	无	无
实际胶质（不大于，mg/100mL）		70	70	70	70	70

第二节 煤粉燃烧的概念

所谓燃烧，一般指燃料中的可燃质与空气中的氧进行发光、放热的高速化学反应。

大型燃煤锅炉的燃烧特点是将煤粉用热风或干燥剂输至燃烧器吹入炉

腔与二次风混合做悬浮燃烧。

对锅炉燃烧进行研究的目的是尽可能使燃料在炉内迅速而又良好地燃烧，以求将其化学能最快、最大限度地转化为热能。

煤粉是电厂锅炉使用最广泛的燃料。传统的燃烧理论认为：固体燃料颗粒的燃烧过程是由一系列阶段构成的一个复杂的物理化学过程。首先是析出水分，进而发生热分解和释放出可燃挥发分。当可燃混合物的温度高到一定程度时，挥发分离开煤粒后就开始着火和燃烧。挥发分燃烧放出的热量从燃烧表面通过导热和辐射传给煤粒，随着煤粒温度的提高，导致进一步释放挥发分。但是，此时由于剩余焦炭的温度还比较低，也由于释放出的挥发分及其燃烧产物阻碍氧气向焦炭扩散，焦炭还未能燃烧。当挥发分释放完毕，而且其燃烧产物又被空气流吹走以后，焦炭开始着火，这时只要焦炭粒保持一定的温度又有适当的供氧条件，那么燃烧过程就可一直进行到焦炭粒烧完为止，最后形成灰渣。煤粒的燃烧过程如图 2-1 所示。

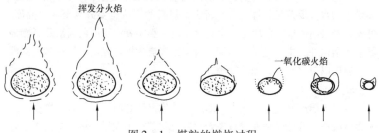

图 2-1　煤粒的燃烧过程

但是，近年来根据试验研究的结果提出另一种看法，即在煤粉燃烧过程中，挥发分的析出过程几乎延续到煤粉燃烧的最后阶段，而且挥发分的析出与燃烧是和焦炭的燃烧同时进行的。煤粉气流进入炉膛后，受高温烟气的高速加热，温升速度达 $10^4℃/s$ 甚至更高。快速的加热不仅影响析出挥发分的数量和组成成分，更重要的是改变了煤粉着火燃烧的进程。由实验得出的不同粒径的煤粉在高温烟气加热下的升温情况如图 2-2 所示。

当煤粉颗粒加热速度较高时，挥发分的析出可能落后于煤粉粒子的加热。因此，煤粉粒子的着火燃烧可能在挥发分着火之前或之后，或同时发生，称为多相着火，这取决于煤粉粒子的大小和加热速度。

一、煤粉的燃烧阶段

煤粉在炉膛内的燃烧过程大致可分为三个阶段。

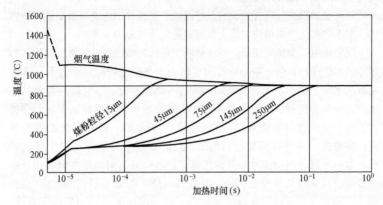

图 2-2 煤粉粒子升温过程

1. 着火前的准备阶段

煤粉进入炉膛至着火前这一阶段为着火前的准备阶段。在此阶段内，煤粉中的水分要蒸发，挥发分要析出，煤粉的温度也要升高至着火温度。可见，着火前的准备阶段是一个吸热阶段。影响着火速度的因素除了燃烧器本身结构外，主要是炉内热烟气对煤粉气流的加热强度、煤粉气流的数量与温度以及煤粉性质和浓度等。

2. 燃烧阶段

当煤粉温度升高至着火点，而煤粉浓度又适合时，开始着火燃烧，进入燃烧阶段。开始时挥发分首先着火燃烧，并放出大量热量；这些热量对焦炭直接加热，使焦炭也迅速燃烧起来。燃烧阶段是一个强烈放热阶段，这一阶段进行的快慢（燃烧速度）主要取决于燃料与氧气的化学反应速度和氧气对燃料的供应速度。当炉内温度很高，氧气供应充足而气粉混合强烈时，燃烧速度就快。

3. 燃尽阶段

燃烧阶段未燃尽而被灰包围的少量固定碳在燃尽阶段继续燃烧，直到燃尽。此阶段是在氧气供应不足、气粉混合较弱、炉内温度较低的情况下进行的，因而其过程需要时间较长。

应该说明，以上三个阶段既是串联的，又是交错的，即使对一颗煤粒来说也是这样。如挥发分在燃烧的同时还在不断析出，而焦炭在燃烧时就形成灰渣。

对应于煤粉燃烧的三个阶段，可以在炉膛中划分出着火区、燃烧区与燃尽区三个区。由于燃烧的三个阶段不是截然分开的，因而对应的三个区也没有明确的界限。大致可以认为：燃烧器出口附近是着火区，炉膛中部与燃烧器同一水平的区域以及稍高的区域是燃烧区，高于燃烧区直至炉膛出口的区域都是燃尽区。其中着火区很短，燃烧区也不长，而燃尽区却比较长。根据 $R_{90}=5\%$ 的煤粉的试验，其中 97% 的可燃质是在 25% 的时间内燃尽的，而其余 3% 的可燃质却要 75% 的时间才燃尽。

二、燃烧条件

煤粉在炉膛内燃烧，既要燃烧稳定，又要有较高的效率。要做到燃料燃烧迅速而完全必须具备下列四个条件，称燃烧四要素。

1. 炉膛内维持足够高的温度

燃料燃烧的速度和完全程度与炉膛温度有关。炉温过低，燃烧反应缓慢，也使燃烧不完全。炉温越高，燃烧越快，着火区周围温度高可促使煤粉着火快。当温度过高时，虽对燃烧反应有利，但也会加快燃烧逆反应的进行，使已经生成的燃烧产物 CO_2 和 H_2O，又分解成 CO 和 H_2，造成燃烧程度降低。

2. 供给适当的空气

要达到完全燃烧就必须供给燃料在炉膛燃烧所需的空气量。如果空气供给不足，将会造成不完全燃烧损失；空气量供给过多，使炉膛温度降低，同时会引起燃烧不完全，增大排烟热损失。

3. 燃料与空气的良好混合

煤粉是由一次风携带进入炉膛的，由于烟气的混入，一次风温度很快提高到煤粉的着火点，使煤粉着火燃烧。一次风量不可过大，混入的热烟气因温度高、量大，能使一次风很快升温、着火。当然，不分一、二次风，所有风一起送入煤粉炉膛，对燃烧更不利。

一次风量一般应满足挥发分燃烧的需要。因此，煤粉着火后，一次风很快消耗完，这时，二次风必须及时地加入并与煤粉混合。

炉内混合是否良好，还取决于炉内气体流动的情况，即所谓炉内的空气动力工况。一般情况下，炉内往往形成旋转气流，以促使气粉充分混合。

可以看出，燃料和空气的混合是否良好，对能否达到完全燃烧是非常关键的，它取决于炉内空气动力工况、燃烧方法、炉膛结构、燃烧器工作状况等。

4. 足够的燃烧时间

煤粉由着火到燃烧完毕，需要一定的时间。煤粉从燃烧器出口到炉膛

第二章 燃料及燃烧理论基础

出口经历的时间为2~3s，在这段时间内煤粉必须完全燃烧掉，否则到了炉膛出口处，因受热面多，烟气温度下降很快，燃烧就会停止，从而加大了不完全燃烧热损失。为使煤粉在此期间内完全燃烧掉，除了保持炉内火焰充满度和足够的空间外，要尽量缩短着火与燃烧阶段所需的时间。

第三节　煤粉的燃烧过程

　　煤粉的燃烧可以分成着火前的准备阶段、燃烧阶段、燃尽阶段三个阶段。煤粉在炉膛内，必须在短短的2s左右的时间内，经过这三个阶段，将可燃质基本烧完。

一、煤粉的燃烧过程

　　图2-3表示着火区、燃烧区、燃尽区三个区域的火炬工况，由图可见：气流温度 θ 的变化是在着火区和燃烧区中温度上升，在燃尽区中温度下降。气流进入炉膛时温度很低，吸收了炉内热量温度升高，到着火点就开始着火；随着着火煤粉的加多，温度上升速度加快。当可燃物质开始大量燃烧，温度突然很快上升时，可以认为气流进入燃烧区。如果是绝热燃烧，火焰的理论燃烧温度可达2000℃左右，但是炉膛周围有水冷壁不断吸热，所以炉膛中心温度只升高到1600℃左右。当大部分可燃质烧掉后，气流温度开始下降，这时可以认为进入燃尽区。在燃尽区内，燃烧放热很少。而水冷壁仍在不断吸热，故烟气温度逐渐下降，到炉膛出口降至1100℃左右。

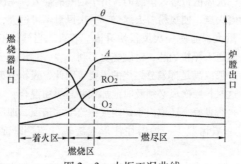

图2-3　火炬工况曲线

θ—汽流温度；A—煤粉颗粒中的灰分；RO_2—气体中 RO_2 的含量；

O_2—气体中 O_2 的含量

　　煤粉中的灰分质量占煤粉质量的百分比 A 在整个过程中是不断增大的。在着火区，由于水分、挥发分析出，灰分的百分比逐渐增加；到燃烧区，由于固定碳大量燃烧，使灰分的百分比大大增加；到燃尽区，燃烧减缓，灰分的增加也变慢；到炉膛出口，飞灰中仍会有很少量未燃尽的碳，但一般不超过飞灰总量的5%，而灰分则高达95%左右。

氧气占气流容积的百分比在整个过程中不断减少，但在燃烧区减少得很快。燃烧产物二氧化碳和二氧化硫占气流容积的百分比在整个过程中不断增加，但在燃烧区增加得特别快。O_2在燃烧器出口处约为21%，到炉膛出口处下降到2%~4%。RO_2在燃烧器出口处约为零，到炉膛出口处上升到16%~17%。

总之，火炬工况在燃烧区都有剧烈变化，而在着火区，尤其是在燃尽区变化较缓慢。由此可见，燃烧过程的关键是燃烧阶段。但是燃烧阶段是由着火阶段发展来的，没有迅速的着火也就不会有迅速而完全的燃烧。因此，讨论燃烧过程，总是要讨论着火问题和着火后的燃烧问题。

二、煤粉气流的着火

煤粉气流最好能在离燃烧器约200~300mm处着火。着火太迟，会使火焰中心上移，造成炉膛上部结渣，过热蒸汽温度、再热蒸汽温度偏高，不完全燃烧损失增大。着火太早，则可能烧坏燃烧器或使燃烧器周围结渣。

煤粉气流的着火热源来自两个方面，一是卷吸炉膛高温烟气而产生的对流换热，二是炉内高温火焰的辐射换热，两者中前者为主。通过这两种换热，使进入炉膛的煤粉气流温度迅速提高，当温度上升到某一数值时，煤粉开始燃烧，煤粉开始燃烧的温度称为着火温度。

煤粉在不同的条件下着火温度也不相同，试验资料表明煤粉气流的着火温度主要与三个因素有关。

（1）一般来说，煤的挥发分愈低，着火温度愈高，即不容易着火。对于紊流条件下的煤粉气流，褐煤的着火温度为400~500℃；烟煤为500~600℃；贫煤和无烟煤为700~800℃。

（2）煤粉细度 R 愈大，即煤粉愈粗，着火温度也愈高。

（3）煤粉气流的流动结构对着火温度也有影响，煤粉气流在紊流或层流条件下的着火也是有差别的。

在煤粉炉中除着火温度外，还有火焰传播速度的影响。着火是从局部开始蔓延的，火焰传播速度涉及着火的稳定性。如某一煤种的火焰传播速度较低，而一次风速又选择得过高，着火就不稳定，甚至发生灭火。对于一定的煤，影响火焰传播速度的因素有四点，见图2-4。

（1）煤的挥发分愈低，火焰传播速度也愈低，火焰也愈不稳定。

（2）煤的灰分愈高，火焰传播速度也愈低。

（3）对不同煤种有一个最佳的气粉比（即火焰传播速度最大的气粉比），挥发分愈低、灰分愈高的煤，最佳气粉比愈低。

（4）煤粉细度值 R 愈高，火焰传播速度愈低。

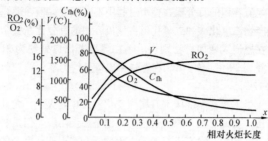

图 2-4　煤粉空气混合物的风粉比对火焰传播速度的影响

三、煤粉气流着火后的燃烧

1. 燃烧速度与燃烧程度

燃烧速度表现为单位时间烧去燃料量的多少。燃烧程度即燃烧完全的程度，表现为烟气离开炉膛时可燃质带走的多少。燃烧程度越高，则烟气中的可燃质越少，燃烧损失越小。一是氧和碳化合的速度，称为化学反应速度，其大小主要取决于温度的高低；另一个是氧气供应速度，称为物理混合速度，其大小主要取决于炉内气体的扩散情况，或者说取决于氧气与碳混合的情况。这两个因素缺一不可。因此，要炉内燃烧迅速，必须炉温较高，且气粉混合充分。

2. 扩散燃烧与动力燃烧

当温度较高、化学反应速度很快而物理混合速度相对较小时，燃烧的速度取决于炉内气体的扩散情况，这种燃烧情况称为扩散燃烧，或者说燃烧处于扩散区。

当温度较低、化学反应速度较慢而物理混合速度相对较快时，燃烧的速度取决于炉内温度，这种燃烧情况称为动力燃烧，或者说燃烧处于动力区。

当温度不很高又不很低而与混合情况适应时，燃烧速度既与温度有关，又与气粉混合速度有关，这种燃烧情况称为过渡燃烧（中间燃烧），或者称为燃烧处于过渡区。

为了说明燃烧的扩散区与动力区，只讨论一下焦炭粒在静止状态下的燃烧情况。

焦炭在燃烧过程中，一般都有以下几种化学反应：

完全氧化反应　　　　　　$C + O_2 \longrightarrow CO_2$
不完全氧化反应　　　　　$2C + O_2 \longrightarrow 2CO$
还原反应　　　　　　　　$C + CO_2 \longrightarrow 2CO$

随着温度的升高，静止炭粒的燃烧是从氧化反应的动力区过渡到氧化反应的扩散区，然后再进入还原反应的动力区，最后到还原反应的扩散区。该过程可用图 2－5 表示，图中曲线 Ⅰ 是氧化反应动力燃烧曲线，曲线 Ⅱ 是还原反应动力燃烧曲线。

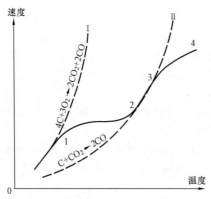

图 2－5　炭粒的燃烧反应速度与温度的关系

当温度为 600 ~ 800℃时，燃烧反应主要是氧化反应，既有完全氧化反应又有不完全氧化反应。两者合起来，得到以下反应式

$$4C + 3O_2 \longrightarrow 2CO_2 + 2CO$$

在这个温度范围内，燃烧速度取决于温度，温度越高，燃烧速度越快，见图 2－5 中的曲线 0→1。

当温度为 800 ~ 1200℃时。这时的化学反应与上述低温时的相同，但反应速度加快，在碳的表面，氧与碳作用后，生成 CO_2 与 CO，同时向外扩散，CO 遇到 O_2 立即进一步氧化成 CO_2，这样就形成了 CO 火焰面。与 CO 作用后剩余的 O_2，继续扩散，才能到达碳表面，与碳继续化合。在这个温度范围内，氧气的扩散速度跟不上化学反应的速度，燃烧速度主要取决于氧的扩散能力，见图 2－5 中的曲线 1→2。

当温度为 800 ~ 1200℃时，还原反应加强，而产生的 CO 增多，把周围的 O_2 用完，O_2 到达不了碳表面。这时，在碳表面的反应是 CO_2 向内扩散与碳起作用，生成 CO，即 $C + CO_2 \longrightarrow 2CO$。由于这是吸热反应，所以温度越高，反应速度越快，见图 2－5 中的曲线 2→3。

当温度更高时，CO_2的扩散速度跟不上还原反应的速度，因而此时的燃烧速度取决于CO_2的扩散能力，见图 2－5 中的曲线 3→4。

3. 炭粒在炉内的燃烧

炭粒在炉内是随着气流不断运动的。由于炭粒的运动速度较低，加上气流的方向不断变化，因此，气流与炭粒之间有相对运动，也就是气流不断冲刷炭粒。在炭粒的迎风面上发生如下反应

$$4C + 3O_2 = 2CO_2 + 2CO$$

$$3C + 2O_2 = CO_2 + 2CO$$

由于气流的冲刷，CO 来不及燃烧就被气流带走，到后面后与 O_2 化合成 CO_2，便形成了背风面的 CO 火焰面。

在炭粒的背风面上充满了 CO_2 和 CO，但缺乏 O_2，当温度很高时，产生还原反应，即 $C + CO_2 = 2CO$，而 CO 又在火焰面上与 O_2 化合而生成 CO_2。

当温度不很高时，这种还原反应并不显著，炭粒的背风面也参加燃烧，即 CO 再与 O_2 化合成 CO_2。

总之，炭粒在气流冲刷时的燃烧要比相对静止时迅速得多。

当炭粒处于缺氧气氛中时，它只能和 CO_2、H_2O 相遇而产生还原反应，即

$$C + CO_2 = 2CO$$

$$C + H_2O = CO + H_2$$

这些反应都是吸热反应，吸热使炭粒温度下降，反应速度降低。因此除非炉温很高有大量热量供给时可产生这种吸热反应以外，一般炭粒在还原气氛中难以燃烧。

四、影响煤粉气流着火与燃烧的因素

煤粉气流进入炉膛后应迅速着火，着火后又应迅速、完全地燃烧。要做到这些要求，必须对影响着火与燃烧的因素进行分析。

1. 煤的挥发分与灰分

挥发分的多少对煤的着火和燃烧影响很大。挥发分低的煤，着火温度高，煤粉进入炉膛后，加热到着火温度所需要的热量比较多，时间比较长。所以，当燃用无烟煤、贫煤等低挥发分煤种时，为迅速着火，应采取提高着火区温度、吸取更多的高温烟气等措施。挥发分高的煤着火是比较容易的，这时应注意着火不要太早，以免造成结渣或烧坏燃烧器。挥发分低的煤燃烧完全所需要的时间长。挥发分高的煤，焦炭所占分量较小，当挥发分逸出后，焦炭比较疏松，容易烧透，所以燃烧速度

较快。

灰分多的煤，着火速度慢，对着火稳定性不利，而且燃烧时灰壳对焦炭核的燃尽有阻碍作用，所以不易烧透。

2. 煤粉细度

煤粉越细，总表面积越大，挥发分析出较快，着火可提前些。煤粉越细，燃烧越完全。另外，煤粉的均匀性指数 n 越小，粗煤粉越多，会降低燃烧的完全程度。因此烧挥发分低的煤时，应该用较细的、较均匀的煤粉。

3. 炉膛温度

炉膛温度高，燃烧器根部回流或补入的热烟气温度也高，着火点可以提前。所以炉膛温度高燃烧迅速，也容易燃烧完全。但是，炉膛温度过高，会造成炉内结渣。

燃用低挥发分煤时，应适当提高炉温。为此。可以采用热风送粉、敷设卫燃烧带、保持较高负荷等方法来提高炉温。

燃用挥发分高而灰的熔融温度又较低的煤时，可以适当降低炉膛温度。

4. 空气量

空气量过大，炉膛温度要下降，对着火和燃烧都不利。空气量过小则燃烧不完全。因此，保持适当的空气量很重要。从提高锅炉的效率角度来看，应保持最佳的过量空气系数。

5. 一次风与二次风的配合

一次风量以能满足挥发分的燃烧为原则。一次风量和一次风速提高都对着火不利。一次风量占总空气量的份额称为一次风率。一次风量增加将使煤粉气流加热到着火温度所需的热量增加，着火点推迟。一次风速高，着火点靠后，一次风速过低，会造成一次风管堵塞，而且着火点靠前，还可能烧坏燃烧器。一次风温高，煤粉气流达到着火点所需的热量少，着火点提前。

二次风混入一次风的时间要合适。如果在着火前就混入，就等于增加了一次风量，使着火点延后；如果二次风过迟混入，又会使着火后的燃烧缺氧。所以二次风应在着火后及时混入。二次风同时全部混入一次风，对燃烧也是不利的。因为二次风的温度大大低于火焰温度，大量低温二次风混入会降低火焰温度，使燃烧速度降低，甚至造成灭火。因此，二次风最好能分批混入着火后的气流，做到使燃烧既不缺氧，又不会降低火焰温度。

二次风速一般应大于一次风速。二次风速比较高，才能使空气与煤粉充分混合。但是，二次风速不能比一次风速大得过多，否则，会迅速吸引一次风（大量卷吸周围介质形成高负压区），使混合提前，以致影响着火。

总之，二次风的混入应该及时、分批、强烈，才能使混合充分、燃烧迅速而完全。

燃用低挥发分煤时，应提高一次风温，适当降低一次风速，选用较小的一次风率，并应分批送入二次风。这样，对煤粉着火和燃烧有利。

燃烧高挥发分煤时，一次风温应低些，一次风速、风率大些。有时也可有意识地使二次风混入一次风时间早些，将着火点推后，以避免结渣或烧坏燃烧器。

6. 燃烧时间

燃烧时间对煤粉燃烧完全程度影响很大。燃烧时间的长短取决于炉膛容积的大小，一般来说，容积越大，煤粉在炉膛中的飞行时间越长。除此以外，燃烧时间的长短还与炉膛火焰充满程度有关。炉膛火焰充满程度差，就等于缩小了炉膛的容积，即缩短了煤粉在炉膛中停留的时间。燃用低挥发分的煤时，应适当加大炉膛容积，以延长燃烧时间。

7. 炉膛高温烟气对煤粉气流的加热

采用旋流燃烧器时，提高旋流强度，从而加大回流区，可以有更多的高温烟气回流，使着火点提前。燃烧低挥发分煤时，燃烧器的旋流强度应大些。

采用直流燃烧器时，加大气流的迎火周界（气流断面的周界），使气流边沿有较多煤粉直接接触高温烟气，可以使着火点提前。燃烧低挥发分煤时，应适当加大迎火周界。

煤粉燃烧器是煤粉炉的主要燃烧设备。携带煤粉的一次风和不带煤粉的二次风都经燃烧器喷入炉膛，并使煤粉在炉膛中很好地着火和燃烧。因而，燃烧器的性能对燃烧的稳定影响较大。

五、强化燃烧的措施

根据以上对煤粉气流燃烧影响因素的分析，要强化燃烧，必须强化各个阶段，特别是着火和燃尽阶段。缩短着火阶段可以增加燃尽阶段的时间和空间，同时还必须特别注意强化炭粒的燃尽，因为它占了燃烧过程的大部分时间和空间。目前一般采用的强化燃烧的措施如下：

（1）提高热风温度。有助于提高炉内温度，加速煤粉的燃烧和燃尽。在烧无烟煤时，空气预热到400℃左右，并采用热风做输送煤粉的一次风，而乏气可送入炉膛作为三次风。

（2）保持适当的空气量并限制一次风量。空气量过大，炉膛温度要下降，对着火和燃烧都不利。因此，保持适当的氧气量是很重要的，从燃烧角度来看应保持最佳的过量空气系数。

一次风量必须能保证化学反应过程的发展，以及着火区中煤粉局部燃烧的需要。

在燃烧煤粉时，首先着火的是挥发分和空气所组成的可燃混合物，为了使可燃混合物的着火条件最有利，必须保持适当的氧气浓度。因此，对挥发分多的煤粉一次风率可大一些，而对挥发分少的无烟煤和贫煤，一次风率应小些。

（3）选择适当的气流速度。降低一次风速度可以使煤粉气流在离开燃烧的不远处开始着火，但该速度必须保证煤粉气流和热烟气强烈混合，当气流速度太低时，燃烧中心过分接近燃烧器喷口，将烧坏燃烧器，并引起燃烧器四周结渣。二次风速一般均应大于一次风速，二次风速较高，才能使空气与煤粉充分混合。但是二次风又不能比一次风速大得太多，否则会迅速吸引一次风，使混合提前，以致影响着火。

（4）合理送入二次风。二次风混入一次风的时间要合适。如果在着火前混入，会使着火延迟；如果二次风过迟混入，又会使着火后的燃烧缺氧。所以，着火后二次风应及时混入。二次风同时全部混入一次风对燃烧也不利，因为二次风温大大低于火焰温度，使大量低温的二次风混入会降低火焰温度，减慢燃烧速度。二次风最好能按燃烧区域的需要及时分批送入，做到使燃烧不缺氧，又不会降低火焰温度，达到燃烧完全。

（5）在着火区保持高温。加强气流中高温烟气的卷吸，使火炬形成较大的高温烟气涡流区，这是强烈而稳定的着火源，火炬从这个涡流区吸入大量热烟气，能保证稳定着火。

（6）选择适当的煤粉细度。煤粉越细，总表面积越大，挥发分析出越快，越有利于着火的提前和稳定。煤粉越细燃烧也越完全。另外，煤粉均匀性对燃烧也有影响，均匀性差，粗颗粒就多，完全燃烧程度就会降低。燃用无烟煤和贫煤时，应用较细较均匀的煤粉；燃用烟煤和褐煤时，因着火并不困难，煤粉可粗些。

（7）在强化着火阶段的同时必须强化燃烧阶段本身。炭粒燃烧速度取决于两个基本因素，一是温度，二是氧气向炭粒表面的扩散。根据实际情况，燃烧速度受其中一个因素的限制或与两个因素都有关。在燃烧中心，燃烧可能在扩散区进行；而在燃尽区，由于温度低，燃烧可能亦在扩散区进行，因此对燃烧中心地带，应设法加强混合；对火炬尾部应维持足够高的温度。

第四节 固体燃料燃烧计算

锅炉燃料的燃烧计算包括空气量、烟气量、烟气焓以及过量空气系数的计算等，本节主要介绍燃料燃烧所需的空气量及燃料燃烧生成的烟气量的计算。

计算燃料燃烧所需的空气量和生成的烟气量是把空气和烟气当作理想气体看待的。当燃料完全燃烧时，所需的空气称为理论燃烧空气量。在实际运行中，燃料和空气的混合并不十分理想，实际送入的空气量要比理论空气量稍多一些。实际送入的空气量称为实际燃烧空气量。燃烧计算的各参数对分析锅炉运行工况起着较大的作用。现以燃煤为主介绍燃烧计算。

一、燃煤成分、基准及其换算

煤中水分和灰分的含量会随外界条件而变化，其他成分的百分量也将随之变更。所以，在说明煤中各种成分的百分含量时，必须同时注明百分数的基准。常用的基准有以下几种：

（1）收到基（应用基）。以进入锅炉的工作煤为基准表示各种成分的含量，在各成分符号加右下角标"ar"表示

$$C_{ar} + H_{ar} + O_{ar} + N_{ar} + S_{ar} + M_{ar} + A_{ar} = 100\% \qquad (2-5)$$

（2）空气干燥基（分析基）。以自然干燥法去掉外在水分的煤样作为分析基准，在各成分符号加右下角标"ad"来表示

$$C_{ad} + H_{ad} + O_{ad} + N_{ad} + S_{ad} + M_{ad} + A_{ad} = 100\% \qquad (2-6)$$

（3）干燥基。以去掉外在水分和内在水分后的煤样作为基准，在各成分符号加右下角标"d"表示

$$C_d + H_d + O_d + N_d + S_d + A_d = 100\% \qquad (2-7)$$

（4）干燥无灰基（可燃基）。即从煤中除掉水分和灰分后的剩余部分作为试样（其中还有不可燃元素），以此为基准的成分含量，在各成分符号加右下角标"daf"表示

$$C_{daf} + H_{daf} + O_{daf} + N_{daf} + S_{daf} = 100\% \qquad (2-8)$$

二、燃烧所需的空气量（本节所指体积均为标准状态下的体积）

（一）理论空气量 V^0

1kg 收到基燃料完全燃烧时所需要的标准状况下的空气量称为理论空气量。

如上所述，每千克燃料中碳完全燃烧所需氧气量为

$$\frac{22.4}{12} \times \frac{C_{ar}}{100} = 1.866 \times \frac{C_{ar}}{100} \ (m^3) \quad\quad (2-9)$$

每千克燃料氢完全燃烧时所需氧气量为

$$\frac{22.4}{4 \times 1.008} \times \frac{H_{ar}}{100} = 5.55 \times \frac{H_{ar}}{100} \ (m^3) \quad\quad (2-10)$$

每千克燃料硫完全燃烧时所需的氧气量为

$$\frac{22.4}{32} \times \frac{S_{ar}}{100} = 0.7 \times \frac{S_{ar}}{100} \ (m^3) \quad\quad (2-11)$$

每千克燃料中的氧量为

$$\frac{22.4}{32} \times \frac{O_{ar}}{100} = 0.7 \times \frac{O_{ar}}{100} \quad (m^3) \quad\quad (2-12)$$

每千克燃料完全燃烧时，所需的理论氧气量为

$$1.866 \times \frac{C_{ar}}{100} + 5.55 \times \frac{H_{ar}}{100} + 0.7 \times \frac{S_{ar}}{100} + 0.7 \times \frac{O_{ar}}{100} \quad\quad (2-13)$$

故理论燃烧空气量为

$$V^0 = \frac{1}{0.21}\left(1.866 \times \frac{C_{ar}}{100} + 5.55 \times \frac{H_{ar}}{100} + 0.7 \times \frac{S_{ar}}{100} + 0.7 \times \frac{O_{ar}}{100}\right)$$

$$= 0.0899C_{ar} + 0.265H_{ar} + 0.0333S_{ar} + 0.0333O_{ar} \ (m^3/kg) \quad (2-14)$$

（二）过量空气系数

锅炉运行中影响燃料完全燃烧的因素很多，为了减少不完全燃烧，使燃料与空气能够充分混合，实际送入炉内的空气量总是要比理论燃烧空气量多一些。实际供给的空气量与理论燃烧空气量的比值称为过量空气系数 α，其表达式为

$$\alpha = \frac{V_k}{V^0} \quad\quad (2-15)$$

式中　V_k——实际空气量，m^3/kg。

最佳炉膛出口过量空气系数 α_1 与锅炉类型、燃烧方式、燃料种类、燃烧设备的结构等因素有关，设计推荐值见表 2－3。

表 2－3　　　　　炉膛出口过量空气系数推荐值

燃料及燃烧设备类型	固态排渣煤粉炉		链条炉	沸腾炉	燃油及燃气炉	
	无烟煤、贫煤及劣质烟煤	烟煤、褐煤	各种煤	各种煤	平衡通风	微正压
α_1	1.20～1.25	1.15～1.20	1.3～1.5	1.1～1.2	1.08～1.10	1.05～1.07

三、燃料燃烧生成的烟气量

（一）理论烟气量

当 $\alpha = 1$ 时，燃料完全燃烧所生成的烟气量称为理论烟气量。完全燃烧时的烟气量是以 1kg 燃料为基础的燃烧反应进行计算的，对于固体或液体燃料为

$$V_y^0 = V_{SO_2} + V_{CO_2} + V_{N_2} + V_{H_2O} \qquad (2-16)$$

式中　　V_y^0——理论烟气量，m^3/kg；

V_{SO_2}、V_{CO_2}——烟气中的二氧化硫、二氧化碳分容积，m^3/kg；

V_{N_2}、V_{H_2O}——理论氮容积、理论水蒸气容积，m^3/kg。

式（2-16）中的 V_{SO_2}、V_{CO_2} 之和可用三原子气体容积 V_{RO_2} 表示，故可改写成

$$V_y^0 = V_{RO_2}^0 + V_{N_2}^0 + V_{H_2O}^0 \qquad (2-17)$$

1. 三原子气体的计算

燃料中 C 和 S 完全燃烧时生成 V_{RO_2} 的容积为

$$V_{RO_2} = V_{CO_2} + V_{SO_2} = 1.866 \times \frac{C_{ar}}{100} + 0.7 \times \frac{S_{ar}}{100}$$

$$= 1.866 \left(\frac{C_{ar} + 0.375 S_{ar}}{100} \right) \qquad (2-18)$$

2. 氮气容积的计算

烟气中的氮来源于燃料本身所含的氮与理论空气中所含的氮，即

$$V_{N_2}^0 = 0.79 V^0 + 0.8 \times \frac{N_{ar}}{100} \qquad (2-19)$$

3. 理论水蒸气容积的计算

理论水蒸气容积由三部分组成，分别是

（1）燃料中氢完全燃烧生成的水蒸气，计算公式为

$$11.1 \times \frac{H_{ar}}{100} = 0.111 H_{ar} \ (m^3/kg) \qquad (2-20)$$

（2）燃料中水分形成的水蒸气，计算公式为

$$\frac{22.4}{18} \times \frac{M_{ar}}{100} = 0.0124 M_{ar} \ (m^3/kg) \qquad (2-21)$$

（3）理论空气带入的水蒸气。

1kg 干空气带入的水蒸气一般为 10g，每标准立方米带入的水蒸气容积为

锅炉设备运行（第二版）

$$1.293 \times \frac{10}{1000} \times \frac{22.4}{18} = 0.0161 \qquad (2-22)$$

入炉理论空气量带入的水蒸气容积为 $0.0161V^0$，理论水蒸气容积为

$$V^0_{H_2O} = 0.111H_{ar} + 0.0124M_{ar} + 0.0161V^0 \qquad (2-23)$$

（二）实际烟气量

锅炉实际燃烧过程中，为了有利于完全燃烧，送入炉内的空气量均大于理论需要量，即 $\alpha > 1$，这部分过剩的空气量不参与燃烧化学反应直接进入烟气中，并带入一部分水蒸气。这样实际烟气量即为理论烟气量、过剩空气量和所带入的水蒸气之和，即

$$\begin{aligned} V_y &= V^0_y + (\alpha-1)\ V^0 + 0.0161\ (\alpha-1)\ V^0 \\ &= V^0_y + 1.0161\ (\alpha-1)\ V^0 \end{aligned} \qquad (2-24)$$

四、根据烟气分析法确定过量空气系数、漏风量及烟气量

锅炉运行中往往需了解其用风的合理性、漏风状况及生成的烟气量，而运行锅炉产生的烟气成分是可以实际测量的。

（一）烟气中一氧化碳与三原子气体最大值的确定

若用气体分析仪测得 RO_2 与 O_2 的最大含量时，可用式（2-25）计算一氧化碳含量

$$CO = \frac{(21-O_2) - (1-\beta)RO_2}{0.605 + \beta} (\%) \qquad (2-25)$$

$$\beta = 2.35 \frac{H_{ar} - 0.126O_{ar} + 0.038N_{ar}}{C_{ar} + 0.375S_{ar}} \qquad (2-26)$$

式中 β——燃料特性系数。

当 $\alpha = 1$ 并且燃料完全燃烧时，$CO = 0$、$O_2 = 0$，生成的 RO_2 为最大值，即

$$RO_{2,max} = \frac{21}{1+\beta} \quad (\%) \qquad (2-27)$$

常用燃料的 β 和 RO_2 最大值见表 2-4。

表 2-4　　　　常用燃料的 β 和 RO_2 最大值

燃料	β	RO_2最大值	燃料	β	RO_2最大值
无烟煤	0.05 ~ 0.1	19 ~ 20	褐煤	0.055 ~ 0.125	18.5 ~ 20
烟煤	0.1 ~ 0.135	18.5 ~ 19	重油	0.30	16.1
贫煤	0.09 ~ 0.15	18 ~ 19.5	天然气	0.78	11.8

（二）用烟气分析确定过量空气系数

当前投运的大容量锅炉燃烧工况都比较好，燃尽程度很高，运行正常时烟气中的一氧化碳含量极少，可按完全燃烧考虑，此时可分析推导得出过量空气系数的计算公式为

$$\alpha = \frac{RO_{2,max}}{RO_2} \qquad (2-28)$$

或

$$\alpha = \frac{21}{21 - O_2} \qquad (2-29)$$

（三）漏风系数和漏风量的计算

当前运行的锅炉，一般都采用负压燃烧的方式，在锅炉炉膛和烟道的不严密处可以漏入外界的冷空气（空气预热器由空气侧漏入烟气侧的）。烟道内漏入的空气量 ΔV_K 与理论空气燃烧量 V^0 之比，称为该段烟道的漏风系数 $\Delta \alpha$，即

$$\Delta \alpha = \frac{\Delta V_k}{V^0} \qquad (2-30)$$

一般设计锅炉烟道各部漏风系数见表 2-5。

表 2-5　　　锅炉各部分烟道的漏风系数 $\Delta \alpha$

烟道名称	炉膛		对流受热面				
	光管式水冷壁	膜式水冷壁	凝渣管、屏式过热器	第一级过热器、再热器，直流炉过渡区	每级或每段省煤器	空气预热器	
						每级或每段管式	回转式
$\Delta \alpha$	0.1	0.05	0	0.03	0.02	0.03	0.1~0.2

锅炉烟道漏风系数可用直接测取烟道各段出、入口烟气含氧量的方法计算，即

$$\Delta \alpha = 21 \left(\frac{1}{21 - O_2''} - \frac{1}{21 - O_2'} \right) \qquad (2-31)$$

式中　O_2'、O_2''——某段烟道进、出口烟气中氧的百分含量。

锅炉各段烟道每小时的漏风量即可用式（2-32）进行计算

$$\Delta V = \Delta \alpha B V^0 \qquad (2-32)$$

式中　ΔV——某段烟道每小时的漏风量，m^3/kg；

　　　$\Delta \alpha$——某段烟道的漏风系数；

　　　B——实际燃料消耗量，kg/h；

V^0——理论空气量，m^3/kg。

（四）用烟气分析计算烟气量

有了运行锅炉的烟气分析结果，还可以计算运行锅炉的烟气量。实际烟气量等于干烟气容积加烟气中的水蒸气容积，可写作

$$V_y = V_{gy} + V_{H_2O} \qquad (2-33)$$

1. 干烟气容积计算

当燃料中的碳燃烧后全部生成一氧化碳和二氧化碳时，从烟气分析中可分析出其百分含量，即有

$$RO_2 = \frac{V_{RO_2}}{V_{gy}} \times 100 \ (\%) \qquad (2-34)$$

$$CO = \frac{V_{CO}}{V_{gy}} \times 100 \ (\%) \qquad (2-35)$$

将两式相加，建立如下关系式

$$RO_2 + CO = \frac{V_{RO_2}}{V_{gy}} \times 100 + \frac{V_{CO}}{V_{gy}} \times 100$$

$$= \frac{V_{CO_2} + V_{SO_2} + V_{CO}}{V_{gy}} \times 100 \ (\%) \qquad (2-36)$$

$$V_{gy} = \frac{V_{CO_2} + V_{SO_2} + V_{CO}}{RO_2 + CO} \times 100 \ (m^3/kg) \qquad (2-37)$$

每千克碳燃烧后，不论生成一氧化碳还是二氧化碳，其烟气容积均为 $1.866m^3$，则燃料中的碳生成的一氧化碳和二氧化碳的容积为

$$V_{CO_2} + V_{CO} = 1.866 \times \frac{C_{ar}}{100} \ (m^3/kg) \qquad (2-38)$$

燃料中的硫生成的二氧化硫的容积为

$$V_{SO_2} = 0.7 \times \frac{S_{ar}}{100} \ (m^3/kg) \qquad (2-39)$$

所以干烟气体积为

$$V_{gy} = \frac{1.866 \times \frac{C_{ar}}{100} + 0.7 \times \frac{S_{ar}}{100}}{RO_2 + CO} \times 100$$

$$= \frac{1.866(C_{ar} + 0.375 S_{ar})}{RO_2 + CO} \ (m^3/kg) \qquad (2-40)$$

2. 水蒸气容积计算

水蒸气容积可按式（2-41）计算

第二章 燃料及燃烧理论基础

$$V_{H_2O} = V_{H_2O}^0 + 0.0161(\alpha - 1)V^0$$

$$= 0.111H_{ar} + 0.0124M_{ar} + 0.0161V^0 + 0.0161(\alpha - 1)V^0$$

$$= 0.111H_{ar} + 0.0124M_{ar} + 0.0161\alpha V^0 \ (m^3/kg) \qquad (2-41)$$

3. 实际烟气量计算

用烟气分析计算的实际烟气量为

$$V_y = 1.866 \times \frac{C_{ar} + 0.375S_{ar}}{RO_2 + CO} + 0.111H_{ar} + 0.124M_{ar} + 0.0161V^0 \ (m^3/kg)$$

$$(2-42)$$

锅炉设备运行（第二版）

第三章

锅炉汽水系统组成及工作原理

第一节　锅炉蒸发设备及自然循环原理

蒸发设备的任务是吸收燃料放出的热量，使水蒸发成饱和蒸汽。锅炉蒸发设备由汽包、下降管、供水管、下联箱、受热的水冷壁管、上联箱和汽水导管组成。高参数、大容量锅炉蒸发设备的特点：

（1）随着蒸汽压力的提高，将饱和水变成饱和蒸汽所需要的汽化热减少。因此，对于压力高的锅炉，特别是超高压锅炉，只在炉膛里吸收汽化热，会使烟气冷却不足，炉膛出口烟温升高，从而形成结焦。为了吸收炉膛烟气更多热量，可以将未饱和水送入汽包，即可以把省煤器未完成的任务移一部分给水冷壁来完成。所以，下降管中的水常是未饱和的水。

（2）随着锅炉容量的加大，炉膛容积也要加大，以保证煤粉燃尽。同时，炉膛吸热面积也必须加大，以保证烟气充分冷却，防止结渣。但是，当炉膛的周边尺寸增加时，炉膛容积增加得多而炉膛面积增加得少，因而，锅炉容量越大，蒸发管内的含汽量也越大。

（3）压力越高，饱和水和饱和汽的比重差越小。

以上特点对水循环都有一定的影响。

一、下降管

下降管的作用是把汽包中的水连续不断地送入下联箱供给水冷壁。为了保证水循环的可靠性，下降管都布置在炉外，不受热。

下降管有小直径下降管（即分散下降管）和大直径下降管（即集中下降管）两种。小直径下降管的管径小（如用 $\phi108$、$\phi133$、$\phi159$ 等管子），根数多，故下降管阻力较大，对水循环不利。为了减小阻力，加强循环，节约钢材，简化布置，目前生产的高压、超高压锅炉多采用大直径下降管，送到炉下后再用分配支管与水冷壁下联箱连接。如国产 400t/h 超高压锅炉装有 4~5 根 $\phi419 \times 36mm$ 的大直径下降管，用 44~46 根分配支管与水冷壁下联箱连接。

二、水冷壁

水冷壁是辐射蒸发受热面。现代高参数锅炉基本上不用对流蒸发受热面（对流管束），这是因为水冷壁的受热面热负荷比对流管束的受热面热负荷大得多。受热面热负荷大，就说明传递同样的热量可以用较少的受热面。水冷壁的受热面热负荷一般是 $200 \sim 300 \mathrm{Mcal}/(\mathrm{m}^2 \cdot \mathrm{h})$（$1\mathrm{cal} = 4.1858518\mathrm{J}$），而对流管束的受热面热负荷只有 $30 \sim 60 \mathrm{Mcal}/(\mathrm{m}^2 \cdot \mathrm{h})$。因此，用水冷壁可以大大缩小受热面积，节省金属。

（一）水冷壁的作用

水冷壁主要有以下两方面作用：

（1）依靠火焰对水冷壁的辐射传热，使饱和水蒸发成饱和汽。在有些高压、超高压锅炉中，送入水冷壁的是未饱和水，要在水冷壁中先加热成饱和水，然后再使之蒸发。

（2）保护炉墙。采用水冷壁，炉墙温度大大下降，炉墙不会被烧坏，同时也防止结渣和熔渣对炉墙的侵蚀。采用水冷壁，还可以简化炉墙，用轻型炉墙，使炉墙的质量减小。当采用敷管式炉墙时，水冷壁本身更起着悬吊炉墙的作用。

（二）水冷壁的类型

随着锅炉的类型、参数不同，采用水冷壁的类型也不同。水冷壁的类型可以分为光管式、膜式和刺管式三种。

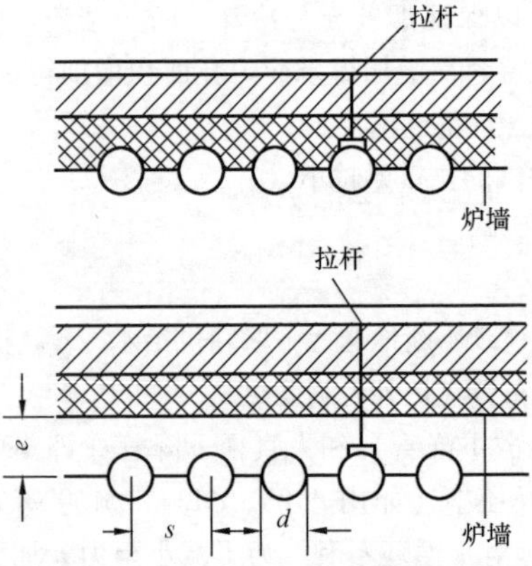

1. 光管水冷壁

光管水冷壁的结构很简单，如图 3-1 所示。水冷壁管排列的紧密程度用管子节距 s（相邻两管中心线之间的距离）与管子外径 d 之比 s/d 表示，其数值的大小与水冷壁的吸热量大小及对炉墙的保护程度有关。s/d 小，即排列紧密，说明在同样大的炉膛内布置的水冷壁管多。水冷壁的总吸热量就大，炉墙也比较安

图 3-1　光管水冷壁结构

全，但炉墙对管子背面的辐射热少，管子利用率差；s/d 大，水冷壁的总吸热量就小，炉墙安全性也较差，但管子利用率高。高压锅炉都尽量采用较小的 s/d 值，一般在 1.1 以下。如国产 220t/h 高压锅炉，水冷壁管为

$\phi 60$ 锅炉，水，管子节距为 64mm，其 s/d 还不到 1.07，管子之间只有 4mm 的间隙。

管子中心线与炉墙内表面的距离用 e 表示，这个数值对水冷壁的吸热量及安全也有影响。e 数值大，由于炉墙内表面对管子背面的辐射热较多，管子吸热量增加，但是，焊在水冷壁管后面的拉杆容易烧坏。管子背面的炉墙上容易结渣。e 数值小，则相反。高压锅炉常采用 $e=0$，亦即管子一半埋在炉墙中，这样组成的敷管式炉墙，施工安装方便，也比较安全。

2. 膜式水冷壁

膜式水冷壁是由鳍片管焊接成的。图 3－2 所示为 400t/h 超高压锅炉上用的水冷壁鳍片管。

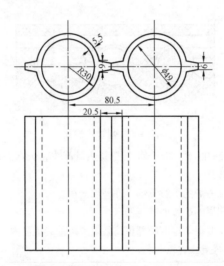

图 3－2　400t/h 超高压锅炉的水冷壁鳍片管（单位：mm）

管子尺寸为 $\phi 60 \times 5$mm，管子中心距为 80.5mm，管两侧的鳍片顶宽 6mm，根宽 9mm。将各管的鳍片顶部焊接起来，整个水冷壁就连成一体，把炉膛周围严密地包围起来，所以称为膜式水冷壁。膜式水冷壁的优点是能用全部面积来吸收炉膛辐射热量，故很彻底保护炉墙；膜式水冷壁的敷管式炉墙，不需要耐火层，只要绝热层和抹面，所以质量小，炉墙结构简化；炉膛漏风大大减少；刚性也较好等。其缺点是管子与鳍片的温差大时易使管子损坏。

膜式水冷壁由于有显著的优点，所以在高压、超高压锅炉中得到广泛应用。除 400t/h 锅炉外，300t/h 高压锅炉、670t/h 超高压锅炉以及 935t/h 和 1000t/h 直流锅炉等都采用膜式水冷壁。

鉴于膜式水冷壁有高度的气密性，为消灭炉膛漏风创造了条件，因而对发展微正压炉是十分重要的，如国产 220t/h 微正压炉就采用了膜式水冷壁。膜式水冷壁的 s/d 约为 $1.3 \sim 1.35$。

3. 刺管水冷壁

刺管水冷壁是用来敷设燃烧带的。刺管水冷壁是在水冷壁管子上焊上许多长 20～25mm、直径 6～12mm 的销钉（抓钉）构成的，所以称为刺管。在刺管水冷壁上敷盖铬矿砂耐火塑料就组成燃烧带。铬矿砂除耐热性能好外，且导热性能也较好，有利于冷却，以免烧坏。刺管水冷壁的结构见图 3－3。

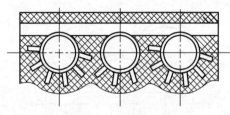

图 3－3　刺管水冷壁

敷设燃烧带的区域，由于水冷壁吸热量减少，炉内温度比较高。因此，燃烧带常用于：

（1）液态排渣炉的炉膛下部，亦即熔渣段。

（2）烧无烟煤的炉膛的燃烧器区。

（3）其他需要提高温度的部位，如旋风炉的旋风筒内。

（三）后水冷壁上部结构

中压锅炉和有些老式高压锅炉，后水冷壁上部在炉子出口处就拉稀成 2～4 排，这样每排管子的节距就增加到原节距的 2～4 倍。这种结构的好处，一方面是形成一个烟气通道；另一方面可以冷却烟气，使烟气中半熔融状态的灰渣迅速凝固下来，以免形成结渣。所以通常把这部分管子称为凝渣管。

高压、超高压锅炉都有屏式过热器，炉膛出口就是屏式过热器的进口，所以屏式过热器可起到凝渣作用。因此，后水冷壁上部在结构上也发生了变化，管子既不必延伸，更不必拉稀，而是直接和上联箱连接，且有部分管子弯曲成折焰角。进入上联箱的汽水混合物由穿过水平烟道的引出管送入汽包。图 3-4 所示是国产 410t/h 高压锅炉的后水冷壁上部结构。整个后水冷壁共有 208 根直径为 φ60×5mm 的水冷壁管。管子节距为 65mm。在折焰角处，有 88 根管子用三叉管分成两根，一根垂直上升与上联箱连接，一根是弯形管，用来构成折焰角，也通入上联箱。为使汽水混合物主要流经弯形管，也有部分工质流过直管，在直管与上联箱连接处装有节流孔为 φ5 的节流圈。所以，大部分工质走弯形管有利于折焰角的冷却，而小部分工质走直管就保证了直管与弯形管有相应的膨胀量，以减少内应力。这种结构的主要好处是：

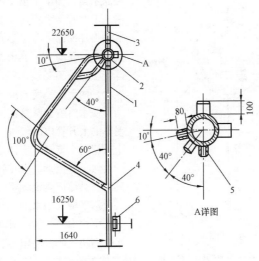

图 3-4 国产 410t/h 高压锅炉的后水冷壁上部结构（单位：mm）
1—水冷壁；2—上联箱；3—汽水混合物引出管；4—三叉管；
5—节流小孔；6—刚性带

（1）增加了水平烟道的长度，为在不增加炉膛深度的情况下给水平烟道各受热面的布置提供了便利。

（2）改善了烟气对屏式过热器的冲刷特性，增加烟气流程，加强烟气混合，使烟气流沿烟道高度分布均匀。

（3）提高了烟气对炉膛上前角的充满程度，因而使该处涡流区减小，使前墙和侧墙水冷壁的吸热能力加强。

后水冷壁上联箱上有 18 根 φ133×10mm 的管子穿过水平烟道通往汽包，这些管子没有凝渣作用，也不能吸收炉膛辐射热，已经成为对流蒸发受热面。它们不但是蒸发受热面的汽水混合物引出管，还是后水冷壁的悬吊管。

三、自然水循环原理

水和汽水混合物在锅炉蒸发受热面的回路中不断流动，称为锅炉的水循环。

在锅炉的水循环回路中，汽水混合物的密度比水的密度少，利用这种密度差而造成水和汽水混合物的循环流动的称为锅炉的自然循环。

图3－5为一简化的自然循环回路示意，图中示出由汽包、下降管、上升管（水冷壁）及下联箱组成的循环回路。由于上升管在炉内受热产生了蒸汽，其密度小，而下降管在炉外不受热，其管中水的密度大，两者的密度差就产生了推动力，使水沿着下降管向下流动，而受热的上升管内的汽水混合物则沿上升管向上流动，这样就形成了水的自然循环流动。水在管中循环流动时，必然产生流动阻力，这些阻力包括下降管中水的流动阻力、上升管中汽水混合物的流动阻力和汽水分离装置的流动阻力。自然循环回路的循环推动力称为运动压头。当循环回路的工质稳定流动时，运动压头的数值正好与循环回路的阻力平衡。运动压头的大小取决于饱和水与饱和汽的密度、上升管中的含汽率和循环回路高度。锅炉压力增高时，相应的饱和水密度减小，饱和蒸汽的密度增大，而水和汽水混合物的密度差减小，组织稳定的水循环就趋向困难。实践和理论证明，对于饱和蒸汽压力为18.6MPa的锅炉，还可以采用自然循环，压力再高，由于密度差减小，就难于保证稳定的水循环，必须采用强制循环，用水泵来推动工质的流动，如直流锅炉和低倍率强制循环锅炉等。

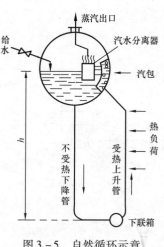

图3－5　自然循环示意

（图中标注：蒸汽出口、给水、汽水分离器、汽包、热负荷、h、不受热下降管、受热上升管、下联箱）

四、自然水循环的安全问题

（一）循环流速与循环倍率

循环流速与循环倍率是循环系统水循环特性计算的结果。运动压头与流动阻力的平衡表现在有稳定的循环流速。在循环回路中，水在饱和温度

下按上升管入口截面计算的水速度称为循环流速，用 ω_0（m/s）表示，即

$$\omega_0 = \frac{G}{3600\rho f} \tag{3-1}$$

式中　G——进入上升管的循环水量，kg/h；

　　　f——上升管的流通截面积，m^2；

　　　ρ——汽包压力下饱和水的密度，kg/m^3。

循环流速的大小，直接反映了管内流动的水将管外传入的热量及所产生蒸汽泡带走的能力。流速大，工质放热系数大，带走的热量多，因此管壁的散热条件较好，金属就不会超温。可见，循环流速的大小是判断水循环好坏的重要指标之一。根据锅炉压力和水冷壁形式循环流速推荐值见表3-1。

表 3-1　　　　　　　　　　**循环水速推荐值**

汽包压力（MPa）	4~6	10~12	14~16	17~19
蒸发量（t/h）	35~240	160~420	400~670	≥800
直接引入汽包的水冷壁（m/s）	0.5~1.0	1.0~1.5	1.0~1.5	1.5~2.5
有上联箱的水冷壁（m/s）	0.4~0.8	0.7~1.0	1.0~1.5	1.5~2.5
双面水冷壁（m/s）	—	1.0~1.5	1.5~2.0	2.5~3.5
锅炉管束（m/s）	0.4~0.7	0.5~1.0	—	—

在自然循环锅炉中，进入上升管的水在流经上升管时并没有全部变成蒸汽，通常只有少部分变成蒸汽，而大部分水回到汽包后，再次进入循环。因此引入水循环好坏的另一个重要指标——循环倍率。循环倍率用 K 表示，其表达式为

$$K = G/D \tag{3-2}$$

K 表示进入上升管的循环水量 G 与上升管蒸发量 D 之比。K 的倒数称为上升管重量含汽率

$$x = D/G = 1/K \tag{3-3}$$

式中　x——上升管重量含汽率或汽水混合物的干度。

循环倍率 x 的意义是：在上升管中每产生 1kg 蒸汽由下面进入管子的水量，或 1kg 水在循环回路中需要经过多少次循环才能全部变成蒸汽。

一个循环回路中的循环流速时常随负荷的变动而不同。上升管受热增强时，其产生的蒸汽量多，截面含汽率增加，运动压头增加，使循环流量增大，故循环流速增大。反之，上升管受热弱时，循环水量减少，循环流

速也减小。

在一定的循环倍率范围内，自然循环回路上升管吸热增加时，循环水量随产汽量相应增加以进行补偿的特性称为作自然水循环的自补偿能力。这一特性对水循环的安全有利，而且也是自然水循环的一大优点。所以合理的自然循环系统，在上升管吸热变化时，锅炉应始终在自补偿特性区段内工作。

运动压头能造成多大的循环流速，这将取决于循环回路的阻力特性。当上升管蒸汽含量增加时（x 增加，K 减小），一方面运动压头增加，另一方面上升管的流动阻力也随着增加。循环流速将取决于这两个因素中变化较大的一个。在开始阶段运动压头的增加大于流动阻力的增加，所以循环流速增加。当循环流速达到最大值以后，再继续增加热负荷，则造成流动阻力的增加大于压头的增加，从而导致循环流速降低。随着热负荷的提高（x 增大），循环流速反而减小，循环失去了自补偿能力。

最大循环流速时的上升管质量含汽率 x 称为界限含汽率，与界限含汽率相对应的循环倍率称为界限循环倍率。为了水循环的安全，推荐的循环倍率应比界限循环倍率大一定数值。界限循环倍率及推荐循环倍率的数值见表 3 - 2。计算所得的循环倍率应当在推荐循环倍率的范围内。

表 3 - 2　　　　　界限循环倍率及推荐循环倍率

汽包压力（MPa）		9.8 ~ 11.8	13.7 ~ 15.7	16.7 ~ 18.6
锅炉蒸发量（t/h）		160 ~ 420	185 ~ 670	≥800
界限循环倍率		5	3	受热最强管 2.5
推荐循环倍率	燃煤	8 ~ 15	5 ~ 8	4 ~ 6
	燃油	7 ~ 12	4 ~ 6	3.5 ~ 5

（二）循环倒流

当受热较弱管子发生水自上而下流动时，称为循环倒流。如倒流速度较大，管中汽泡也被带动一起向下流动，管子有足够的冷却，不会出现问题。但如果水的下流速度较小，汽泡可能沿着受热管壁缓慢流动，甚至长时间附在管壁上不动，或者汽泡时快时慢地向上或向下流动，有可能导致管子损坏。对于水冷壁蒸发管，不允许发生循环倒流。

从循环回路的结构来看，只有汽水混合物引入汽包水容积的上升管，或具有上联箱的水冷壁管，才有发生循环倒流的可能性。

（三）循环停滞

并列上升管是在共同压差下进行的，吸热较弱的管子生成的汽量小，循环流速较低。当流入该上升管的水量仅足以补充因生成的汽量而失去的水量时，就称为循环停滞。

循环停滞时，由于上升管的流速很低，热量的传递主要靠传导。由于热量不能及时被带走，管壁会超温而引起损坏。因此在设计时，要留有一定的余量，不允许发生循环停滞。

（四）汽水分层

当汽水混合物在水平或微倾斜的管子中流动时，由于汽水的密度不同，水倾向于在下面流，汽倾向于在上面流。严重的时候，汽水会分开出现一个清晰的分界面，这种现象称为汽水分层。如汽水混合物的流速较高，搅动作用大于汽水重力作用时，汽水混合得较好，也不会出现汽水分层。

出现汽水分层时，管壁上部温度可能高于下部温度产生壁温差，形成较大的热应力。所以从安全角度出发，应设法防止汽水分层现象出现。防止的方法是尽可能避免布置水平或倾斜度小于15°的沸腾管。在结构上必须采用时，要求保证其汽水混合物具有必需的最小允许流速。

第二节　过热器与再热器

一、概述

蒸汽过热器是锅炉的重要组成部分，其作用是将饱和蒸汽加热成为具有一定温度的过热蒸汽。

在电力工业的长期发展过程中，蒸汽的初参数（如压力和温度）不断提高，以提高电厂循环的热效率。但是，蒸汽温度的进一步提高受到高温钢材的限制。因此过热器的设计必须确保受热面管子的外壁温度低于钢材的抗氧化允许温度，并保证其机械强度和耐热性。再热循环的采用（相应地在锅炉内装置再热器），一方面可以进一步提高循环的热效率（采用一次再热可使循环热效率提高约4%～6%，二次再热可再提高约2%），另一方面可以使汽轮机末级叶片的蒸汽湿度控制在允许范围内。

蒸汽参数提高，使锅炉受热面的布置也相应发生变化。低压锅炉的蒸汽温度为350～370℃，这时过热蒸汽所需的热量不多，水的蒸发却要求较多的热量，因此，过热器前一般布置有大量对流蒸发管束。中压煤粉炉或重油炉，其炉膛辐射热与所需蒸发热大致相当，过热器一般直接布置在炉膛出口的少量凝渣管束之后。对于高压锅炉，炉内的辐射热已超出所需的蒸发热（由于蒸发热减少），而且过热蒸汽和加热水的热量增加很多，这时必须把一部分过热器受热面布置在炉内，即采用所谓的辐射式和半辐射式过热器。同样，也可把一部分炉内水冷壁作为辐射式省煤器。超高压力、亚临界压力和超临界压力的锅炉，均采用再热循环，蒸汽过热和再热所需的热量越来越大，因而必须采取更多的辐射式和半辐射式过热器，甚至还有采用辐射式或半辐射式再热器的。

过热器和再热器是锅炉里工质温度最高的部件，且过热蒸汽特别是再热蒸汽的吸热能力（冷却管子的能力）较差，如何使管子金属能长期安全工作就成为过热器和再热器设计和运行中的重要问题。为尽量避免采用更高级别的合金钢，设计过热器和再热器时，选用的管子金属几乎都工作于接近其温度的极限值，如果超温 10~20℃ 会使其许用应力下降很多。因此，在过热器和再热器的设计和运行中，应注意如下问题：

（1）运行中应保持汽温稳定。汽温的波动不应超过 ±(5~10)℃。

（2）过热器和再热器要有可靠的调温手段，使运行工况在额定的一定范围内变化时能维持额定的汽温。

（3）尽量防止或减少管子之间的热偏差。

二、过热器与再热器的特性

（一）过热器根据传热方式分类

可分为对流式过热器、半辐射式过热器和辐射式过热器三类。

1. 对流过热器

对流过热器一般布置在对流烟道中，主要吸收烟气对流热量。对流过热器由无缝钢管弯制成蛇形管和两个或两个以上的联箱组成。蛇形管外径为 32~42mm，一般顺列布置，管子横向节距与外径之比 s_1/d 为 2~3，纵向节距与弯管半径有关，一般此节距与管子外径之比 s_2/d 为 1.6~2.5，过热器管子和联箱连接采用焊接。

对流过热器根据蛇形管的布置方式可分为立式和卧式两种。水平烟道中的对流过热器都是立式的（垂直布置），尾部竖井中的对流过热器则采用卧式的（水平布置）。

过热器根据烟气和蒸汽的相对流动方向可分为顺流、逆流、双逆流和混流四种，如图 3-6 所示。顺流布置，壁温最低，传热最差，受热面最多；逆流布置，壁温最高，传热最好，受热面最小；双逆流和混流布置，管壁温度和受热面大小居前两者之间，应用较广。逆流布置较多应用于低烟温区，顺流布置较多应用于高烟温区或过热器的最后一级。图 3-7 所示为过热器结构。

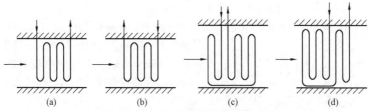

图 3-6 烟气与蒸汽的相对流向

（a）顺流；（b）逆流；（c）双逆流；（d）混合流

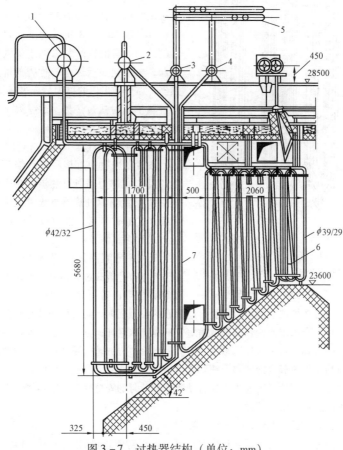

图 3-7 过热器结构（单位：mm）

1—饱和蒸汽联箱；2—第二级过热器出口联箱；3—中间联箱；4—第一级
过热器出口联箱；5—交叉连通管；6—第一级过热器；7—第二级过热器

2. 半辐射式过热器

半辐射式过热器由外径为 32～42mm 的钢管及联箱组成，也称屏式过热器，一般吊悬在炉膛上部或炉膛出口处，既吸收对流热又吸收辐射热，吸收的对流热和辐射热的比例依布置位置而定。屏与屏之间的节距 s_1 一般为 500～1000mm，屏中管数一般 15～30 根，根据所需蒸汽流速确定。每根管子之间的节距 s 和管径之比 s/d 为 1.1～1.25。图 3-8 所示为屏式过热器的结构。有的锅炉装有两组屏式过热器，通常把靠近炉前的称为前屏过热器，靠炉膛出口的称为后屏过热器。前者属于辐射式过热器，后者属于半辐射式过热器。

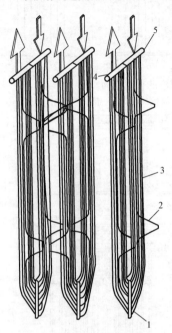

图 3-8　屏式过热器结构示意
1—包扎管；2—连接管；3—屏式过热器管子；4—片屏的出口联箱；5—片屏的进口联箱

3. 辐射式过热器

放置在炉膛中直接吸收火焰辐射热的过热器称为辐射过热器。在大型锅炉中布置辐射过热器可改善汽温调节特性、节省材料。辐射过热器的布置方式很多，除了布置成屏式过热器外，还可以布置在炉膛四周（称为墙式过热器），墙式过热器可布置在炉墙上部，也可以自上而下布置在一面墙

上。布置在炉墙上部可以不受火焰中心的强烈辐射，对工作条件有利，但这使炉下半部水冷壁管的高度缩短，不利于水循环；自上而下布置在一面墙上的过热器对水循环无影响，但靠近火焰中心的管子受热很强。炉膛热负荷高，管内蒸汽冷却差，壁温较高，工作条件差，因此对金属材质有更高的要求，同时还需解决锅炉启动和低负荷时的安全性和过热器管与水冷壁管膨胀不一致的问题。

（二）过热器按布置位置分类

可分为顶棚过热器、包墙过热器、低温对流过热器、分隔屏过热器、后屏过热器、高温对流过热器。

1. 顶棚过热器

布置在炉膛、水平烟道顶部，吸收炉膛火焰辐射热及烟气流中的一小部分辐射热，也吸收烟气的对流热。

2. 包墙管过热器

在大型锅炉中，为了采用悬吊结构和敷管式炉墙，在水平烟道、竖井烟道的内壁像水冷壁那样布置包墙管，其优点是可以将水平烟道和竖井烟道的炉墙直接敷设在包墙管上形成敷管炉墙，从而减轻炉墙重量简化炉墙结构，采用悬吊锅炉构架。但包墙管紧靠炉墙受烟气单面冲刷，而且烟气流速低，故传热效果较差。

3. 低温对流过热器

低温对流过热器布置在竖井烟道后半部（尾部烟道），采用逆流布置对流传热，有垂直布置和水平布置两种布置形式。

4. 分隔屏过热器

布置于炉膛出口处，主要吸收辐射热，其作用是：

（1）对炉膛出口烟气起阻尼和分割导流作用。四角燃烧锅炉，炉膛内气流按逆时针方向旋转时，通常炉膛出口右侧烟温偏高，为了消除出口烟气的残余旋转及烟温偏斜的影响在炉膛上部设置了分隔屏以扰动烟气的残余旋转，使炉膛出口的烟气沿烟道高度方向能分布得比较均匀些。

（2）能降低炉膛出口烟温、避免结渣。

（3）在锅炉放大调节范围内，其过热器出口蒸汽温度可维持在额定数值中。

（4）可有效吸收部分炉膛辐射热量，改善高温过热器管壁温度工况。

5. 后屏过热器

布置在靠近炉膛出口折焰角处，同时吸收辐射热和对流热，属于半辐射式过热器。后屏采用顺流布置，分割屏与后屏之间可左右交叉连接，以降低屏间的热偏差。

6. 高温对流过热器

高温对流过热器布置在折焰角上方、吸收对流热。因高温对流过热器处于烟温和工质温度都相当高的工况下，故采用顺流布置。高温对流过热器为立式布置，悬吊方便，结构简单，管子外壁不易磨损，不易积灰，但管内存水不易排除，在启动初期，如处理不当，可能形成汽塞而导致局部受热面过热。

（三）再热器的结构及作用

随着蒸汽压力的提高，为了减少汽轮机尾部的蒸汽湿度并进一步提高整个发电机组的热经济性，在大型锅炉中普遍采用中间再热系统，即将汽轮机高压缸的排汽引回到锅炉中再加热到高温，然后再送到汽轮机的中压缸中继续膨胀做功，这个加热部件称为再热器。

由于再热蒸汽压力低，蒸汽比体积大、密度小，故放热系数 α_2 比过热蒸汽小得多，例如上海锅炉厂 1025t/h 直流锅炉的过热蒸汽放热系数为 4000W/（$m^2 \cdot ℃$），而再热蒸汽为 800W/（$m^2 \cdot ℃$），因而再热蒸汽对管壁的冷却能力差，管壁温度超过管中蒸汽温度的程度大于过热蒸汽。同时再热系统的经济性受再热系统阻力的影响很大，例如再热系统的阻力增加 0.1MPa，汽轮机热耗增加 0.28%，因此，通常规定系统总阻力不大于再热器进口压力的 10%，即一般不超过 0.2～0.3MPa，其中再热器本身阻力占 50%，因此再热器中的流速是受到限制的。另外，由于再热蒸汽压力低，其比热容较小，因而在同样热偏差条件下，出口汽温的偏差比过热蒸汽要大，而由于受阻力的限制又不能采用过多的交叉措施。综合上述原因，再热器受热面一般应布置在烟温稍低的区域内并且采用较大的管径和多管圈。

1. 再热器的结构

根据蛇形管布置方式的不同，再热器可分为垂直布置和水平布置。立式再热器布置在锅炉的水平烟道中（结构和立式过热器的相似），卧式再热器布置在尾部竖井中（和卧式过热器相似）。二级再热器布置在水平烟道中，采用顺流布置；一级再热器布置在尾部竖井中，受热面采用逆流布置和五管圈形式，由垂直管和蛇形管两部分组成。

再热器的管子一般为光管，由于管内工质的放热系数小，为降低管壁温度，可采用纵向内肋片管，由于纵向内肋片管的内壁面积增大，传热得到改善，可将管壁温度降低 20～30℃。

2. 再热器启、停炉及甩负荷的保护

必须考虑再热器在锅炉启停过程中及汽轮机甩负荷时的保护问题，因为此时蒸汽不流经再热器，再热器的管子得不到蒸汽冷却，就会因过热而损坏。在汽轮机甩负荷时再热器与过热器不同，在过热器中尚可通汽冷却，然后将汽排向大气或冷凝器，而再热器会因汽轮机甩负荷而中断蒸汽来源，使之有烧坏的危险，为了防止发生这种危险，目前采用如下办法：

（1）在过热器与再热器之间装快速动作的减温减压器，在启、停炉和汽轮机甩负荷时将高压过热蒸汽减压减温后送入再热器中进行冷却。再热器出口的蒸汽则再经减温减压装置以后排入冷凝器或大气。

（2）可将再热器布置在进口烟温低于 850℃ 的区域内，并选用合适的钢材，在锅炉启停和汽轮机甩负荷时可允许再热器短时间干烧，因而可省掉蒸汽旁路，使系统简化，节省投资。

（3）采用调节烟气挡板，在锅炉启动或事故工况时用尾部竖井烟道中的烟气挡板调节烟气流量，以保护再热器。

（四）过热器和再热器的汽温特性

所谓汽温特性，是指汽温与锅炉负荷（或工质流量）的关系。

辐射式过热器吸收炉内的直接辐射热。随着锅炉负荷的增加，辐射式过热器中工质的流量和锅炉的燃料消耗量按比例增大，但炉内辐射热并不按比例增加，因为炉内火焰温度的升高并不太高。也就是说，随锅炉负荷的增加，炉内辐射热的份额相对下降，辐射式过热器中蒸汽的焓增减少，出口蒸汽温度下降。当锅炉负荷增大时，将有较多的热烟气离开炉膛，被对流过热器等受热面所吸收；对流过热器中的烟速和烟温提高，过热器中工质的焓增随之增大。因此，对流式过热器的出口汽温是随锅炉负荷的提高而增加的。过热器布置远离炉膛出口时，汽温随锅炉负荷提高而增加的趋势更加明显。

屏式过热器的汽温特性将稍微平稳一些，因为它以炉内辐射和烟气对流两种方式吸收热量。不过，它的汽温特性有可能是在高负荷时对传热占优势，低负荷时辐射传热占优势。高压和超高压锅炉的过热器，虽然是由辐射、半辐射和对流三种吸热方式的过热段组合而成，但辐射吸热的份额不大，整个过热器的汽温特性仍是对流式的，即负荷降低时，出口汽温将下降。

再热器的汽温特性几乎都是对流式的。因为再热器多半布置在对流烟道中，而且常常布置在高温对流过热器之后，此外，负荷降低时，再热器的入口汽温（汽轮机高压缸的排汽温度）还要下降，这使得负荷降低时再热蒸汽温度的下降比过热蒸汽的要严重得多。

三、过热器与再热器的热偏差

过热器和再热器由许多并列管子组成，管子的结构尺寸、内部阻力系数和热负荷可能各不相同，因此，每根管子中蒸汽的焓增也不同，这种现象称为过热器和再热器的热偏差。

过热器和再热器的热偏差主要是由于吸热不均和流量不均所造成的。对于过热器来说，最危险的是热负荷较大而蒸汽流量又较小，因而汽温较高的那些管子。

1. 吸热不均

影响过热器管圈之间吸热不均的因素较多，有结构因素，也有运行因素。受热面的污染（如过热器的结渣或积灰）会使管间吸热严重不均。结渣和积灰不均匀，部分管子的结渣或积灰会使其他管子吸热增加。炉内温度场和热流的不均将影响辐射式和对流式过热器的吸热不均。

炉内温度场和热流均是三维的，炉膛中四面炉壁的热负荷可能各不相同，对于某一壁面，沿其宽度和高度的热负荷差别也较大。沿炉膛宽度温度分布的不均，将会不同程度地在对流烟道中延续下去，也会引起对流过热器的吸热不均；而且，离炉膛出口越近，这种影响就越大。运行中火焰中心的偏斜，四角切向燃烧器所产生的旋转气流在对流烟道中的残余扭转等，也会影响到对流过热器的吸热不均。

一般来说，烟道中部的热负荷较大，沿宽度两侧的热负荷较小，这时，吸热不均系数可能达到 1.1～1.3。如果将烟道沿宽度分为几部分，并在烟道宽度的两侧布置一级过热器，而在烟道中部布置另一级过热器，则过热器中并列管子的吸热不均匀性可减少很多。

2. 流量不均

影响并列管子间流量不均的因素很多，如联箱连接方式不同、并行管圈间重位压头不同、管径及长度差异等。此外，吸热不均也会引起流量的不均。

过热器连接方式的不同，会引起并列管圈进出口端静压的差异。图 3-9 所示为过热器某连接方式。在如图 3-9（a）所示的 Z 形连接的管组

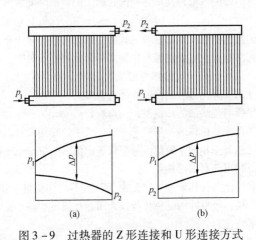

图 3-9　过热器的 Z 形连接和 U 形连接方式
(a) Z 形连接；(b) U 形连接

中，蒸汽由进口联箱左端引入，并从出口联箱的右端导出。在进口联箱中，沿联箱长度方向，工质流量因逐渐分配给蛇形管而不断减少，在进口联箱右端，蒸汽流量下降到最小值。与此相应，动能也沿联箱长度方向逐渐降低，而静压则逐步升高。进口联箱中静压的分布曲线如图 3－9（a）中上曲线所示；出口联箱中的静压变化则如图 3－9（a）中下曲线所示。这样，在 Z 形连接管组中，管圈两端的压差有很大的差异，因而导致较大的流量不均，左边管圈的工质流量最小，右边管圈的流量最大。在如图 3－9（b）所示的 U 形连接管组中，两个联箱内静压的变化有着相同的方向，因此并列管圈之间两端的压差相差较小，其流量不均比 Z 形连接方式要小。可以预期，在多管均匀引入和导出的连接系统中，沿联箱长度静压的变化对流量不均的影响将减小到最低限度。

四、高、低压旁路系统

（一）旁路系统的作用

1. 加快启动速度改善启动条件

大容量单元再热机组普遍采用滑参数启动方式。启动过程中需要不断改变汽压、汽温和流量，以满足汽轮机暖管、冲转、暖机、升速、带负荷的要求。在此过程中应很好地协调汽压、汽温和流量的变化速度，如果单纯靠调整锅炉燃烧是很难达到要求的。设置旁路系统后，可用旁路系统的开度配合锅炉燃烧调整蒸汽参数。此外，在机组热态启动时，还可用旁路系统来提高再热蒸汽或新蒸汽的温度，从而加快启动速度，改善启动条件。

2. 保护锅炉再热器

在机组启停和甩负荷时再热器内无蒸汽或中断蒸汽的工况下，可把新蒸汽经旁路减压减温后送入再热器，使再热器得到冷却，不致因干烧而损坏。

3. 回收工质与消除噪声

机组在启、停和甩负荷过程中，若维持汽轮机空转，多余的蒸汽就需排走。如排入大气则既造成工质损失，又产生噪声，设置旁路系统就可以达到回收工质和消除噪声的目的。

此外，汽轮发电机组快速减负荷或甩负荷时，利用旁路系统可以防止锅炉超压，减少锅炉安全阀的动作次数。

（二）旁路系统的容量

旁路系统容量选择的一般原则是：保持锅炉最低稳定负荷运行的蒸汽量能从旁路通过，同时在机组启停或甩负荷工况下，能满足为保护再热器所要求的冷却蒸汽流量。国产机组旁路系统的容量，以往一般设计为30%额定蒸发量左右，目前有些大机组的旁路容量超过30%，甚至有设置为100%的。设置大容量旁路系统的目的是：在故障工况下，汽轮机能快速从满负荷切回至带厂用电，且锅炉安全阀不动作，做到不停炉。将故障处理后，机组随即能快速带上负荷、快速对外供电。

（三）旁路系统的形式及其保护再热器的方法

1. 三级旁路系统

图3-10所示为三级旁路系统，其Ⅰ级旁路位于主蒸汽管与再热器进口冷段之间，是汽轮机高压缸的旁路；Ⅱ级旁路位于再热器出口热段与凝汽器之间，是汽轮机中、低压缸的旁路。Ⅰ级和Ⅱ级旁路同时运行可以使锅炉新蒸汽不经过汽轮机的高压缸和中低压缸，直接由主蒸汽管道经再热器排入凝汽器，作为冷却保护再热器之用。

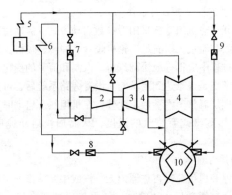

图3-10　国产200MW机组上采用的三级旁路系统

1—锅炉；2—高压缸；3—中压缸；4—低压缸；5—过热器；6—再热器；

7—Ⅰ级旁路；8—Ⅱ级旁路；9—Ⅲ级旁路；10—凝汽器

Ⅲ级旁路又称大旁路，位于主蒸汽管和凝汽器之间。在机组启动和发生事故的情况下，将锅炉蒸汽直接由主蒸汽管路排入凝汽器中。保证汽轮机在甩负荷后，维持锅炉在最低稳定流量下运行。

2. 二级旁路系统

二级旁路系统根据系统管路的不同连接方式可分为二级旁路串联系统和二级旁路并联系统。

（1）串联系统。由锅炉来的新蒸汽经Ⅰ级旁路减温减压后进入锅炉再热器，被加热的再热蒸汽由再热器出来，经Ⅱ级旁路减温减压后排入凝汽器。

在二级旁路串联系统中，Ⅰ级旁路为保护锅炉再热器和机组启动暖管暖机提供汽源；Ⅱ级旁路将再热蒸汽引入凝汽器可供再热系统暖管并回收工质和消除噪声。这种旁路系统具备旁路系统的主要优点，因而应用较广泛。国产125、200MW再热机组多数都采用了这种旁路系统。

（2）并联系统。如图3－11所示。由锅炉来的主蒸汽经Ⅰ级旁路减温减压后直接进入再热器冷段，而再热器出口热段有排空门，流经再热器的蒸汽可由排空门直接排向大气，这使得在事故情况下可维持锅炉的低负荷运行。Ⅱ级旁路为大旁路，将锅炉的新蒸汽经过减温减压直接排至凝汽器，用于排除锅炉多余的蒸汽，保持其稳定运行。

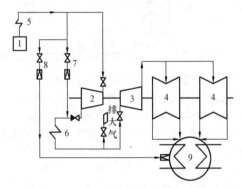

图3－11　国产300MW机组上采用的两级并联旁路系统

1—锅炉；2—高压缸；3—中压缸；4—低压缸；5—过热器；
6—再热器；7—Ⅰ级旁路；8—Ⅱ级旁路；9—凝汽器

3. 一级大旁路系统

由锅炉来的新蒸汽，经过一级大旁路减温减压后直接排入凝汽器。一级大旁路的主要作用是为锅炉产生额定参数和流量的蒸汽，满足汽轮机启动和事故处理的需要，并回收工质。此种系统的特点是系统设备简单，但是起不到保护再热器的作用，故只能用在再热器不需要保护的机组上。

4. 三用阀旁路系统

如图3－12所示，三用阀旁路系统是由二级串联旁路系统发展起来的。三用阀是将旁路系统中的调节、截止和溢流排放结合在一个整体式的阀门上。三用阀旁路系统的容量一般为100%，具有启动、溢流、安全三种功能，是欧洲各国普遍采用的典型系统，现国内已有厂家采用这种系统。

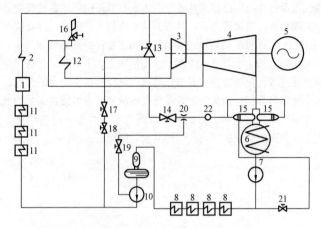

图 3-12　三用阀旁路系统

1—锅炉；2—过热器；3—高压缸；4—中、低压缸；5—发电机；6—凝汽器；7—凝结水泵；8—低压加热器；9—除氧器；10—给水泵；11—高压加热器；12—再热器；13—高压旁路阀（三用阀）；14—低压旁路阀；15—扩容式减温减压装置；16—再热器安全阀；17—高压旁路喷水温度调节；18—高压旁路喷水压力调节阀；19—低压旁路喷水阀；20—减温器；21—低压喷水阀；22—四通

由于三用阀动作迅速（动作时间为 1～3s），还具有压力跟踪自动信号，压力一旦超过整定值，即可迅速开启旁路。因此。三用阀旁路系统除能满足启动过程调整蒸汽参数的要求外，还具有以下两种功能：

（1）具有溢流阀的功能。机组快速降负荷时，因锅炉降负荷较慢，引起蒸汽压力升高，此时三用阀旁路可溢流多余的蒸汽量，锅炉可维持较高负荷运行，机组能很快恢复向电网送电。

（2）具有安全阀的功能。当汽轮机突然停止进汽时，三用阀迅速动作，加之通流能力为 100%，所以完全可以取代锅炉的安全阀。这样就避免了由于高压安全阀动作时再热器得不到足够冷却的不利工况。

低压旁路系统接受高压旁路排放过来的蒸汽，并使之进入凝汽器或通过再热器安全阀排放大气。当凝汽器出现故障或引入的蒸汽量过大而凝汽器内压力升高到整定值时，则安全阀动作向空排汽。因此，即使低压旁路的容量足够大时，也不能省掉再热器安全阀。

（四）不设旁路系统或只有一级大旁路系统机组的再热器保护

对于不设旁路系统或只有一级大旁路系统的机组，一般采取以下方式保护再热器：

（1）启动时控制炉膛出口的烟气温度，防止再热器金属温度超过材料允许温度值。

（2）再热器布置在较低的烟温区域，并选用较好的材料。

（3）汽轮机冲转参数要选得低一些，冲转前使再热器区域烟温较低。

第三节 省 煤 器

省煤器在锅炉中的主要作用，一是吸收低温烟气的热量以降低排烟温度，提高锅炉效率，节省燃料；二是由于给水在进入蒸发受热面之前，先在省煤器内加热，可以减少水在蒸发受热面内的吸热量，因此采用省煤器可以取代部分蒸发受热面，即以管径较小、管壁较薄、传热温差较大、价格较低的省煤器来代替部分造价较高的蒸发受热面；三是提高进入汽包的给水温度，减少给水与汽包壁之间的温差，从而使汽包热应力降低。基于以上原因，省煤器已成为现代锅炉必不可少的换热部件。

按省煤器出口工质的状态可将其分为沸腾式和非沸腾式两种。如果出口水温低于饱和温度，称为非沸腾式省煤器；如果水被加热到饱和温度并产生部分蒸汽，称为沸腾式省煤器。对于中压锅炉，由于水的汽化潜热大，因而蒸发吸热量大，为不使炉膛出口烟温过低，可采用沸腾式省煤器，以减少炉膛内的蒸发吸热量。沸腾式省煤器中生成的蒸汽量一般不应超过 20%，以免省煤器中流动阻力过大并产生汽水分层。随着工作压力的升高，水的汽化潜热减小，预热热增大，省煤器内的水几乎总是处于非沸腾状态。对于亚临界压力锅炉，省煤器出口的水可能有较大的欠焓，这样炉膛中水冷壁的吸热量有一部分将用于欠焓（欠热）水的加热。

省煤器按其所用材料不同可分为铸铁式和钢管式两种。铸铁式省煤器耐磨损并耐腐蚀，但不能承受高压，目前只用在小容量锅炉上。钢管式省煤器由许多并列的管径为 28~42mm 的蛇形管组成，为使省煤器受热面结构紧凑，需尽量减小管间距离（节距）。错列布置时，管束的纵向节距 s_2 就是管子的弯曲半径，所以减小节距 s_2 就是减小弯曲半径。当管子弯曲时，弯头的外侧管壁将变薄。弯曲半径愈小，外壁就愈薄，管壁强度就降得愈多。因此，一般弯曲半径多不小于$(1.5 \sim 2)d$，即省煤器管的纵向节距 $s_2 \geqslant (1.5 \sim 2)d$。

为使结构紧凑，国内制造的省煤器，管子多数为错列布置，但也有采用容易清灰的顺列布置方式的。错列省煤器结构如图3-13所示，蛇形管的两端分别与进口联箱和出口联箱相连，联箱一般布置在锅炉烟道外，但为了减少漏风，也可将联箱布置在烟道内。

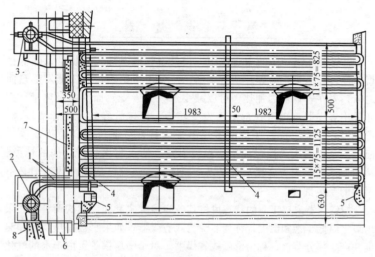

图 3-13　错列省煤器的结构

1—蛇形管；2—进口联箱；3—出口联箱；4—支架；5—支撑梁；
6—锅炉钢架；7—炉墙；8—进水管

省煤器的管子固定在支架上，支架支撑在横梁上，而横梁则与锅炉钢架相连。横梁位于烟道内，受到烟气的加热，为避免过热，多将横梁做成空心的，外部用绝热材料包起来；或者将横梁接至送风系统，用空气冷却。

为便于检修，省煤器管组的高度是有限制的。当管子紧密布置（$s_2/d \leqslant 1.5$）时，管组的高度不得大于1m；布置较稀时，则不得大于1.5m。如果省煤器受热面较多，沿烟气行程的高度较大时，应分成几个管组，管组之间留有高度600 ~ 800mm 的空间。省煤器和其相邻的空气预热器间的空间高度应为800 ~ 1000mm，以便进行检修和清除受热面上的积灰。

省煤器蛇形管在烟道中的布置可以垂直于锅炉前墙，也可与前墙平行，当烟道尺寸和管子节距一定时，如蛇形管布置方式不同，则管子的数目和水的流通截面积不同，水的流速也不同。通常，锅炉尾部烟道宽度大而深度小。当管子垂直于前墙布置时，列管数较多，因而水速较小，此时管子的支吊较简单，因为烟道深度较小，只要在两端弯头附近支吊已经足够；但是全部的蛇形管都要穿过尾部烟道的后墙，从飞灰对管子磨损的角度来看，这种布置方式是不利的。在 II 型布置的锅炉中，当烟气由水平烟道向下转入尾部竖井烟道时，烟气流要转 90° 弯，由于离心力的作用，烟气中的灰粒子大多集中于靠后墙一侧，所有的蛇形管都会遭到严重的飞灰磨损。

如果蛇形管平行于前墙布置，就等于只有靠近后墙附近的几根蛇形管磨损较严重，磨损后只需更换少数蛇形管即可。在这种布置方式中，由于平行工作的蛇形管根数少，因而水速较高。

省煤器蛇形管中的水速，对管子金属的温度工况和管内腐蚀有一定的影响。当给水除氧不完善时，进入省煤器的水在受热后会放出氧气。这时如果水流速度很低，氧气将附着于金属内壁面上，造成局部金属腐蚀。运行经验表明：对于水平管子，当水的流速大于 0.5m/s 时，可以避免金属的局部氧腐蚀。在沸腾式省煤器的后段，管内是汽水混合物，如果水平管中水流速度较低，容易发生汽水分层，即水在管子下部流动而蒸汽在管子上部流动。与蒸汽接触的那部分受热面传热较差、金属温度较高，甚至可能超温。在汽水分界面附近的金属，由于水面的上下波动，温度时高时低，容易引起金属疲劳破裂。因此，对沸腾式省煤器，蛇形管的进口水速不得低于 1.0m/s。

许多省煤器都采用光管受热面；但为强化烟气侧热交换并使省煤器结构更加紧凑，采用鳍片管、肋片管和膜式受热面的省煤器也不少。在同样的金属耗量和通风电耗的情况下，焊接鳍片省煤器所占的空间比光管式大约减小 20% ~ 25%；而采用轧制鳍片管可使省煤器的外形尺寸减小 40% ~ 50%；膜式省煤器也具有同样的优点。

鳍片管和膜式省煤器还能减轻磨损，这主要是因为它们占有的空间比光管省煤器小，因此在烟道截面积不变的情况下，可以采用较大的横向节距，从而使烟气流通截面积增大，烟气流速下降，磨损大为减轻。

肋片式省煤器的主要特点是热交换面积明显增大（4 ~ 5 倍以上），这对缩小省煤器的体积、减小材料耗量很有意义。在工业锅炉中普遍采用的是铸铁肋片省煤器；在电站锅炉中，肋片省煤器亦被采用。螺旋肋片式热交换器制造工艺较简单，已被广泛用于各工业部门的热交换器中，也可用于电站锅炉做省煤器。肋片式省煤器的主要缺点是在含灰、含尘气流中积灰比较严重，应装设有效的吹灰设备。

第四节　蒸汽的净化

一、概述

锅炉产生的蒸汽，其参数必须符合设计规定的压力和温度要求，蒸汽中的杂质含量也不允许超过一定的限量。通常所说的蒸汽品质是指蒸汽中的杂质含量，即蒸汽的清洁程度。在大型高压电厂中，对锅炉蒸汽品质的要求十分严格，因为它对设备的安全性和经济性有很大影响。

蒸汽中的杂质包括气体和非气体杂质。CO、O_2、N_2、CO_2 和 NH_3 等是常见的杂质气体，若处理不当可能腐蚀金属，而且 CO_2 还可参与沉淀过程。蒸汽中的非气体杂质也称为蒸汽含盐。由锅炉送出的蒸汽含有盐分，可能有一部分沉积在过热器中，从而影响蒸汽的流动和传热，并使过热器管子金属温度升高。汽轮机叶片上的积盐会改变叶片的型线，降低效率；还会使蒸汽的流动阻力增加，降低汽轮机功率，并增大轴向推力；当沿汽轮机圆周积盐不均时，将影响转子的平衡，甚至造成重大事故。

二、汽水分离设备

（一）汽包

汽包是汽包锅炉中的重要组件，其作用为：

（1）连接上升管（水冷壁）与下降管，组成自然循环回路，同时接受省煤器来的给水及向过热器输送饱和蒸汽。因而汽包是加热、蒸发与过热三个过程的连接点。

（2）汽包中存有一定的水量，因而有一定的蓄热能力，可以减缓汽压的变化速度。

（3）汽包中装有各种内部装置，用以保证蒸汽品质。

汽包结构如图 3-14 和图 3-15 所示。

图 3-15 所示的多次强制循环锅炉的汽包，其内径为 1778mm，长 25.76m，两端封头呈半圆形，筒体上、下部采用不等壁厚（上厚下薄，上为 196.1mm，下为 164.3mm）。汽包内部由弧形衬板形成环形夹层作为汽水混合通道。汽包内装有两排对称 110 只涡轮叶片分离器和百叶窗、波

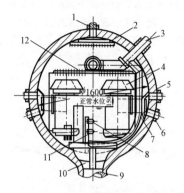

图 3-14　高压、超高压锅炉
汽包内部装置

1—饱和蒸汽引出管；2—均汽管；
3—给水管；4—旋风分离器；5—
汇流箱；6—汽水混合物引入管；
7—旋风分离器引入管；8—排
污管；9—下降管；10—十字
挡板；11—加药管；12—
平孔板清洗装置

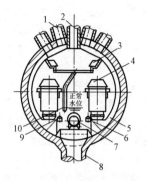

图 3-15　多次强制循环锅炉
汽包内部装置

1—汽水混合物引入管；2—饱和
蒸汽引出管；3—百叶窗；4—
涡轮分离器；5—汽水混合物
汇流箱；6—加药管；7—
给水管；8—下降管；9—
排污管；10—输水管

形板。汽包上部有饱和蒸汽引出管和汽水混合物引入管，下部有大直径下降管及来自省煤器的给水管。

　　其工作流程是：从水冷壁管来的汽水混合物经过汽包上部引入管进入汽包内部，沿着汽包内壁与弧形衬板形成的狭窄的环形通道流下，使汽水混合物以适当的流速均匀地传热给汽包内壁，以克服自然循环汽包炉在启停时汽包上下壁温差过大的困难，可以较快速地启动。从环形通道下流出来的汽水混合物，分别进入汽包两侧的涡轮分离器。涡轮分离器为同心圆筒的结构，内部装有固定螺旋形叶片使汽水混合物产生旋转运动，靠离心力作用将水滴抛向内套筒的内壁，并依靠汽水混合物的冲力把水滴推向上部。筒上部装有环形导向圈，把水挡住，并引向内、外套筒之间的环形通道返回汽包水空间，而蒸汽则在内套筒中间向上流动，这是汽水混合物的第一次分离。

　　分离出来的蒸汽仍带有少量的水，从内筒中部进入波形板分离器（或称为二级分离器）。波形板分离器是两排对称排列的密集波形板，装置在蜗轮式分离器上部。带有部分水滴的蒸汽在波形板间隙中流动，由于多次改变流动方向，依靠惯性力将水滴再次分离出来，而附在板面上。附在板面上水的速度比蒸汽速度低，能在板面上形成水膜，使水不被蒸汽带走。蒸汽从水平方向引出，水沿波形板流到下方的水空间，可有效防止水滴与蒸汽相碰而引起二次飞扬，这是第二次分离。

在第二次分离结束后，蒸汽以较低的速度继续向上流动，通过安装在汽包上部且沿着汽包长度方向布置的数排百叶窗式分离器。当蒸汽以相当低的速度穿过百叶窗弯板间的曲折通道时，蒸汽中携带的残余水分会沉积在波形板上，并沿着波形板流向中间的疏水管道，通过输水管道返回到汽包水空间，这是第三次分离。

蒸汽经过三次分离后，达到蒸汽质量标准，再由汽包顶部饱和蒸汽管引向顶棚过热器。

（二）汽水分离装置

汽水分离装置的工作原理：利用汽水密度差进行重力分离，利用汽流改变方向时的惯性力进行惯性分离，利用汽流旋转运动时的离心力进行汽水离心分离，利用水黏附在金属壁面上形成水膜往下流形成的吸附分离。

1. 旋风分离器

如图 3-16 所示，旋风分离器由筒体、引管、顶帽和筒底导叶等部件组成。汽水混合物由引管切向进入旋风分离器筒体，产生旋转运动，在离心力的作用下使水汽分离。分离出来的水通过筒底导叶排出，蒸汽通过顶帽进入汽包的有效分离空间。由于汽水混合物的旋转，旋风分离器筒内水面将呈漏斗状，贴着上部筒壁的只有一薄层水。为了防止这层水膜被上升气流撕破而使蒸汽携带水分增加，在顶部装有溢流环。溢流环与筒体的间

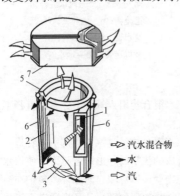

图 3-16　汽包内置旋风分离器
1—进口法兰；2—筒体；3—底板；
4—导向叶片；5—环形分离槽；
6—拉杆；7—波形板分离器

汽水混合物
水
汽

隙既要保证水膜顺利溢出，又要防止蒸汽由此窜出。

为防止筒内的水向下排时带汽，用底板与导向叶片组成筒底。导叶沿底板四周倾斜布置，倾斜方向与水流旋转方向一致，可使排水平稳地流入汽包水室，但不能消除排水的旋转运动。

由于离心力的作用，筒体出口蒸汽速度很不均匀，局部速度很高，有大量水滴被带出。加装顶帽既能使汽流出口速度均匀，又可利用附着力进一步分离水滴，故可把蒸汽携带的湿分进一步减少。

高压、超高压锅炉主要采用立式波形板圆形顶帽，它由许多波形板组成，在板上经常附着一层水膜，带有细水滴的汽流经波形板时，细水滴可被水膜粘住，从而提高分离效果。

汽水混合物进入旋风分离器的流速越高，汽水分离效果越好，但分离器阻力会增大，对水循环不利。一般高压、超高压锅炉蒸汽流速为 4 ~ 6m/s。

每只汽包内置旋风分离器的负荷取决于旋风筒内蒸汽的上升速度，其允许负荷见表 3 - 3。

表 3 - 3 　　　　汽包内置旋风分离器的允许负荷

汽包压力	汽包内置旋风分离器			
	$\phi 260$	$\phi 290$	$\phi 315$	$\phi 350$
高压	4.0 ~ 5.0	5.0 ~ 6.0	6.0 ~ 7.0	7.0 ~ 8.0
超高压	—	7.0 ~ 7.5	8.0 ~ 9.0	9.0 ~ 11.0
亚临界压力			10	12

2. 涡轮分离器

涡轮分离器结构如图 3 - 17 所示。汽水混合物自筒体底部轴向进入，通过旋转叶片时混合物发生强烈的旋转从而使汽水分离。水沿筒壁转到顶盖被阻挡后，从内筒与外筒之间的环缝中流入水空间；蒸汽则由筒体中心部分上升经波形顶帽进入汽包蒸汽空间。涡轮分离器的分离效果高，分离出来的水滴不会被蒸汽带走，但阻力大，多用于多次强制循环汽包锅炉。

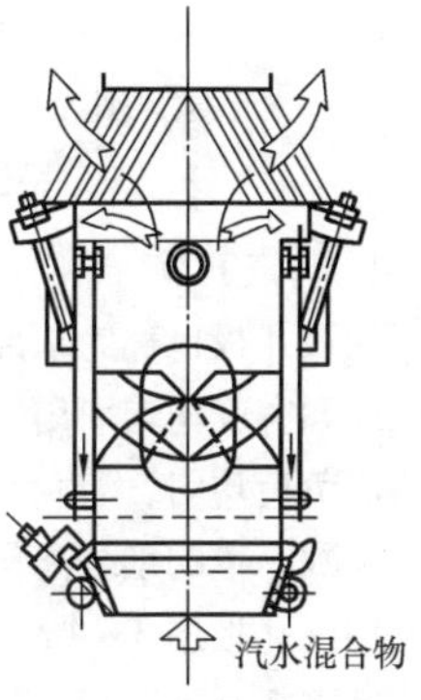

汽水混合物

图 3 - 17　涡轮分离器

3. 波形板分离器

波形板分离器又称百叶窗，其结构如图 3 - 18所示。波形板分离器是一种用薄钢板密集组成的细分离设备，布置在汽包顶部，能够聚集并除去蒸汽中带有的微细水滴。汽水混合物经过粗分离设备进行分离后，较大的水滴已被分离出去，对于细小的水滴，因其质量小，很难用重力、离心力等方法将其从蒸汽中分离出来，而利用黏附力分离效果很好，波形板分离器就是根据这一原理工作的。在波形板分离器的波形板上附着一层水膜，带有细小水滴的蒸汽流过波形板时，细小水滴就会被水膜黏住，沿板壁向下流动，最后流入汽包水容积，使汽、水得到进一步分离。

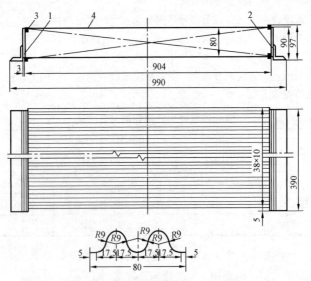

图 3-18　波形板分离器（单位：mm）
1—钢板；2—角钢；3—槽条；4—波形板

4. 均汽孔板

均汽孔板也称为顶部多孔板，可利用孔板的节流作用，使蒸汽沿汽包的长度和宽度均匀引出。在与波形板分离器配合使用时，还可使波形板前的蒸汽负荷均匀，避免局部蒸汽流速过高；另外，还能阻挡住一些小水滴，起到一定的细分离作用。

均汽孔板用 3~4mm 厚的钢板制成，孔径一般为 10mm 左右，蒸汽穿孔速度在超高压锅炉中为 4~6m/s。

（三）蒸汽清洗装置

汽水分离装置只能减少蒸汽机械携带的盐分含量，而不能解决蒸汽溶盐问题，因此对高压以上的锅炉，除采用汽水分离装置外，还需采用蒸汽清洗装置以减少蒸汽中的溶盐量。给水的含盐浓度很低，蒸汽清洗的原理就是让蒸汽和给水接触，通过质量交换，可使溶于蒸汽中的盐分部分转移到给水中，从而使蒸汽含盐量降低。

按蒸汽与给水接触方式的不同。可将清洗装置分为穿层式、雨淋式、水膜式等几种，目前我国主要采用穿层式。图 3 – 19 所示为穿层式清洗装置结构，钟罩式穿层清洗装置由下底板（清洗槽）和上盖板（孔板顶罩）组成。蒸汽从下底板两侧缝隙中进入清洗装置，流过进口缝隙的流速小于 $0.8m/s$，然后以 $1 \sim 1.2m/s$ 的速度穿过孔板和孔板上的清洗水层后流出，给水由板上流入汽包水容积，钟罩式清洗装置工作可靠而有效，但结构较复杂；平板式穿层清洗装置简单，由平孔板清洗槽和 U 形卡组成，孔板上的开孔孔径一般为 $5 \sim 6mm$，蒸汽穿孔速度为 $1.3 \sim 1.6m/s$，板厚 $2 \sim 3mm$，其清洗面积比钟罩式大而阻力减小，因而应用较广，其清洗水层厚度一般为 $30 \sim 50mm$。

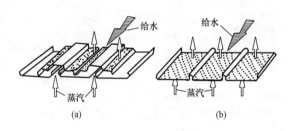

图 3 – 19　穿层式清洗装置
（a）钟罩式；（b）平板式

三、水汽品质标准

1. 给水品质

对锅炉给水有一定的水质标准和指标要求，其主要指标如下：

（1）硬度。表示水中钙盐和镁盐的含量。

（2）碱度。表示水中 OH^{-1}、HCO_3^{-1}、CO_3^{-2} 及其他弱酸盐类的含量。

（3）pH 值。表示板中的酸碱性，pH = 7 的水为中性；pH > 7 的水呈碱性；pH < 7 的水呈酸性。

（4）磷酸根（PO_4^{-3}）。表示水中 PO_4^{-3} 的含量，天然水中不含 PO_4^{-3}，当向锅炉水中加药（磷酸盐）时，水中才出现 PO_4^{-3}。

（5）含氧量。表示水中氧的含量。

（6）含油量。表明水中含油量。

水质的其他指标还有铁、铜、钠、二氧化硅、联氨的含量等，具体水质指标见表 3 - 4。

表 3 - 4　　　　　　　　　具体水质指标

炉型	锅炉压力 （MPa）	硬度① （μmol/L）	溶氧 （μg/L）	铁 （μg/L）	铜 （μg/L）	钠 （μg/L）
汽包炉	5.88 ~ 12.64	≤1.0	≤7	≤30	≤5	—
	12.7 ~ 15.58	≤1.0	≤7	≤20	≤5	—
	15.6 ~ 18.62	~0	≤7	≤20	≤5	—
直流炉	5.88 ~ 18.62	~0	≤7	≤10	≤5 *	≤10 **

炉型	二氧化硅 （μg/L）	pH② （25℃）	联氨 （μg/L）	油 （mg/L）
汽包炉	应保证蒸汽 中含量合格	8.8 ~ 9.3 或 9.0 ~ 9.4 （加热器为钢管）	10 ~ 50 或 10 ~ 30 （挥发性处理）	≤0.3
直流炉	≤20			

注　对大于 12.74MPa 的锅炉，其给水中的总碳酸盐（以二氧化碳 mg/L 计算）
　　　一般应不大于 1。

①　有凝结水电厂的给水硬度应为 0μmol/L。

②　用碳 - 钠离子交换水为补给水的电厂，应改为控制凝结水的 pH 值，最大不
　　超过 9.0。

*　　争取 ≤3μg/L。

**　　争取 ≤5μg/L。

　　由于水质不良会造成汽水设备、系统结垢、积盐、金属腐蚀等一系列的故障，还会导致蒸汽品质恶化，所以必须严格控制给水品质。

　　锅炉运行中的腐蚀特点是锅水和蒸汽的温度、压力都很高，加之工况变动，给水中的杂质就在锅炉内发生浓缩和析出，使锅炉内积沉沉积物从而促进腐蚀。对锅炉受热面的腐蚀大多是氧腐蚀、沉积物的垢下腐蚀和水蒸气腐蚀。当给水带入结垢物质时，这些物质容易沉吸在管壁的向火侧形成垢下腐蚀，引起爆管；如炉管发生循环倒流、膜态沸腾时，管壁被蒸干的部位就有某些盐类在管壁上析出从而受到腐蚀。因而给水的水质好坏直接影响着锅炉的安全性。

　　2. 蒸汽品质标准

　　蒸汽品质是指蒸汽中的杂质含量，保持合格的蒸汽品质是保证锅炉、汽轮机及其他应用蒸汽设备安全经济运行的重要条件。

锅炉设备运行（第二版）

汽包输出的饱和蒸汽中含有杂质，这些杂质有些溶解在饱和蒸汽夹带的微小水滴中，有些直接溶解在蒸汽中。当饱和蒸汽进入过热器后，蒸汽中的部分杂质沉积在管子内壁上形成盐垢，会减弱传热使管壁温度升高，严重时可导致过热器爆管。剩余的杂质则随蒸汽进入汽轮机，蒸汽在汽轮机各级中膨胀做功，蒸汽压力逐渐降低时，杂质即析出并沉积在汽轮机通流部分，使汽轮机叶片表面粗糙，线型改变，通流截面缩小，导致汽轮机效率和出力降低，严重时可使调节机构卡涩、转子平衡破坏。此外，杂质沉积还会引起阀门开关失灵和泄漏。为了保证热力设备的安全经济运行，蒸汽品质必须符合要求。电站锅炉饱和蒸汽和过热蒸汽品质标准见表3-5。

表3-5 　　　　　电站锅炉饱和蒸汽和过热蒸汽品质标准

| 蒸汽压力 | 含钠量（μg/kg） | | SiO$_2$含量 | 含铁量 | 含铜量 |
（MPa）	凝汽式电厂	热电厂	（μg/kg）	（μg/kg）	（μg/kg）
<5.88	≤15	≤20	≤20		
5.88～18.62	≤10	≤10	汽包锅炉≤20 直流锅炉≤10	≤20	≤5

在高压时蒸汽比体积小，由于汽轮机通道截面积相应也小，允许积盐量就小，所以对蒸汽品质要求更严格。

四、蒸汽中杂质的来源

蒸汽中带有盐分或杂质后，蒸汽即受到污染。蒸汽带盐的原因，一是蒸汽携带锅水水滴，因为锅水具有较高的盐分而使蒸汽带盐，这种带盐方式称为机械性携带；二是因为某些盐分直接溶解于蒸汽中造成蒸汽带盐，这种带盐方式称为溶解性带盐。由于蒸汽对不同盐分的溶解能力不同，蒸汽的溶盐具有选择性，因而这种带盐方式又称为选择性携带。

机械携带量的多少取决于带出的锅水量和锅水的含盐浓度。蒸汽携带的锅水量可以用蒸汽湿度 ω 来表示，即蒸汽含水量占湿蒸汽总量的百分比，可以认为蒸汽带出水分的含盐浓度与锅水的含盐浓度相同。这样，由于机械携带，蒸汽的含盐量 S_q 为

$$S_q = \omega S_{gs}/100 \quad (mg/kg) \qquad (3-4)$$

蒸汽对某种物质的溶解量以分配系数 α 来表示，所谓分配系数是指某物质溶解于蒸汽中的量 S_q 与该物质溶解于锅水中的量 S_p 之比，并以百分比表示，即

$$\alpha = S_{q1}/S_{gs} \times 100\% \qquad (3-5)$$

（一）蒸汽机械性携带及影响因素

汽水混合物由上升管进入汽包时具有较大的动能，如果汽水混合物被引入水空间，由于汽泡穿出水面，在水面上形成很多水滴；如果汽水混合物被引入汽空间，则由于汽水冲击水面或内部装置，也将引起大量水滴飞溅。此外，在锅水表面有时形成稳定的泡沫，当泡沫破裂时，也有大量水滴带出。被蒸汽携带的较大水滴，由于本身重力的作用，在重新落回水面时，也会溅出很多细小的水滴，被蒸汽带走形成湿分。

进入汽包蒸汽空间的水滴的初速度因为汽流摩擦和转换很快被消耗掉。在向上流动的汽流中，水滴受到方向向上的汽流的推动力和蒸汽给水滴的浮力以及方向向下的重力的作用。由此可知，水滴直径越小，带出水滴所需要的汽流速度越低；工作压力高，水和汽的密度差减少，汽流可以带出更大的水滴；汽流速度高，带水能力大。

影响蒸汽机械携带的原因有锅炉负荷、蒸汽空间高度以及锅水含盐量等。

1. 锅炉负荷

锅炉负荷增加时，汽水混合物进入汽包的动能增大，将引起锅水大量飞溅，使生成的水滴数量增加，同时，蒸汽在汽包汽空间的流速增大，带水能力增强，因此蒸汽湿度增大。

在锅水含盐量一定时，蒸汽湿度 ω 与锅炉负荷 D 的关系可用式（3－6）表示

$$\omega = AD^n \qquad (3-6)$$

式中　A——与压力和汽水分离装置有关的系数；

n——与锅炉负荷有关的指数。

从图 3－20 可以看出，随着锅炉负荷的增加，蒸汽湿度增加存在着三种不同的情况：当负荷小于 D_1 时，蒸汽只带出细小的水滴，蒸汽湿度不大；当负荷为 $D_1 \sim D_{1j}$ 时，由于锅水飞溅，蒸汽携带水滴的数量增多，直径增大；当负荷大于 D_{1j} 时，由于水面波动较大，汽空间实际高度减小，蒸汽湿度剧增，D_{1j} 称为临界负荷。为了保证蒸汽品质，锅炉实际运行的最大负荷应低于临界负荷 D_{1j}。确定临界负荷值、最大允许负荷值需经化学试验。

2. 蒸汽空间高度（汽包水位）

当蒸汽空间高度较小时，大量较粗的水滴可以到达蒸汽空间顶部并被蒸汽引出管抽走，所以即使蒸汽速度不大，其蒸汽湿度也会很大，当蒸汽空间高度增大时，较大的水滴在未达到蒸汽引出管的高度时，由于失去初

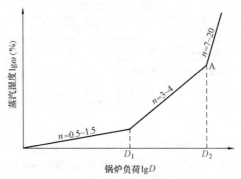

图 3 - 20 蒸汽湿度 ω 与负荷 D 的关系

速度，靠自重落回水中。因此当蒸汽速度一定时，蒸汽空间高度增加，能到达抽汽口高度的水滴减少，所以蒸汽湿度下降。当蒸汽高度再增加时，所有较粗的水滴均不能到达蒸汽引出管，靠其自重落回水中，此时蒸汽中只带走小于飞逸直径的水滴。因此，在这种情况下，高度再增加对蒸汽湿度无影响。当蒸汽空间高度达到 0.6m 左右时，蒸汽湿度随蒸汽空间高度的变化已经很小了。

3. 锅水含盐量

锅水含盐量越大，锅水的表面张力就越大，汽泡破裂时所形成的水滴越小，被蒸汽带走的水滴也越多；锅水含盐量特别是碱性物质增大时，汽泡不易破裂，并在水面停留时间较长，所以易在水面堆积汽泡，严重时将形成一层厚泡沫，使蒸汽空间高度大大下降，导致蒸汽大量带水。另外，锅水含盐量大时，汽泡的聚合能力减弱，汽泡尺寸较小，上浮速度较慢，使锅炉水的胀起更高，蒸汽湿度增加。

锅水含盐量增加，即使蒸汽湿度不变；但因为带走的水滴含盐量增加，蒸汽带盐也会增多。在一定的负荷下，当锅水含盐量在一定范围内提高时，蒸汽湿度保持不变。但当锅水含盐量增大到某一数值时，蒸汽湿度随锅水含盐量的增加而急剧上升，这是由于汽包水面泡沫层增厚、蒸汽空间实际高度减小的缘故。蒸汽湿度急剧增加时的含盐量称为临界含盐量。

不同负荷下的锅水，临界含盐量不同，负荷越高，锅水临界含盐量越低。临界含盐量除与锅炉负荷有关外，还与其他影响因素有关，对具体的锅炉而言，其锅水含盐量的临界值可通过热化学试验来确定。

目前对锅水最大允许含盐量的规定见表 3 - 6。

表 3-6 允许锅水浓度

汽包压力（MPa）	汽包内装置类型	含盐量（mg/kg）	SiO₂（mg/kg）
15	旋风分离器、无清洗	300	0.4~0.5
	旋风分离器、有清洗	400	1.5~2.0
17	旋风分离器、无清洗	150	0.2

4. 汽包压力

汽包压力增加，汽水间的密度差减小，汽水分离困难，当蒸汽速度一定时飞逸直径增大，即较大的水滴也会被带走，所以蒸汽湿度增加，压力增高，水的表面张力减小，所形成的水滴直径也较小，更易被蒸汽带走。

汽包工作压力的急剧波动也会影响蒸汽带水；例如，当蒸汽负荷突然增大而炉膛燃烧放热还来不及增大时，蒸汽压力就急剧下降。汽压降低，相应的饱和温度也降低，这时汽包和蒸发系统中的存水处于过饱和状态，因而放出热量产生附加蒸汽。同时，蒸发系统的金属也会放出热量产生附加蒸汽。因此，蒸发管和汽包水容积中的含汽量急剧增加，汽包水容积膨胀，穿过蒸发面的汽量增多，导致蒸汽带水。

（二）蒸汽溶盐及其影响因素

在高压和超高压锅炉中，蒸汽具有溶解某些盐分的能力，锅水中的盐分会因蒸汽的溶解而被带入蒸汽中，压力越高，蒸汽的溶盐能力越大，因此，高压以上锅炉蒸汽的污染除蒸汽带水外，还有溶盐。

蒸汽溶盐有如下特点：

（1）饱和蒸汽和过热蒸汽均可溶解盐，凡能溶于饱和蒸汽的盐也能溶于过热蒸汽。

（2）蒸汽的溶盐能力随压力的升高而增大。

（3）蒸汽对不同盐类的溶解是有选择性的，在相同条件下不同盐类在蒸汽中的溶解度相差很大。

对蒸汽锅炉最值得注意的是硅酸，它在蒸汽中的溶解度最大，而且在汽轮机内的沉积影响也很大。一般在锅水中同时存在着硅酸和硅酸盐，饱和蒸汽溶解这两种盐的能力不同，以硅酸形态存在于锅水中时，饱和蒸汽对其的溶解很大；硅酸盐属于很难溶解的盐。当锅水中同时存在有硅酸和硅酸盐时，根据锅水的条件不同可互相转化，硅酸在强碱作用下形成硅酸盐，而硅酸盐又可以水解成硅酸，如果锅水的碱度即 pH 值增大，则锅水中的硅酸含量减少，硅酸盐含量增多，所以蒸汽中硅酸含量也减少。实际运行中锅水碱度不能过大，试验表明，当 pH > 12 时，对减少硅酸含量的影响已经很小，pH 值过大反而会使锅水表面形成很厚的泡沫层，使蒸汽的机械携带增加，同时还可能引起碱性腐蚀。

五、提高蒸汽品质的途径

1. 提高给水品质

送入锅炉的水称为给水。有的锅炉给水是由汽轮机蒸汽的凝结水、补给水和供热用汽返回水等组成的；有的锅炉给水是由汽轮机蒸汽的凝结水和补给水组成的。提高给水品质应从以下几方面进行。

（1）提供合格的补给水。一般超高压及以上的锅炉均采用除盐水作为补给水。除盐水的硬度接近于 0，含硅量已很少，含盐量已降至最低值，尤其是二级除盐系统所供补给水的水质很好。

（2）减少冷却水渗漏。蒸汽凝结水中杂质的含量主要取决于由汽轮机凝汽器漏入的冷却水量以及冷却水中杂质的含量。例如，当冷却水含盐量为 200 ~ 400mg/kg 时，若凝汽器泄漏量达凝结水量的 0.2%，则凝结水的含盐量就增加 400 ~ 800mg/kg。因此应尽量减小凝汽设备的泄漏。

（3）除去供热返回水含有的杂质。由于供热用汽返回水污染程度较大，其硬度和含铁量较高；不经过适当的处理不能回收作为锅炉给水，返回水的水质合格才能作为锅炉给水。

（4）减少被水流携带来的金属腐蚀产物。无论是补给水、返回水还是疏水都含有一定的铁、铜氧化物。以汽轮机蒸汽凝结水为例，机组正常运行时，凝结水含铁量可达 300 ~ 500mg/kg，含铜量可达 5 ~ 15mg/kg，因此应控制金属腐蚀产物的含量。

2. 汽水分离

汽水分离一般是通过汽水分离装置利用自然分离和机械分离的原理进行工作的。自然分离是利用汽和水的密度差，在重力作用下使汽水得到分离；而机械分离则是依靠惯性力、离心力和附着力使水从蒸汽中分离出来的。

汽水分离装置可以分为两类，一类为一次汽水分离装置或称粗分离装置，其作用是消除汽水混合物进入汽包时具有的动能，并将蒸汽和水初步分离，进入汽包的汽水混合物的干度一般大于 20%，一次汽水分离装置出口的蒸汽湿度应降低到 0.5% ~ 1%；另一类为二次汽水分离装置或称细分离装置，其作用是将一次汽水分离装置输出的蒸汽和水进一步分离，使蒸汽湿度降低到小于 0.01% ~ 0.03%，最大不超过 0.05% 的标准。

常用的汽水分离装置有旋风分离器、波形板、多孔板等。

3. 蒸汽清洗

蒸汽清洗的目的是要降低蒸汽中溶解的盐分特别是硅酸盐，溶于饱和蒸汽的硅酸量取决于同蒸汽接触的水的硅酸含量和硅酸的分配系数。压力一定时分配系数是常数，因此要减少蒸汽中溶解的硅酸，需设法降低同蒸汽接触的水的硅酸浓度。蒸汽清洗就是要用含盐量低的清洁水与蒸汽接触，使已溶于蒸汽的盐分转移到清洗水中，从而减少蒸汽中溶解的盐。理论上这种物质交换使蒸汽中的溶盐量与清洗水中的溶盐量的比值百分数为分配系数 α。实际上，由于各种因素清洗过程不会十分完善，目前所用清洗装置的清洗效率约为 $60\% \sim 70\%$。

经处理后的给水含盐浓度很低，但经过蒸发后锅水的含盐浓度很高。这样，由锅水产生的蒸汽溶解盐分较多，通常多用清洁的给水来清洗蒸汽。由于同蒸汽最后接触的为含盐较低的清洗水，这时不仅蒸汽中的溶盐少了，被携带的水滴所带的盐分也少了。因为带出的水滴为含盐较低的清洁水，而不是含盐很高的锅水。

蒸汽清洗主要采用起泡穿层式清洗装置，其清洗效果较好。

4. 锅炉排污

送入锅炉的给水的含盐量很低，由于随着锅水不断蒸发其含盐量和水渣将逐渐积聚、增加，当锅水含盐量过大时不仅会污染蒸汽，而且会在受热面上结垢、腐蚀受热面，因此必须设法控制锅水含盐量。

一般情况下，用提高给水品质的方法来降低锅水含盐量从经济角度考虑并不合算，所以为使锅水含盐量维持在允许的范围内，运行中可用排出一部分锅水，而代之以较清洁的给水的办法，称为锅炉排污。

排污的目的是排出杂质和磷酸盐处理后形成的软质沉淀物及含盐浓度大的锅水，以降低锅水中的含盐量和碱度，从而防止锅水含盐浓度过高而影响蒸汽品质。

直流锅炉中所有的水全部蒸发，不可能进行排污，根据杂质在水汽中的溶解度，有些沉积在受热面上，有些随蒸汽带走。积存在管内的易溶盐可以在启动或停炉过程中被水洗去，对于难溶的沉积物，需在停炉时进行化学清洗。

第五节　直流锅炉的基本结构与工作原理

一、强制循环与直流锅炉概述

随着锅炉容量的增大，特别是压力的提高，自然循环和汽水分离的困难大大增加。因为自然循环锅炉蒸发受热面中工质的流动是依靠下降管和上升管之间的密度差来进行的，而根据水蒸气的性质，压力愈高，汽水密度差愈小，自然循环的形成就愈困难且愈不可靠，特别当压力达到甚至超过临界压力时，自然循环就无法形成。在此情况下，锅炉蒸发受热面中工质的流动只能依靠外来能量（水泵）进行，这种依靠外来能量建立强迫流动的锅炉称为强制流动锅炉，亦称强制循环锅炉。

强制流动锅炉有直流锅炉、控制循环锅炉和复合循环锅炉三种类型。

直流锅炉的工作原理如图 3 – 21 所示，水在沸腾之前的受热面称为加热段，水开始沸腾（$x = 0$）至全部变为干饱和蒸汽（$x = 1.0$）的区段称为蒸发段，蒸汽开始过热至被加热额定的过热温度称为过热段。直流锅炉蒸发受热面中工质的流动全部依靠给水泵的压头实现。在给水泵压力的作用下，给水顺次连续流过加热、蒸发、过热各区段受热面，一次将给水全部加热成过热蒸汽，故直流锅炉的循环倍率 $K = 1$，即在稳定流动时给水量应等于蒸发量，通常把 $K = 1$ 的直流锅炉称为纯直流锅炉。

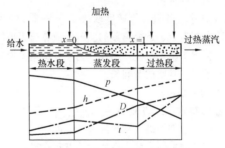

图 3 – 21　直流锅炉工作原理

直流锅炉的结构与自然循环锅炉不同，它没有汽包，所以加热、蒸发和过热各区段之间就不像汽包锅炉那样有固定的分界点。图 3 – 21 中的曲线表示沿管子长度工质的状态和参数大致的变化情况，在加热段，水的焓和温度逐渐增高，比体积略有加大，压力则由于流动阻力的存在而有所降低；在蒸发段，由于水的蒸发而使汽水混合物的焓继续提高，比体积急剧增加，压力降低较快，相应的饱和温度随压力的降低而降低；在过热段，蒸汽的焓、温度和比体积均在增大，压力则由于流动阻力较大而突降。在锅炉运行中，无论何种原因引起工况变动，都可能影响汽水通道内各点的工质参数，从而改变加热、蒸发和过热三区段的长度，这一情况决定了直流锅炉一系列主要的工作特性。

由于工作原理的不同，直流锅炉与自然循环锅炉在结构和运行方面也有差别，现将直流锅炉的特点按优、缺点分析如下。

1. 直流锅炉的主要优点

（1）金属耗量小。直流锅炉没有汽包，不用或少用下降管，允许采用管径较小的蒸发管，因此直流锅炉一般可比自然循环锅炉节省 20% ~ 30% 的钢材。

（2）制造、安装、运输方便。直流锅炉不需要进行汽包的加工，故制造工艺简单，且安装、运输也较方便。

（3）适用于任何压力。在直流锅炉中不受工质压力的限制，而且更适于超高压和亚临界直至超临界压力，因为随着压力的提高，水和蒸汽的密度差减小，工质流动更为稳定。

（4）蒸发受热面布置自由。在整个直流锅炉中，工质为强制流动，因而蒸发受热面的布置比较自由，不必像自然循环锅炉那样必须要立置的蒸发管。因此，直流锅炉的蒸发受热面管允许有多种布置方式，以适应炉膛结构等其他方面的要求。

（5）启动停炉快。机组启停速度取决于厚壁部件的热应力。直流锅炉无汽包，不存在汽包上、下壁温差的问题，故直流锅炉的启动和停炉的时间较短；而汽包锅炉由于汽包壁很厚，为减少壁温差引起的热应力，在启停时常需缓慢进行，需要的时间长。

2. 直流锅炉的主要缺点

（1）给水品质要求高。直流锅炉无汽包，不像自然循环锅炉那样可以进行排污和锅内水处理，进入锅炉的给水全部变为蒸汽，给水所含盐分除少数溶于蒸汽而被带出外，其余杂质均将沉积在受热面内壁上。对机组安全运行造成威胁，故应有高品质的给水。

（2）自动调节要求高。直流锅炉的管径小、壁薄，所以储热能力较小，仅为汽包锅炉的 1/2 ~ 1/4。因此当外界负荷变化时，汽压波动大。另外，当运行工况变化时，直流锅炉的加热、蒸发、过热各区段之间的分界点将会移动（即各区段所占长度将变更），导致出口蒸汽温度变化幅度大，故对自动调节要求高。

（3）电耗较大。直流锅炉蒸发受热面中工质为强迫流动，且管径小、流速较高，因而工质流动阻力大，要求给水泵压头高，故电耗大，致使锅炉净效率降低。

（4）要求有启动旁路系统。直流锅炉在启动中，为保证受热面管子的冷却，应配有启动旁路系统，启动时操作复杂，热量损失大。

锅炉设备运行（第二版）

二、直流锅炉的分类

直流锅炉的水冷壁可自由地布置成各种形式,概括起来可分成水平围绕管圈式、垂直管屏式、回带管圈式等类型。

1. 水平围绕管圈式（拉母辛式）

水平围绕管圈式如图3-22（a）所示,由许多根平行的管子组成所谓的管带沿炉膛四壁一面倾斜,三面水平盘旋上升。倾斜度的大小主要考虑防止汽水分层和结构的几何因素,常采用9°～15°之间的角度,管带宽度取决于管子直径和平行工作的管数。管带越宽,各平行管子之间受热不均匀性越大,因此,当锅炉容量较大时,常将管子分成几个管带,使每个管带不致过宽。

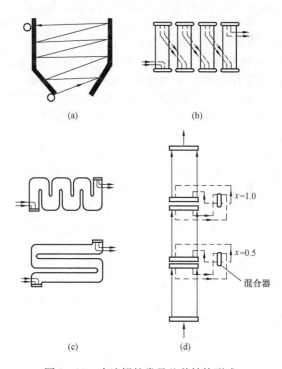

图3-22　直流锅炉常见几种结构形式
（a）水平围绕管圈式；（b）多次垂直上升管屏式；
（c）回带管圈式；（d）一次垂直上升管屏式

水平围绕管圈式直流锅炉的主要优点是：不用中间联箱，没有不受热的下降管，因而可节约金属，便于滑压运行。主要缺点是：安装组合率低，现场工作量大，用于较大容量时，沿炉膛高度吸热不均，会使各管之间热偏差过大。为适应大容量锅炉，在水平围绕管圈式的基础上又发展出螺旋式水冷壁，其管子均倾斜上升，可避免汽水分层，在任一高度上所有管圈受热均匀。两管圈相邻外侧管子壁温差小，适用于整焊膜式水冷壁。

2. 垂直管屏式（本生式）

垂直管屏式又分多次垂直上升管屏式和一次垂直上升管屏式，如图3-22（b）、（d）所示，多次垂直上升管屏式由若干个管屏串联成一组管屏，整个水冷壁由一组或几组管屏组成。同组的相邻管屏由炉外的下降管相连接，给水通过这些管屏全部蒸发成蒸汽。其优点是：组合率较高，安装较简单，工质经联箱的多次混合，热偏差较小。缺点是：采用较多的下降管和联箱，金属耗量大，故不适用于变压运行。

锅炉容量大时，炉膛的周界相对较短，工质在垂直管屏中采用一次上升，如图3-22（d）所示。水通过所有管屏一次上升到顶，全部蒸发成蒸汽，水在水冷壁管中上升的过程中还要经过几次混合，其目的是消除工质在蒸发受热面中流动的流量和吸热不均。为了安全起见，炉内高热负荷的水冷壁采用内螺纹管。

我国SG1000-16.7/555/555型直流锅炉采用一次垂直上升管屏型。给水首先流经省煤器和双面水冷壁，然后一次平行流经四面墙水冷壁管屏。管屏高度分为下部、中部和上部辐射区三段，在各段之间设有混合器，为了调节各管屏间的工质流量，使其与各管屏的热负荷相适应，在下辐射部分的进口处装有调节阀，各阀门的开度是在机组调试时整定的，正常运行时固定不变。

一次垂直上升管屏式的优点是：可以做成组合件，金属消耗量少，从制造工艺角度上看，最宜于采用整焊膜式壁，便于全悬吊结构，但只有在超大容量锅炉上才能采用，否则管内工质流速太低，影响水冷壁工作的可靠性；或者为保证工质流速而使管子的直径减小，影响水冷壁刚度。由于有中间混合器，对变压运行的适应性较差。

3. 回带管圈式（苏尔寿式）

回带管圈式水冷壁由多行程迂回管圈组成，按布置方式分为垂直迂回和水平迂回［见图3-22（c）］。回带管圈式水冷壁没有下降管，可节省钢材，但两联箱之间管子很长，热偏差大，且不利于管子的自由膨胀，不适用于膜式水冷壁的结构。垂直迂回的流动稳定性较差，不易于疏水和排汽，尤其当工质流速低时可能发生停滞和倒流，故已很少采用。

三、直流锅炉的水动力学问题

1. 水动力特性的基本概念

所谓水动力特性是指在一定热负荷下，强制流动的受热面管屏中工质流量 G 与管屏进出口压差 Δp 之间的关系，如图 3–23 所示，其函数关系式为

$$\Delta p = f(G) \text{ 或 } \Delta p = f(\rho\omega) \tag{3–7}$$

对应于一个压差只有一个流量，这样的水动力特性是稳定的（见图 3–23 中的曲线 1），或者说是单值性的，当管中工质为单相流体时，属于这种情况。

对应于一个压差有多个流量（见图 3–23 中的曲线 2），管屏总流量不变，而各管流量呈周期性，时大时小，这时水动力特性是不稳定的，或者说是多值性的。当并列管中工质为双相流体时，可能出现

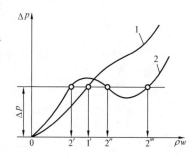

图 3–23　水动力特性曲线

这种情况。当并联的蒸发受热面发生水动力不稳定时，会产生很大的热偏差，出口工质参数相差很大，有些管子出口为过热蒸汽，有些可能是干度很小的汽水混合物甚至是水，使受热面的分界点经常变动，造成管壁金属过热或因受交变应力造成疲劳而损坏。

蒸发受热面的水动力特性与受热面的布置形式有关。

2. 水平布置蒸发受热面中的水动力特性

水平围绕管圈、水平回带管圈及螺旋式管圈都可按水平布置的蒸发受热面来分析。在水平围绕的蒸发受热面中，由于管子很长，摩擦阻力是整个流动阻力的主要部分，因而管子进出口压差与流量之间的关系可认为是摩擦阻力与流量之间的关系。由流动阻力公式可推知

$$\Delta p = kG^2 v \tag{3–8}$$

式中　Δp——汽水流动的阻力损失，MPa；

　　　k——常数；

　　　G——汽水混合物质量流量，m^3/s；

　　　v——汽水混合物平均比体积，m^3/kg。

说明流动阻力的大小与流量的平方和平均比体积的乘积成正比关系。

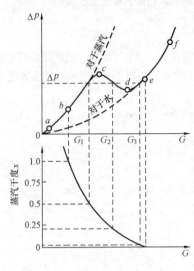

图 3 – 24　水平水动力特性曲线

可以用一个水平管的试验来说明，试验条件是管圈进口为未饱和水，并假定沿管子长度的热负荷不变且分布均匀。试验方法：逐渐增加管内水的流量，同时测定管子两端的压差及管子出口汽水混合物的状态。实验结果如图 3 – 24 所示，图的上部是水动力特性曲线，下部是管子出口工质干度值的变化曲线。

由图 3 – 24 可知，随着流量的增加，出口工质状态从全部是过热蒸汽变到汽水混合物最后变到全都是水；同时随着流量的增加，压差先经 $0 - a - b - c$ 增加，又经 $c - d$ 下降，最后在 d 点以后又增加，这是因为流量的增加，同时管内产汽量下降，而工质的平均比体积却在减小，流量 G 的增加是使压差增加的因素，而工质平均比体积的减少又是使压差减少的因素；所以流量 G 与平均比体积的同时作用就使压差的变化出现了复杂的情况。这要看流量 G 与工质平均比体积哪个的变化起主要作用，在 $c - d$ 段，工质平均比体积的减少值大于流量 G 的增加值，则压差随工质平均比体积减小而下降。e 点后，管子出口全为水，而流量 G 的变化起主要作用，则压差又随流量 G 的增加而增加。

由此可知，水平管圈的水动力特性线 $abcde$ 是一条多值的不稳定曲线。产生水动力特性不稳定的根本原因是蒸汽和水比体积的不同。

3. 垂直管屏的水动力特性

垂直布置蒸发受热面包括垂直管屏式和垂直迂回管带式等，由于垂直布置的管屏的高度相对较高，重位压头 Δp_{zw} 的影响大，因而在计算管屏的压差 Δp 时，必须同时考虑流动阻力 Δp 与重位压头 Δp_{zw}，即

$$\Delta p = \Delta p_{ld} + \Delta p_{zw} \tag{3 – 9}$$

以一次垂直上升管屏为例分析流动阻力 Δp_{ld} 和重位压头 Δp_{zw} 与流量 G 之间的关系。

在一次垂直上升管屏中，重位压头为 $\Delta p_{zw} = Hpz$，其中管屏高度 H 不变，而汽水混合物的密度 ρ 在热负荷一定时，总是随着流量 G 的增加而增大，因而重位压头 Δp_{zw} 总是单值性地随着流量 G 一起增加。流动阻力 Δp_{ld} 与流量 G 的关系，在压力较低时。由于汽水比体积差大，因而可能是多值性的。而在压力较高时一般也是单值性的。流动阻力 Δp_{ld} 加上重位压头 Δp_{zw} 所得的总压差 Δp 与流量 G 的关系仍是单值性的，如图 3 – 25 所示。总之，一次垂直上升管屏的水动力特性是稳定的。

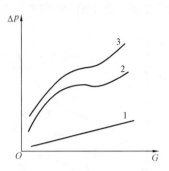

图 3 – 25　一次垂直上升管屏
水动力特性曲线
1—重位压头特性曲线；2—流动阻力
特性曲线；3—总阻力特性曲线

虽然一次垂直上升管屏的水动力特性是稳定的，但由于重位压头的作用，也存在着当受热不均时出现类似于自然循环锅炉一样的流动停滞和倒流现象。

4. 消除或减轻水动力不稳定性的措施

（1）提高工作压力。由于引起水动力不稳定的根本原因是蒸汽和水的比体积存在差别，而随着压力的提高，汽、水的比体积差减小，所以水动力特性趋于稳定。

（2）适当减少蒸发受热面进口工质的欠焓。进口工质的欠焓越小，即进口水温越接近相应压力下的饱和温度，管中加热区段越短（甚至没有），在一定的热负荷下，管内蒸汽产量不再变化，即工质比体积不变化，因而流动阻力总是随着给水流量的增加而增加，所以水动力特性是稳定的。但进口水的欠焓过小也不合适，因为工质流量稍有变动时管屏进口就可能产生蒸汽，将导致进口联箱至各个管中的蒸汽量分配不均，热偏差增大，影响安全性。

（3）增加加热区段的阻力。在进口水欠焓相同的情况下，若增加加热区段的阻力，使压差增大，水将很快达到饱和温度，则加热区段将缩短，这样与减少欠焓的方法一样，使水动力特性趋于稳定。

增加加热区段阻力的方法一般是在管屏进口处加装节流圈，加装节流圈对水动力特性的影响如图 3 – 26 所示，虽然总的阻力增加，但能使水动力特性稳定；另一个方法是在管屏进口处采用小管径，然后逐级扩大，小管径的阻力大，同样起着节流圈的作用。

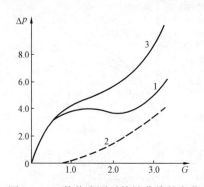

图 3 - 26　装节流圈后特性曲线的变化
1—不稳定的管圈阻力特性曲线；
2—节流圈特性曲线；3—稳定
的管圈阻力特性曲线

（4）加装呼吸箱。用一联箱连通并联工作的蒸发管，借以平衡蒸发管中部分的压力波，可减轻水动力的不稳定性，当管屏发生不稳定流动时，各并列管中的流量不同，故沿管长的压力分布也不同。在同一管长处，流量小的管子压力较高，而流量大的管子压力较低，于是，工质便从流量小的管子通过呼吸箱流入流量大的管子。这样原来流量小的管子流量增加，而流量大的管子流量减少，最终使管屏中各管的压力和流量逐渐趋于平稳。试验证明，呼吸箱装在管间压差较大，即蒸汽干度在 0. 1 ~ 0. 15 的位置，效果较显著。

四、直流锅炉的热偏差

无论采用何种类型，直流锅炉的蒸发受热面都是由一系列并行连接的管圈组成的，它们被连接到进出口联箱上，对于并行连接的各根管子的结构和工作情况，不可能绝对相同，一些管圈可能热负荷高一些，另一些管圈可能因结构上的差异水阻力大一些，都可能使某些管圈出口的工质温度及热焓与平均的数值相差很大，亦即热偏差很大，它不仅导致个别管圈的金属壁温超过允许值，还可能出现传热恶化和膜式水冷壁相邻两管热应力过大，造成严重损坏。

具有单相工质的过热器的热偏差问题，其基本内容原则上适用于直流锅炉蒸发受热面，但由于直流锅炉蒸发受热面布置在高温的炉膛中，特别是管圈内部既有单相流体又有双相流体，问题较为复杂。引起直流锅炉蒸发受热面热偏差的原因是热力不均和工质流量不均，下面分别加以讨论。

（一）影响热偏差的主要因素

1. 热力不均

锅炉的结构特点、燃烧方式和燃料种类都会引起直流锅炉蒸发受热面的热力不均，在炉膛中温度场的分布无论在宽度、深度、高度方面都是不均匀的。通常情况下，液态排渣炉热负荷不均匀程度大于固态排渣炉，燃油炉大于燃煤炉；在结构方面，垂直管屏的热力不均匀程度大于水平管屏。

在运行中，如发生炉膛结渣、火焰偏斜等情况，将使某些管圈发生很大的热偏差，严重时可使结渣管圈的吸热量仅为清洁管圈的几分之一，因此，运行时提高炉膛火焰的充满程度、维持燃烧稳定、保持良好的火焰中心位置，对减轻热偏差有一定作用。

直流锅炉蒸发受热面受热不均对热偏差的影响与自然循环锅炉不同，由于没有自补偿特性，因此直流锅炉受热较强的管子产汽量增加，工质比体积增大，流动阻力增大，流量反而减少，由于受热不均而又造成流量不均，从而加剧热偏差。

2. 工质流量不均

工质流量不均是由并联各管的流动阻力不同、重位压头不同及联箱的静压分布特性的影响而引起的，水动力不稳定和脉动也是工质流量不均的原因。另外，热力不均会引起工质流量不均，一般来说，联箱静压分布特性的影响相对较小，可略去不计。以下分析流动阻力和重位压头不同所引起的工质流量不均：

（1）流动阻力的影响。对于水平围绕管圈，因重位压头的影响相对较小，故只需考虑流动阻力的影响。并联管子的流动阻力不同将引起流量不均，使某些管子的流量与平均流量发生偏差。流动阻力不同一般是由于结构和安装质量不好（如管子长度不等、管径不同）、粗糙度和弯曲程度不同以及管内有焊瘤等。

对于双相流体，由于工质比体积随热焓的增加而剧烈增加，因而当某根管子的热负荷较大时，其中工质的热焓和平均比体积增大，从而导致流动阻力增大和流量减少，而流量减少又导致工质热焓和比体积增大，所以热偏差达到相当严重的程度。

（2）重位压头的影响。在垂直上升管屏中，由于管屏高度相对较大（相对水平围绕管圈而言），因而必须考虑重位压头的影响。当个别管子热负荷偏高时，工质平均比体积增大将引起流动阻力增大，从容而使流量降低，但由于管中工质比重减少，重位压头降低，会使流量增大，因此，重位压头有助于减少热偏差。

（二）减轻热偏差的方法

要完全消除热偏差是不可能的，因为运行工况是不断发生变动的，必然会引起热力和流量不均，从而引起热偏差。但应尽量地减轻（减少）

热偏差，并将其控制在一定范围内。根据以上分析和生产实践经验，除在运行中注意炉膛热负荷均匀和防止结渣以外，还可以采用下列方法来减轻热偏差。

1. 加装节流装置

在并联各蒸发管进口加装节流圈或在管屏进口加装节流阀以减轻热偏差。

加装节流装置是目前直流锅炉提高蒸发受热面安全性的一种常用且有效的办法，在蒸发管进口加装节流装置，相当于增大了每根管子的流动阻力，由于蒸发管进口处流过的是单相水，其阻力与流量的平方成正比，故原来流量大的管子就有较大的阻力增量，原来流量小的管子就有较小的阻力增量。在同一管屏中，各蒸发管并列连接在进出口联箱上，各管两端的压差必须相等，要满足这个条件，原来流量大的管子必须减少流量，而原来流量小的管子必然会增加流量，这样就使各管流量趋于均衡，即管屏中的流量不均匀性较小。

节流圈孔径的选择对减轻热偏差很有影响。若直径选大了，起不到节流的作用，也不能减轻热偏差；若直径选小了，会增大水泵电耗。近几年，多是先用计算机对每根管进行水力计算，然后根据需要加装不同直径的节流圈，即原来流量大的管子加装直径较小的节流圈，而原来流量小的管子加装直径较大的节流圈，从而可以有效地减少热偏差，而又不过分地增加阻力损失。

2. 将蒸发受热面分成若干并联的独立管屏

独立管屏的数量越多，每一管屏的宽度越小，在同样的炉膛分布下，可使每一管屏中各管之间的热力不均和工质流量不均减小，因而可减小热偏差。

3. 装设中间联箱和混合器

在蒸发系统中装设中间联箱和混合器，使工质在其中充分混合，然后再进入下一级受热面，这样前一级热偏差就不会延续到下一级，使工质进入下一级时焓值趋于均匀，因而可减少热偏差。

4. 采用较高的工质质量流速

提高工质质量流速可降低管壁温度，从而使热偏差管不致过热。对于垂直管屏，由于其重位压头较大，如果质量流速过低，则在低负荷运行时，因受热不均会引起不正常工况。故垂直管屏的工质质量流速较大，一般为 $2000 \sim 2500 \text{kg/} (\text{m}^2 \cdot \text{s})$，如国产 1000t/h 直流锅炉在额定负荷下的质量流速为 $2060 \text{kg/} (\text{m}^2 \cdot \text{s})$。

五、直流锅炉的膜态沸腾

1. 核态沸腾和膜态沸腾

在直流锅炉蒸发面管中给水经加热而后沸腾，在一般情况下，沸腾并不是在整个受热面上产生蒸汽，只是在粗糙不平点发生（这些点称为汽化核心），这种沸腾称为核态沸腾。还有另一种沸腾，沸腾时液水与受热面之间被完整的汽膜隔开，即在管子内壁上形成一层汽膜，这种沸腾称为膜态沸腾。

在汽化核心产生的汽泡靠其自身的浮力和水流的冲力离开壁面，周围的水立即补充上去，因此，管内壁至工质的放热系数较大，壁温升高的速度较慢，不会引起管壁过热。所以，核态沸腾只是正常的沸腾。而膜态沸腾时，壁面与水隔开，由于汽膜的热阻很大，不能及时带走管壁的热量，将使管壁温度迅速升高，引起管子过热损坏。直流锅炉蒸发受热面中的膜态沸腾使传热恶化是不可避免的。

2. 影响膜态沸腾的因素

直流锅炉蒸发受热面的膜态沸腾主要与工作压力、热负荷和工质的质量流速有关，常以界限含汽率作为判断沸腾传热恶化出现的界限。随着工作压力的升高，饱和水的表面张力减小，水膜稳定性下降，受热面管内壁上的水膜容易被撕破，导致壁温升高。热负荷增大则汽化核心数目增多，产生的汽泡来不及离开就聚积在壁面上，形成使沸腾传热恶化的蒸汽膜。工质质量流速提高可增强水膜扰动，一方面使水膜的稳定性减弱，容易发生膜态沸腾；另一方面可带走贴壁汽膜，增大管壁的放热系数，使膜态沸腾时的壁温降低很多。

3. 防止蒸发受热面沸腾传热恶化的措施

防止沸腾传热恶化的方法有两种：一是防止它产生；二是允许它产生，但必须限制壁温不超过允许值。在直流锅炉中，蒸发受热面内必然会出现蒸干现象，因此一般不能防止它产生，而只能在产生后降低壁温。目前所采取的措施有：

（1）提高工质的质量流速。在热负荷和压力一定的条件下，提高工质的质量流速对降低壁温是十分有效的。

（2）采用内螺纹管。内螺纹管是指在管子内壁开出螺旋形槽道的管子。工质在螺纹管内流动时，发生强烈扰动，将水压向壁面而迫使汽泡脱离壁面被水带走，从而破坏了汽膜层的形成，使管壁温度降低。采用内螺纹管的缺点是加工工艺复杂，流动阻力大。

（3）加装扰流子。扰流子是装在蒸发管内螺旋状的金属片。加装扰流子后，管子截面中心与沿管壁流体因受扰动而混合充分，不易在壁面上形成汽膜，故扰流子在推迟沸腾传热恶化和降低壁温方面，可起到与内螺纹管类似的作用。

（4）组织好炉内燃烧，将燃烧器的布置沿炉高、炉宽方向尽量分开，并采用"多只、少燃料"的方法以分散热负荷，防止局部热负荷过高。

六、复合循环锅炉简介

（一）复合循环锅炉的特点

复合循环锅炉是在直流锅炉的基础上发展起来的。复合循环锅炉是依靠再循环泵的压头将蒸发受热面出口的部分或全部工质进行再循环的锅炉，包括全负荷复合再循环锅炉（低循环倍率锅炉）和部分负荷再循环锅炉（复合循环锅炉）。

在稳定工况下，流经直流锅炉蒸发管的工质流量等于它的蒸发量，在低负荷时流经蒸发管的工质流量按比例减少，但炉膛的热负荷降低不多。为了保证水冷壁的工作安全，直流锅炉在低负荷运行时必须维持一定的工质质量流速，即维持一定的工质流量，此流量不低于额定负荷流量的 $25\% \sim 35\%$，这样在额定负荷时流速就会很高，将造成很大的流动阻力。另外，在锅炉启动时为保护水冷壁，管内也要维持这一最低流量，因此启动系统庞大而复杂，启动时的热质损失都很大。为了克服直流锅炉的上述缺点，可采用再循环的方法来解决，即把蒸发管出口的部分或全部工质通过再循环系统与给水混合后再流入蒸发管。流过蒸发管的工质由给水泵来的工质和再循环泵来的工质两部分组成。

（二）低循环倍率锅炉

低循环倍率锅炉是一种在整个负荷范围内均有工质再循环的锅炉，额定负荷时循环倍率只有 1.2，随着负荷的降低，循环倍率增大。给水经省煤器进入混合器与由汽水分离器分离出的水混合，经过滤器、再循环泵和分离器进入水冷壁的各回路中。为合理分配各回路的水量，水冷壁各个回路均装有节流圈。水冷壁中产生的汽水混合物在分离器中进行汽水分离，分离出来的蒸汽送往过热器，分离出来的水进入混合器进行再循环。

再循环泵一般为 2～3 台，其中一台为备用。在切换过程中，给水经备用管直接进入水冷壁，不致影响安全。

低循环倍率锅炉可用于亚临界压力锅炉，也可用于超临界压力锅炉，用于超临界压力锅炉时，系统中取消了汽水分离器。

（三）复合循环锅炉

复合循环锅炉指在低负荷时按再循环原理工作，高负荷时按纯直流锅炉原理工作。从纯直流工况切换到再循环工况时，负荷要根据不同情况而定，一般为额定负荷的65%～80%。

由省煤器来的给水进入球形混合器，当负荷低于切换负荷时，给水与水冷壁出口的炉水混合，再由再循环泵送入水冷壁，经对流竖井包覆管加热后，一部分经再循环管进入混合器与省煤器的给水进行混合再循环，另一部分送入过热器，再循环水量通过再循环管道上的循环限制阀来调节。当负荷上升到切换负荷时，循环限制阀自动关闭，循环管道中无再循环水量，此时的再循环泵仅起升压的作用，也可停用再循环泵使水经旁路进入水冷壁。复合循环锅炉大多用于超临界压力机组。

第四章

锅炉燃烧系统组成及工作原理

第一节 锅炉整体布置

一、影响锅炉整体布置的因素

影响锅炉整体布置的因素很多，主要有蒸汽参数、锅炉容量、燃料性质等。

（一）蒸汽参数对锅炉受热面布置的影响

给水进入锅炉后，通过各个受热面从火焰及烟气中吸取热量，最后达到额定参数的过热蒸汽输送出去。其工质的加热过程可分为水的预热（省煤器）、水的蒸发（水冷壁）和蒸汽的过热（过热器）三个阶段。这三个阶段的吸热量的比例随着蒸汽压力而变化。蒸汽压力低，蒸发热占的比例大；压力越高，蒸发热的比例越小，预热热和过热热的比例越大。压力超过14MPa的锅炉一般均为再热锅炉，除过热热外，还有再热热。表4-1中列出了不同参数下工质吸热量的分配比例。

表4-1　　　　　　　不同参数下工质吸热量的分配比例

蒸汽初参数和给水温度			吸热量比例（%）			
汽压（MPa）	汽温（℃）	给水温度（℃）	预热	蒸发	过热	再热
9.8（100）	540	215	18.7	52.1	29.2	—
13.7（140）	540/540	240	21.2	33.8	29.8	15.2
16.7（170）	555/555	265	23.1	24.7	36.0	16.2

注　1. 括号内的汽压数值为表大气压数。

　　2. 对于有再热器的锅炉，再热热中已考虑对再热蒸汽流量（比过热蒸汽流量小）的折算。

低参数小容量锅炉，蒸发热所占的比例很大（70%~75%），锅炉受热面中以蒸发受热面为主，除采用省煤器和水冷壁外，还需布置大量的锅炉管束。

锅炉设备运行（第二版）

对中压锅炉，水的蒸发热所占的比例约为 66%，过热热约占 20%，工质在炉膛水冷壁中已能吸到所需的蒸发量。省煤器和空气预热器可单级布置，过热器根据过热吸热量一般采用对流式过热器即可。

高压锅炉的过热吸热量增大较多，约占总吸热量的 1/3，过热器受热面较大，蒸发量超过 220t/h 时采用屏式过热器和对流式过热器。

超高压力、亚临界压力锅炉为提高机组效率一般均为再热锅炉，工质的过热吸热量和再热吸热量占总吸热量的 45% 以上。对流烟道需有一部分空间布置对流式再热器，因而常需采用吸收辐射热的墙式过热器、屏式过热器和对流过热器组合的过热器系统，以解决过热器、再热器受热面较大难于布置的问题。

在超临界压力锅炉中，工质已成为单相流体。此时加热吸热量约占总吸热量的 30%，其余吸热量却为过热吸热量，不存在蒸发受热面，只能采用直流锅炉。

（二）容量对锅炉受热面布置的影响

锅炉容量增大时，炉膛壁面积的增大比容量的增大慢，因而大容量锅炉的炉膛壁面积比容量小的锅炉炉膛壁面积相对减少。在中、小型锅炉中，由于炉膛壁面积相对较大，布置水冷壁后可使炉膛出口烟气温度不致过高。但在大容量锅炉中，仅布置水冷壁炉膛出口烟气温度仍将过高，必须再布置双面光管水冷壁和辐射式、半辐射式过热器才能降低炉膛出口温度至允许值。

由于炉膛壁面积的增长比容量的增长慢，所以随着容量的增大，锅炉单位宽度上的蒸发量迅速增大。图 4-1 所示为锅炉蒸发量 D 和锅炉宽度 B 的比值 D/B 随锅炉蒸发量变化的曲线。

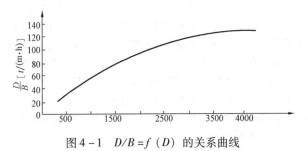

图 4-1 $D/B = f(D)$ 的关系曲线

由图 4-1 可见，D/B 随 D 的增大而增大，当锅炉蒸发量从 400t/h 增至 4000t/h 时，D/B 平均增加约 5 倍。因而随着容量的增大，由于 D/B 增加，为了保证必要的烟气流速需增大尾部对流烟道深度；为确保规定的过热蒸汽流速，需采用多重管圈的对流过热器结构，省煤器采用双面进水及多重管圈结构以保证给水流速不会过高，管式空气预热器也要采用双面进风结构，以防风速过大。

随着锅炉容量的增大，部件的数量和级数也逐渐增多，采用Ⅱ型布置的锅炉，管式空气预热器改用体积紧凑的回转式预热器，烟道采用多烟道布置，省煤器、过热器和再热器也要采用紧凑式布置并强化传热工艺。

（三）燃料对锅炉受热面布置的影响

燃料种类和性质对锅炉的布置方式有很大影响。对固体燃料而言，挥发分、水分、灰分对锅炉受热面的布置有很大影响。

挥发分低的煤，一般不容易着火和燃尽，燃用这种燃料的锅炉，炉膛容积热强度一般应取得小些，使炉膛容积大些，以保证燃料在炉内有足够的燃烧时间。为保证这种燃料的稳定着火经常采用的措施是热风送粉，并用较高的热空气温度，这就要求在锅炉中布置较多的空气预热器受热面并采用两级布置的方式，以致尾部竖井的高度相应增高。在布置燃烧器区域的水冷壁上敷设卫燃带，减少燃烧器区域的吸热量，以保证燃烧器区域的高温，给燃料的稳定着火创造有利条件。

燃料的水分增多，将引起炉温下降，使炉内辐射传热量减少，对流受热面的吸热量增大。此外，对于水分多的燃料，要求较高的热空气温度，因此空气预热器的受热面要布置多一些。这样，对于Ⅱ型布置的锅炉来说，要求炉膛的高度较小，尾部对流竖井的高度较大，给锅炉的整体布置带来不便。

燃料的灰分增多，将加剧对流受热面的磨损，在设计对流受热面时，应采用较低的烟速或其他减轻磨损的措施。当含灰的烟气流转弯时，由于离心力的作用，灰分浓度非常不均，局部地方灰分浓度很大，使处于转弯部位及其后面的对流受热面遭到严重的局部磨损。有些国家，对于燃用多灰燃料的锅炉采用塔型布置方式，烟气在对流烟道中不改变方向，对减少受热面的磨损是有利的。此外，灰分的性质（如灰熔点和灰的成分）对锅炉的布置也有影响。

（四）热空气温度——尾部受热面的分级布置

对于不同的燃料，应采用不同的热空气温度。当热空气温度较高（>350℃）时，空气预热器单级布置已不能满足要求，要将空气预热器布置成两级，与省煤器交错布置，组成两级布置的尾部受热面。

单尾部受热面采用两级布置时，把沿空气流动方向的第二级（高温级）移至烟气温度较高的区域，两级空气预热器之间布置省煤器。

二、锅炉整体布置方式

锅炉整体布置是指炉膛、对流烟道之间的相互关系和相对位置的确定。随着燃料品种、燃烧方式、锅炉容量、蒸汽参数、循环方式和厂房布置等因素的不同可选用不同的锅炉整体布置形式。

（一）Ⅱ型布置

Ⅱ型布置是大中型锅炉最广泛采用的一种布置方式，由炉膛、水平烟道和下行对流烟道（竖井）组成。

采用Ⅱ型布置的锅炉和厂房的高度都较低，转动机械和笨重设备（如引风机、送风机、除尘器和烟囱）均布置在建筑地面上，可以减轻厂房和锅炉构架的负载。水平烟道中，可布置支吊方式比较简便的悬吊式受热面。下行对流（竖井）烟道中受热面易于布置成逆流传热方式，使尾部受热面的检修比较方便。Ⅱ型布置的主要缺点是占地面积较大，烟气从炉膛进入对流烟道时要改变流动方向（转弯），从而造成烟气速度场和飞灰浓度场的不均匀性，影响传热性能并造成受热面的局部磨损。

（二）T型布置

T型布置比Ⅱ型布置多一个对流烟道，这样可减小炉膛出口烟窗高度和竖井深度，改善水平烟道中的烟气沿高度的热力不均匀性，并降低竖井中的烟气流速，以减少磨损，还有利于解决尾部受热面的布置困难问题。但T型布置比Ⅱ型布置占地面积更多。

（三）塔型布置

塔型布置的对流烟道布置在炉膛上方，锅炉烟气一直向上流过各对流受热面，烟气不转弯，能均匀地冲刷受热面；占地面积小，无转弯和下行烟道，有自生通风作用，烟气流动阻力最小，燃烧器布置方便。其缺点为过热器、再热器位置布置很高，空气预热器、引风机、送风机除尘器都采用高位布置，增加了锅炉构架和厂房结构的载荷。如采用半塔式布置，即将回转式空气预热器、引风机、送风机除尘设备等布置在地面，再用空烟道将烟气自炉顶引下和空气预热器的烟气进口管连接，可减少纯塔式布置的缺点。塔式布置适用于燃用多灰分褐煤的大容量锅炉，因为在这种布置中烟气不转弯，不会造成烟气中灰粒分布不均现象，因而可以减轻对流受热面的磨损。

（四）箱型布置

箱型布置主要用于燃油和燃气锅炉，其特点为锅炉各部件均布置在一箱型炉体中，占地面积小，结构紧凑，构架简单。燃烧器多为前、后墙对冲布置，水冷壁受热均匀。

三、烟风系统

锅炉烟风系统是指由燃烧生成的烟气与空气组成的系统。主要由一次风管、二次风管、燃烧器、炉膛、烟道、空气预热器、引风机和送风机、脱硝装置、脱硫装置及烟囱等设备组成。流程大致如下：

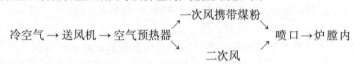

燃烧生成烟气→烟道内各受热面→脱硝装置→引风机→脱硫装置→烟囱。

详细的设备工作原理与操作步骤将在以后的章节中介绍。

第二节　煤粉燃烧器及燃烧特性

燃烧器是锅炉主要的燃烧设备，其作用是使携带煤粉的一次风和助燃用的空气（二次风）在进入炉膛时充分混合，并使煤粉及时着火和稳定燃烧。按出口气流特性，燃烧器可分为直流式和旋流式两大类。出口气流为直流射流的称直流燃烧器，出口气流含有旋转射流的称旋流燃烧器。

一、直流式燃烧器

（一）直流燃烧器的结构

根据燃烧器中一、二次风口的布置情况分类，直流燃烧器可分为均等配风和分级配风两种形式。

1. 均等配风直流煤粉燃烧器

均等配风方式是采用一、二次风口相间布置，即在两个一次风口之间均等布置一个或两个二次风口，或者在每个一次风口的背火侧均等布置二次风口。

在均等配风方式中，一、二次风口间距相对较近，一、二次风自喷口喷出后能很快得到混合，故一般适用于烟煤和褐煤，所以称为烟煤－褐煤型直流燃烧器。挥发分较低的贫煤，如用热风送粉，也可应用均等配风直流煤粉燃烧器。典型的均等配风直流燃烧器喷口布置方式如图4－2所示。

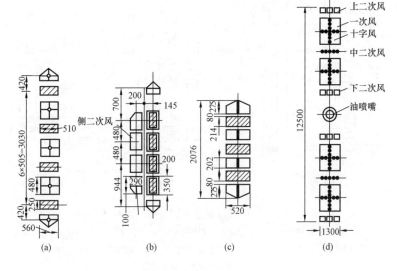

图4－2　均等配风直流燃烧器（单位：mm）

（a）锅炉容量100t/h，适用烟煤；（b）锅炉容量220t/h，适用贫煤和烟煤；
（c）锅炉容量220t/h，适用褐煤；（d）锅炉容量927t/h，适用褐煤

2. 分级配风直流煤粉燃烧器

分级配风是指把燃烧所需要的二次风分级、分阶段地送入燃烧的煤粉气流中。在一次风煤粉气流着火后送入一部分二次风，促使已着火的煤粉气流的燃烧过程能继续扩展；待全部着火以后再分批地高速喷入二次风，使其与着火燃烧的煤粉火炬强烈混合，借以加强气流扰动提高扩散速度，促进煤粉的燃烧和燃尽过程。因此在分级配风燃烧器中，通常将一次风口比较集中地布置在一起，而二次风口分层布置，且一、二次风口保持较大的距离，以此来控制一、二次风射流在炉内的混合点。煤的挥发分越低，灰分越高，一、二次风口间的距离应越大，两者的混合自然也就晚些。

分级配风直流煤粉燃烧器适用于无烟煤、贫煤和劣质烟煤等，所以又称为无烟煤型直流煤粉燃烧器。典型的分级配风直流煤粉燃烧器喷口布置形式如图4－3所示。

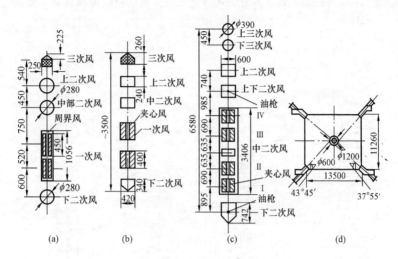

图 4 - 3　分级配风直流煤粉燃烧器（单位：mm）

（a）锅炉容量 130t/h，适用无烟煤（采用周界风）；（b）锅炉容量 220t/h，适用
无烟煤（采用夹心风）；（c）锅炉容量 670t/h，适用无烟煤（采用夹心风）；

（d）670t/h 锅炉燃烧器布置

（二）直流燃烧器工作原理

1. 直流燃烧器风粉气流的着火

与旋流燃烧器相比，单组直流燃烧器气流的轴向速度较高，气流与高
温烟气接触的表面积较小，煤粉气流射入炉膛后高温烟气只能在气流周围
混入，所以首先着火的是气流周界上

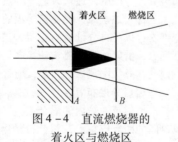

图 4 - 4　直流燃烧器的
着火区与燃烧区

的煤粉，然后逐渐点燃气流中心的煤
粉，如图 4 - 4 所示，在 A 点，周界着
火，到 B 点时，中心才着火。B 点以
前是着火区，B 点以后是燃烧区。直
流燃烧器能否迅速着火，一方面看是
否能很快混入高温烟气；另一方面要
看迎火周界的大小，即气流截面周界
的长度。迎火周界越长，吸收高温烟
气的热量越多，着火越迅速；迎火周界越短，则着火越慢。

从整体气流情况来分析，直流燃烧器着火条件还是好的。从燃烧器射

锅炉设备运行（第二版）

出的煤粉气流经过炉膛中部（为高温烟气）以后，会有一部分直接补充到相邻燃烧器的根部着火区，造成相邻燃烧器的相互引燃。如图 4 - 5 所示，直流燃烧器着火区的吸热面积虽然小，但却能得到炉膛中心温度较高烟气的混入和加热。

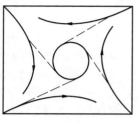

图 4 - 5 直流四角布置
煤粉气流喷射工况

采用四角布置的直流燃烧器，火焰集中在炉膛中心，形成一个高温火炬，炉膛中心温度比较高，而且气流在炉膛中心强烈旋转，煤粉与空气混合较充分，气流一边旋转，一边上升。总的来说，这种燃烧方式的后期混合条件较好。

2. 直流燃烧器的射流特性

直流燃烧器的气流不旋转地喷入炉膛，可以近似地看作是自由射流（气流喷入相同气体的无限空间）。由于卷吸作用，气流中气体的量逐渐增加，范围逐渐扩大，流速逐渐减小。图 4 - 6 所示为自由射流的卷吸过程，根据自由射流的规律，图中的扩散角一般为 28° 左右。

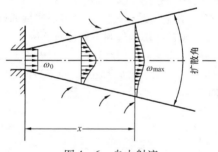

图 4 - 6 自由射流

在燃烧器出口的横截面上，气流的各点的流速可看作是相同的，用 ω_0 来表示。但离开喷燃器后，由于气流卷吸周围气体，使气流外围流速很快下降，中心流速则下降较慢。离开燃烧器出口距离为 x 时，对应于此处断面的中心流速（即最大流速）假定为 ω_{max}，则可求得下列关系式：

当喷口为圆形时，有

$$\frac{\omega_{max}}{\omega_0} = \frac{0.96}{\alpha \dfrac{x}{R_0} + 0.29} \qquad (4 - 1)$$

当喷口为矩形时，有

第四章 锅炉燃烧系统组成及工作原理

$$\frac{\omega_{max}}{\omega_0} = \frac{1.2}{\sqrt{\alpha \dfrac{x}{b_0} + 0.41}} \qquad (4-2)$$

式中　α——系数，对圆形喷口 $\alpha = 0.07 \sim 0.08$，对矩形喷口 $\alpha = 0.10 \sim 0.12$；

　　　R_0——圆形喷口半径；

　　　b_0——矩形喷口短边的一半。

可以看出，R_0 或 b_0 越大，即喷口截面积越大，同样 ω_0 时，在同样距离 x 处的 ω_{max} 越大，即喷口越大，气流速度衰减得越慢，射程越远；同理，当 R_0 或 b_0 一定时气流初速度 ω_0 越大，则在一定的距离 x 处的 ω_{max} 亦大，射程越远。而矩形喷口与圆形喷口相比较，前者的气流速度衰减较慢，所以采用高初速大尺寸的矩形喷口，可以强化气流。

上面讲的是自由射流的情况，一般做定性分析是可以的，但是因为进入炉膛的射流并不是自由射流，炉膛不是无限空间，喷入的气流与炉膛内实际烟气也不相同。因此，实际的炉内空气动力工况必须结合试验，才能掌握其具体规律。

3. 气流的偏斜问题

四角布置的燃烧器，由于射流要与假想圆相切，气流与两边炉墙的夹角一般不可能为45°，常常一边大一边小。气流卷吸周围烟气的同时，会在周围形成负压区，炉膛中的烟气则不断地向负压区补充。如图 4-7（a）所示，由于右侧（即 A 侧）的空间大，烟气补充比较充分，而左侧（即 B 侧）的空间小，烟气补充就显得不足，所以右侧的压力将大于左侧的压力，使气流向左偏斜，如图 4-7（b）所示。

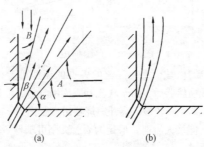

(a)　　　　　　　　　　(b)

图 4-7　四角布置方式的炉内空气动力工况示意

(a) 正常工况；(b) 切圆直径过大

偏斜严重时会形成气流贴壁，以致炉膛结渣，炉管磨损。气流偏斜与切圆直径有关，也与炉膛深度与宽度比有关。切圆直径越大，炉膛深度与宽度相差越远，越易偏斜。切圆直径过小也不好，如切圆直径接近于零，即对冲喷射时，气流很不稳定。一般切圆直径以 600 ~ 800mm 为宜。

气流本身有一定的动量，所以有抵抗偏斜的能力，这种能力称为气流的刚性。喷口截面积越大，气流的速度越快，宽度比越小，则刚性越好；反之，刚性就较差。一般地，宽度比大于 8 易偏斜，小于 4 不易偏斜。

4. 四角布置燃烧方式的炉内空气动力场

切圆燃烧的好坏与炉内空气动力场有密切关系，而主要的影响因素是假想切圆直径与一、二次风速度。

图 4 - 8 所示为切圆燃烧的炉内空气动力场。气流喷入炉膛以后，产生强烈的旋转运动，螺旋形上升，到顶部离开炉膛。由于离心力的作用，气流向四周压缩，使炉膛中心形成真空，即所谓的无风区。无风区外围是气流强烈旋转的强风区，最外围是弱风区。由于无风区的吸引作用，部分烟气向下倒流，有利于减少飞灰损失，同时倒流下来的烟气会回流到燃烧器根部，有利于着火。但是，有了无风区，将影响火焰的充满程度，而且由于气流的强烈旋转，会将粗煤粉抛向温度低、混合差的弱风区，增加不完全燃烧损失。当然，已燃尽的灰渣也会分离出来，故飞灰量将减少。

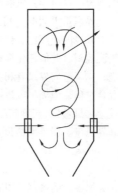

随着气流的螺旋上升，气流的扰动逐渐减弱，然而，由于气流螺旋上升，使路程加长，煤粉的燃烧时间加长，这对燃尽是有利的。

图 4 - 8 切圆燃烧的
炉内空气动力场
Ⅰ—无风区；Ⅱ—强风区；
Ⅲ—弱风区

（三）直流燃烧器的配风

直流燃烧器的二次风分上、中、下三部分，还有界二次风、夹心二次风、侧二次风、中心十字风等，通过对它们的调配，可以实现其良好的配风。

（1）上二次风的作用。①压住火焰，使之不过分上飘；②在分级送风中，上二次风所占比例最大，是煤粉燃烧的主要氧气来源，也是造成紊动的主要动力。上二次风风口一般下倾 5° ~ 15°。

（2）中二次风在均等配风中是燃料燃烧需氧和紊动的主要来源，

占风量比例较大，而在分级配风时，它的风量很小。中二次风风口一般下倾 $5° \sim 15°$。

（3）下二次风的作用。①防止煤粉离析；②托住火炬使之不致过分下冲，以防冷灰斗结渣。下二次风风量最小，约为二次风总量的 $15\% \sim 20\%$，下二次风风口一般是水平的。

（4）周界风。在一次风喷口外缘，有时布置有周界风。周界风的作用为：①冷却一次风喷口，防止喷口烧坏或变形；②少量热空气与煤粉火焰及时混合，由于直流煤粉火焰的着火首先从外边缘开始，火焰外围易出现缺氧现象，这时周界风就起着补氧作用，周界风量较小时，有利于稳定着火，周界风量太大时，相当于二次风过早混入一次风，因而对着火不利；③周界风的速度比煤粉气流的速度要高，能增加一次风气流的刚度，防止气流偏斜，并能托住煤粉，防止煤粉从主气流中分离出来而引起不完全燃烧；④高速周界风有利于卷吸高温烟气，促进着火，并加速一、二次风的混合过程，但周界风量过大或风速过小时，在煤粉气流与高温烟气之间形成会"屏蔽"，反而阻碍加热煤粉气流，故当燃用的煤质变差时，应减少周界风量。周界风的风量一般为二次风量的 10% 或略多一些，风速为 $30 \sim 40 \mathrm{m/s}$，风层厚度为 $15 \sim 25 \mathrm{mm}$。

（5）夹心风是夹在一次风气流中间的二次风。夹心风有 4 个作用：①补充火焰中心的氧气，同时也降低着火区的温度，而对一次风射流外缘的烟气卷吸作用没有明显的影响；②高速的夹心风提高了一次风射流的刚度，能防止气流偏斜，而且增强了煤粉气流内部的扰动，这对加速外缘火焰向中心的传播是有利的；③夹心风速度较大时，一次风射流扩展角减小，煤粉气流扩散减弱，这对于减轻和避免煤粉气流贴壁，防止结渣有一定作用；④可作为变煤种、变负荷时燃烧调整的手段之一。夹心风也能增强一次风的刚性，并有及时补给氧气的作用。夹心风对一次风着火的影响较小，其风量约占二次风总量的 $10\% \sim 16\%$，风速约为 $50 \mathrm{m/s}$。

（6）侧二次风均布置在一次风口两侧或外侧。布置在一次风口两侧的二次风作用与周界风差不多。布置在一次风外侧的二次风可在炉墙附近形成一层气幕，既增加了气流刚性，又有利于防止结渣。此外，由于内侧未布置二次风，所以高温烟气可以直接卷吸入一次风，对煤粉着火也较有利。

简单的侧二次风仅仅是在一般燃烧器一次风口外侧加一条二次风窄缝，主二次风仍布置在一次风口的上下。

（7）中心十字风是夹在一次风口中成十字形缝隙的二次风。中心十字风对一次风喷口有保护作用，可把一次风分隔成四小股，有助于风粉的均匀混合。与周界风、夹心风等一样，中心十字风对一次风也起导向作用，能增加其刚性，多用于褐煤燃烧。

（8）根据燃用煤种，直流煤粉燃烧器一、二次风速的推荐值列于表 4 - 2。

表 4 - 2　　　　　　直流煤粉燃烧器一、二次风速　　　　m/s

煤种		无烟煤	贫煤	烟煤	褐煤
固态排渣煤粉炉	一次风速	20 ~ 25	20 ~ 25	25 ~ 35	18 ~ 30
	二次风速	45 ~ 55	45 ~ 55	40 ~ 55	40 ~ 60
液态排渣煤粉炉	一次风速	25 ~ 30		30	—
	二次风速	40 ~ 70		50 ~ 70	

大容量锅炉也有装设摆动式直流燃烧器的，其在垂直方向的摆动角度分别为 ±30°，在喷口处均装设有冷却风或冷却水，以保护燃烧器防止烧坏。

二、旋流燃烧器

（一）旋流燃烧器的结构

旋流燃烧器分为扰动式和轴向叶轮式两种。

1. 扰动式燃烧器

在此只介绍双蜗壳燃烧器。双蜗壳燃烧器的构造如图 4 - 9 所示。大蜗壳中是二次风，小蜗壳中是一次风，中间有一根中心管，中心管内可插

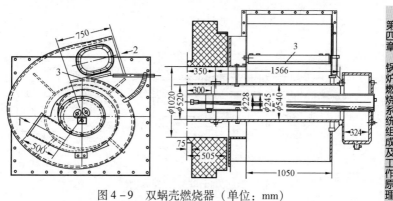

图 4 - 9　双蜗壳燃烧器（单位：mm）
1——一次风进口；2—二次风进口；3—舌形挡板

入油枪。一、二次风切向进入蜗壳，然后经环形通道同方向旋转喷入炉膛。二次风进口处装有舌形挡板，用来调整二次风的旋转强度。

由于一、二次风都是旋转气流，所以进入炉膛后就扩展成空心锥的形状，即形成扩散的环形气流，由于气流的卷吸作用，在空心锥的内、外表面都会受到高温回流烟气的加热。扰动式燃烧器能将煤粉气流扩展开来，吸热面积较大，着火条件较好。

旋转射流和直流射流的流动特性有明显的差别，主要有以下三点：

（1）旋转射流不但有轴向、径向速度，而且有切向速度。其变化情况显著的特点是产生了内回流区，在回流区中，轴向速度是反向的，旋转强度加大，回流区尺寸也随之增大。回流区可以卷吸周围热介质，对着火、燃烧是有利的。

（2）切向速度衰减很快。轴向速度衰减较慢，但比直流射流的衰减快得多，因此，在同样的初始动量下，旋转射流射程短。

（3）旋转射流的扩展角比直流射流大，旋转强度加大，扩展角随之扩大。

2. 轴向可动叶轮旋流煤粉燃烧器

轴向可动叶轮旋流煤粉燃烧器结构如图4-10所示。煤粉一次风气流为直流或靠挡板产生弱旋转射流，一次风通道的出口装有扩流锥，携带煤粉的一次风气流经过扩流锥喷入炉膛后就扩展开，二次风气流通过装有轴向叶片的叶轮产生旋转运动。叶轮可沿燃烧器轴线方向前后移动，当把叶轮向外拉出时，会有部分二次风在叶轮外侧直流通过，其余部分通过叶轮

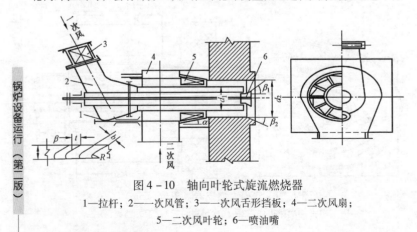

图4-10 轴向叶轮式旋流燃烧器

1—拉杆；2——次风管；3——次风舌形挡板；4—二次风扇；
5—二次风叶轮；6—喷油嘴

锅炉设备运行（第二版）

内的轴向叶片产生旋转运动。这样，改变叶轮的位置就可改变直流风和旋转风的比例，以此调节二次风出口射流的旋转强度。由于二次风的风量和风速都比一次风大，所以二次风射流的旋转程度除了影响它本身的扩展之外，也影响一次风射流的扩展角和内回流区的大小。轴向可动叶轮旋流煤粉燃烧器的调节作用也比较有限，所以对煤种的适应范围较窄。

（二）旋流燃烧器的射流特性

旋流燃烧器的气流喷入炉膛时，可以近似地看成旋转自由射流。由于气流进入炉膛后立即扩展成空心锥形，因此气流的流动工况就可以由互相垂直的轴向速度和切向速度来描述。

旋转自由射流切向速度的分布情况与不旋转的自由射流的情况是不相同的，其轴心附近的速度反而小，而且常是负值。图4-11表示了轴向速度分布情况，速度为负值的区域是回流区。

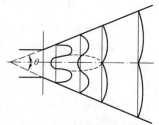

图4-11　旋转自由射流的轴向速度分布

旋转自由射流切向速度的分布情况如图4-12所示，由图可知，轴心附近的切向速度很小，沿着半径方向，切向速度渐增，到一定值后又减小，到边界时为零。从图4-11和图4-12中可看出，气流的轴向速度和切向速度衰减得很快，这是因为旋转气流卷吸周围气体越来越多，而气流的动量是一定的，所以，速度必然越来越小，并以切向速度的衰减为快。

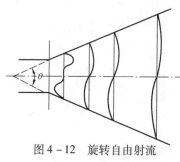

图4-12　旋转自由射流的切向速度分布

旋流燃烧器的气流工况可以用旋流强度 Ω 来表示。旋流强度的大小由切向动量矩与轴向动量矩之比 M/K 以及喷口直径 d 来决定，其数学定义为

$$\Omega = 8M/K\pi d \qquad (4-3)$$

旋流强度是无因次数，旋流强度的大小取决于切向运动相对于轴向运动的强度。旋流强度大，则气流扩散角大、射程短、回流区大。

旋流燃烧器的射流特性如图4-13所示，主要可归纳为以下几点：

（1）二次风是旋转气流，一出喷口就扩展开。一次风可以是旋转气

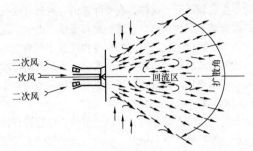

图 4 – 13 旋流燃烧器的射流特性

流，也可以因装扩锥而扩展，因此整个气流形成空心锥形状的旋转射流。

（2）旋转射流有强烈的卷吸作用，可将中心及外缘的气体带走，造成负压区。在中心部位就会因高温烟气回流而形成回流区。回流区越大，对煤粉着火越有利。

（3）旋转射流空心锥外边界所形成的夹角称为扩展角。随着旋流强度的增加，扩展角也增大，同时回流区也加大。

（4）当旋转强度增加到一定程度，扩展角也增加到某一程度时，射流会突然附至炉墙上，扩散角成为180°，这种现象称为飞边，形成炉墙结渣。

（三）采用旋流燃烧器时的炉内空气动力场

图 4 – 14 表示在各种不同情况下，采用旋流燃烧器时的炉内空气动力场。与直流燃烧器切圆燃烧不同，采用旋流燃烧器时虽然燃烧器出口气流

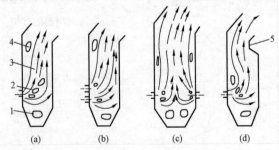

图 4 – 14 采用旋流燃烧器时的炉内空气动力场

(a) 单排前墙布置；(b) 双排前墙布置；

(c) 单排前后墙布置；(d) 有折焰角

1、4—死滞旋涡区；2—回流区；3—火炬；5—折焰角

旋转，但很快衰减，因而炉膛内气流是直接上升的。由于布置方式不同，在炉膛内会形成大小不一的死滞旋涡区。死滞旋涡区越大，炉膛火焰充满程度越差。

从图4-14可以看出，燃烧器前后墙布置及装有折焰角时，都可以减小死滞旋涡区，炉膛火焰充满程度好，对提高燃烧完全程度有利。

旋流式燃烧器一、二次风速的推荐值见表4-3。

表4-3　　　　　　旋流式燃烧器一、二次风速

燃烧器类型	燃烧器功率（MW）	无烟煤和贫煤		烟煤和褐煤	
		一次风速（m/s）	二次风速（m/s）	一次风速（m/s）	二次风速（m/s）
直流蜗壳	25~35	14~16	17~19	18~20	22~25
双蜗壳	25~75	14~20	18~30	20~26	26~34
轴向可动叶轮				10~25	20~40

近十几年来，为适应电网调峰幅度不断增大的要求，稳定锅炉低负荷燃烧，减少锅炉启动和稳燃的用油量，进一步满足环境保护对降低锅炉NO_x排放量的要求，在我国电力行业的发电锅炉上出现了多种新型煤粉燃烧设备，对电网的稳发、满发起到了较好的作用。了解这些稳燃设备的基本原理和结构，有助于更好地发挥运行人员的主动性，提高操作水平，使机组能够更加安全、稳定、经济地运行。下面简单介绍国内普遍使用的几种新型稳燃设备。

三、预燃室燃烧器

预燃室燃烧器是我国应用最早的一种煤粉稳燃装置，全国许多电厂都进行过改装。为了适应不同煤种的燃烧要求，预燃室燃烧器在我国各电厂的改装有多种多样的形式，主要有一、二次风旋转，一、二次风不旋转，一次风旋转、二次风不旋转几种。

（一）预燃室燃烧器的基本结构

早期典型的预燃室燃烧器主要由一次风口、二次风口和预燃室三部分组成。预燃室是一个有限空间的绝热筒，根据燃用煤种的不同，筒内衬有耐火涂料、耐火砖或直接由钢板卷制而成。一次风粉混合物由预燃室的根部通过轴向夹角为20°~35°的叶片旋转入预燃室。二次风布置在距一次风出口较大间距的预燃室出口部分，以带有15°~20°的压缩角旋转或直流射入预燃室（也有的是切向进入预燃室）。一、二次风在预燃室内混

合喷入炉膛。

（二）预燃室燃烧器的工作原理

预燃室燃烧器的工作原理是在一个有限的绝热空间里，依靠一次风粉混合气流的旋转形成强烈的回流，采用较小的点火热量点燃煤粉，并使其在绝热筒内稳定燃烧。稳燃后的高温火焰在预燃室出口补给燃烧所需的空气量，然后喷入炉膛。回流区还可以依靠一次风粉气流通过绕流钝体形成，也可以依靠设计在筒壁的高速蒸汽与一次风出口的速度差形成。

（三）预燃室燃烧器的点火运行

预燃室燃烧器根据其在锅炉运行中的功能不同可分为自身点燃和引燃主燃烧器两种。即如果预燃室燃烧器作为主燃烧器使用时，运行中只考虑其自身点燃和稳燃的问题；如果预燃室燃烧器作为辅助燃烧器用于点燃主燃烧器，运行中还应考虑点燃主燃烧器的问题。

（1）预燃室燃烧器作为主燃烧器使用。点火时，对于易燃的烟煤煤种，有条件使用热风预热预燃室时，应首先进行预燃室预热，然后可将点火热源（如已点燃的废滤油纸、点火火把等）放入预燃室，同时送入一次风粉，待煤粉着火稳定后，再逐步开启二次风。二次风要缓慢送入，送风过急或过大都会使预燃室进入大量冷风，并破坏回流区而使预燃室熄火。对于难以点燃的贫煤、劣质烟煤，一般需在一次风管出口处设计、安装有小油枪。启动时，应先点燃小油枪，预热预燃室，当预燃室具有一定温度后，可开始投一次风粉。待煤粉点燃后，小油枪还应陪烧一段时间。待预燃室内着火稳定后，方可逐步关小油枪，直至退出。

（2）预热室燃烧器作为点火燃烧器使用。首先，预燃室燃烧器应自身稳燃良好，并应调整足够的火焰长度和燃烧强度，使预燃室燃烧器能够与主燃烧器很好地接火。其次，还应提高锅炉的蓄热能力，将多台点火燃烧器全部点燃，保证炉膛出口烟气达到一定温度时，方可投运主燃烧器，这样可使主燃烧器顺利点燃。

实践证明，预燃室燃烧器对锅炉稳燃和节油起到了较大的作用。但是长期运行时，预燃室内易结渣、烧损，给运行人员带来了较大的维护工作量。而且在设计上，单只预燃室燃烧器出力不能过大，使其在大容量锅炉上的推广使用受到了一定的限制。

四、稳定船体燃烧器

火焰稳定船体燃烧器（亦称多功能燃烧器）是由清华大学研制的一种安装在直流燃烧器一次风口内的稳燃装置，系清华大学的专利产品，已在我国不少发电锅炉上都进行了改装，取得了较好的效果，目前已在

1025t/h 锅炉上取得了成功。

（一）结构和工作原理

图 4 – 15 是火焰稳定船体燃烧器的示意，它是在直流燃烧器的一次风口内加装了一只形同船体的火焰稳燃装置。试验研究结果认为，一次风粉混合物通过船体稳燃装置之后，形成一个小的回流区，回流区的一半在一次风口内，另一半伸向炉内，然后向外扩展，整个出口的风粉混合物的射流呈现为束腰形。在束腰后的外缘区域，建立起一个具有高温度、高煤粉浓度、较高氧浓度的所谓"三高区"。高温度有利于将煤粉很快地加热到着火温度，高煤粉浓度可以降低燃料所需要的着火热，高氧气浓度便于满足燃料燃烧的需要。加之一次气流与周围介质的紊流热交换，使一次风粉混合物在燃烧器出口有一个较好的着火条件。所以说，这个"三高区"成为一次风粉出口着火的稳定热源，保证了煤粉的稳定燃烧。

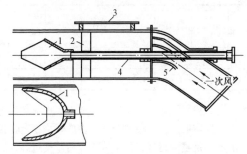

图 4 – 15　火焰稳定船体燃烧器

1—火焰稳定船；2—支架；3—人孔门；4—油枪套管；5—均流板

（二）火焰稳定船体燃烧器的运行

加装火焰稳定船体燃烧器后，运行中应注意保持锅炉同层四角各一次风喷口煤粉分配的均匀程度，合理调整一、二次风速，以保证火焰中心适当，避免出现燃烧器区域结渣、影响过热蒸汽温度等问题。在负荷调节时，应尽量使用火焰稳定船体燃烧器，以更好地发挥其稳燃作用。

对于改装了火焰稳定船体燃烧器的锅炉，由于一次风口内加装了火焰稳定船，可能导致一次风管内的阻力特性发生变化，有可能使燃烧系统某些运行监视参数发生变化，启动和运行时应予以注意。船体材料应有足够的耐磨强度，船体一旦磨穿，其稳燃效果相应下降，将造成四角燃烧工况偏差，运行中也应予以注意。

目前，改装火焰稳定船体燃烧器的锅炉，运行效果较好，可以减少锅炉启动用油并扩大锅炉的稳燃负荷，一般可以使锅炉不投油的稳燃负荷再降低10%以上。

五、浓淡分离煤粉燃烧器

（一）浓淡分离煤粉燃烧器的工作原理

浓淡分离煤粉燃烧器，是利用一定的结构形式将一次风粉混合气流分离成浓相和淡相两股含粉浓度不同的气流，再通过喷口送入炉膛进行燃烧的稳燃装置。由于浓相气流的煤粉浓度高，对煤粉着火有以下几个有利条件：

（1）使得煤粉的着火热量减少，表4-4给出了不同煤粉浓度下所需的着火热。

（2）可以加速着火前煤粉的化学反应速度，促使煤粉着火。

（3）增加了火焰黑度和辐射吸热量，加速着火和提高火焰传播速度。

表4-4　　　　　　不同煤粉浓度下煤粉的着火热

煤粉浓度 ［kg/kg（空气）］	0.5	1.0	1.5	2.0	2.5	3.0	4.0	5.0
烟煤（MJ/kg）	1.66	1.16	0.99	0.91	0.86	0.83	0.79	0.76
无烟煤（MJ/kg）	2.15	1.44	1.21	1.09	1.02	0.97	0.94	0.92

对于浓淡分离煤粉燃烧器，由于浓相气流着火提前和稳定，也为淡相气流的着火提供了稳定的热源，使整个燃烧器的燃烧稳定性提高。但是浓相气流的煤粉浓度不是越浓越好，如果浓相煤粉浓度过高，燃烧中会造成氧气过少，影响挥发分的燃烧和燃尽，使得煤粉颗粒温度提高受到影响，火焰传播速度降低，火焰拉长，给整个燃烧器的燃烧工况带来不利。煤粉浓度与着火距离的关系和煤种有关。

（二）浓淡分离煤粉燃烧器的分离方式

1. 管道弯头分离浓缩

利用弯头使煤粉分离的浓淡分离煤粉燃烧器，一次风粉通过弯头时受离心力的作用进行浓缩，使管道上部为浓相、下部为淡相，然后把浓相和淡相根据设计要求通过上、下喷口或左、右喷口喷入炉膛。

2. 煤粉旋风分离浓缩

利用旋风子使一次风粉气流在旋转离心力的作用下进行浓缩，淡相经过旋风子上部的抽气管送入炉膛，浓相从旋风子下部经燃烧器喷入炉膛。

3. 旋流叶片分离浓缩

带有旋流叶片的浓淡分离煤粉燃烧器，二次风粉气流通过旋流叶片使气流旋转，在离心力的作用下使煤粉气流分离成浓相和淡相，浓相从管道四周引出，淡相从管道中心引出。

4. 百叶窗锥形轴向分离浓缩

利用百叶窗分离器进行分离的浓淡分离煤粉燃烧器，当一次风粉气流经过百叶窗分离器时，由于煤粉粒的惯性较大，不易改变直线流动方向，气流从百叶窗小孔中流出，浓相煤粉气流从分离器后引出喷入炉膛。

（三）浓淡分离煤粉燃烧器的运行

为了降低运行锅炉不投油的最低稳燃负荷，提高燃烧稳定性，国内已有不少电厂把四角直流燃烧器改为浓淡分离煤粉燃烧器，有改造一层一次风喷嘴的，也有改造多层一次风喷嘴的，都取得比较满意的效果。运行中应尽量调平同层浓淡燃烧器的下粉量，保证其热负荷均匀。四角布置的浓淡分离煤粉燃烧器的一次风应平衡合理。锅炉在低负荷运行时，为稳定燃烧，不可停用浓淡分离煤粉燃烧器和减少它们的给粉量，使之尽量在满负荷下运行，以保证浓相的煤粉浓度。改变锅炉负荷时，一是应调整未经改造的燃烧器的给粉量，这样可使浓淡分离煤粉燃烧器成为锅炉燃烧的稳燃源；二是应适当调整燃烧器的上、下二次风量和风速，避免煤粉后期燃烧不完全和煤粉离析，以保证锅炉的经济性。

第三节　油、气燃烧器及点火装置

一、油燃烧器

油燃烧器是燃油炉的重要燃烧设备，由油雾化器和配风器组成。

（一）油雾化器

油雾化器一般称为油枪或油喷嘴，其作用是将油雾化成细小的油滴。

1. 蒸汽雾化器

蒸汽雾化器是利用具有一定压力的蒸汽将油雾化的。蒸汽雾化器的种类较多，电厂锅炉应用最广泛的是 Y 形雾化喷嘴（结构见图 4 - 16）利用蒸汽高速喷射将油滴粉碎、雾化，因为由油孔、汽孔和混合孔构成 Y 字形，故得名 Y 形喷嘴。油、汽进入混合孔相互撞击，形成乳状油、气混合物，然后由混合孔高速喷出雾化成细油滴进入炉膛燃烧。由于喷嘴上有多个混合孔，所以很容易和空气混合。Y 形喷嘴一般采用调节油压的方法来调节出力，提高蒸汽压力虽然可以改善雾化质量，但汽耗增加，同时容易引起熄火。为便于控制，将蒸汽压力保持不变，用调节油压的方法来改变喷油量。Y形喷嘴的优点是出力大，雾化质量好，负荷调节幅度大，结构简单并可用于高黏度劣质油的雾化；缺点是喷孔容易堵塞，汽、油部件结合面加工精度要求高。

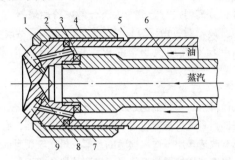

图4-16　蒸汽雾化Y形喷嘴

1—喷嘴头；2、3—垫圈；4—压紧螺帽；5—外管；

6—内管；7—油孔；8—汽孔；9—混合孔

2. 压力雾化器

压力雾化器是利用油压转变为高速旋转动能使油雾化的油喷嘴，分为简单压力雾化、回油压力雾化和柱塞式压力雾化三种类型。本书只介绍前两种。

（1）简单机械雾化器。主要由雾化片、旋流片和分流片组成。压力油由进油管经分流片的12个小孔汇合到一个环形槽中，然后流经旋流片的切向槽切向进入旋流片中心的旋流室，从而获得高速的旋转运动，最后由喷孔喷出。油经中心孔喷出后在离心力的作用下克服了黏性力和表面张力，被粉碎成细小的油滴，并形成具有一定角度的圆锥形雾化炬。

简单机械雾化器依靠改变进油压力调节油的流量。试验表明，油的流量与压力的平方根成正比，当油压降低到额定油压的50%时，喷油量才降低30%。因此负荷降低时，需降低较大的油压，会使油喷出的旋转速度变小，紊流脉动不强烈，油滴变粗。为了在低负荷时能保证一定的雾化质量，需提高额定负荷下的进油压力，但油压提高后，会增大油泵的电耗，同时会加速雾化片的磨损，从而影响雾化质量。

（2）回油式机械雾化器。为扩大雾化器的调节幅度又不影响雾化质量，在简单机械雾化器的基础上发展成回油式机械雾化器，其结构和雾化原理与简单机械雾化器基本相同，不同的是在分流片上开有回油孔。回油式机械雾化器分集中大孔回油和分散小孔回油两种，集中大孔回油的雾化器在分流片的中心开有一较大的孔作为回油孔；分散小孔回油在分流片的某一圆周上开有几个小孔作为回油孔。

内回油雾化器调节锅炉负荷时，是让一部分从切向槽流入旋流室的油经回油孔回到回油管路，即利用改变回油量来调节喷油量。在进行回油调节时，由于进入旋流室的油压基本保持不变，因而仍可保持原有的旋转速度，使雾化质量不受影响，故可适应较大的负荷变动。但当负荷降低时，由于进入炉膛的油量减少，喷孔出口的轴向流速相应降低，但切向速度因进油压力不变而不变，因此出口雾化角相应扩大，可能会使燃烧器扩口处烧坏，这是回油嘴的主要缺点，故运行中回油量一般不宜过大。

（二）配风器

配风器是油燃烧器的另一个重要组成部分，油在炉膛里的燃烧是否迅速而又完全，关键在于雾化和配风。从目前燃油炉所产生的问题来看，燃烧不好的原因往往在配风方面。

1. 油燃烧器的配风

油燃烧器的配风应满足以下条件：

（1）一次风和二次风的配比要适当。油燃烧器与煤粉燃烧器一样，也将供应的空气分为一次风和二次风。为了解决油的着火和稳定燃烧，避免或减少炭黑的生成，应将一部分空气和油雾预先混合，这部分空气是送到油雾根部的，称为一次风，通常又称根部风或中心风；剩余的空气是送到油雾周围的，称为二次风，通常也称周围风或主风，其作用是解决油雾的完全燃烧。一次风量约为总风量的 $15\% \sim 30\%$，风速约为 $25 \sim 30\text{m/}$s。二次风主要起强烈混合扰动的作用，风速应较高，其喉部风速一般为 $40 \sim 60\text{m/s}$。

有些配风器虽没有明确地分出一、二次风，但也必须有一部分空气在着火前就和油雾混合。

（2）要有合适的回流区。着火热主要依靠高温烟气的回流，因此，在燃烧器的出口需要有一个适当的回流区，它是保证及时着火、稳定燃烧的热源。为了将一次风送入油雾根部又不影响回流区的形成，可装设稳燃器。

（3）油雾和空气混合要强烈。油的燃烧为扩散燃烧，强烈混合是提高燃烧效率的关键。配风器应能组织一、二次风气流具有一定的出口速度、扩展角和射程来达到强烈的初始和后期扰动，以确保整个燃烧过程良好进行。

（4）各燃烧器间油与空气分布应均匀。

2. 配风器

配风器有旋流式和直流式两大类。旋流式的一、二次风均为旋转气流，二次风旋流强度大，油雾根部会产生一个高温回流区，容易造成油雾一离开喷嘴就处于高温缺氧的环境中，由于裂解而产生炭黑，不适于重油燃烧；直流式则无此弊病。

（1）旋流配风器。油燃烧器的旋流配风器与旋流煤粉燃烧器一样，采用旋流装置使一、二次风产生旋转并形成扩散的环形气流。通常将一次风的旋流装置称为稳焰器，其作用是使一次风产生一定的旋转扩散，以便在接近火焰根部处形成一个高温回流区，使油雾稳定地着火与燃烧。

目前，我国常用的旋流配风器又分为切向叶片式和轴向叶轮式两种。切向可动叶片配风器的特点是：将空气分为两股，一股通过切向可动叶片产生旋转，为二次风；另一股通过多孔套筒由中心进入，为一次风，出口处装有轴向叶片式稳焰器使其旋转，雾化器插在中心管内。二次风的旋转强度，可以用改变叶片角度的方法来调节，出口角越大，旋转强度越大。一次风管上装有筒形风门，可以用来调节一、二次风的比例。

轴向可动叶轮式配风器结构和工作原理与同型煤粉燃烧器相同。

（2）直流配风器。直流配风器又称为平流配风器，二次风不经过叶片直接送入炉膛。直流配风器由稳焰器来供给根部风，而且使一次风旋转切入油雾，形成合适的回流区；二次风是直流的，以较大的交角切入油雾，而且二次风的速度高，衰减慢，能穿入火焰核心，加强后期混合，强化燃烧过程，为低氧燃烧提供有利的条件。

直流配风器有直管式和文丘里管式两种结构。文丘里管式配风器空气从大风箱经筒形风门送入，中间约20%的空气经过稳焰器作为一次风旋转喷出，其余空气在外围作为二次风直流喷出。由于文丘里管缩颈处的风压可以正确地反映通过的风量，便于采用自动调节，因而可以扩大调风器的负荷调节范围；也有利于燃烧器实现低氧燃烧。运行实践证明，文丘里配风器可在35%～100%负荷范围内稳定地组织燃烧，过量空气系数可降至1.03～1.05。

二、天然气燃烧器

天然气燃烧器有直流式和旋流式两种。直流式天然气燃烧器采用多根喷管将天然气喷入炉膛，喷出速度达 150～230m/s，方向为切向和径向，便于喷出后形成旋转运动，空气喷出速度为 50～65m/s，与燃气正交。一般燃气、空气速度比为 3～3.5，动压比为 10～16。直流式天然气燃烧器每只热功率可达 54MW，300MW 机组燃气锅炉中配备 16 只。中心进气旋流式燃烧器天然气由中心管引入，天然气出小孔的速度为 100～170m/s。空气采用蜗壳旋流装置，空气轴向速度为 30～60m/s。燃气和空气的速比为 3.3～4.7，动压比为 11～28。天然气和空气混合后经过缩放喷嘴进入炉膛，有利于燃气和空气的混合，有旋转的空气气流有利于形成回流区和稳定混合物的着火。直流式天然气燃烧器结构简单低负荷时稳定性好。

周向进气燃烧器中的天然气经空气通道外圆周上的几排小孔横向喷入旋转的空气流中，其他结构与中心进气式相同。为了使燃气能在空气流中均匀分布，天然气开孔应采用不同的孔径，以便获得不同的穿透深度，使燃气均匀分布在空气流中以提高燃烧效率。

三、点火装置

锅炉的点火装置主要在锅炉启动时使用，用于点燃主燃烧器；此外，锅炉低负荷和煤质变差时，可用于稳燃或用作辅助燃烧设备。点燃过程主要用气体燃料和液体燃料，有气－油－煤三级系统和油－煤二级系统两种。两种系统都是用电火花点火、电弧点火或高能点火，点燃可燃气或油，再点燃主燃烧器。

电火花点火是借助 5～10kV 的高电压通过后在电极间产生火花把可燃气体点燃的。

电弧点火借助于大电流（低电压）通电后再使两极离开，在两极间产生电弧，把可燃气体或液体燃料点燃，其起弧原理与电焊相似，而电极由炭棒和炭块组成，通电后炭棒与炭块接触再拉开，在间隙处形成高温的电弧，足以把可燃气体和液体燃料点着。引弧电源由交流电焊机供给，电压为 60～80V，为确保起弧，常用气动自控设备以保炭极间的距离。点火完成后，为防止引燃炭极和油喷嘴烧坏，利用气动装置将点火器退出至风管内。

高能点火装置与电火花点火相比，不需要过渡燃料（如液化气、轻油），可直接点燃重油。高能点火器的发火部分也是两个电极，在沾污与结炭的条件下仍能工作。工作原理是使半导体电阻两极处在一个能量很大、峰值很高的脉冲电压作用下，半导体表面可产生很强的电火花，以此作为点火能源。高能点火装置的结构如图 4－17 所示。

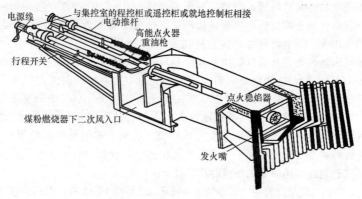

图 4 – 17　高能点火装置

第四节　锅炉烟风系统的组成

锅炉烟风系统主要包括一次风机、送风机及引风机等系统，采用平衡通风的形式，即利用一次风机、送风机和引风机来克服气流在流通过程中的产生各项阻力：一次风机和送风机主要用于克服供燃料燃烧所需空气在空气预热器、煤粉设备和燃烧设备等风道设备的系统阻力；引风机主要用于克服热烟气在受热面管束（过热器、再热器、炉膛后墙排管和省煤器等）、空气预热器、电除尘器等烟道的产生的系统阻力，并使炉膛出口处保持一定的负压。平衡通风不仅使炉膛和风道的漏风量不会太大，而且保证了较高的经济性，还能防止炉内高温烟气外冒，对运行人员的安全和锅炉房的环境均有一定的好处。

一、离心式风机

（一）离心式风机的构造

离心式风机的构造可以分为动静两部分，转动部分由叶轮和转轴组成，静止部分由风壳、轴承、支架、导流器、集流器、扩散器等组成。

1. 叶轮

离心式风机的叶轮有封闭式和开式两种。开式叶轮在电厂中很少见，电厂锅炉风机中常用的是封闭式叶轮，封闭式叶轮又分为单吸式和双吸式两种。

如图 4 – 18 所示，封闭式的叶轮由叶片、前盘、后盘及轮毂组成。叶片的形状基本上有后弯叶片、径向叶片和前弯叶片三种。叶轮是用来对气体做功并提高其能量的主要部件，除了其尺寸应符合容量的要求外，叶片的角度和线型对风机工作的效率影响很大。由于机翼理论的发展。把风机叶片做成空心机翼型后，可使叶片的线型更适应气体流动的要求，从而提高风机的效率。

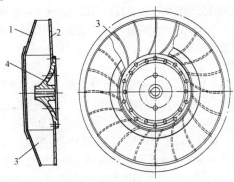

图 4 - 18　风机的叶轮

1—前盘；2—后盘；3—叶片；4—轮毂

叶轮的作用在于使吸入叶片间的气体强迫转动，产生离心力而从叶轮中排出去，使其具有一定的压力和流速。

2. 主轴

离心式风机的主轴是传递机械能的主要零件，其尺寸根据传递最大扭矩时产生的剪应力来进行计算。

3. 外壳

风机的性能不仅取决于气流在叶轮中的运动情况，还受离开叶轮后所经过的部件对气流的影响，其中主要是风机外壳的结构影响，即受螺旋室、风舌及扩散器的影响。离心式风机外壳的形状见图4 - 19。

风壳的作用是收集自叶轮排出向风机出口断面的气流，并将气流中部分动能转变成压力能；螺旋室的断

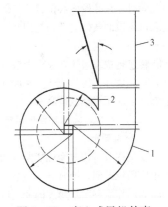

图 4 - 19　离心式风机外壳

1—螺旋室；2—风舌；3—扩散器

面形状通常采用阿基米德螺旋线；风舌的几何形状以及风舌离叶轮的圆周的距离，对风机的效率和噪声都有一定的影响。

在一般情况下，风壳出口断面上气流速度分布是不均匀的，通常朝叶轮一边偏斜。因此，扩散器最好是向叶轮一侧偏斜，并采用扩大的单面扩散管，一般扩散器的扩散角为 6°~8°。

4. 集流器

风机叶轮进口处装有集流器，其作用在于保证气流能均匀地充满叶轮的进口断面，并使风机进口处的阻力尽量减小，主要有圆锥型、流线型、短圆柱型、缩放体型等类型。

5. 导流器

在离心式风机集流器前一般安装有导流器，导流器常称为入口挡板，作用是调节风机的负荷。常用的轴向导流器适用于圆形的风道，在圆周上安装有 12 片径向布置的导叶，在每片导叶上安装有转轴，转轴外缘端头上装有转动臂。执行器通过转盘带动转动臂转动，改变叶片的旋转角度可以调节风机负荷的大小。通过导流器的空气是旋转的（由于导流器叶片角度的作用），且旋转方向与风机叶轮旋转方向一致。

（二）离心式风机的工作原理

离心式风机利用离心力工作，当叶轮转动时，充满在叶片间的气体与叶轮一起旋转，旋转的气体因其自身的质量产生了离心力而从叶轮中甩出去，并使叶轮外缘处的空气压力升高，利用该压力将气体压向风机出口。与此同时，在叶轮中心位置，气体压力下降，形成一定的真空或者负压，使入口风道的气体自动补充到叶轮中心。

离心式风机能够产生压头的高低主要与叶轮直径有关，叶轮直径越大，转速越快，气体在风机中获得的离心力就越大，因而产生的压头就越高。除此之外，还与流体的密度（或相对密度）有关，流体的密度越大，能够产生的压头也就越高。

（三）离心式风机的负荷调节装置

1. 变角调节

变角调节是用改变性能曲线的方法来改变工作点的位置，在离心式风机中应用较普遍，通常称为导流器调节，即在离心式风机进口装有导流器，利用导流器叶片角度的变化进行流量的调节。

2. 变速调节

由于大功率三相交流电动机难于达到变速调节，现多采用液力联轴器对风机实现变速调节。变速调节没有附加阻力，是比较理想的一种调节方法。

液力联轴器是用液体来传递功率（转矩）的传动部件，具有很高的传动效率（0.95~0.98），运转平稳；能有效地控制原动机的过载；能吸收振动，消除冲击性载荷的影响；易于调节和实现自动化，实现无级调速；可以使电动机的启动转矩大大减小，从而降低电动机的富裕容量。

3. 变频调节

由流体力学原理可知，离心风机的风量和电机的转速功率有很大的关联：离心风机的风量和风机的转速成正比，风压和风机的转速平方成正比，而风机的轴功率等于风量和风压之间的乘积，所以风机的轴功率与风机的转速三次方也成正比。随着近些年来变频技术不断地完善、发展及进步，离心风机的变频调速性能越来越发达，在很大程度上节约了能源，已被广泛应用于多个领域。风机变频节能方法所获得的节能效益为各行各业带来不少的经济效益，极大地推动了社会工业生产的自动化发展进程。

风机变频调速器是一种新型节能产品，在管路性能的曲线不变的情况下，变速调节用变速来改变风机的性能曲线，进而改变其工作点，风机变频调速器具有容易操作、控制精度较高、性能较高、不用进行维护等优点。在其他条件没有发生改变的情况下，对异步电动机进行改变，子端输入电源频率进而改变电动机的转速是风机变频调速技术基本的工作原理。电机转速和工作电源输入频率成正比的关系

$$n = 60(f - s)/P \qquad (4-4)$$

式中　n——转速；

　　　f——输入频率；

　　　s——电机转差率；

　　　P——电机磁极对数。

出口挡板的控制，在开度减小的情况下，风阻会有所增加，不适合对风量进行大范围的调节。入口挡板的控制，相比出口挡板控制风量的范围相对较广，减小开度情况下的轴功率大体上与风量成比例下降，但不如变频调速的节能效果好。

风机均采用一对一（即一台变频器配一台电机）的配置方式，保留原工频系统且与变频系统互为备用，一般情况下的调节方式均为开环调节。

二、轴流式风机

随着锅炉机组容量的增大，风机需要的流量增大，而需要的风压变化不大，离心式风机无法适应，因此大容量锅炉的送、引风机普遍采用轴流

第四章　锅炉燃烧系统组成及工作原理

式风机。

（一）轴流式风机的构造和原理

轴流式风机由叶轮、转轴、风壳及导流叶片（也称导叶）组成，如图 4－20 所示。

在轴流式风机中，气体受叶片的推挤作用而获得能量，提高压力，然后经导流叶片由轴向压出。轴流式风机是按叶栅理论中的升力原理工作的。

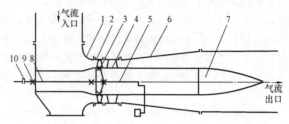

图 4－20　动叶调节的轴流式风机结构示意

1—进气室；2—外壳；3—动叶片；4—导叶；5—动叶调节机构；
6—扩压器；7—导流器；8—轴；9—轴承；10—联轴器

1. 叶轮

叶轮是轴流式风机的主要部件之一，气体通过叶轮的旋转获得能量，沿着轴线做螺旋线的轴向运动。轴流式风机叶片有固定式和动叶调节式两种类型。动叶调节式叶轮主要由动叶片、轮毂、叶柄、轴承、曲柄、平衡块等组成，叶片沿径向宽度逐渐缩小并扭曲，既可以减小叶片旋转时产生的离心力，不使叶柄及推力轴承受力过大，又不影响叶片的强度。扭曲叶片能减少气流的分离损失，提高风机的效率。在运行中，改变叶片角度可调节风机的出力。

2. 导叶

导叶是静止的叶片，装在动叶轮的后面。因为从动叶中流出的气流是沿轴向运动的旋转气流，旋转气流的圆周分速度必然会引起能量损失。为了提高风机效率，在动叶后面装置扭曲形的导叶。导叶的进口角正对准气流从叶片中流出的方向，出口角与轴向一致，所以气体从导叶中流出后又变为轴向的。

3. 进气室

进气室的作用主要是保证气流在损失最小的情况下，平顺地充满整个流道并进入叶轮。

锅炉设备运行（第二版）

4. 扩压器

经导叶流出的气体具有一定的压力及较大的动能，为了使动能部分地转变为压力能，以提高流动效率，并适应锅炉工作的需要，在导叶后设有渐扩形的风道，称为扩压室或扩压器。在扩压器中，气流速度逐渐下降，压力逐渐上升，达到动能部分转变成压力能的目的。但扩压器的扩散角度不能太大，否则局部损失太大，噪声也大，扩散角一般以 5° ~ 6° 为宜。

（二）轴流式风机的负荷调节机构

轴流式风机常采用改变动叶片角度和改变导流器叶片角度的方法进行负荷调节，轴流式风机采用的导流器结构与离心式风机采用的导流器结构相同。

三、风机的运行

（一）启动前的检查

（1）对于检修后的风机在启动前检查时，应将检修用的脚手架全部拆除，通道和平台保持畅通、平整，检修现场已全部清理，保温已恢复，各人孔门、检查孔门已关闭。

（2）主电动机、各轴承及风机本体的地脚螺栓、风机的风壳法兰结合面螺栓全部拧紧。

（3）联轴器的固定螺栓齐全牢固，防护罩完好牢固。

（4）风机的入口挡板、动叶可调风机的动叶角度以及带有液力联轴器风机的勺管开度应关小到零；检查执行器及传动部分的连接良好，执行器置于远动位置。

（5）对于强制油循环润滑的风机，应检查油箱的油质油位、油温达到启动要求；检查就地油压表应投入运行，开启油泵的出口门。带有油冷却器的应根据环境温度情况投入冷却器并调好冷却水的流量。冬季启动时，有油箱电加热器的应投入电加热器自动温度控制。

（6）对于强制油循环的油系统，可提前启动油泵运行，并在油泵启动后对油系统的油压、油温、油流量、回油量、油泵运转情况进行全面检查。

（7）对于油环润滑的轴承，应检查轴承油位表油位指示达到规定值。

（8）电动机的电源线、地线接线盒完好。

（9）带有轴承冷却风机的应启动冷却风机，并对运转的冷却风机进行检查。

（10）风机启动前不允许有明显的反转。

（11）风机主电动机事故按钮应良好并处于释放位置。

（二）风机的启动步骤

（1）启动轴承润滑油泵。带有轴承冷却风机的应启动轴承冷却风机；带有液力联轴器的风机，应启动辅助润滑油泵对各级齿轮和轴承进行供油。

（2）动叶调节的轴流风机，应将动叶角度关到零位。带有液力联轴器的风机应将勺管位置关到零位，关闭风机入口调节挡板，关闭风机出口挡板，使风机在空载下启动。

（3）启动风机主电动机，待电流恢复到正常值时，开启风机出入口挡板，增加风机负荷。

（4）风机启动后，应对风机运转状况做一次全面检查。

（三）风机的运行监视和检查

（1）用听针检查备轴承、液力联轴器、电动机、风轮的运转声，以便及时发现异常的摩擦声、碰撞声、气流噪声。

（2）用手摸各轴承的振动情况，根据经验确定风机轴承振动值的大小。如果振动较大（超过正常范围），应向司炉汇报，并用振动仪测量准确的振动值。

（3）检查各轴承的温度。如果轴承瓦座上装有温度表，则以表计监视为主并以手摸监督表计指示的正确性；没有温度表的要用手摸，粗略判断轴瓦温度值的高低。如果发现温度不正常地升高但仍在允许的范围内时，可用便携式温度计测量其准确数值，并迅速查明原因，开大冷却水量或者增加润滑油流量。如果温度急剧上升并超过允许值甚至冒烟时，应立即停止风机运行。

（4）轴承油位应在规定刻度范围内，无异常下降或者渗漏，油质良好。油环润滑的轴承，应检查油环带油正常。

（5）对于强制油循环的轴承润滑油系统，应检查油箱的油位、油质和油温在正常范围内，油泵运转无异声，油压、油流量、供油温度等参数正常；油系统管道应严密不漏。

（6）冷却水量应根据油温、轴承温度进行合理的调节。

（7）带有冷却风机的应检查冷却风机的运转声和振动情况。

（四）风机的停止

（1）对于采用入口调节挡板的风机，应关闭入口挡板；对于采用变频器调节的风机，应将转速（勺管位置）减至最小；对于采用动叶调节的风机，应将动叶关小到零位。

（2）停止风机主电动机运行。关闭风机出、入口风挡板。

（3）对于带液力联轴器的风机。在主电动机停止时注意检查辅助润滑油泵应联动启动，并继续运转一段时间自动停止。

（4）停止冷却风机运行。停止辅助润滑油泵运行。

（五）风机的常见故障及处理

1. 风机振动大

风机振动超标是风机的一种常见故障，引起风机振动的原因是多方面的，主要有：

（1）转子动、静不平衡引起的振动，除了与制造、安装、检修的质量有关外，运行中发生的不对称腐蚀或磨损、叶片不均匀的积灰、转轴弯曲、转子原平衡块位移或脱落，以及双侧进风风机的两侧风量不均衡，都能引起风机振动。

（2）风机、电动机联轴器找中心不准或者联轴器销子松动造成电动机与风机轴不在同一中心线上。

（3）转子的紧固件松动或者活动部分间隙过大，轴与轴瓦间隙过大，滚动轴承固定螺母松动等。

（4）基础不牢固或者机座刚度不够。如基础浇注质量不良、地脚螺栓或垫铁松动、机座连接不牢或连接螺母松动、机座结构刚度太差等。

发现风机振动大时应加强运行监视，适当减小振动风机的负荷；如果振动太大超过最高允许值威胁到设备和人身安全，应立即停止风机运行。

各转速下的振动允许值见表 4 - 5。

表 4 - 5　　　　　　　　各转速下的振动允许值

转速（r/min）	3000	1500	1000	750 以下
振幅（mm）	0. 05	0. 085	0. 10	0. 12

2. 风机轴承温度高

轴承温度高是轴承损坏的重要因素之一，引起轴承温度偏高的主要原因有以下几点：

（1）润滑油脂质量不良。油环润滑的轴承。因油位太低会带油不足，因油环损坏会影响正常带油。强制油循环的系统，供油压力太低或者供油流量太小会使动静金属直接摩擦发热，油脂润滑的轴承油脂太少形成缺油等。

（2）滚动轴承装配质量不良。如内套与轴的紧力不够、外套与轴承座间隙过大或者过小。

（3）滑动轴承轴瓦表面损伤或过量磨损，轴瓦刮研质量不良，乌金接触不好或者脱胎；滚动轴承滚动体表面有裂纹、碎裂、剥落等，都会破坏油膜的稳定性与均匀性，而致使轴承发热。

（4）轴承振动过大受冲击负载，严重影响润滑油膜的稳定性。

（5）润滑油牌号使用不合理，油的物理性能不能满足轴承的要求。

（6）轴承冷却水量不足或者中断，而使轴承产生的热量带不走。

当风机轴承温度偏高时，应检查冷却水量是否过小或者中断，如是则调整冷却水量后轴承温度恢复正常。检查油环带油状况和油质，对于强制油循环的系统，应检查轴承供油压力、供油流量、供油温度和回油温度，检查轴承振动情况，用听针检查轴承内部的运转声。通过检查分析确定风机是否可以继续运行以及继续运行应采取哪些安全措施。

当供油压力不足或者供油流量不足，供油温度偏高时，应及时采取调整手段使这些参数恢复正常。如果属于用油牌号不合适，但风机仍可继续运行，则应选择合适的机会停机换油。若属于机械检查修理才能解决的问题，应在停机检修时处理。当轴承温度达到或者超过运行最高允许值时，应立即停止风机运行。轴承温度最高允许值见表4－6。

表4－6　　　　　　　　轴承温度最高允许值　　　　　　　　　　℃

设　　备	滚动轴承	滑动轴承
电机	100	80
辅机	80	70

3. 风机的紧急停运

遇到下列情况时，应立即用就地事故按钮紧急停运风机：

（1）风机内部强烈振动威胁设备和人身安全。

（2）风机轴承振动达到现场规程规定的紧急停机值。

（3）风机轴承温度达到或者超过规程规定的最高允许值。

（4）风机轴承冒烟。

（5）风机主电动机冒烟或着火。

（6）润滑油泵停止运行或者润滑油压低于最低允许值，风机未跳闸。

第五节　空气预热器

空气预热器是利用排烟余热加热空气的热交换器，可使燃烧和制粉需要的空气温度得到提高，同时可以进一步降低排烟温度，减少排烟热损失。

空气预热器的种类很多，按传热方式不同可分为传热式和蓄热式（回转式）两大类。在传热式空气预热器中，热量连续地通过传热面由烟气传给空气，烟气和空气各有自己的通路。传热式空气预热器常见的有板式和管式两种，蓄热式空气预热器也称为回转式空气预热器，有受热面回转式和风罩回转式两种。

现代锅炉采用的传热式空气预热器多是管式空气预热器，采用的蓄热式空气预热器多是回转式空气预热器。

一、管式空气预热器

管式空气预热器由直径为 25 ~ 51mm、壁厚为 1. 25 ~ 1. 5mm 的直管子制成。管子两端焊接到管板上，形成一个立方形管箱，承受预热器重量的下管板通过支架支承在锅炉钢架上。通常烟气在管内纵向流动，空气从管间的空间横向绕流过管子，两者成交叉流动，如图 4 - 21 所示，沿空气流动方向管子成错列布置。为使空气多次交叉流动，水平方向装有中间管板，中间管板用夹环固定在个别管子上。有时为防止预热器在运行中可能发生的振动和噪声，在每个管箱的中心线顺空气流动方向还装有垂直布置的防振隔板。

为便于安装和运输，在制造厂中将管式空气预热器做成若干个管箱。组装时，为防止空气经过相邻管箱间的间隙漏到烟气中，在间隙处加装密封膨胀节或把相邻管箱的管板直接焊接起来。

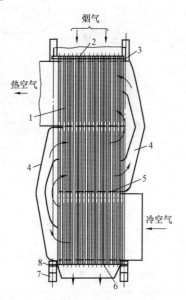

图 4 - 21　管式空气预热器
1—管子；2—上管板；3—膨胀节；4—空气罩；5—中间管板；6—下管板；7—钢架；8—支架

空气预热器运行中，管子的温度比外壳高，且比钢架更高，因此三者的膨胀量是不同的。这样，预热器的上管板和外壳都不能完全固定在锅炉的钢架上，而应允许其间有相对位移，以补偿各部件间的不同伸缩。管式空气预热器的膨胀补偿装置中的补偿器由薄钢板制成，膨胀补偿装置既允许各部件既能相对移动，又能保证连接处的密封，以防止漏风。漏风的危害很大，空气漏入烟气，不仅会增大引风机电耗，还会增加排烟热损失，使锅炉效率降低。

管式空气预热器的布置要适合于锅炉的整体布置，图4-22所示为管式空气预热器的几种典型布置方式。

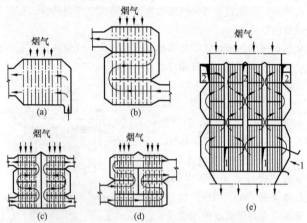

图4-22　管式空气预热器的布置方式

(a) 单道单面进风；(b) 多道单面进风；(c) 多道双面进风；
(d) 多道单面双股平行进风；(e) 多道多面进风

按照空气流程的不同，管式空气预热器有单道和多道之分。当受热面积不变时，通道数目增加会使每一个通道的高度减小，因而空气流速增大。另外，通道数目增多，也使交叉流动的次数增多，这时空气预热器的传热效果更接近逆流工况，可以得到较大的平均温差。

按照进风方式不同，空气预热器又可分为单面进风、双面进风和多面进风。很明显，进风面增多，空气的流通面积就增大，空气流速就可降低；或者当维持空气流速不变时，可以降低每个通道的高度。

一般来说，采用小管径可使空气预热器更加紧凑，占用的空间更小。当保持烟气的流速不变时，随着管子直径的减小，管子的数目必须增加。若管径减小则管子长度也减小（此时管子数目要增多），即采用小管径可以降低预热器的高度。若维持空气的绕行次数不变，则每一个空气通道的高度也应相应降低。如管径减小一半，则管长也将减小一半，即管子排数的增加与管径的减小是按相同比例进行的。

在这种情况下，若想继续维持原来的空气流速，就必须使空气通道的高度保持不变，即必须减少空气通道的绕行次数，但会降低总的传热温差。为了保持原来的传热温差，可以在采用小管径的同时又采用双面进风，如图 4 - 22（c）所示，每一个流程只通过其中一半的空气，这样既可以保持空气流速不变，又可维持原来的绕行次数，因而传热温差不变。

为避免积灰，烟气应以较大的速度流经管子。空气在管外做横向冲刷，而且沿空气流动方向管子为错列布置，可以提高空气侧的放热系数。从结构上考虑，管子对角方向的最小间隙应不小于 10mm；但过大又会增大预热器的体积。

由于烟气是在管内纵向流动的，所以飞灰管子的磨损较小，一般可采用 10～14m/s 的流速。空气预热器的传热系数既取决于烟气侧的放热系数，也取决于空气侧的放热系数，为了经济地使用受热面，空气流速和烟气流速的比值以 0.4～0.55 为宜。

空气预热器的上下管板都较厚，一般为 20～30mm，中间隔板约为 5～15mm，上管板的金属温度大约为进口烟温和出口热空气温度的算术平均值。当要求的热空气温度较高时，高温级预热器进口的烟温也要高些，上管板的工作温度也随之增高。如果超过管板的允许温度，会引起金属过热，管板挠曲，甚至管子与管板脱焊。随着锅炉容量的增大，情况会更加不利。这一方面是由于管板的面积增大，另一方面是因为沿烟道宽度及深度方向温度偏差增大所致。因此，在尾部受热面为双级布置时，若高温级预热器上管板采用碳钢制造，其金属允许工作温度约为 500℃，则高温级空气预热器入口的烟温必然应有所限制。

二、回转式空气预热器

回转式空气预热器是一种蓄热式预热器，利用烟气和空气交替地通过金属受热面来加热空气。现代电站锅炉采用的回转式空气预热器按运动方式可分为受热面转动和风罩转动两种类型。与管式空气预热器相比，回转式预热器结构较复杂，但很紧凑，外形尺寸小。在同样的条件下，回转式预热器受热面的壁温较高，因而烟气腐蚀较管式轻些。主要缺点是密封结构要求高，漏风量较大。但对于大容量锅炉来说，采用回转式空气预热器，其优点显著，因此得到广泛应用。

（一）受热面回转式空气预热器结构

受热面回转式空气预热器它主要由转子、外壳、传动装置和密封装置四部分组成，如图 4 - 23 所示。

1. 转子

转子由主轴、中心筒、外圆筒、仓格板、传热元件等组成。轴的中间段常做成空心轴，且直径较大，便于固定受热面，两端是实心轴，空心轴外套着中心筒，或者用中心筒做空心轴，两端接上实心轴，转子的最外层是外圆筒，中心筒与外圆筒之间有很多径向的隔板，把整个转子均匀地分成若干个扇形仓格，仓格中有若干块环向隔板，把每个仓格分成若干小仓格。这样，轴、中心筒、外圆筒、仓格板、隔板就组成一个有很多小仓格的转子整体。

在每一个小仓格中放置传热元件，传热元件通常是用厚度 0.5～1.25mm 的钢板制成的波形板。受热元件分成上、下两组，上面是高温段，下面

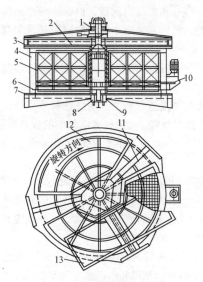

图 4-23 受热面旋转的回转式
空气预热器

1—上轴承；2—径向密封；3—上端板；
4—外壳；5—转子；6—环向密封；
7—下端板；8—下轴承；9—主轴；
10—传动装置；11—三叉梁；12—
空气出口；13—烟气进口

是低温段，高温段和低温段的板形不同。

整个转子由上下轴承支持，可以由下轴承承重，也可以由上轴承承重。通常采用下轴承承重，而上轴承做导向轴承，轴承固定在横梁上。

2. 外壳

外壳由外壳圆筒、上下端板、上下扇形板和上下风烟道短管组成。上下端板与上下风烟道短管相连接，中间装有上下扇形板的密封区，即风区、烟区和密封区。一般烟气流通截面积约占 50%，空气流通截面积占 30%～40%，其余是密封区。

3. 传动装置

电动机通过减速器带动小齿轮，小齿轮同装在转子外圆圆周上的围带销啮合，并带动转子转动。整个传动装置都固定在外壳上，在齿轮与围带销的啮合处有罩壳与外界隔绝。一台空气预热器都设有两个

传动装置。

4. 密封装置

回转式空气预热器因为转动的转子与固定的外壳之间有间隙，而空气侧与烟气侧之间又有相当大的压差，所以总是要漏风的。为了减少漏风量，预热器装有各种密封装置。受热面回转式空气预热器的密封装置有径向密封、环向密封和轴向密封三部分，作用是减少空气向烟气侧泄漏，另外主轴与风壳的结合处也设有密封装置，防止空气向外泄漏。

受热面回转式空气预热器的工作过程大致如下：电动机通过传动装置带动转子以 1.6～2.4r/min 的速度转动，转子中布置有很多受热元件（或称传热元件）；空气通道在转轴的一侧，空气自下而上通过预热器；烟气通道在转轴的另一侧，烟气自上而下通过预热器。当转子上的受热元件转过烟气侧时，被烟气加热而本身温度升高，接着转过空气侧时，又将热量传给空气而本身温度降低。由于转子不停地转动，就将烟气的热量不断地传递给空气。

(二) 风罩回转式空气预热器结构

风罩回转式空气预热器由静子、上下风罩、传动装置、密封装置和固定的风道、烟道组成。

静子的构造与受热面回转式空气预热器转子的构造相同，传热元件也是同样构造的波形板。

风罩的构造为一裤衩管，一端是与固定风道相接的圆形风口，另一端是罩在静子受热面上的 8 字形风口，所以又称为 8 字形风罩。上、下风罩的构造相同，且 8 字形风口互相对准、同步回转。上、下风罩用穿过中心筒的轴连成一体。

风罩回转式空气预热器的传动装置是电动机通过减速器带动一个小齿轮，小齿轮与下风罩外圈上装的环形齿带相啮合，从而使风罩转动。

风罩回转式空气预热器的工作原理与受热面回转式空气预热器的工作原理一样，其工作过程是：空气从下经固定风道向上进入下风罩，再由 8 字形风口之间的受热面仓格进入上风罩，然后由上固定风道送出。；烟气从上风道进来，经过 8 字形风罩外面的受热面仓格，由下烟道引出。由于风罩不停地转动，受热面不停地交替有空气和烟气通过，先在风罩外吸取烟气热量，后在风罩内向空气放热。风罩每转动一周，受热面换热两次，因而风罩转速可低些，约为 0.8～1.2r/min。

（三）回转式空气预热器的启动

（1）检查各人孔门、检查孔门应关闭严密。

（2）上、下轴承油箱油位达到规定值，油质良好；油箱严密不漏。对于装有润滑油泵的系统，应启动一台油泵、并检查油压和油流量达到正常值，投上、下轴承冷却水。

（3）将要运行的传动装置推到工作位置；备用的传动装置退到备用位置，用销钉固定；检查减速器的油位在规定高度、油质良好；对传动装置的电动机进行检查。

（4）检查空气预热器消防水应在关闭位置，冲洗水系统各截门在关闭位置。

（5）启动空气预热器，进行全面检查。

（四）回转式空气预热器的监视

（1）预热器运行时，转子应运转平稳无异常摩擦声或撞击声，电流无大幅度摆动。

（2）上、下轴承运转无异常声音；轴承箱油位达到规定刻度，油质良好；轴封处不应有明显的漏风；轴承冷却水量充足；轴承温度应低于60℃，一般最大不允许超过70℃。

（3）传动装置运转无异常振动或异常声音；减速器油位正常、油质良好；传动装置密封良好不漏风；减速器各轴承和润滑油温度不得超过70℃；驱动电动机运转良好。

（4）检查各人孔门、检查孔门密封良好，无明显泄漏；风道、伸缩节无漏风，保温完好。

（5）减速器传动装置应定期切换，保证备用驱动装置处于良好的备用状态。

（6）一般应保持每天吹灰一次，以提高其传热效果。在吹灰效果不佳时，可以采用水冲洗的办法来清洁传热元件。

（7）锅炉冬季启动及运行中应投入暖风器。提高进入空气预热器的冷风温度，提高预热器冷段的金属温度，减小低温腐蚀。在启动过程中，还可以使用热风再循环提高冷段金属温度。

（五）回转式空气预热器的停止

（1）锅炉停炉后，空气预热器出口烟气温度下降到约80℃以下才可以停止其运行；在高温状态停止将会引起受热面变形。空气预热器停止后，关闭冷却水门，停止油泵运行。

（2）如果预热器在锅炉运行状态下因故障停止而无法恢复时，应立即关闭风烟侧挡板，手动盘车使其继续转动。

（六）回转式空气预热器的常见故障及处理

1. 轴承损坏

（1）下轴承损坏的现象。

1）预热器驱动电动机过负荷跳闸，手动盘车不动。

2）损坏前下轴承内部有异常摩擦声。

（2）下轴承损坏的原因。

1）主轴不垂直。

2）下轴承缺油。

3）下轴承润滑油牌号使用不当。

4）轴承受到意外应力。

（3）下轴承损坏的处理。立即关闭风烟挡板使空气预热器自然冷却，必要时停止锅炉运行。

2. 转子卡住

（1）现象。

1）电动机电流到最大值，跳闸。

2）手动盘车不动。

3）故障前可能出现异常摩擦声。

（2）原因。

1）密封装置脱落卡住。

2）转子受热不均匀。

（3）处理。关闭风烟挡板，空气预热器自然冷却，取出异物。

3. 传动装置故障

（1）原因。电动机或减速器损坏，电源故障。

（2）现象。电动机损坏电流到零，启动不起来；减速器损坏时电流过大。

（3）处理。退出损坏的驱动装置，投入备用的驱动装置。

4. 上轴承温度异常升高

上轴承温度升高往往是由于空气预热器漏出热风或烟风道保温太差，使上轴承温度提高，这时应适当增加冷却水量降低轴承温度。当温度超过现场规程规定的最大允许值时，应停止空气预热器的运行。

制 粉 系 统

第一节 煤粉的性质及品质

一、煤粉的一般性质

煤粉由不规则的形状的颗粒组成，颗粒尺寸一般为 $0 \sim 50\mu m$，其中 $20 \sim 50\mu m$ 占多数。

干的煤粉能吸附大量的空气，流动性很好，像流体一样很容易在管内输送。

刚磨出来的煤粉是疏松的，轻轻堆放时自然倾角约为 $25° \sim 35°$，堆积密度约为 $0.45 \sim 0.5t/m^3$，在煤粉仓内堆放久了后，煤粉被压紧成块，流动性小，堆积密度可增加到 $0.8 \sim 0.9t/m^3$，平均可取 $0.7t/m^3$。

由于干的煤粉流动性好，可以流过很小的、不严密的间隙，因此制粉系统的严密性至关重要，煤粉的流动性好，还会造成自流现象，给运行锅炉的调整操作带来困难。

二、煤粉的自燃与爆炸

长期积存的煤粉受空气的氧化作用缓慢地发出热量，当散热条件不好时燃料温度逐渐上升至自燃点而自行着火燃烧，这种现象称为煤粉的自燃。煤粉的自燃常引起周围气粉混合物的爆燃，从而形成煤粉爆炸。

沉积的煤粉长时间和热空气接触，逐渐氧化，是形成自燃与爆炸的主要原因。煤粉的爆炸性与以下因素有关：

（1）煤粉的挥发分。挥发分多的煤粉易爆炸，挥发分少的煤不易爆炸。在一般条件下，$V_{daf} < 10\%$ 的煤粉是没有爆炸危险的。

（2）混合物中煤粉浓度。煤粉在空气中的浓度为 $0.3 \sim 0.6kg/m^3$ 时爆炸性最强浓度大于 1 时爆炸性较低，浓度小于 0.1 时不会爆炸。

（3）氧的浓度。当氧占气体的比例小于 15%（按体积计算）时，不会爆炸。

（4）当混合物中含有二氧化碳与二氧化硫，而二者之和占的比例大

锅炉设备运行（第二版）

于 3%～5%时，不会爆炸。

（5）煤粉水分和灰分的增加，将使爆炸可能性降低。

（6）煤粉细度。煤粉越细，可爆性越大。对于烟煤煤粉，当粒径大于 $100\mu m$ 时，几乎不会发生爆炸。

（7）制粉系统运行中，一般很难避开能够引起爆炸的煤粉浓度范围，然而煤粉空气混合物只是在遇到明火以后才有可能发生爆炸。制粉设备中沉积煤粉的自燃往往是引爆的火源，气粉混合物温度越高，危险性就越大。因此，在制粉系统运行中，需严格控制制粉系统末端气粉混合物的温度。

三、煤粉细度

煤粉的细度是衡量煤粉品质的重要指标，煤粉过粗在炉膛中燃烧不完全，会增加机械不完全燃烧损失，煤粉过细会增加制粉的电耗，所以煤粉过粗、过细都不经济。锅炉燃烧的煤粉应有一个适当的细度。

煤粉细度是指煤粉经过专用筛子筛分后，残留在筛子上面的煤粉质量占筛分前煤粉总质量的百分值，以 R 来表示，即

$$R_x = a/(a+b) \times 100\% \qquad (5-1)$$

式中　a——筛子上面剩余的煤粉质量；

　　　b——通过筛子的煤粉质量；

　　　x——筛号或筛孔的内边长。

筛子的标准各国不同，国内电厂目前采用的筛子规格及煤粉细度的表示方法列于表 5-1。

表 5-1　　　　　　常用筛子规格及煤粉细度表示符号

筛号（每厘米的孔数）	6	8	12	30	40	60	70	80
孔径（筛孔的内边长，μm）	1000	750	500	200	150	100	90	75
煤粉细度表示	R_{1000}	R_{750}	R_{500}	R_{200}	R_{150}	R_{100}	R_{90}	R_{75}

进行比较全面的煤粉筛分，同时需要 4～5 个筛子。电厂中对于烟煤和无烟煤煤粉常用 30、70 号两种筛子，即常用 R_{200} 和 R_{90} 来表示煤粉细度；对于褐煤则用 R_{200} 和 R_{500}（或 R_{1000}）。如果只用一个数值来表示煤粉的细度，则常用 R_{90}。

煤粉越细，在锅炉内燃烧时，燃料的不完全燃烧损失（主要是 q_4）就越小，但对制粉设备而言，却要消耗较多的电能，而且金属的磨损量也要增大。反之，较粗的煤粉虽然制粉电耗较小，但不可避免地会使炉内不完全燃烧损失增大。因此锅炉设备运行中，应该选择适当的煤粉细度，使

$q_4 + q_2 + q_N + q_M$ 的总和最小，这样的煤粉细度称为经济细度或最佳细度，如图 5 - 1 所示。

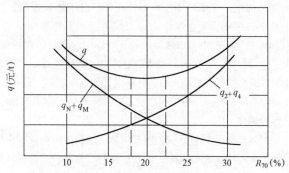

图 5 - 1　煤粉经济细度的确定

q_2—排烟热损失；q_N—磨煤电能消耗；q_4—机械不完全燃烧热损失；

q_M—制粉金属消耗量；q—q_2、q_N、q_4、q_M 的总和

影响煤粉经济细度的因素很多，主要有以下几点。

1. 燃料的燃烧特性

一般来说，挥发分 V_{daf} 高、发热量 $Q_{ar,net}$ 高、活性强、活化能低的燃料容易燃烧，则 R_{90} 可以大一些，即煤粉可以粗一些，否则应磨得细一些。燃煤锅炉制粉系统设计计算时，经济细度一般可按表 5 - 2 选取。

表 5 - 2　　　　　　　　　　　经济细度的经验推荐值

煤　　种		R_{90}
无烟煤	$V_{daf} \leqslant 5\%$	5 ~ 6
	$V_{daf} = 6\% ~ 10\%$	$\approx V_{daf}$
贫煤 $V_{daf} = 10\% ~ 20\%$		12 ~ 14
烟煤	优质烟煤	25 ~ 35
	劣质烟煤	15 ~ 20
褐煤、油页岩		40 ~ 60

对于无烟煤、贫煤和烟煤，在具有离心式粗粉分离器的钢球磨煤机、中速磨煤机、高速锤击式磨煤机磨制的情况下，也可采用经验公式计算经济细度，即

$$R_{90} = (0.5V_{daf} + 4)\% \qquad (5 - 2)$$

2. 磨煤机和分离器的性能

不同类型的磨煤机磨制煤粉的均匀性不同，其中竖井磨煤机及带回转粗粉分离器的中速磨煤机磨制的煤粉颗粒度比球磨机的均匀。煤粉颗粒度均匀，即使煤粉粗一些也能燃烧得比较完全，所以 R_{90} 可以大一点。因此应考虑煤粉颗粒均匀度（用系数 n 表示）对经济细度的影响，可用经验公式计算，即

$$R_{90} = (0.5nV_{daf} + 4)\%$$ (5-3)

3. 燃烧方式

对燃烧热负荷很高的锅炉及旋风炉，由于燃烧强烈，可以烧粗一些的煤粉。

此外，由于燃烧设备的类型和运行工况对燃料燃烧过程影响很大，因此，实际工作中对于不同的燃烧设备和不同的煤种，应通过燃烧调整试验来确定煤粉的经济细度。

四、煤粉的均匀性

煤粉颗粒特性仅用个煤粉细度值表示不够全面，还要看煤粉的均匀性。磨煤机磨制出来的煤粉不但粒径大小不一，而且不同种类磨煤机磨制出来的煤粉粒径的分布也不同。如甲、乙两种煤粉，其 R_{90} 相等，但甲种留在筛子上较粗的颗粒比乙种多，而通过筛子的煤粉中较细颗粒也比乙种多，则甲种煤粉就不均匀。粗颗粒多，不完全燃烧损失大；细颗粒多，磨制时电耗和金属损耗大。

煤粉的均匀性可以用煤粉颗粒的均匀性指数 n 来表示。N 值一般都接近于 1，此值越大，均匀性越好。当 $n<1$ 时，煤粉中含有较多的过粗和过细的粉粒；当 $n>1$ 时，煤粉中的颗粒就较均匀，即中间尺寸的颗粒较多，而过粗和过细的颗粒都较少；所以 n 是代表煤粉的均匀性指标。

煤在一定设备中被磨制成煤粉时，其颗粒尺寸是有一定的规律的，所以电厂里每一套制粉系统都可以通过试验找出一个 n 值，这个 n 值是常数。各种不同设备的 n 值可以参考表 5-3。

如 R_{90} 和 R_{200} 已知，则可计算出煤粉均匀性指数 n，即

$$n = \frac{\lg\ln\dfrac{100}{R_{200}} - \lg\ln\dfrac{100}{R_{90}}}{\lg\dfrac{200}{90}}$$ (5-4)

表 5 - 3 　　　　　　　　　　**各种制粉设备所制煤粉的 n 值**

磨煤机类型	粗粉分离器类型	n 值	数据来源
筒式球磨机	离心式	0.8 ~ 1.2	青岛电厂试验
	回转式	0.96 ~ 1.1	
中速磨煤机	离心式	0.86	娘子关电厂试验
	回转式	1.2 ~ 1.4	
风扇磨煤机	惯性式	0.7 ~ 0.8	谏壁电厂试验
	离心式	0.8 ~ 1.3	望亭、谏壁电厂试验
	回转式	0.8 ~ 1.0	望亭电厂试验
竖井式磨煤机	重力式	1.12	

第二节　磨　煤　机

　　磨煤机是制粉系统最重要的设备，通常靠撞击、挤压或者碾压的作用将煤磨成煤粉。每一种磨煤机往往同时有上述两种甚至三种作用，但以一种作用为主。

　　磨煤机按转速不同分为以下三种类型：

　　（1）低速磨煤机。常用的有筒型钢球磨煤机，其转速为 16 ~ 25r/min。

　　（2）中速磨煤机。常用的有中速平盘磨煤机、中速钢球磨煤机（E 型磨煤机）和中速碗式磨煤机（RP 型和 HP 型）、改进的碗式磨煤机（MPS 型磨煤机和 MBF 型磨煤机），其转速为 50 ~ 300r/min。

　　（3）高速磨煤机。常用的有风扇式磨煤机和锤击式磨煤机，其转速为 500 ~ 1500r/min。

　　筒型钢球磨煤机常用于中间储仓式制粉系统，中速磨煤机和高速磨煤机常用于直吹式制粉系统。

　　一、低速磨煤机

　　（一）筒型钢球磨煤机

　　筒型钢球磨煤机结构如图 5 - 2 所示，其主体是一个直径 2 ~ 4m、长 3 ~ 8m 的大圆筒，圆筒自内到外共有五层：筒内为用锰钢制成的波浪形护板做内衬，以增强抗磨性并把钢球带到一定的高度；护甲与筒壁间有一层绝热石棉垫层；石棉垫外是钢板制成的筒身；筒身外壁包一层毛毡，起隔声作用；毛毡外还有一层薄钢板制成的护面层。圆筒的两端各有一个端盖封头，封头上有空心轴颈，轴颈放在大轴承上。两空心轴颈的端部各连接着一个倾斜45°的短管，其中一个是热风与原煤的进口，另一个是气粉混合物的出口。空心轴颈的内壁有螺旋形槽，在运行中，当有钢球或者煤落上时，能沿着槽回到筒内。

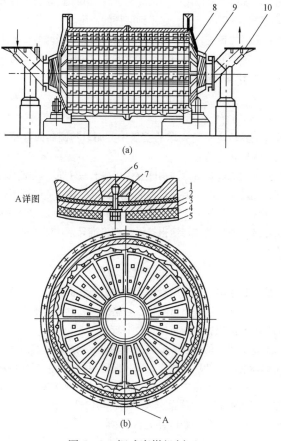

图 5－2　钢球磨煤机剖面

（a）纵剖面；（b）横剖面

1—波浪形护板；2—绝热石棉垫层；3—筒身；4—隔声毛毡层；5—钢板外壳；

6—压紧用楔形块；7—螺栓；8—封头；9—空心轴径；10—短管

钢球磨煤机工作原理为：电动机通过减速器带动圆筒转动，筒内钢球则被提升到一定的高度，这时波浪形护板起着带动钢球避免滑落的作用。钢球从一定的高度落下，将煤击碎，所以钢球磨煤机主要靠撞击作用将煤制成煤粉，同时也有挤压、碾压的作用。

磨煤机圆筒的转速应适当。如果转速过低，则钢球不能提到应有的高度，影响对原煤的击碎作用；如果转速过高，由于钢球的离心力过大，以致钢球紧贴圆筒内壁不落下，起不到磨煤的作用。

为得到适当的转速，常引入临界转速的概念。当圆筒转速达到某一数值而使作用在钢球上的离心力等于钢球的重力时所对应的圆筒转速称为临界转速 n_{1j}，其计算公式为

$$n_{1j} = 42.3/\sqrt{D} \qquad (5-5)$$

式中　D——圆筒直径。

可知，临界转速 n_{1j} 与钢球的质量无关而只与圆筒的直径有关，圆筒直径越大，临界转速越低。

要得到最大的磨煤出力，钢球磨煤机应有一个低于其临界转速的最佳工作转速，此转速应能使钢球带到适当的高度，脱离筒壁落下，跌落高度大，磨煤作用强。最佳工作转速可由试验得出，也可通过理论推导得出。两种方法得到的最佳工作转速很接近。理论推导钢球磨煤机圆筒的最佳工作转速 n_{zj} 为

$$n_{zj} = 32/\sqrt{D} \qquad (5-6)$$

筒型磨煤机中的大小钢球沿筒长均匀分布，但是，煤粒分布是进口端粗、出口端细，容易造成出口端将已合格的煤粉继续磨下去的现象，所以筒型磨煤机磨制的煤粉均匀特性指数 n 较小。

筒型钢球磨煤机的轴承一般为滑动轴承，采用稀油润滑系统。

筒型钢球磨煤机能磨各种煤，而且能磨很硬的煤，工作可靠，可以长期连续运行，因而在电厂中使用较广泛。但是，钢球磨煤机设备笨重，金属消耗量大，占地面积大，噪声大，煤粉均匀性指数比较小，耗电量大，特别是低负荷时，单位制粉电耗更高。

（二）锥型钢球磨煤机

在筒型钢球磨煤机中，钢球在整个筒体长度上的分布基本上是均匀的，但进口侧的煤多而粗，出口侧的煤少而细，所以进口侧磨煤效率不高，而出口侧常常磨得过细。为了克服上述缺点，在普通筒型钢球磨煤机的基础上又研制出一种锥型钢球磨煤机。

锥型钢球磨煤机的结构特点是除中间部分仍保持一段圆柱型外，两端都是锥型的，特别是出口侧有较长的一段是锥型的。锥型磨煤机内钢球的分布情况比较合理：入口处因有回粉进入，所以有一段较短的锥型体，在煤多而粗的圆柱体部分钢球数量多；出口侧煤粉多而细，相应做成较长的锥型体，其中钢球量较少。在磨煤过程中，大小不同的钢球也能得到合理分布，大的钢球在中间圆柱体内磨大颗粒煤，小的钢球可在两侧锥体内磨小颗粒煤，此外锥型结构使钢球和煤在筒内沿轴向也有一定的扰动作用，这些都使磨煤效果得到改善。但因其制造工艺较复杂，目前采用不多。

（三）双进双出筒型钢球磨煤机

一般的筒型磨煤机是普通的单进单出钢球磨煤机，一端是原煤与干燥剂的进口，另一端是气粉混合物的出口。双进双出筒型钢球磨煤机的两端同时既是入口也是出口，即一台磨煤机具有两个对称的研磨回路，其工作示意如图 5-3 所示。

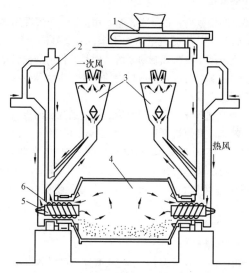

一次风

热风

图 5-3　双进双出筒型钢球磨煤机示意

1—给煤机；2—混料箱；3—粗粉分离器；4—筒体；5—空心圆管；6—螺旋片

图 5-3 所示磨煤机两端的空心轴内各装空心圆管 5，空心圆管外与空心轴内壁间装有弹性螺旋输送装置，螺旋输送装置随筒体一起转动，原煤由给煤机 1 经混料箱 2 落入空心轴底部，经螺旋片 6 输入筒体内，

热风从设在两端的热风箱由空心圆管进入筒体内，经研磨的煤粉由干燥剂携带，通过空心轴与空心圆管之间的空间送出，进入上部的粗粉分离器。

由于双进双出筒型钢球磨煤机的特殊结构，一台钢球磨煤机需配两台给煤机和两个粗粉分离器。

双进双出筒型钢球磨煤机的主要特点是：

（1）磨煤机进口装有螺旋输送装置，避免了因燃料水分高而引起的进口堵煤现象，运行安全可靠。

（2）由于双进双出的效果，原煤中的一些细粉不经研磨即可送出，使磨煤机出力提高，磨煤机功率消耗下降。

（3）煤在筒体内的轴向运动距离小，使煤粉的均匀性指数有所提高。

（4）可获得稳定的煤粉细度及较小的风粉比，通常风粉比约为1.5，而中速磨煤机的风粉比为1.7～1.8。由于煤粉浓度高，有利于燃料着火，故双进双出筒型钢球磨煤机也可在直吹式系统中使用。

二、中速磨煤机

中速磨煤机结构紧凑，占地少，金属用量少，投资费用小；磨煤电耗低，低负荷运行时，单位耗电量增加不多，有良好的变负荷运行的经济性。中速磨煤机适用于直吹式制粉系统，但是元件易磨损，不宜磨硬煤和灰分、水分较大的煤，对进入磨煤机内的铁块、木块等杂物较敏感，易引起振动，对煤的要求较高。

近年来，随着制造技术的不断发展，中速磨煤机的更新发展较快。平盘磨煤机和中速钢球磨煤机（E型磨煤机）已被淘汰，在平盘磨煤机、E型磨煤机和碗式磨煤机（RP型和HP型）的基础上，发展起MPS型磨煤机和MBF型磨煤机。RP型碗式磨煤机经改进，又研制出多种形式的碗式磨煤机，使得中速磨煤机在煤的灰分、水分、硬度等方面有良好的适应性。

（一）碗式磨煤机

1. 结构和工作原理

图5-4和图5-5所示为RP型碗式磨煤机的结构。磨辊和磨盘是主要工作部件，磨盘为碗型，四周是倾斜的工作面，其上装有一层耐磨的衬板，可以更换，有三个磨辊，相互呈120°布置，磨盘由其下部的减速器经电动机带动转动。磨煤机工作时，磨盘和上面的煤层一起带动磨辊转动，煤在磨辊与磨盘之间被碾碎，所以碗式磨煤机是依靠碾压作用来磨煤的。碾压煤的压力一部分靠辊子自重，更主要的是靠液压系统的压力或者

弹簧产生的压力。

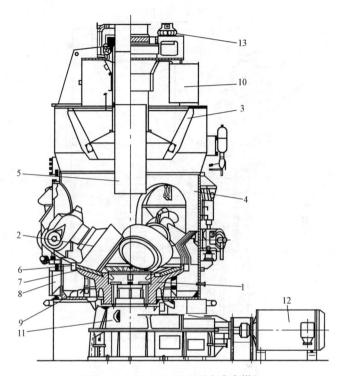

图 5 - 4　RP - 1043XS 型碗式磨煤机

1—磨盘；2—磨辊；3—旋转分离器；4—磨室；5—下煤管；6—风环；
7—磨盘衬板；8—进风口；9—矸石刮板；10—磨煤机出粉口；
11—减速器；12—电动机；13—液压马达

　　原煤由落煤管送至磨盘的中部，依靠磨盘转动产生的离心力，使煤连续不断地向倾斜的磨盘边缘移动，在通过辊子下面时被碾碎，磨盘与磨辊不接触，保持 5～10mm 的间隙。由于磨盘边缘有一圈挡环，可以防止煤从磨盘边缘直接滑落出去，并使磨盘上保持一定的煤层厚度，从而提高了磨煤的效率。

　　为了加强煤的破碎效果，一般采用液压加压法、弹簧加压法和弹簧 - 液压加压法给磨辊加一定的压力。

　　磨成的煤粉被磨碗四周的热风带走，进入位于磨煤机上部的粗粉分离器，此时热风一边流动一边加热、干燥携带的煤粉。气粉混合物

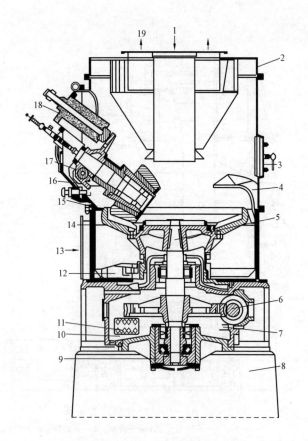

图 5-5 RP、RPS 型碗式磨煤机

1—煤进口；2—分离器；3—安全门；4—导流罩；5—主轴；
6—蜗杆；7—蜗杆传动装置；8—基础；9—油泵；10—油槽；
11—油冷却器；12—刮板；13—热气体进口；14—浅沿钢碗；
15—辊套；16—磨辊；17—减振机构；18—弹簧；19—出粉口

流入分离器内锥体顶部的可调节角度的折流板窗，经过多出口管路送到锅炉燃烧器，混入原煤中的铁块和硬质杂质落入磨煤机下部的杂质室排出。运行时如果发现被磨制的煤粉也从杂物排放管的出口排出，说明给煤量过多、磨辊压力小、热风流量过小或磨煤机出口温度过低等。

2. 碗式磨煤机的油系统

大型的碗式磨爆机驱动磨盘的减速器都带有一个润滑油系统，用来保证减速器内各个轴承良好的润滑，下面介绍 RP 型磨煤机磨盘减速器的润滑油系统。

图 5-6 所示是一种出力为 45t/h 的中速碗式磨煤机的磨盘减速器油系统，主要由螺杆油泵、滤油器、冷油器、电加热器、溢流阀以及压力、温度、流量等测量装置组成。

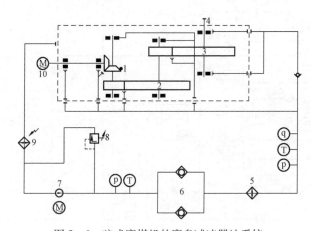

图 5-6 碗式磨煤机的磨盘减速器油系统
1—伞形齿轮；2、3—直齿轮；4—输出轴；5—冷却器；6—滤网；7—油泵；
8—安全门；9—加热器；10—电动机

图 5-7 所示为液压加载的碗式磨煤机的磨辊加压油系统，主要由高压油泵（螺柱泵）、油箱、三位四通换向阀、蓄能器、溢流阀、顺序阀、减压阀、液压缸、滤油器等液压元件和温度、压力等热工测量和控制装置组成。

（二）MPS 型磨煤机

MPS 型磨煤机是一种较新型的中速磨煤机，其结构如图 5-8 所示，其研磨部件是辊子和磨环，辊子有三个，尺寸较大，外形近似车轮，三个辊子互呈 120°布置在磨盘上。磨环由多块耐磨铸造材料组成，常采用镍硬铸铁。磨环为圆环形，固定在磨盘上，外围是一圈喷嘴环。弹簧压紧环、弹簧、压环和拉紧装置构成对三个磨辊的加压系统。研磨压力可以通过拉紧装置的液压缸进行调节和固定，弹簧压紧环与压环的距离越小，其碾磨压力越大，可以在轻型壳体的条件下对研磨部件施加很高的压力。以上特点使 MPS 型磨煤机容易做到大型化。

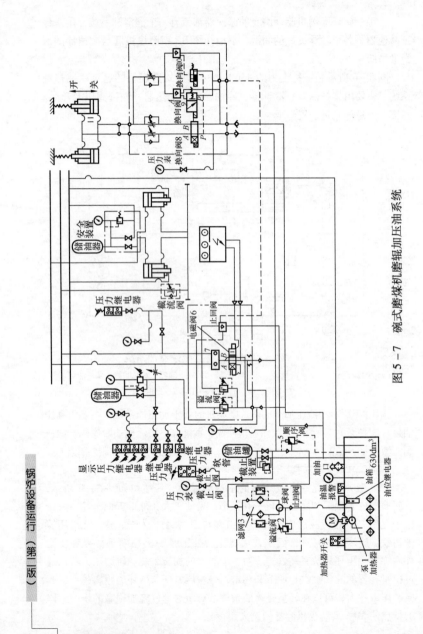

图 5 - 7 碗式磨煤机磨辊加压油系统

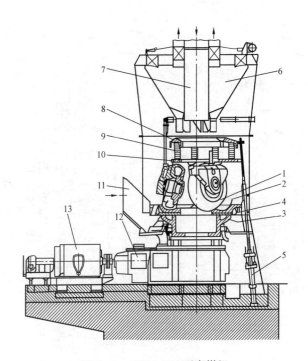

图 5 - 8   MPS - 235 型磨煤机

1—磨辊；2—磨环；3—磨盘；4—喷嘴环；5—拉紧装置；6—
分离器；7—下煤管；8—弹簧压紧环；9—弹簧；10—压环；
11——次风进口；12—减速器；13—电动机

　　磨辊与磨环直接接触无间隙，当磨煤机启动时，减速器带动磨盘转动，同时磨盘带动磨辊在磨环上滚动，煤通过辊子下面时被碾碎，其工作原理与碗式磨煤机相同，由于磨辊和磨盘间无间隙，启动前要先启动给煤机，少量给煤后再启动磨煤机，可以减小磨煤机的振动。

　　辊子的结构见图 5 - 9，辊轴上装有两个滚动轴承，都浸在润滑油中，使用的润滑油能够承受运行的高温。辊套由耐磨材料制成，是碾磨工作面。辊套装在辊座上，辊套在磨损到一定程度时应更换新的备件。通入磨辊的密封风可以进一步增加机械密封的效果。

　　MPS 型磨煤机转动平稳，振动及噪声小，具有较好的运行安全性和经

第五章　制粉系统

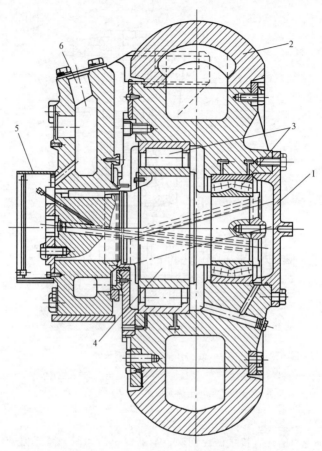

图 5 - 9　MPS 型磨煤机磨辊结构

1—端盖；2—防磨套；3—轴承；4—主轴；5—密封端盖；6—密封风进口

济性，广泛应用于大容量锅炉设备中。

（三）MBF 型磨煤机

MBF 型磨煤机是一种与 MPS 型磨煤机结构相近的新型磨煤机。磨辊与 MPS 型磨煤机的基本相同，但加压方式取碗式磨煤机磨辊的加压方式。磨环形式也与 MPS 型磨煤机相近，其特点是采用低速而巨大的碾磨部件，运行转速低而平稳，碾磨效率高，出力大，煤粉细度稳定，MPS 型除了适用于烟煤外，对硬度较大的煤和煤矸石也适用。

（四）中速钢球磨煤机和平盘磨煤机

中速钢球磨煤机又称为 E 型磨煤机，如图 5 - 10 所示，其主要工作部件为钢球和磨环。电动机通过减速器带动下磨环转动，下磨环又带动钢球转动，上磨环不转。煤从中部落入以后，靠离心力向边缘移动，在钢球与磨环之间被碾压成煤粉，制成的煤粉由环形风道进入的空气带走，进入上部的分离器进行分离。

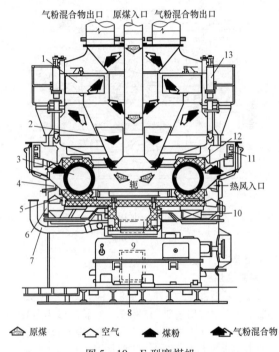

图 5 - 10　E 型磨煤机

1—分离器可调切向叶片；2—粗粉回粉斗；3—空心钢球；4—安全门；5—旋转的下磨环；6—活门；7—密封气连接管；8—废料室；9—齿轮箱；10—犁式刮刀；11—导杆；12—上磨环；13—加压缸

E 型磨煤机一般有 6 ~ 16 个钢球，钢球直径为 200 ~ 500mm，钢球碾压煤的压力主要来自上磨环上面的弹簧加压系统。

平盘磨煤机结构如图 5 - 11 所示，其工作原理与碗式磨煤机相同，主要不同点是磨盘为平的。

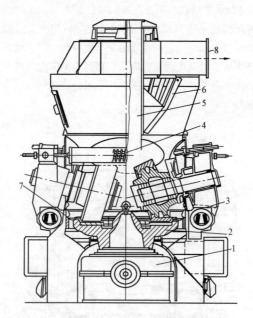

图 5-11 中速平盘磨煤机

1—减速器；2—磨盘；3—磨辊；4—加压弹簧；5—下煤管；6—分离器；
7—风环；8—气粉混合物出口管

三、高速磨煤机

(一) 风扇式磨煤机

风扇式磨煤机是最常用的高速磨煤机，构造类似于风机，由工作叶轮和蜗壳形外罩组成，结构如图 5-12 所示。叶轮的形状类似风机的转子，上面装有 8~12 个叶片（称为冲击板）。外壳的形状也像风机外壳，内壁装有护甲。冲击板和护板是主要工作部件，都是由耐磨材料（如锰钢）制成的。

原煤送入风扇式磨煤机以后，即被以 500~1500r/min 速度旋转的叶轮上的冲击板击碎或抛到护板上撞碎，所以风扇式磨煤机主要靠撞击作用磨煤。

风扇式磨煤机既是磨煤机又是排粉机，热风将原煤干燥并送入磨内进行磨制，在叶轮旋转所造成压力的作用下，将空气及其所携带的煤粉送入粗粉分离器进行分离，分离后的细粉由空气带入炉膛燃烧，粗粉回到磨煤机重新磨制。

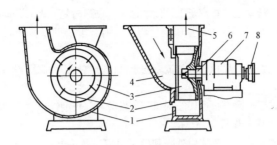

图 5－12　风扇式磨煤机

1—外壳；2—冲击板；3—叶轮；4—风、煤进口；5—煤粉、空气混合物出口
（接分离器）；6—轴；7—轴承箱；8—联轴器

　　风扇本身有较强的通风作用，能产生约 2.0kPa 的压头。热风在入口管道内可以对煤预热，所以煤的干燥条件好，可以磨水分较大的煤。

　　风扇式磨煤机结构简单，制造方便，尺寸小，储煤量少，适应负荷变化较快；缺点是磨损较严重，连续运行时间短，而且磨损越严重时风压越低，磨出煤粉均匀性差。

　　（二）　锤击式磨煤机

　　锤击式磨煤机有单列式、多列式和竖井式三种，它们都是靠撞击作用来磨制煤粉的。单列式的结构和工作原理较简单，本书不再详述。

　　1. 多列式锤击磨煤机

　　图 5－13 所示是一种多列式锤击磨煤机的结构，锤子可以固定在转子

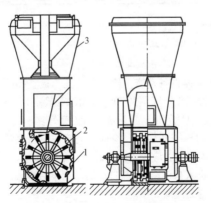

图 5－13　多列式锤击磨煤机

1—锤子；2—护板；3—粗粉分离器

上，也可以活动地装在销子上。活动锤子在停运时是下垂的，运行时靠离心力朝径向伸出，若遇到金属块等阻碍物时，锤子可以转开而不致损坏机体。

磨煤机磨制的煤粉，被气流带向上部的分离器，分离出来的粗煤粉落下来重磨。

多列式锤击磨煤机适用于褐煤和挥发分高、可磨性指数大的烟煤。

2. 竖井式磨煤机

竖井式磨煤机的机体由外壳和转子组成，在转子上装有若干排锤子。燃料进入竖井后，靠高速旋转的锤子将燃料击碎。燃料对外壳、燃料对燃料间的撞击，及锤子沿外壳表面对燃料的碾压也都起着破碎作用。

热风从磨煤机两端进入，对原煤进行干燥。已经干燥和磨碎的煤粉，被转子抛向竖井；细粉被热风吹走，进入燃烧器和炉膛；粗粉所受重力大于浮力，故落回磨煤机重新磨制。因此，竖井可起到分离作用。

当竖井中气流速度改变时，煤粉的细度也改变，气流速度越大，则进入炉子的煤粉越粗。

竖井式磨煤机结构简单，制造方便，投资费用和金属耗量较小，单位电耗低。低负荷运行时，单位电耗量增加不显著。其缺点是不适合磨制较硬的煤，锤子磨损严重，需经常更换。竖井式磨煤机适合磨制褐煤和可磨性指数 $K_{km} > 1.2$ 而挥发分 $V_{daf} > 30\%$ 的烟煤。

第三节 磨 煤 机 的 运 行

一、中速磨煤机的运行

（一）RP-1043XS 型碗式磨煤机的运行

1. 磨煤机启动前的检查与准备

（1）磨煤机本体设备检查。检查各人孔、检查孔严密封闭，地脚螺栓无松动，分离器挡板开度调到 70%（由试验确定），各润滑油管、液压油管、密封风管、热风管道、消防蒸汽管道完好。

（2）油系统的检查和启动。检查各油箱油位在规定范围内，油质良好。夏季为防止油温高，应投入油冷却器；冬季为防止油温低，应投油箱电加热器（使其进入自动调温状态）。启动油泵后检查油压、油温等参数达到规定值且系统无泄漏。

（3）排矸机的检查和启动。检查排矸机内无杂物，传动系统防护罩完好；排矸机注水溢流，补水量调整适当；启动排矸机，检查刮板完好，链条紧度适当。

（4）电动机的检查。各地脚螺栓齐全拧紧；接线盒封闭严密，电缆不应有破损；电动机输出端联轴器防护罩应牢固且与联轴器无接触或靠近现象；电动机外壳接地线应完好。

2. 磨煤机的启动步骤

RP-1043XS型磨煤机及制粉系统如图5-14所示，其启动步骤如下：

（1）投磨煤机的消防蒸汽系统，检查蒸汽压力达到0.3MPa以上；检查磨煤机消防蒸汽门在关闭位置。

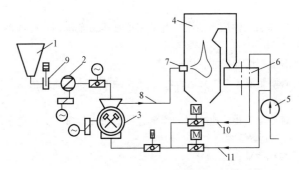

图5-14　RP-1043XS型磨煤机及制粉系统

1—原煤斗；2—给煤机；3—碗式磨煤机；4—锅炉；5—送风机；6—空气预热器；7—煤燃烧器；8—一次风管；9—煤仓下煤液压插板；10—热风管；11—冷风管道

（2）启动排矸机。

（3）启动磨盘减速器润滑油泵、磨辊加压油泵、磨辊润滑油泵。

（4）开启密封风调节挡板，使密封风量（标准状态）达到6000m^3/h。

（5）冷热风挡板关至零位，开启磨煤机进口快速关闭挡板。

（6）全开冷风挡板，吹扫磨煤机5min。

（7）调整冷热风挡板，控制磨煤机通风量在50%以上，磨煤机入口风温在180～220℃，对磨煤机进行通风加热，使磨煤机出口温度逐步达到规程规定值。

（8）关闭磨辊润滑油旁路阀，使润滑油全部进入磨辊内；抬起磨辊，启动磨煤机，待电流恢复正常后放下辊子。

（9）给煤机转速减到零，关闭给煤机出口下煤挡板。检查密封风压力与一次风压力之差应大于3.5kPa，密封风流量（标准状态）达到6500m^3/h。启动给煤机，给煤机启动后检查电流恢复正常。

（10）开启煤仓拉杆门（或称液压插板）。

（11）开启对应磨煤机的燃烧器的二次风挡板。

3. RP－1043XS 型碗式磨煤机运行时的检查内容

（1）磨辊、磨盘无异常振动、摩擦、撞击声，减速齿轮箱内部无异常声音。

（2）检查孔门、人孔门不漏粉。

（3）风道、油管、冷却水系统、消防蒸汽管道严密，不泄漏。

（4）各油箱油位正常，油质良好；发现油位意外下降，应立即查明原因。

（5）各油系统油压、油温、流量在正常运行范围内；冷却器、电加热器正常。

（6）各磨辊回油正常、油质良好。

（7）各磨辊液压缸正常运行时应有轻微的跳动，跳动幅度不应过大或不动。

（8）维持链式排矸机水封和溢流，矸石量无异常增大；链条刮板完好，驱动装置运转正常。

4. 磨煤机的停止

（1）首先将给煤机的转速减到最小，然后停止给煤机运行，关闭给煤机至磨煤机的挡板。

（2）将磨煤机内存的煤粉全部磨完，即观察磨煤机电动机电流降到空载电流时，抬起磨辊，停止磨煤机电动机，然后放下磨辊，将磨煤机及一次风管道内的积粉全部吹尽。

（3）在磨煤机内煤粉逐步减少的同时，调节冷热风门开度，保持磨煤机出口温度不超过规定值。

（4）关闭该磨煤机对应燃烧器的二次风挡板。

（5）关闭磨煤机入口各风门挡板，关闭磨煤机的密封风门挡板，关闭煤仓至给煤机的液压拉杆门。

（6）停止磨辊加压油泵和润滑油泵运行。磨盘减速齿轮箱油泵应在停磨 2h 后停止，以防止磨煤机内部高温传递到轴承箱内引起轴承超温。

（二）MPS 磨煤机的运行

1. 启动前的检查（就地）

（1）对于检修后要启动的磨煤机，应注意检修工作确已全部结束，工具杂物应清理，各人孔门、检查孔门已全部关严。

（2）检查磨盘减速器与电动机的联轴器应完好，防护罩完好；减速器和主电动机的地脚螺栓全部拧紧。

（3）液压排矸挡板试验动作灵活，保证磨煤机运行中排矸正常；启动前进行一次排矸；关闭二次风门，开启一次风门。

（4）蒸汽消防在备用状态，保证蒸汽在需要时由电动门远方直接控制，同时应注意蒸汽消防系统不应有漏汽现象。

（5）确认减速器中油位正常、油质良好；润滑油泵启动后，应检查油泵的运转声音正常，油泵出口压力正常，且压力无异常的波动，冷油器出口油压、油温均应达到规定的范围，保证磨煤机启动后减速器各齿轮和轴承得到良好的润滑。

（6）分离器挡板开度应调到合理位置，以满足煤粉细度的要求。

（7）检查密封风机良好。

2. MPS 型磨煤机运行中的监视和检查

（1）检查减速器润滑油泵运转声音正常，减速器中油位正常，油质良好；冷油器后供油压力、油温达到正常值；冷却水量充足。

（2）润滑油系统滤网应定期切换清理，滤网前后压差不超过规定的范围；如果滤网前后压差过大，应及时切换并联系清理。

（3）密封风机入口滤网应定期清理，保证运行时有足够的密封风量，防止堵塞。

（4）发现风、水、油、煤粉等泄漏现象时，应及时通知有关人员处理。

（5）发现下列现象应及时停止磨煤机运行：①磨煤机发生强烈振动或者内部有强烈的撞击声；②润滑油压过低、润滑油温过高达停磨煤机条件时；③主电动机声音异常、冒火时。

（6）每小时排矸石一次；遇有煤质不好或者其他原因使矸石排量增加时，还应增加排放矸石的次数。

3. 磨煤机的启动步骤

以图 5 - 15 所示 MPS - 235 型磨煤机制粉系统为例，说明其启动步骤。

（1）启动减速器的润滑油泵，油泵出口油压应达到规定值。

（2）启动磨煤机密封风机，出口压力应达到规定值。开启去给煤机的密封风挡板，使给煤机轴承通入足够的密封风。

（3）开启煤仓到给煤机的两个插板，使原煤进入给煤机。

（4）为了防止停止的磨煤机磨室内残留煤粉发生自燃，暖磨煤机时引起自燃加剧甚至爆炸。磨煤机启动前可开启蒸汽消防电动门 5min 左右，将可能发生的自燃彻底熄灭。

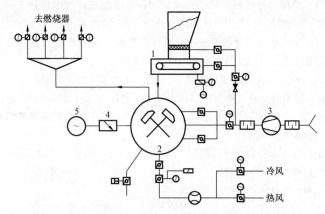

图 5 – 15　MPS – 235 型磨煤机制粉系统

1—给煤机；2—磨煤机；3—密封风机；4—减速器；5—电动机

（5）开启磨煤机出口（分配器后）一次风管上的电动挡板。

（6）磨煤机入口的冷热风门在关闭位置，开启磨煤机入口快关挡板（电磁控制的）。

（7）开启磨煤机入口冷、热风门，保持规定的风量对磨煤机进行吹扫，。然后关小冷风门，开大热风门。对磨煤机加热（暖磨），使磨煤机出口温度逐步上升到规程规定值。

（8）开启磨煤机对应的燃烧器的二次风挡板，保持燃烧器的二次风量达到规定的流量。

（9）当磨煤机出口温度达到规程规定值时启动给煤机，约 5s 后启动磨煤机主电动机。

（10）磨煤机和给煤机启动后，及时调节冷热风量维持磨煤机出口温度。

4. MPS 磨煤机的停止步骤

（1）将给煤机转速减到最小，停止磨煤机运行，停止给煤机运行。

（2）关闭磨煤机入口热风门，开大冷风门对磨煤机进行吹扫，防止残留在磨内的煤粉自燃；关闭给煤机来煤插板。

（3）调整二次风挡板开度到冷却位置，使磨煤机停止后仍有少量风冷却燃烧器喷口，防止喷口烧坏。

（4）关闭一次风总门、冷风门；开启蒸汽消防电动门，通汽 5min 后关闭。

（5）关闭给煤机的密封空气挡板，停止密封风机的运行。

（6）关闭磨煤机分配器后一次风管的煤粉挡板。

（7）停止润滑油泵运行。

（三）中速磨煤机的常见故障及处理

1. 磨辊及磨盘振动

（1）现象。磨煤机内部发出异常振动声音；磨辊不正常跳动；磨煤机电流摆动大；振动大时引起磨煤机本体强烈振动。

（2）原因。磨煤机内进入木头、石块或铁件等异物；磨煤机导流板、磨辊端等机械部件损坏落入磨盘。

（3）处理。停运磨煤机，检查并将异物取出，设备有损坏的应检修后再启动；如果出现强烈的振动并危及设备安全时，应立即用事故按钮停止磨煤机运行。

2. 排矸量过大甚至排煤

（1）现象。有大量矸石甚至原煤排出，致使链式排矸机无法运行。

（2）原因。煤质太差，煤矸石含量太多；磨盘、磨辊磨损严重；磨盘与磨辊的间隙过大或过小（碗式磨煤机）；磨煤机通风量不足，磨环处风速过低；磨辊压力不足；调整不当使给煤量过大。

（3）处理。增加磨煤机通风量；调整磨辊间隙；减小给煤量；磨辊压力过低时应调整磨辊压力；磨辊磨损严重时应更换辊。

3. 磨煤机内部着火

（1）现象。磨煤机出口温度异常升高；磨煤机壳体温度异常升高；排出的矸石正在燃烧或者可见炽热的焦炭。

（2）原因。磨煤机出口温度过高；原煤仓的煤已自燃或者开始自燃的积煤进入磨煤机；矸石煤箱内有可能阴燃的黄铁矿及纤维质等可燃物质未及时排出；停磨时残留的煤粉未吹尽，造成自燃。

（3）处理。开大冷风降低磨煤机内部和出口的温度；停止给煤机运行，对磨煤机进行低温通风吹扫，排尽燃烧的矸石；情况严重时，立即停止给煤机和磨煤机运行，关闭磨煤机入口热、冷风门，打开消防蒸汽灭火；检查磨煤机内部火焰确已熄灭，方可重新启动。

4. 油系统故障

磨煤机磨盘减速机油泵跳闸或者供油压力低于极限值时，会威胁到主推力轴承、各级齿轮和各处轴承的安全运行，若保护未动作，应立即停止磨煤机运行。

磨盘减速器润滑油供油温度超过最高允许值时，若保护未动作，应立即停止磨煤机运行。

磨盘主推力瓦装有温度测量装置的，当其温度值达到或超过最高允许值时，若保护未动作，应立即停止磨煤机运行。

磨辊润滑油中断且短时间内无法恢复时，应停止磨煤机。

磨辊为液压系统加压的磨煤机，加压油泵跳闸或者加压系统压力过低时应停止给煤机运行，待排除故障后重新启动给煤机。

5. 排矸系统故障

发生排矸机过载销子损坏、排矸机无法排除煤矸石、排矸机故障停止、排矸闸板打不开、清扫器损坏等故障使磨煤机无法排矸时，应尽早停止磨煤机运行。

6. 分离器故障

带有旋转分离器的磨煤机，分离器不转或转速严重偏低时，应停止给煤机运行，防止过粗的煤粉进入炉膛。

二、低速磨煤机的运行

（一）筒型钢球磨煤机启动前的检查

（1）筒体端盖法兰、出入口大瓦（空心轴承）、地脚螺栓无松动；筒体外壳钢板完好；大小牙轮的防护罩完好，牙轮齿润滑脂润滑充分。

（2）减速器油位达到规定刻度位置，油质良好。

（3）联轴器连接良好，防护罩完好。

（4）磨煤机大瓦、减速机冷却水投入，冷却水流量充足。

（5）润滑油箱的油位正常、油质良好，检查油泵及油泵电动机应良好；开启磨煤机出入口轴承供油门，启动油泵，投入油泵联锁，调整好出入口大瓦油压及流量，并在磨煤机启动前将出入口大瓦顶轴油泵启动，顶轴油压力高于定值。

（6）磨煤机出、入口防爆门完好。

（7）电动机的检查按电动机检查项目进行。

（二）筒型钢球磨煤机的运行监视和检查

（1）钢球磨煤机运行中，出入口大瓦的温度监视是重点，因此运行中就地检查时应通过温度表和手摸大瓦的方法进行检查。发现大瓦温度高时应分析查明原因，调节冷却水量和润滑油量，使大瓦温度恢复正常，控制室有轴瓦温度表的，应同时对大瓦温度进行监视。

（2）检查磨煤机出入口大瓦冷却水水量充足、水温正常。

（3）磨煤机筒体内部不应有异常的冲击振动声（出现异常冲击振动

声往往是钢甲瓦脱落），筒体及出入口不应有漏粉。

（4）用听针检查减速器内部齿轮运转声音，不应有异常摩擦和振动声；减速机油位正常；齿轮工作面润滑良好；减速器各轴承及箱体温度正常。

（5）联轴器螺栓无松动，防护罩完好。

（6）大小牙轮运转平稳，牙轮对口螺栓完好，无断裂现象；牙轮轴承温度及振动不超过现场规程的规定值。

（7）磨煤机出入口及筒体不漏粉。

（8）磨煤机电动机电流无异常波动。电动机的检查方法参见有关章节的规定。

（三）筒型钢球磨煤机的常见故障及处理

1. 磨煤机大瓦温度高

（1）原因。润滑油压低或油量少；润滑油质变差；冷却水中断或冷却水流量小；轴承有异常。

（2）处理。发现大瓦温度高应及时分析、查找原因，将大瓦温度降低；如果达到或者超过最高允许值时，应立即停止磨煤机运行。

2. 磨煤机内钢甲瓦脱落

磨煤机内部的钢甲瓦脱落时，筒体内会出现持续不断的清脆金属撞击声，此时应对磨煤机吹扫后停磨，打开检查孔进行内部检查。

三、风扇式磨煤机的运行

图5-16所示是风扇式磨煤机制粉系统，需注意如下事项。

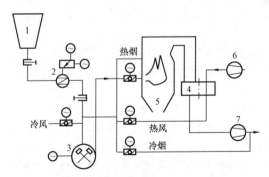

图5-16 风扇式磨煤机制粉系统
1—原煤斗；2—给煤机；3—磨煤机；4—空气预热器；5—炉膛；
6—送风机；7—引风机

1. 启动前的检查

（1）检查磨煤机各检查孔关闭严密。

（2）如磨煤机为检修后启动，应注意检查各一次风管的隔绝挡板和磨煤机入口的隔绝挡板处于开启位置。

（3）将分离器和煤粉分配器挡板调整到适当位置。

（4）打开相应抽炉烟的闸板门。

（5）投入冷却水系统，调节冷却水量。

（6）检查油箱油位应达到规定的刻度值。启动冷却油泵，油压应达到规定值。

2. 启动主要步骤

（1）开启原煤斗下煤插板和给煤机后的隔绝挡板。

（2）启动润滑油泵。

（3）开磨煤机对应的一次风挡板。

（4）启动磨煤机主电动机。

（5）开冷烟调节挡板和热风调节挡板，待磨煤机出口温度升高到规定值。

（6）启动给煤机，开启对应的各二次风挡板。

（7）投磨煤机出口温度控制，投二次风总调节挡板。

3. 运行监视和检查

风扇式磨煤机的基本运行监视和检查内容有如下几项：

（1）通过窥视孔或者流量计检查风轮轴承和电动机轴承润滑油流量达到规定值，油压不低于正常值。

（2）检查各轴承温度应在正常范围内，各轴承无异常的振动。

（3）冷却水量应充足，水中不应带有油。

（4）磨煤机内部不应有不正常撞击声以及异常的振动。

（5）磨煤机主电动机电流稳定，不应有异常增大或大幅度波动。

4. 停运步骤

（1）减小给煤机给煤量至最小值。

（2）停止给煤机运行，关闭对应燃烧器的二次风挡板。开启冷风挡板，对磨煤机进行吹扫。保持磨煤机出口温度不超过运行的最高允许值。

（3）停止磨煤机运行，自动或手动关闭磨煤机进口各风烟挡板，关闭磨煤机出口一次风挡板。

（4）若磨煤机要检修，应将密封风挡板和给煤机至磨煤机的手动闸板门关闭。

（5）润滑油泵应继续运行 1~2h，待主轴承温度降下来后再停。

5. 常见故障及处理

磨煤机最常见的故障是磨煤机内着火，其现象、原因及处理如下：

（1）现象。磨煤机出口温度急剧升高；检查孔处出现火星或者燃烧处的机壳被烧红；如因自燃而爆炸，则有爆炸响声，且从系统不严密处向外冒烟，防爆门动作；磨煤机风压剧烈波动，炉膛负压也有较大波动，严重时可能导致锅炉灭火。

（2）原因。磨煤机出口温度控制过高；停磨时磨煤机内留有较多煤粉，导致积粉自燃；有外来火源。

（3）处理。发生自燃或者着火时，应立即投入灭火装置，然后停止磨煤机，关闭磨煤机入口各风烟隔绝挡板；磨煤机内灭火后，开启冷风挡板对磨煤机内部彻底通风吹扫，将残留煤粉吹尽，再启动；若磨煤机内发生爆炸，应紧急停止磨煤机运行，投入灭火装置，关闭所有进风的挡板，对设备进行全面检查；若设备无严重损坏，恢复启动前应进行彻底吹扫。

第四节　制粉系统其他部件

一、原煤仓

原煤仓是储备原煤的容器，既能保证给煤机正常供给磨煤机的用煤，也能调节输煤系统与多台磨煤机的供需关系。

二、给煤机

给煤机的作用是按要求的数量均匀地将原煤送入磨煤机中，常用的有圆盘式、电磁振动式、皮带式和刮板式给煤机，机组容量在 300MW 及以上锅炉常用的是皮带式给煤机和刮板式给煤机。

（一）圆盘式给煤机

圆盘式给煤机的结构及工作原理如图 5-17 所示。原煤经进煤管落到旋转圆盘的中部，以自然倾角向四周散开并形成一锥形煤堆，圆盘带着煤转动，当煤经过刮板时将煤刮入通往磨煤机的管道中。

圆盘式给煤机可用三种方法调节给煤量：

（1）用调整刮板位置来调节给煤量。当刮板向圆盘中心移动时，给煤量增加；反之，当刮板向圆盘边缘移动时，给煤量减少。

（2）用调节套筒位置来调节给煤量。如果刮板位置不变，而将套筒升起，则煤堆的厚度增加，给煤量则增多；反之，将套筒位置降低，煤堆的厚度减小，给煤量就减少。

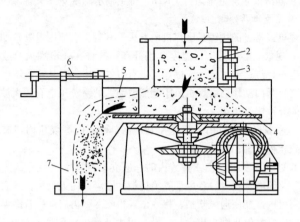

图 5-17　圆盘式给煤机

1—进煤管；2—调节套筒；3—调节套筒的操纵杆；4—圆盘；5—调节刮板；
6—刮板位置调整杆；7—出煤管

(3) 用调节圆盘转速来调节给煤量。可用直流变速电动机或用无级变速装置达到改变转速的目的，转速增加，给煤量增加；转速降低，给煤量减少。

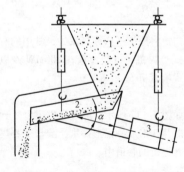

图 5-18　电磁振动给煤机示意

1—煤斗；2—给煤槽；3—电磁振动器

圆盘式给煤机的优点是结构紧凑、严密；缺点是对煤种的适应性差，煤湿时易堵塞，易被杂物卡住而不下煤。

（二）电磁振动式给煤机

电磁振动式给煤机主要由给煤槽与电磁振动器组成，其结构示意如图 5-18 所示。其工作原理是煤由煤斗落入给煤槽，在振动器的作用下，给煤槽以 50Hz 的频率振动，由于振动器与给煤槽平面之间有一个夹角 α，所以给煤槽上的煤就以 α 角抛起，并沿抛物线轨迹向前跳动，均匀地下滑到落煤管中。

电磁振动器的工作原理如图 5-19 所示。振动器中有一个电磁线圈，通过电磁线圈的电流是经半波整流的脉冲电流。在正半波时，电流通过，电磁铁有吸力，吸引振动板靠近；而在负半波时，无电流通过，电磁铁吸力消失，由于弹簧的作用，振动板又回到原来的位置。而给煤槽是与振动板连成一体的，故在电磁振动器的作用下给煤槽不断振动。

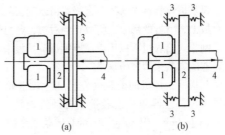

图 5 - 19　电磁振动器工作原理

（a）弹簧板式振动器；（b）弹簧式振动器

1—马蹄形电磁铁；2—振动板；3—弹簧；

4—振动板与给煤槽的连接杆

改变电压和电流的大小可以调节电磁振动式给煤机的煤量，此外，调节给煤闸板的位置也可以调节给煤量。

电磁振动式给煤机的优点是无转动部分，因而维护简单，检修方便，给煤均匀，耗电量小，体积小，质量小；缺点是煤过湿时容易堵煤和板结，煤粒小且水分低时易发生自流现象。

（三）刮板式给煤机

刮板式给煤机利用装在链条上的刮板来刮移燃料，其基本结构如图5 - 20所示。

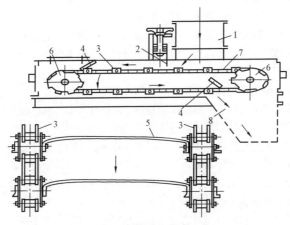

图 5 - 20　刮板式给煤机示意

1—进煤管；2—煤层厚度调节挡板；3—链条；4—导向板；

5—刮板；6—链轮；7—上台板；8—出煤管

煤从进煤管首先落入上台板，由于刮板的移动，将煤带到左边，落到下台板上，下行的刮板又将煤带到右边，经出煤管送往磨煤机。

刮板式给煤机可以用煤层厚度调节挡板来调节给煤量，也可用改变链轮转速的方法来调节给煤量。

刮板式给煤机的前轮（左）为主动链轮，后轮（右）为从动链轮。电动机经调速器和减速器带动主动链轮转动，主动链轮的转速通常为 $1.5 \sim 6.0 \text{r/min}$。从动链轮上带有链条紧度调节装置，可对链条施加一定的紧力，该拉紧装置上设有弹簧以增加链条工作的弹性。链条的紧度在给煤机检修时调好，经过一段时间的运行，由于链环之间不断的磨损会使链条变长而过松，这时应对链条的紧度及时调整，以保证给煤机的安全运行。对于正压运行的给煤机，为保护轴承防止煤粉进入，还设有通往链轮轴承的密封风。

给煤机的常见调速方式有变速电动机、变速皮带轮等。

刮板式给煤机的主要优点是不易堵煤，调节范围大，密封性好，有利于电厂布置。

（四）皮带式给煤机

皮带式给煤机就是小型的胶带输送机。用皮带上面的闸门开度来改变煤层厚度，或者改变皮带行走速度，都可以改变给煤量。

称重式皮带给煤机结构如图 5-21 所示，其传送方式与一般胶带输送机一样，不同之处是能称量，指示给煤量。

给煤机的输送带下设有一个清扫皮带，其作用是将上部主皮带散落或者带下来的少量煤及时送走，防止原煤堵积在给煤机中。清扫皮带与主皮带同时运行。

皮带的称重机构包括称重段辊子和称重测量设备两部分，它是通过测量两个称重辊子之间某一点皮带垂直向下的位移量来计算该段上原煤的质量的，用测出的煤量和皮带的行走速度得出给煤率（kg/s），然后既能通过热工仪表直观地指示锅炉某一瞬时的耗煤量，又能通过计算器计算出一天所消耗的煤量。有了测量数据，燃烧系统投入自动控制后，给煤机可以按照自动系统的要求自动调节给煤量；也为正平衡法计算锅炉效率以及用计算机在线计算锅炉热效率创造了条件。

皮带式给煤机的外壳具有较好的密封，便于在正压下工作，内部还装有照明灯，运行值班人员可以隔着监视孔的玻璃观察给煤机内部皮带的运行状况。

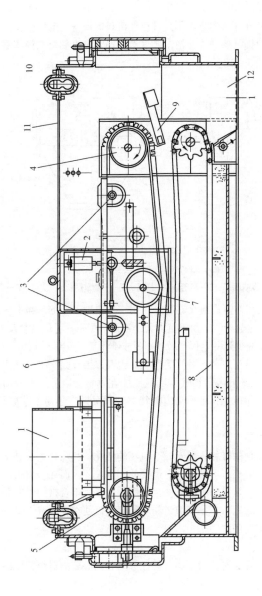

图 5 - 21 称重式皮带给煤机结构

1—进煤口;2—称重装置;3—称重段辊子;4—主驱动轮;5—从动轮;6—主皮带;7—张紧轮;
8—清扫皮带;9—皮带刮板;10—照明灯;11—给煤机外壳;12—煤出口

三、锁气器

锁气器是只允许煤粉通过而不允许空气流过的设备,电厂中应用最广泛的是平板式活门锁气器和锥形活门锁气器,通常称为翻板式锁气器和草帽式锁气器,如图5-22所示。

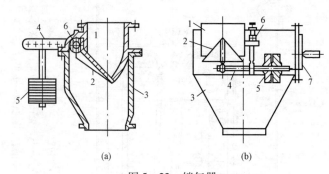

图5-22 锁气器

(a)翻板式;(b)草帽式

1—煤粉管;2—平板或活门;3—外壳;4—杠杆;5—平衡重锤;6—支点;7—手孔

翻板式锁气器和草帽式锁气器都是利用杠杆原理工作的。当平板或锥体上的煤粉超过一定数量时,由于重力大于重锤的配重,它们就自动打开,煤粉落下;当煤粉减少到一定程度时,平板或锥体又因重锤的作用而关闭。

平板活门锁气器可以装在垂直管段上,也可以装在与水平面夹角大于60°的倾斜管段上;锥形活门锁气器则只能装在垂直管段上。平板活门锁气器不易卡住,工作可靠;锥形活门锁气器动作灵敏,煤粉下落较均匀,严密性较好。

四、粗粉分离器

从磨煤机里出来的煤粉,随干燥剂流速的变化,其颗粒大小是不相同的,其中不可避免地夹有不利于完全燃烧的大颗粒,因而在磨煤机后一般都装有粗粉分离器。粗粉分离器有两个作用,一是将不合格的粗粉分离出来送回磨煤机重新磨制;二是调节煤粉的细度,以便在煤种或干燥剂量变化时保证一定的煤粉细度。

(一)工作原理

粗粉分离器主要通过重力分离、惯性分离和离心分离对煤粉中的粗粉进行分离。

1. 重力分离

在粗粉分离器内,当上升气流速度在一定范围内时,颗粒较大的煤粉会因其重力大于气流对它的浮力而坠落，其他细粉则将继续随气流上升而被带走。

2. 惯性分离

携带煤粉的气流转变方向时，由于惯性力的作用（煤粒不易随气流转变方向，煤粉越粗质量越大，惯性力也就越大），使部分粗煤粉从气流中分离出来。

3. 离心分离

煤粉气流旋转流动时煤粒在离心力的作用下有脱离气流的趋向，与惯性分离相似，粗粒煤粉离心力较大，容易从气流中分离出来，气流旋转速度越大，则气流所带出的煤粉也越细。

（二）离心式粗粉分离器

图 5-23 所示为用于配球磨机的离心式粗粉分离器，图 5-24 所示为配风扇磨煤机和中速平盘磨煤机的离心式粗粉分离器。

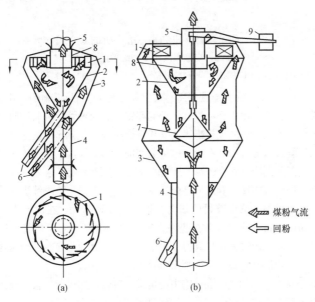

图 5-23　离心式粗粉分离器

（a）普通型；（b）具有回粉再分离作用的改进型

1—折向挡板；2—内圆锥体；3—外圆锥体；4—进口管；5—出口管；

6—回粉管；7—锁气器；8—活动环；9—重锤

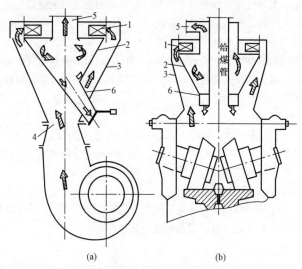

(a)   (b)

图 5 - 24   配风扇磨煤机和平盘磨煤机的离心式分离器

(a) 配风扇磨煤机；(b) 配平盘磨煤机

1—折向挡板；2—内圆锥体；3—外圆锥体；4—进口管；5—出口管；6—回粉管

　　图 5 - 23 (a) 所示普通型离心式粗粉分离器为目前国内应用最多的一种类型，它主要由内空心锥体、外空心锥体、回粉管、可调折向挡板组成。工作原理是：由磨煤机出来的气粉混合物以 15 ~ 20m/s 的速度自下而上从入口管进入分离器，在内外锥体之间的环形空间内，由于流通面积增大，其速度逐渐降至 4 ~ 6m/s，最粗的煤粉在重力作用下首先从气流中分离出来，经外锥体回粉管返回磨煤机重新磨制，带粉气流继续进入分离器上部，经过沿整个圆周装设的切向挡板产生旋转运动，在离心力的作用下，较粗的煤粉进一步被分离出来，经过内锥体底部的回粉管返回磨煤机，最后煤粉气流进入出口管时，由于急转弯，惯性力使一部分粗煤粉分离出来，气粉混合物最后由上部出口管引出。

　　从分离器引出的气粉混合物中会携带一些较粗的煤粉，被分离出的回粉中也会带有一些合格的细粉，这些细粉返回到磨煤机中会被磨得更细，不但使煤粉的均匀性变差而且增加制粉电耗。图 5 - 23 (b) 所示为改进型粗粉分离器将内锥体的回粉锁气器装在分离器内，一方面使入口气流增加了撞击分离，另一方面使内锥体回粉在锁气器出口受到入口气流的吹扬，从而减少了回粉中夹带的细粉，提高了分离效率。

图 5 – 24 所示分离器的工作原理与图 5 – 23 所示分离器基本相似。

离心式粗粉分离器调节煤粉细度的方法一般有改变可调折向挡板的角度、调整磨煤机的通风量、调节活动套筒的上下位置三种。减小折向挡板与圆周切线夹角 α 时，气流的旋转程度增大，分离出来的粗煤粉增多，气流带走的煤粉变细。增加磨煤机通风量，使得磨煤机出口的煤粉变粗，煤粉在分离器内的时间变短从而使得分离器出口煤粉变粗。调节活动套筒的上下位置，可调节惯性分离作用的大小，从而达到调节出口煤粉细度的目的。

（三）回转式粗粉分离器

图 5 – 25 所示为回转式粗粉分离器，分离器上部有一个用角钢或扁钢做叶片的转子，由电动机经减速器驱动旋转的转子。气粉混合物由下部进入分离器，由于流通面积的增大，一部分煤粉在重力作用下被分离出来。气流进入转子区域被转子带动做旋转运动，又有很多粗粉受到较大的离心力再次被分离，沿筒壁落下经回粉管返回磨煤机重新磨制。当气流沿叶片间隙通过转子时，一部分煤粉颗粒受到叶片撞击而分离。转子的转速越高，气流带出的煤粉越细。转子的转速可在每分钟数十转至数百转的范围内进行调节，调节转子的转速便可达到调节煤粉细度的目的。

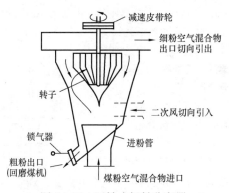

图 5 – 25　回转式粗粉分离器

有的回转式分离器加装了切向引入的二次风，将回粉再次吹扬，减少了回粉中细粉的数量，提高了分离效率，在提高制粉系统出力的同时，也降低了磨煤机的电耗。

与离心式粗粉分离器相比，回转式粗粉分离器多了一套传动机构，结构比较复杂，检修工作量大，但阻力小，调节方便，适应负荷和煤种变化性能较好，且尺寸小，布置紧凑，增加了特定条件下的实用性。离心式粗粉分离器除阻力和电耗较大外，其他性能尚可，结构较简单且运行可靠。

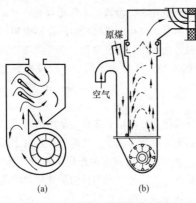

图5-26　惯性式粗粉分离器和
重力分离竖井

（a）惯性式粗粉分离器；（b）重力分离竖井

煤粉细度。

图5-26（b）所示为重力分离竖井。上部竖井截面积扩大，气流速度降低，粗粉靠自重而自行落下继续被磨细，保持分离气流具有一定的速度便可获得需要的煤粉细度。

五、细粉分离器

细粉分离器又称旋风分离器，作用是将风粉混合物中的煤粉分离出来储存在煤粉仓中。

细粉分离器是依靠煤粉气流做旋转运动产生的离心力进行分离的，其结构如图5-27所示。

气粉混合物切向进入外圆筒上部，在筒体内做自上而下的旋转运动，煤粉颗粒由于离心力的作用被甩向四周沿筒壁落下。当气流转折向上进入内圆筒时，由于惯性力，煤粉再

惯性式粗粉分离器和重力式分离器结构简单，阻力小，电耗省，分离出的煤粉较粗，适用于燃用高挥发分煤的风扇磨煤机和竖井磨煤机。

图5-26（a）所示为惯性式粗粉分离器。携带煤粉的气流改变方向时，由于惯性力的作用，使部分粗煤粉从气流中分离出来。分离器装有折向挡板，用于改变气流的流向。改变挡板的角度，可使气流改变方向的剧烈程度发生变化，从而调节

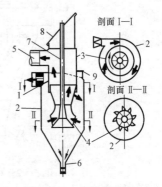

图5-27　细粉分离器

1—进口管；2—外圆筒；3—内圆筒；
4—导向叶片；5—出口管；6—煤粉
出口；7—拉杆；8—中部防爆门；
9—外圆柱体上的防爆门

锅炉设备运行（第二版）

次被分离。导向叶片使气流均匀平稳地进入内圆筒，不产生旋涡，从而避免了在分离器中部的局部地区形成真空，将圆锥部分的煤粉吸出而降低分离效率。

为了提高分离效率，创造出一种新型旋风分离器，其直径较小，长度较长，分离效率可达到90% ~ 95%，如图5-28所示。

六、煤粉仓

煤粉仓是存储煤粉的设备。在中间储仓式制粉系统中，煤粉仓是制粉系统和锅炉燃烧系统连接的纽带，也是保证球磨机适应负荷需要而又能经济运行的必要设备。

七、给粉机

在中间储仓式制粉系统中，煤粉仓中的煤粉通过给粉机按要求先送入一次风管，然后再进入炉膛。炉膛内燃烧的稳定性在很大程度上取决于给粉机给粉量的均匀性以及给粉机适应锅炉负荷变化的调节性能。通过调节给粉机的给粉量控制锅炉的蒸汽温度和蒸汽压力，从而保证锅炉的出力。

（一）叶轮给粉机的结构与工作原理

给粉机的作用是根据锅炉煤粉需求量将煤粉仓中的煤粉均匀地送

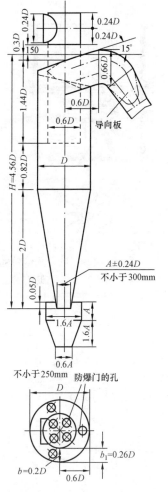

图5-28　小直径旋风分离器

入一次风管中，常用的给粉机是叶轮式给粉机，主要由上叶轮、下叶轮、外壳和搅拌器等部件组成，如图5-29所示。电动机经减速器带动给粉机的叶轮一起转动。煤粉进入给粉机后，首先由搅拌器叶片拨至左侧，通过固定盘上的上板孔落入上叶轮，然后由上叶轮拨送至右侧下板孔，最后由下叶轮送至左侧，落入一次风管中。煤粉在被驱动过程中两次改变方向，

2
3
1
4
5
8
6
7
9

图 5－29　叶轮式给粉机

1—搅拌器；2—遮断挡板；3—上板孔；4—上叶轮；5—下板孔；6—下叶轮；7—给粉管；8—电动机；9—减速器齿轮

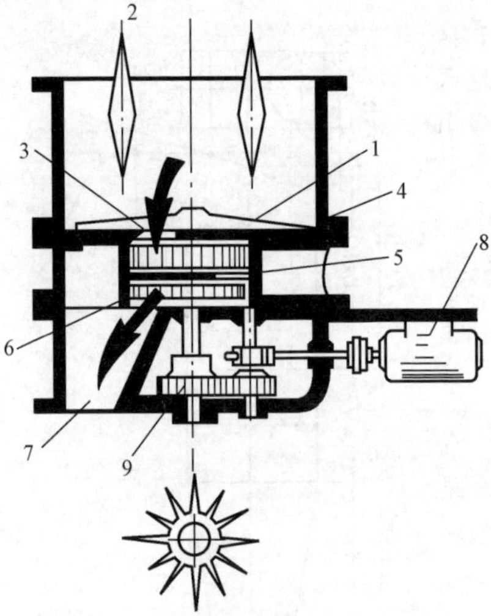

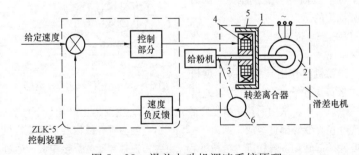

避免了煤粉在重力作用下的自流。运行中，煤粉仓内应保持一定高度的粉位，防止由于一次风管内压力过高，空气有可能穿过给粉机吹入煤粉仓，破坏正常的供粉。

叶轮式给粉机供粉较均匀，不易发生煤粉自流，可防止一次风冲入粉仓；但其结构较复杂，易堵塞，电耗较大。

（二）滑差电动机

给粉机转速调节，以前多采用滑差电动机调速系统，因为滑差电动机具有结构简单、经济实用的优点。滑差电动机又称为电磁调速异步电动机，是由普通的鼠笼式异步电动机和转差离合器组成的。图 5－30 所示为滑差电动机调速系统原理，由图可知，由三相交流电源控制的异步电动机 2 带动转差离合器的电枢 1 以恒定的转速旋转。给粉机的给定转速与来自速度反馈的实际转

给定速度
控制
部分
给粉机
速度
负反馈
ZLK-5
控制装置
4
5
1
~
3
2
转差离合器
滑差电机
6

图 5－30　滑差电动机调速系统原理

1—电枢；2—异步电动机；3—输出轴；4—励磁线圈；5—磁极；6—测速发电机

速相比较后，其差值通过控制回路改变转差离合器的励磁线圈 4 中的励磁电流。励磁电流的变化使得转差离合器输出轴 3 的转速改变。转差离合器输出轴的转速经过测速发电机 6 转换成频率信号，再由速度负反馈回路转换成电压信号，这个电压信号的大小代表给粉机的实际转速。当速度反馈信号与速度给定信号平衡时，给粉机的转速就稳定在给定的转速下。

如果系统出现转速扰动，如输出轴转速下降，则速度反馈信号必然减弱，在给定转速不变的情况下，二者的差值必然增大，从而控制回路输出电流增大，即转差离合器的励磁电流增大，给粉机转速回升，直至给粉机转速恢复到扰动前的转速。

如图 5-31 所示，转差离合器由主动部分的电枢 1 和从动部分的电极 5、励磁线圈 4 组成，两部分之间没有任何机械联系。电枢制成圆筒形结构，与鼠笼异步电动机的转子相连接；磁极做成爪形结构，安装在转差离合器的输出轴 3 上。从图 5-31 中可以看出，爪形磁极 N、S 像牙齿一样交错布置。为了使绝大部分磁通量经过电枢，磁极间的距离比与电枢之间的间隙大。当励磁线圈中通入直流电流的时候，沿着工作气隙的圆周面就产生一个极性交替分布的脉动磁场，在电枢与磁极之间有磁通量 6 相连。当异步电动机拖动电枢以一定的转速旋转时，旋转电枢上各点的磁通量处于不断重复变化之中，相当于一个短路线圈处于一个交变磁场中，因此电枢上就会产生一个脉动磁场，两个磁场相互作用就产生了电磁力，使磁极随着电枢旋转的方向旋转，这就是滑差电动机的工作原理。

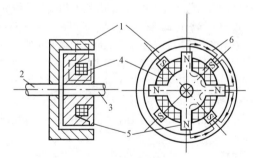

图 5-31　转差离合器结构示意

1—电枢；2—主动轴；3—从动轴；4—励磁线圈；5—磁极；6—磁通

（三）变频调速给粉机

给粉机转速调节过去大多采用滑差电动机调速系统，因为滑差电动机调速具有经济实用等优点。但滑差电动机调节经常发生转速漂移现象，所以现在大型锅炉的给粉机转速一般通过变频电机实现，变频电机调节虽然投资大，但其转速调节可靠，给粉机给粉均匀。

变频调速给粉机和普通的异步电动机带动的给粉机结构差别不大，主要区别是变频调速给粉机的异步电动机所用的电源是由变频器提供的低频电源，变频器的系统如图5-32所示。

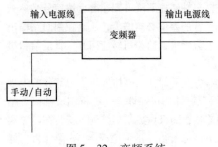

图 5-32 变频系统

在图5-32中，变频器引入三相工频电源线和一个来自自动控制系统的 4~20mA 的控制信号线，在这个信号线上加装了一个自动/手动转换器。经过变频器的作用，输出的电源就是符合变频信号要求的频率的交流电，这个交流电送到带动给粉机的交流异步电动机，使电动机的转动按照变化后的频率转动，达到改变给粉机转速的目的。

八、螺旋输粉机

螺旋输粉机俗称绞龙，其结构如图5-33所示，其作用是将细粉分离器落下来的煤粉送至本炉的另外煤仓或邻炉的煤粉仓，一般用于中间储仓式系统中。由于球磨机只在满负荷条件下运行比较经济，因此当锅炉负荷下降时，球磨机仍满负荷运行，其多余的煤粉则由螺旋输粉机送至其他煤粉仓。这样，在各个锅炉都低负荷运行时，可以减少磨煤机的运行台数，由螺旋输粉机平衡各台锅炉的粉量来满足锅炉负荷变化的需要。螺旋输粉机输粉量的多少可以通过改变电动机转速来控制，也可以通过控制进入螺旋输粉机的煤粉量来控制，控制电机可以向正、反两个方向转动。

螺旋输粉机结构简单，对杂物不敏感，工作安全、可靠；但容易发生煤粉自流和积粉堵塞的现象，而且输粉距离不宜过长，以免因自重造成弯曲变形而卡涩。

九、密封风机

在正压状态下运行的磨煤机，不严密处有可能向外冒粉，污染周围环境，还可能通过转动部分的间隙漏粉，加剧动静部位及轴承的磨损，并使润滑油脂恶化，为此，这些部位均应采取密封措施，即送入压力较磨煤机内干燥剂压力高的空气，阻止煤粉气流的逸出。密封空气的来源，小型磨煤机一般用压缩空气，大型磨煤机则安装专用密封风机。

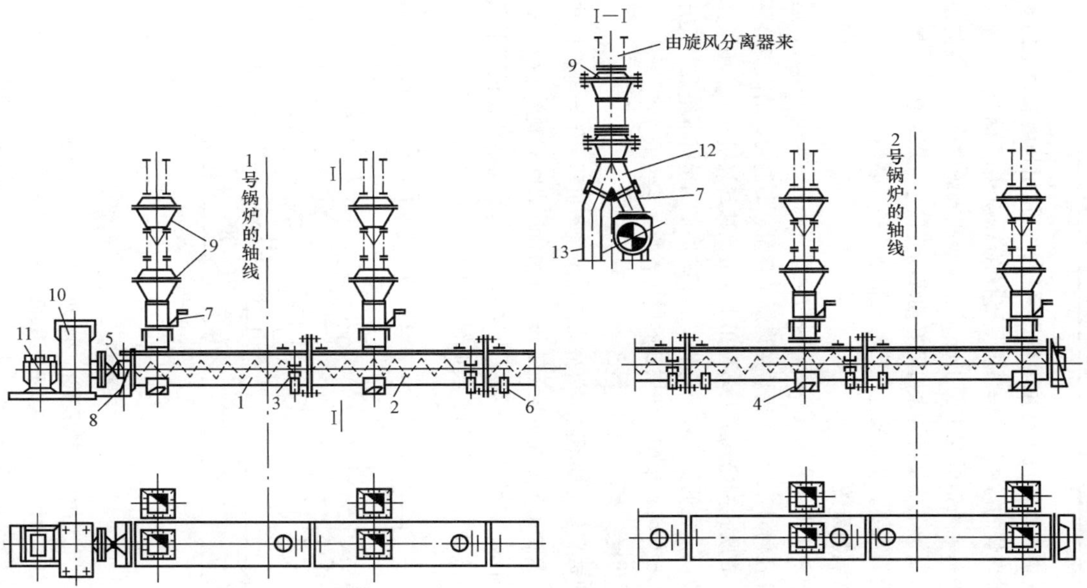

图 5-33 螺旋输粉机

1—外壳;2—螺旋杆;3—轴承;4—带有挡板的煤粉落出管;5—推力轴承;6—支架;
7—煤粉落入管;8—端头的支座;9—锁气器;10—减速器;11—电动机;
12—转速通路挡板;13—煤粉落进煤粉仓的通道

第五节 制粉系统的应用

制粉系统是燃煤锅炉机组的重要辅助系统，其作用是磨制合格的煤粉，以保证锅炉燃烧的需要。制粉系统主要有直吹式和中间储仓式两种类型，直吹式制粉系统是指磨煤机磨出的煤粉直接吹入炉膛进行燃烧的系统；中间储仓式制粉系统是将磨煤机磨好的煤粉先储存在煤粉仓中，然后再根据锅炉负荷的需要，从煤粉仓经由给粉机送入炉膛燃烧的系统。

一、直吹式制粉系统

直吹式制粉系统中，磨煤机磨制的煤粉全部直接送入炉膛内燃烧，运行中，制粉量在任何时刻均等于锅炉的燃煤消耗量，即制粉量随锅炉负荷的变化而变化。直吹式制粉系统大多配用中速或高速磨煤机，不采用低速球磨机，主要原因是在低负荷或变负荷工况下球磨机的运行不经济，只有带基本负荷的锅炉才考虑采用低速钢球磨煤机直吹式系统。

（一）中速磨煤机直吹式制粉系统

根据排粉机放置位置的不同，可分为正压系统和负压系统。排粉机装在磨煤机之后，整个系统处在负压下工作，称为负压直吹式制粉系统，如图 5-34（a）所示；排粉机装在磨煤机之前，整个系统将处在正压下工作，称为正压直吹式系统，如图 5-34（b）所示。

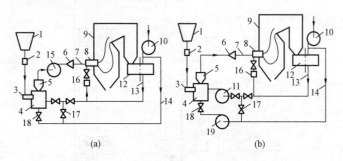

(a)　　　　　　　　　　(b)

图 5-34　中速磨煤机直吹式制粉系统

（a）负压直吹式制粉系统；（b）正压直吹式制粉系统

1—原煤仓；2—自动磅秤；3—给煤机；4—磨煤机；5—粗粉分离器；6—一次风箱；7—去燃烧器的煤粉管道；8—燃烧器；9—锅炉；10—送风机；11—高温一次风机；12—空气预热器；13—热风管道；14—冷风管道；15—排粉机；16—二次风箱；17—冷风门；18—磨煤机密封风门；19—密封风机

在正压直吹式制粉系统中，排粉机装在空气预热器后，抽取热空气送入磨煤机的系统，称为热一次风系统；一次风机装在空气预热器之前，抽取冷空气经预热器后送入磨煤机的系统，称为冷一次风系统。

采用热一次风系统时，由于空气容积流量大，使得风机叶轮直径及出口宽度增大，风机钢耗量增加；由于工质温度高，风机效率下降，耗电量增大；风机轴承及密封部位工作条件也变差。冷一次风机可兼作制粉系统的密封风机，而热一次风系统需装设专用密封风机。另外，热一次风机的热风温度受到限制，从而限制制粉系统的干燥出力，不适应高水分的煤种；而冷一次风机则无温度限制。目前的一些大容量锅炉，由于三分仓回转式空气预热器的应用，也为冷一次风机的广泛应用创造了条件。

正压直吹式系统中，不存在排粉机的磨损问题，不会降低锅炉运行的经济性，但磨煤机和煤粉管道密封必须严密。

负压直吹式系统中，排粉机叶片很容易磨损，增加了运行维护费用。由于排粉机叶片的磨损，也导致排粉机电耗增大、效率降低，从而使得系统可靠性降低。另外，负压运行使漏风量增大，势必使经过空气预热器的空气量减少，增加了排烟热损失，降低了锅炉效率。负压直吹式系统的最大优点是磨煤机处于负压状态，不会向外冒粉，工作环境比较干净。

（二）风扇磨煤机直吹式制粉系统

国内磨制烟煤、贫煤的风扇磨煤机，大多采用热风干燥直吹式制粉系统，如图 5－35（a）所示；磨制褐煤的风扇磨密码一般采用炉烟和热风干燥直吹式制粉系统，以利于干燥和防爆，如图 5－35（b）所示。

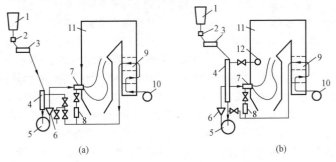

图 5－35　风扇磨煤机直吹式制粉系统
（a）热风干燥；（b）热风炉烟干燥

1—原煤仓；2—自动磅秤；3—给煤机；4—下行干燥管；5—磨煤机；6—煤粉分离器；
7—燃烧器；8—二次风箱；9—空气预热器；10—送风机；11—锅炉；12—抽烟口

采用热风和炉烟的混合物作为干燥剂有如下优点：

（1）干燥剂内炉烟占有一定的比例，降低了干燥剂中氧的浓度，有利于防止高挥发分的褐煤煤粉的爆炸。

（2）炉烟较多可以降低燃烧器区域的温度水平，避免燃用低灰熔点褐煤时炉内结渣。

（3）燃煤水分变化幅度较大时，只要改变干燥剂中炉烟所占的比例，便可满足制粉系统干燥的需要。

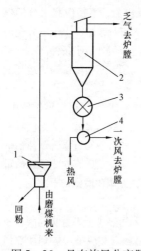

图5－36　具有旋风分离器的直吹式制粉系统

1—粗粉分离器；2—旋风分离器；3—旋转式锁气器；4—混合器

一般直吹式制粉系统，由于是干燥剂送粉，一次风温低，不利于着火和稳定燃烧。为了克服以上缺点，在原直吹式制粉系统的基础上加装旋风分离器，采用直吹式系统热风送粉，称为半直吹式热风送粉制粉系统，如图5－36所示。

磨煤机出来的气粉混合物，经粗粉分离器后进入旋风分离器将煤粉从气流中分离出来；煤粉由下部经锁气器送入混合器，在其中与热空气混合作为一次风送入燃烧器；由旋风分离器出来的乏气作为三次风送入炉膛。这种系统在原直吹式系统的基础上，加装了少量设备，克服了直吹式制粉系统的缺点，保留了其优点，使直吹式制粉系统对煤种的适应性更为广泛。

二、中间储仓式制粉系统

与直吹式制粉系统相比，中间储仓式系统较为复杂，增加了细粉分离器、煤粉仓、给粉机和螺旋输粉机等设备。由磨煤机出来的风粉混合物经粗粉分离器后不直接送入炉膛，先经旋粉分离器将煤粉从气粉混合物中分离出来，储放在煤粉仓中或送入其他锅炉的煤粉仓中。然后根据锅炉负荷的需要，经给粉机后送入炉膛燃烧。这种制粉系统的特点是磨煤机的出力不受锅炉负荷的限制，磨煤机可始终保持自身的经济出力，所以中储式制粉系统一般配用钢球磨。

中储式制粉系统可分为乏气送粉系统和热风送粉系统两种类型。由细粉分离器分离出来的干燥剂内含有10%～15%左右极细的煤粉，这部分干燥剂也称为磨煤乏气，乏气经排粉机提高工作压头后作为一次风输送煤粉至炉膛的制粉系统称为乏气送粉系统，如图5－37（a）所示。当燃用

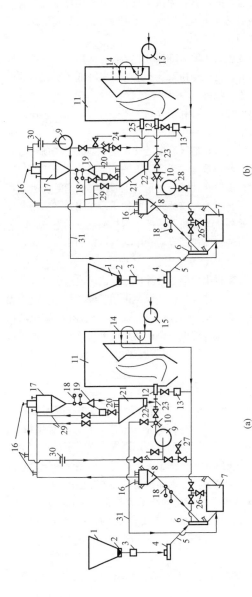

图 5 - 37 筒式钢球磨煤机中间仓储式制粉系统
(a) 磨煤乏汽送粉; (b) 热风送粉

1—原煤仓; 2—煤闸门; 3—自动磅秤; 4—给煤机; 5—落煤管; 6—下行干燥管; 7—球磨机; 8—粗粉分离器;
9—细粉分离器; 10—一次风箱; 11—锅炉; 12—燃烧器; 13—二次风箱; 14—空气预热器; 15—送风机;
16—排粉门; 17—细粉分离器; 18—防爆门; 19—锁气器; 20—螺旋输粉机; 21—煤粉仓;
22—给粉机; 23—混合器; 24—三次风箱; 25—三次风喷口; 26—冷风门; 27—大气门;
28——次风机; 29—吸潮管; 30—流量测量装置; 31—再循环管

无烟煤、劣质烟煤等不易着火的煤时，为稳定燃烧，常利用热空气作为一次风输送煤粉至炉膛，磨煤乏气作为三次风由专用喷口送入炉膛，这种系统称为热风送粉系统，如图 5-37（b）所示。

乏气作为一次风，温度较低（60~130℃），又含有水蒸气，对煤粉气流的着火、燃烧不利。因此，乏气送粉系统不适宜挥发分低、水分高的煤种，而适用于烟煤等易着火的煤种。

热风作为一次风，温度较高，有利于煤粉气流的着火与稳定燃烧，适用于无烟煤、贫煤、劣质烟煤等煤种。

在乏气送粉系统中，排粉机除抽吸磨煤乏气，还可抽吸空气预热器来的热风作为一次风，以保证制粉系统停运时锅炉的正常运行。

中储式制粉系统中，在煤粉仓和螺旋输粉机上装设有吸潮管，吸潮管是由煤粉仓、螺旋输粉机引至粗粉分离器入口的管子，作用是借粗粉分离器入口的负压，抽吸螺旋输粉机、煤粉仓中的水蒸气和漏入的空气，防止煤粉受潮结块。另外，还可使输粉机及煤粉仓中保持一定的负压，防止由不严密处向外喷粉。

中储式制粉系统中，排粉机出口的乏气除作为一次风或三次风外，还有一部分直接进入磨煤机的入口作为再循环风，可用于调节制粉系统干燥剂温度，由于乏气的通入，使干燥剂的风量增大，可以提高磨煤机的出力。因此，再循环风是控制干燥剂温度、协调磨煤风量与干燥风量的手段之一，其主要作用是增大系统通风量，调节磨煤机出口温度，提高磨煤出力。

三、中间储仓式和直吹式制粉系统的比较

（1）直吹式系统简单、设备部件少、输粉管道阻力小，因而制粉系统输粉电耗较少。储仓式制粉系统中，因为锅炉和磨煤机之间有煤粉仓，所以磨煤机的运行出力不必与锅炉随时配合，即磨煤机出力不受锅炉负荷变动的影响，磨煤机可以一直维持在经济工况下运行。但是，由于储仓式系统运行在较高的负压下，漏风量大，因而输粉电耗要高些。

（2）负压直吹式系统中，燃烧需要的全部煤粉都要经过排粉机，因此其磨损较快，发生振动和需要检修的可能性就大。而在储仓式系统中，只有携带少量细煤粉的乏气通过排粉机，所以其磨损较轻，工作比较安全。

（3）储仓式系统中，磨煤机的工作对锅炉影响较小，即使磨煤设备发生故障，煤粉仓内积存的煤粉仍可供应锅炉燃烧，同时，可以经过螺旋输粉机将邻炉制粉系统的煤粉送到粉仓中，使锅炉继续运行，提高了系统

的可靠性，因而在确定设备的容量时，系统的储备系数可以比直吹式系统小。在直吹式系统中，磨煤机的工作直接影响锅炉的运行工况，锅炉机组的可靠性相对较低，因此直吹式系统需要较大的余量。

（4）储仓式系统部件多、管道长，初投资和系统的建筑尺寸都比直吹式系统大。

（5）当锅炉负荷变动或燃烧器所需煤粉增减时，储仓式系统只要调节给粉机就可以适应需要，既方便又灵敏。而直吹式系统要从改变给煤量开始，经过整个系统才能改变煤粉量，因而惰性较大。此外，直吹式系统的一次风管是在分离器之后分支通往各个燃烧器的，燃料量和空气量的调节手段都设置在磨煤机之前，同一台磨煤机供给煤粉的各个燃烧器之间，容易出现风粉不均现象。

第六节　制粉系统的启动与停运

一、制粉系统启动前的准备

制粉系统启动之前，无论是检修后的首次启动或是运行中备用磨煤机的启动，都必须对所属设备进行全面检查，确认具备启动条件后方可启动。

（一）中间储仓式钢球磨煤机制粉系统

1. 转动机械的检查

给煤机要完整无缺且操作机构灵活，煤斗煤闸门应开启，各润滑部件有足够的润滑油，原煤仓内有足够的原煤。

磨煤机进出口密封环完好，磨煤机内有足够的钢球。防护遮栏及保护罩壳应完好、牢固，减速传动装置完好。

排粉机内无异物和积粉，风轮试转正常，无碰击声。

各处地脚螺栓紧固，各轴承箱油位正常、油质合格、轴承冷却水投入且畅通。

2. 管路系统及部件的检查

各防爆门完整严密、无杂物压盖，各人孔门装齐；锁气器完整、动作灵活；粗粉分离器调节挡板开度适当；粉位测量装置机构灵活、指示正确，各处蒸汽灭火门关闭。

系统内各阀门挡板动作灵活，位置指示与实际位置相符，且各风门挡板所处位置符合要求。

旋风分离器下的煤粉算子无积粉及杂物，且在投入位置，外部保温完整，粉仓与螺旋输粉机的导向挡板位置正确，木屑分离器完好可靠并投入，吸潮管无堵塞及泄漏现象。

磨煤机循环润滑油系统正常，油泵出入口门应开启，磨煤机出入口大瓦供油门开启，油箱油位正常，各表计投入。

制粉系统各表计投入，指示灯完好，热工声光试验信号良好，各操作开关灵活。

（二）直吹式制粉系统

直吹式制粉系统与中储式制粉系统中相同部件的检查不再重复，仅就不同点重点说明。

1. 中速磨煤机直吹式系统

磨室内无杂物，转动部件的动、静间隙合适；碾磨部件的加载装置正确，保持预定的加载值。

齿轮油箱内油位正常、油质合格，油泵启动后油压正常，各润滑点油量合适。

粗粉分离器调整挡板和回粉口处的密封装置无杂物堵塞或卡涩。

对于负压运行的磨煤机，确认其石子煤箱进口挡板已开启，出口挡板关闭严密，挡板开关动作灵活；对于正压运行的磨煤机，确认其石子煤箱排放管上的锁气器严密性良好，动作灵活，锁气器内煤柱压力的平衡锤位置适当，密封空气管道及附件完好且具备启动条件。

2. 高速风扇磨煤机的直吹式系统

磨室内无积粉、杂物，铁件收集箱完好，机壳与大轴结合处密封装置完好并投入，对于可变速调节的磨煤机，转速调节装置完好，磨煤机出口所属一次风门应开启。

轴承箱内油位正常，油质合格，油泵传动部件牢固可靠。

粗粉分离器调整挡板处无杂物且开度合适，回粉口处密封装置完好并无杂物堵塞或卡涩。

二、制粉系统的启动

（一）中间储仓式制粉系统

1. 热风送粉系统

（1）启动磨煤机润滑油泵，调整润滑油压在规定范围内，润滑油温符合要求。

（2）启动排粉机。

（3）开启排粉机入口风门，开启磨煤机入口的热风门、总风门，逐渐关闭其冷风门，调整系统负压符合要求，对制粉系统进行暖管。

（4）待磨煤机出口风粉混合物温度达到要求值后启动磨煤机和给煤机。

（5）调整系统各参数达到要求值。

（6）对所属系统进行全面检查。

2. 乏气送粉系统

（1）启动油泵，调整磨煤机润滑油压正常。

（2）切换排粉机入口风路。在确保排粉机出口风压稳定的前提下，逐渐开启排粉机入口温风门及磨煤机入口热风门，同时逐渐关小排粉机入口热风门直至全关。

（3）磨煤机出口风粉混合物温度达到要求值后启动磨煤机和给煤机。

（二）直吹式制粉系统

1. 负压系统

（1）启动润滑油系统。

（2）启动排粉机，缓慢开启出入口风门，注意系统负压不要过大。

（3）分离器是回转式的，启动分离器。

（4）开启磨煤机入口的热风门、温风门，关闭其冷风门，对制粉系统进行暖管。

（5）磨煤机出口风温升高至规定值时，启动磨煤机，检查各部件的工作情况，启动给煤机，调整给煤量。

（6）通过调整使系统各参数达到要求值。

2. 正压系统

（1）启动润滑油系统。

（2）启动密封风机，保持密封风压为规定值。

（3）开启磨煤机入口轴封风门，保持风压为规定值。

（4）启动排粉风机，开启排粉机进口热风门和磨煤机出口风门进行暖管。

（5）复查系统正常且磨煤机出口风温达到要求值后启动磨煤机和给煤机。

三、制粉系统的停运

（一）中储式制粉系统

中储式制粉系统的停运，主要有紧急停运和正常停运两种方式。紧急停运主要是在异常或事故情况下，利用制粉系统的联锁，首先拉掉排粉机，给煤机和磨煤机相继跳闸，然后将各风门挡板置于制粉系统停运后的正确位置。正常停运的操作方法如下。

1. 热风送粉系统

（1）停运给煤机，注意及时调整磨煤机出口风粉混合物温度正常。

（2）待磨煤机空载后停运磨煤机。

（3）停运排粉机。

（4）停止磨煤机润滑油泵，解列制粉系统联锁，开启相应的三次风口的冷风门。

2. 乏气送粉系统

（1）停运给煤机，待磨煤机空载后停运磨煤机。

（2）在保证排粉机出口风压稳定的前提下，缓慢开启排粉机入口热风门的同时，逐渐关小磨煤机入口热风门和排粉机入口温风门，直至关闭严密。

（3）停止磨煤机油泵，解列制粉系统联锁。

（二）直吹式制粉系统

直吹式制粉系统的停运，除因锅炉保护、联锁动作跳闸或制粉系统故障跳闸外，一般按是否具备通风吹扫条件，可分为快速停运和正常停运两种方式。在磨煤机进口一次风量过小或密封风与磨煤机进口一次风压差过低的情况下，停用制粉系统应采用快速停运方式，禁止对系统进行降温和通风吹扫；除上述情况外，制粉系统均应按正常方式先进行降温，并经通风吹扫后方可停运该系统。这是因为一次风量过小时，易造成煤粉管积粉或阻塞；而密封风压差过低时如对磨煤机进行通风吹扫，不但会造成磨煤机内风粉混合物从磨煤机的轴封处向外喷出式吹入给煤机内造成积粉，而且还将使煤粉进入磨辊轴承内，造成设备的损坏。

1. 直吹式制粉系统的快速停运程序

（1）当磨煤机进口一次风量小或密封风压差过低时，磨煤机跳闸保护将动作，使磨煤机跳闸并联动给煤机跳闸，如保护不动作应立即手动将其停运。

（2）检查煤量、风量、出口温度，均处于退出自动状态，关闭该层制粉系统的燃料风门。

（3）立即关闭该磨煤机的进、出口门和热风调节门，热风隔绝门。

（4）开启磨煤机的消防蒸汽灭火门向该磨煤机内充入蒸汽，以防内部积粉自燃或发生爆炸等异常情况。

（5）消防蒸汽灭火门开启，10min 后如磨煤机出口温度无异常变化时，即可关闭该消防蒸汽灭火门。

2. 直吹式制粉系统的正常停运程序

（1）对负压系统。

1）停运给煤机。

2）待磨煤机空载后，停止其运行。

3）关闭磨煤机入口热风门，开启冷风门吹扫磨煤机及送粉管道。

4）停运回转式粗粉分离器及排粉机。

（2）对正压系统。

1）停运给煤机，吹扫磨煤机及送粉管道内的余粉。

2）待磨煤机空载，停运磨煤机及润滑油泵。

3）停运排粉风机并关闭风门。

4）关闭轴封风门，停运密封风机。

四、制粉系统启停中的注意事项

制粉系统在启停过程中主要应注意如下几点：

（1）磨煤机在启动过程中必须进行充分暖管。冷态的制粉系统启动时，管道温度很低，如果不提前用热风进行暖管，制粉系统启动后，煤粉空气混合物中的水分遇到温度较低的冷管道会产生结露，煤粉粘贴管道内壁，增加流动阻力，严重时可能引起旋风分离器的堵塞，在气候寒冷和管道保温不完整的情况下这种现象比较明显。另外，对于中储式制粉系统，由于其设备较多，管道较长，启动过程中的暖管更为必要。因此在启动过程中要注意磨煤机出口和排粉机出口温度的差异，对制粉系统进行充分暖管。

（2）中速磨煤机启动过程中必须检查加载装置的工况。中速磨煤机加载装置的工况直接影响到磨煤机的出力，碗式磨煤机启动初期常发生的辊筒不转现象，大多是由于磨煤面间隙较大，此时可稍调整加载弹簧或液压加载装置、缩小磨煤面的下部间隙、适当提高煤位便可解决。

（3）磨煤机停运时必须抽净余粉。停运磨煤机时如不将余粉抽净，积粉有可能氧化，发生自燃，当重新启动时自燃的煤粉悬浮起来，会造成制粉系统爆炸。停运磨煤机时抽净余粉，不仅是防止自燃和爆炸的一项重要措施，而且也为磨煤机的重新启动创造了条件，这对于碗式磨煤机和风扇磨煤机尤为重要，磨碗内较多的存煤会给启动带来较大的困难。

另外，停运时将磨煤机内的余粉抽尽，重新启动时可以减小对炉膛燃烧的扰动，保持燃烧的相对稳定。

（4）制粉系统启停过程中严格控制磨煤机出口风粉混合物的温度不超过规定值。磨煤机的启停过程属于变工况运行，此时若出口温度控制不当，很容易使温度超过极限而导致煤粉爆炸。

制粉系统停运时残存的煤粉如果没有抽净而发生缓慢氧化，在启动通风时会使阴燃的煤粉疏松和扬起，温度适当便会引起爆炸。

运行中的磨煤机出、入口已发生积煤、积粉自燃，停止运行前又没有及时发现而没有采取相应的措施，停止给煤的整个抽粉过程中，回粉管继续回粉，煤粉被磨得更细，加上温度控制不当也可能引起爆炸。

因此，磨煤机的启动过程中，出口温度达到规定值就要向磨煤机内给煤；停运过程中，随着给煤量的减少应逐渐减小热风，严格控制磨煤机出口温度不超过规定值。

需要指出的是，风扇磨煤机叶轮的惯性很大，故惰走时间长，惰走时还继续抽吸炉烟或热风，使其内部温度不断升高，停止转动后要很长时间才能冷却到工质温度，因此启停过程中温度的控制对风扇磨就显得尤为重要。

第七节　制粉系统的运行与调整

一、制粉系统的运行与维护

(一) 直吹式制粉系统的运行

直吹式制粉系统在运行中其制粉量任何时刻均等于锅炉的燃料消耗量，即制粉量是随锅炉负荷的变化而变化的。

直吹式制粉系统大都配用中速磨煤机或高速磨煤机。中速磨煤机直吹式制粉系统的正常运行，是通过稳定磨煤机的通风量（一次风量）和给煤量，并使风煤比控制在合适的范围内来实现的。

磨煤机出、入口风压差表的指示能判断通风量的大小。要稳定通风量，就要稳定磨煤机的风压差，此时首先保证给煤的畅通，其次应当根据负荷及时准确地调节给煤量。调节时给煤要均匀，防止大幅度变化，尤其不能过多地给煤，否则会引起磨煤机堵塞、石子煤量增多等异常现象。

一般直吹式制粉系统的风煤比为 1.8:1 ~ 2.2:1（质量）。

磨煤机和排粉机电流表的指示能直接显示设备的出力状况，还能用来判断设备其他方面的运行状况，因此必须认真监视和控制电流的变化。当通风量及气粉浓度变化时，排粉机电流相应发生变化；给煤量的变化能引起磨煤机电流的变化。对于磨煤机出口气粉混合物温度的监视，不同的煤种有不同的极限值，主要考虑到煤粉的自燃性能，因此，必须注意监视磨煤机出口气粉混合物的温度，并及时予以调整，使其在允许范围内。

在正压直吹系统中，通过排粉机的是高温热风，热风温度过高时排粉机工作条件不好，轴瓦易烧坏，电耗也较大，一般限制热风温度不得大于300℃，这样磨制水分较多而挥发分较低的煤时风温就不够。另外，正压系统中磨煤机及系统中的气粉混合物会向外漏，造成工作环境恶化；负压系统中通过排粉机的是空气和煤粉的混合物，虽然温度低，但磨损严重，运行维护费用增加，而且系统漏风量大，会降低运行经济性。

（二）中储式制粉系统的运行

中储式制粉系统的运行特点是可以独立进行调节，与锅炉负荷没有直接关系，其正常运行主要靠维持磨煤机入口负压、出入口压差和出口温度完成。运行中通常根据磨煤机进出口压差的大小来控制给煤机的给煤量，以保证磨煤机内的最佳载煤量。如 DG1000/170 – 1 型锅炉配套 DTM350 – 1700 型磨煤机，运行中控制磨煤机进出口压差范围为 1200～2000Pa，压差小说明煤量少，应加大给煤量，反之压差大，则应减少给煤量。磨煤机出口温度反映了磨煤机的干燥出力和煤粉含水量的大小，对不同类型的磨煤机，在磨制不同的煤种时，有不同的规定值。排粉机电流的变化随系统的通风量和气粉浓度的变化比较明显，它能直观地反映出系统出力的大小及风煤的配比。当磨煤机煤量增多时，由于磨煤机内通风阻力增加而使通风量减少，因而进入排粉机的风量也相应减小，此时排粉机电流因负荷的减小而降低。当磨煤机满煤时，由于通风量大大减少，排粉机电流明显下降。反之，当给煤量减少时，排粉机电流则上升。

对于乏气送粉系统，维持排粉机出口风压正常是保证送粉管道及煤粉燃烧器正常工作的必要条件。当排粉机出口风压降低时，一方面会引起管内积粉，易造成一次风管堵塞或积粉自燃；另一方面，由于煤粉气流提前着火还将引起燃烧器喷口烧红等异常情况。若排粉机出口风压过高，煤粉在炉内的着火将推迟，影响锅炉燃烧的稳定性。

在乏气送粉的制粉系统中，不论磨煤机运行与否，排粉机运行不能间断。磨煤机启动或停运时，需要进行"倒风"操作。当煤粉仓内粉位高需停用磨煤机或磨煤机因故跳闸停运时，可通过"倒风"切断磨煤机风源，而排粉机入口直接吸取高温风。排粉机运行中，如需启动相连的磨煤机时，应将热风"倒"入磨煤内作干燥介质，同时切除排粉机入口温风，将制粉乏气作为一次风输粉。"倒风"操作在乏气送粉的制粉系统运行中非常重要，如果操作不当，会引起燃烧恶化，甚至造成锅炉熄火放炮。

二、煤粉细度的调整

煤粉细度主要与煤种、制粉系统的通风量、磨煤机和分离器的运行工况及结构特性等因素有关。煤粉细度的选取，对制粉系统的出力和制粉电耗将产生直接的影响，因此运行中应根据煤种和燃烧工况的需要，合理进行细度调节，尽量保持经济细度运行。

（一）直吹式制粉系统煤粉细度的调节

直吹式制粉系统煤精细度的调节，通常是通过改变分离器内煤粉的离心力或制粉系统的通风量来实现的。

磨煤机上部的粗粉分离器，应用最广的是离心式分离器。离心式分离器一般又有固定式和旋转式两种类型。固定式离心分离器的调节通常通过改变安装在上部的可调切向叶片角度（即折向挡板开度）来改变风粉气流的流动速度和旋转半径，从而达到改变煤粉的离心力和粗细粉分离效果的目的，在一定调节范围内，煤粉细度将随折向挡板开度的增大而变粗。对于旋转式分离器的调节，主要是通过改变分离器的转速来实现的。当通风量一定时，转速越高，煤粉的离心力就越大，则煤粉就相应越细。

改变制粉系统的通风量，对煤粉细度的影响也非常明显。当通风量增加时，煤粉变粗；通风量减小时，煤粉相应变细。但制粉系统通风量的改变还将造成一次风量的改变，因而在采用该方式调节煤粉细度时，还应充分考虑一次风量变化所带来的影响。

（二）中间储仓式制粉系统煤粉细度的调节

中储式制粉系统煤粉细度与分离器的运行特性、运行状态及磨煤机的通风量等因素有密切的关系，不同煤种的煤粉最佳经济细度要经过试验得出。运行中应根据试验数据、煤质情况和锅炉燃烧工况进行调整。

煤粉细度的调节和控制主要靠粗粉分离器完成。钢球磨煤机中储式制粉系统粗粉分离器应用最广的是固定式离心分离器，它的调节是通过改变安装在上部的折向挡板开度来改变风粉气流的速度和旋转半径的。在一定范围内，煤粉细度随折向挡板开度的增大而变粗。实践证明，在挡板的开度可调范围内（0°~90°）煤粉细度与挡板开度并非全部保持着线性关系。只有在20°~75°范围内调节折向挡板时，才可有效地控制煤粉细度。

改变系统通风量，对煤粉细度也有影响，通风量增加会使煤粉变粗，通风量减小煤粉变细。但是通风量增加时，通风电耗随之增加，因此，用通风量调整时其经济性较差。一般应在保持最佳通风速度下用分离器挡板调整煤粉细度。

需要注意的是运行中无法控制分离器内部工况和回粉管工况。当粗粉分离器内锥磨穿时，一部分煤粉走了短路，大颗粒的煤粉就有可能通过穿孔处进入煤粉仓。另外，当回粉管锁气器工作不正常时，也会影响分离器的分离效果。因此，运行中应定期分析煤粉颗粒特性以监视内锥是否磨穿，还要注意回粉管锁气器的动作状况和严密性，及时消除设备缺陷，确保分离器的正常工作。

三、制粉系统的出力调整

制粉系统的出力是指每小时制出合格煤粉的数量，它与制粉系统的运行工况直接相关。运行中要维持制粉系统的较大出力，必须合理地进行调节。

制粉系统出力包括磨煤出力、干燥出力和通风出力。

（一）磨煤出力

1. 钢球磨煤机的出力

钢球磨煤机的磨煤出力指磨煤机本身的碾磨装置对煤的碾磨能力，即单位时间内，在保证一定煤粉细度条件下，磨煤机所能磨制的原煤量，单位为 t/h。对于设备方面影响钢球磨煤机工作的主要因素有磨煤机的工作转速、护甲的形状、钢球充满系数。

护甲的形状对磨煤机的工作有一定的影响，护甲与钢球间的摩擦系数直接影响钢球的提升高度，摩擦系数大钢球提升高度高，反之则低。运行中护甲磨损严重时，磨煤机出力会逐渐下降，所以磨煤机的护甲应定期检查磨损情况，如磨损严重应更换。国内球磨机通常使用波浪形护甲。

钢球充满系数是钢球容积占筒体容积的比值。一般钢球装载量越大，钢球磨煤机出力越大，但钢球装载量达到一定程度后，由于钢球充满系数增大，钢球落下的有效工作高度减小，撞击作用减弱，反而使磨煤出力降低．所以钢球磨煤机内钢球装载量有一个最佳值。钢球充满系数一般取 $0.2 \sim 0.3$。

另外，筒内大小钢球的配比也影响磨煤出力，大钢球多破碎能力强，小钢球多碾磨能力强，所以大小钢球的比例必须配好。

2. 中速磨煤机的出力

中速磨煤机的磨煤出力主要与碾磨装置的运行工况、碾磨件的磨损程度及转盘上煤层厚度等因素有关。

（1）碾磨装置的运行工况。中速钢球磨煤机（E 型磨煤机）的碾磨压力、风环气流速度、辊式磨煤机的碾磨压力和风环气流速度等，均是影响碾磨装置运行工况的主要因素。

碾磨压力的大小，对磨煤机的工作有很大的影响，随着碾磨压力的增大，磨煤机的制粉能力增大，然而碾磨压力过大时，将使碾磨部件磨损加剧，同时单位制粉量的电量消耗也将增大。

E型磨煤机碾磨装置的调整基本要求是维持每个钢球上平均外加载荷（即碾磨压力）不变，使磨煤机的运行性能基本上不受碾磨部件磨损的影响。同时，当钢球磨损到一定程度时，要及时补加相同直径的钢球，保持磨煤出力不变。

对于采用弹簧预紧施压的E型磨煤机，随着磨环和钢球的磨损，弹簧工作高度相应增大，弹簧松弛，碾磨压力减小。根据磨损程度，应定期检查并调整（压紧）弹簧，保持磨煤出力不变。对于采用气压油封施压的E型磨煤机，碾磨压力取决于气体压力。因此，只要保持规定的气体压力，即可保持碾磨压力恒定，且不受碾磨部件磨损的影响。

大型辊式磨煤机采用液压缸加载，保持油压即可保持碾磨压力不变，从而保持磨煤出力不变。

中速磨煤机环形风道中气流速度和出力的关系是气流速度高时出力大而煤粉粗；气流速度低时出力小而煤粉细。但气流速度不能太低，以免煤粒从转盘边缘滑落下来堵住石子煤箱；气流速度也不能太高，以免煤粉太粗影响燃烧。最佳的气流速度应通过调整试验选定。

（2）碾磨部件磨损的影响。当磨辊的辊胎磨损后，如不及时进行加载，则碾磨力将相应降低，使磨煤出力下降。碗磨的衬圈和辊套间隙增大，不但使磨煤出力下降，而且还会使煤粉质量降低，石子煤量增多。此外，碾磨部件发生磨损后，还将使碾磨部件工作面的线性产生不规则变化，以致影响碾磨效果，使磨煤机的制粉能力下降。

（3）煤层厚度。煤层过厚或过薄都会降低磨煤出力，而且煤量过多还会导致磨煤机堵塞、石子煤排放量增多等异常现象发生。在磨煤机工作稳定的条件下，适当降低煤层厚度，可以降低制粉单位电耗。

3. 高速磨煤机的出力

高速磨煤机是磨煤机和排粉机的有机结合，它肩负着制粉和通风的双重任务，因此高速磨煤机（以风扇磨煤机为例）的出力受通风出力和干燥出力的影响。当磨煤机进煤量大时，磨煤机内空气阻力和输粉阻力都将增加使进入磨煤机的风量下降，输粉量减少，煤粉积聚在磨煤机里，导致磨煤机超负荷，因此必须保持磨煤机内有足够的通风出力；当进煤量增大时，磨煤机内和出口干燥介质温度将下降，为了保持磨煤机运行工况稳定，使出口风粉混合物的温度保持在一定范围内，就应适当减少给煤量。所以运行中要增加磨煤机的出力，必须增加磨煤机的通风量，还应适当开大分离器的导向挡板，以保证磨煤机在最佳工况运行。

另外，风扇磨煤机的冲击板、护极和分离器受到严重磨损时，不但会使运行周期缩短，还会使磨煤机的通风量和出粉量均下降。

（二）干燥出力

干燥出力指干燥剂（热空气或热烟气）对煤的干燥能力，即在单位时间内，煤由最初的水分 M_{ar} 干燥到煤粉水分 M_{mf}，磨煤机能干燥的原煤量，单位为 t/h。

原煤都含有水分，水分越大，越不易磨制。中速磨煤机要求原煤的水分不大于 12%，风扇磨煤机和筒形钢球磨煤机可以磨制水分较大的原煤，但为了保持磨煤出力并便于输送、分离、储存和燃烧都需要对原煤进行干燥。

制粉系统的干燥出力在给煤量一定时，取决于干燥剂的温度、通流量和原煤的水分。原煤的水分越大，需要的干燥热量越多；干燥剂初温越高，干燥进行得越强烈。初温的选择应根据原煤的水分来决定。

（三）通风出力

进入磨煤机的热风，除用于干燥煤粉外，还起到输送煤粉的作用。通风出力是指气流对煤粉的携带能力，即单位时间内由通风带走的煤粉（不包含回粉）按原煤计算的量，单位以 t/h 表示。通风出力与制粉通风量有直接关系，合理的制粉通风量不仅取决于给煤量、煤的碾磨特性和所要求的煤粉细度，而且还与原煤的水分含量以及煤粉的干燥程度等因素有关。在运行过程中，通风量的调节是制粉系统出力调节的重要手段。在其他条件不变时，通风量增大，系统内的风速增加，易将不合格的煤粉带走，因而磨煤出力升高。风速增大，还会使设备管道的磨损加剧和通风阻力增加，通风电耗上升；反之，通风量减小，磨煤机出力则降低，而且还会使干燥出力下降，当通风量过小时，甚至会造成磨煤机堵塞而无法工作。

此外，消除制粉系统漏风，也是提高出力的必要措施。

（四）燃煤特性对制粉出力的影响

1. 水分

燃煤的水分对磨煤机出力、煤粉的流动性以及燃烧的经济性都有很大的影响。水分过大时，制粉系统运行时将产生一系列困难，煤粉仓内煤粉易被压实结块，落粉管容易堵塞，煤粉输送困难，还会造成磨煤机出力下降等不良后果。

运行中，原煤水分增大，将使干燥出力下降，磨煤机出口温度降低，为了恢复干燥出力和磨煤机出口温度，可增加热风数量，如果热风门大开仍满足不了干燥所需要的热风数量时，只能减少给煤量，降低磨煤出力。

2. 可磨系数

由于煤的机械性质不同，有的煤容易破碎，有的煤较难破碎。煤的可磨性系数 K_{km} 越大，煤越易磨；煤的可磨性系数 K_{km} 越小，煤越难磨。

3. 灰分

灰分是燃料中的杂质，煤中灰分含量越大，则煤的发热量越低，所需的燃煤量加大，制粉电耗也随之增加。

（五）系统漏风对出力的影响

冷风漏入制粉系统，不仅会增加系统的通风单位电耗，还会给制粉过程带来不良影响。

磨煤机前的漏风，使通过磨煤机的风量增多，为保持正常入口负压势必要减少热风量使磨煤机的干燥能力降低，从而导致磨煤机出力降低。磨煤机后的漏风，将增大排粉机负荷及通风单位电耗，加大一次风量并降低一次风温。如排粉机出力不足，只能减少磨煤机的通风量使干燥条件更加恶化，磨煤出力将被迫降低。

分离器入口漏风，不仅使磨煤机内通风量减少，出力降低，同时还会破坏正常的分离工作，使煤粉变粗；如是旋风分离器漏风，将使分离出来的气体含粉量增加，从而加剧排粉机的磨损。

（六）分离设备对制粉出力的影响

分离器分离效率的高低，对制粉系统的出力有一定的影响，分离效率高，煤粉重复回到磨煤机的少，制粉出力大；反之，则小。

第六章

锅炉附属设备

第一节 空气压缩机

火力发电厂中的压缩空气系统分为仪用气源系统和杂用气源系统两种。仪用气源系统主要用于某些自动调整及保护的各气动挡板、气动阀门、点火油枪推动气源、空气声波吹灰器气源以及火焰监视器等设备的冷却风。可见，压缩空气在电厂中的应用非常广泛。尤其是汽轮机各抽汽管道的止回阀、加热器水位调整门等，如果压缩空气系统发生问题引起这些设备误动或拒动，将造成设备损坏，所以仪用气源系统在电厂中也是非常重要的系统。杂用气源系统主要是用于设备吹扫等对质量品质要求不高的场合。

一、国产2Z系列无油空气压缩机

1. 主机结构

（1）曲轴。曲轴为双曲拐式，轴的一端装有飞轮，另一端通过连接环带动润滑油主动轴，驱动齿轮油泵转动。曲轴的两主轴颈采用双列向心滚子轴承支承。曲轴的曲柄臂上装有平衡铁，平衡曲轴旋转的旋转惯性力。曲轴中心钻有油孔，油泵泵出的油经油孔润滑曲拐的轴颈、连杆的大小头及十字头等运动体。

（2）连杆。连杆由截面为Z字形的杆体及杆盖组成，杆体中心钻有贯穿大、小头的油孔，大头和小头的内侧为轴承。

（3）十字头。十字头为整体结构，上端有螺纹与活塞杆连接，十字头销孔内装有十字头销与连杆小头的铜套连接，十字头销钻有油孔与十字头外圆摩擦面相通。十字头外圆面开有润滑油沟，油泵供的润滑油经曲轴、连杆流到十字头销，从油孔流到润滑油沟润滑十字头体及滑道摩擦面。

（4）活塞。活塞是整体盘形结构，一、二级活塞结构基本一致，只是大小及材料不同，一级活塞为铸铁空心结构并加盖板组成，二级活塞为铸铁实心结构。活塞中部有三条环槽，较宽的一条环槽装支承环（或导向环），支承环在活塞中起支承和导向作用，另两条环槽装置活塞环，活塞环有良好的密封作用，活塞杆下端与十字头连接。活塞杆上装有挡油环，阻止润滑油沿活塞杆圆柱面向上窜。

（5）气缸。气缸由缸盖、缸体和缸座等零件组成。缸体侧面设有吸气口和排气口共 4 个，吸、排气口与吸排气管用法兰连接，气缸套周围有冷却水对气缸冷却。

2. 工作原理

图 6－1 所示为该空气压缩机工作原理示意。左边为一级缸，右边为二级缸，一、二级缸的上部和下部各有两个反向布置的单向气阀，其中一个是进气阀，另一个排气阀。当活塞向上运动时，上部进气单向阀关闭，活塞上部气体被压缩，压力升高，当气体压力升到一定值时，克服弹簧力打开排气阀向外排气，同时活塞下部的气缸内形成真空，下侧的进气阀克服弹簧力打开，空气自吸气口引入气缸，下部的排气阀关闭。

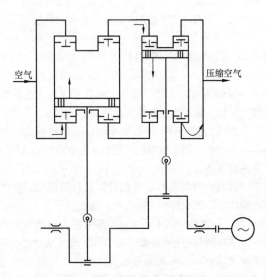

图 6－1　2Z 系列无油空气压缩机原理

当活塞向下运动时，下部的进气单向阀关闭，活塞的气体被逐步压缩并升高压力。当压力升到一定值时，排气阀打开将压缩空气排出，同时活塞上部形成真空，上部的进气阀开启，将进口处的空气吸入气缸内，如此反复运动，将气体压力升高后输出，由于上下都设置了反向阀，所以无论活塞向上运动还是向下运动都有压缩空气产出。二级缸的工作过程与一级缸相同，但一级缸活塞运动方向始终与二级缸活塞运动方向相反。

活塞上下运动时与气缸壁的摩擦会产生热量，同时气体压缩时温度急剧升高。因此气缸设置有冷却水系统，冷却水量过小或中断都会使气缸和活塞温度升高，使密封件烧坏，甚至气缸过热而损坏。因此，压缩机正常运行中对冷却水的监视十分重要，必须维持气缸温度在正常范围内，避免损坏设备。

二、螺杆空气压缩机

螺杆压缩机主机是靠啮合的螺旋形转子进行压缩的单级容积式回转机械。输入驱动轴和转子驱动齿轮由安装在齿轮箱内的高负载滚柱圆锥轴承支撑，驱动齿轮通过啮合传动驱动装在主转子轴上的被动齿轮，从而驱动主转子，两转子都由安装在压缩腔外的高负载抗磨损轴承支撑，单一宽度的滚柱轴承在吸气端承受径向载荷。早期的形式是靠装在排气端的两个重负载、单排的角接触轴承对转子进行轴向定位并承受所有轴向载荷，后来这个位置采用的是圆锥滚子轴承。

压缩是通过阴阳转子在一气缸内同时啮合来完成的。主转子有4个互成90°分布的螺旋形凸齿，阴转子有6个互成60°分布的螺旋形凹槽与阳转子凸齿啮合。空气入口位于压缩机气缸顶部靠近驱动轴侧。排气口在气缸底部相反的一侧。图6-2是为了表示吸、排气口的反向视图。当转子在吸气口尚未啮合时，空气流入阳转子凸齿和阴转子凹槽的空腔内，此时压缩循环开始。当转子与吸气口脱开时［见图6-2中（a）］，空气被封闭在阴阳转子构成的空腔内，并随啮合的转子轴向移动，当继续啮合时［见图6-2中（b）］，更多的阳转子凸齿进入阴转子的凹槽，容积减少，

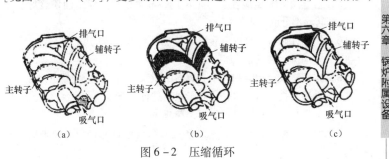

（a）　　　　　　　　　（b）　　　　　　　　　（c）

图6-2　压缩循环

压力升高。喷入气缸的油用以带走压缩产生的热量和密封内部间隙。容积减少，压力升高一直持续到封闭在转子内腔中的油气混合物通过排气孔口排入油分离筒内时［见图 6 - 2 中（c）］。为了生成一个连续平稳无冲击的压缩空气流，转子上的每一容积都以极高的连续性遵循同样的"吸气 - 压缩 - 排气"循环。

三、空气压缩机的运行

1. 空气压缩机的检查和启动

（1）检查地脚螺栓以及各处法兰螺栓齐全并拧紧。

（2）空气压力表、油压表、温度表完整无损并投入。

（3）投入气缸和一、二级冷却器的冷却水，冷却水压力正常。

（4）冷却器、气水分离器放水门打开，放尽积水，然后关闭。

（5）开启空气压缩机出口排空气门，关闭空气压缩机出口门。

（6）如果是并列运行的第一台空气压缩机启动，即储气罐在停止状态，则应对储气罐进行检查。

（7）检查电动机。

（8）启动空气压缩机，待电动机电流恢复到空载电流时。开启出口门，关闭出口排空门，空气压缩机逐步带满负荷。

（9）对带上负荷的空气压缩机进行一次全面检查。

2. 空气压缩机的运行监视与检查

（1）空气压缩机运行中，其出口压力应保持在额定值。

（2）检查空气压缩机电动机电流应正常，无大幅度波动。

（3）检查一、二级缸排气压力达到规定值范围，通常一级缸排气压力为 0.2 ~ 0.4MPa，二级缸排气压力为 0.6 ~ 0.8MPa。

（4）冷却水量充足，冷却水压力正常；一、二级缸排气温度不超过 50℃。

（5）检查润滑油压应在规定范围内，油箱油位正常，油质良好，曲轴、连杆转动部分润滑良好。

（6）用听针倾听气缸内运转应无异常摩擦声和撞击声。

（7）电动机运转正常。

（8）定期排放冷却器和气水分离器的积水，储气罐应定期放水。

（9）干燥器投入运行时，应对干燥器进行检查。

3. 应紧急停止空气压缩机运行的情况

（1）空气压缩机在运转中任何部位的温度超过允许值，经采取措施无效。

（2）润滑油或冷却水中断。

（3）气压表损坏，无法监视气压。

（4）油压表损坏或者油压低于最低运行值。

（5）空气压缩机出现不正常的响声或产生剧烈振动。

（6）一、二级缸排气压力大幅度波动。

（7）电动机电流突然增大并超过额定电流值，电气设备着火冒烟。

（8）一、二级缸排气中任一个压力达到安全门动作值而安全门拒动。

四、空气压缩机常见故障原因分析

1. 润滑油压下降

（1）油泵出口溢流阀弹簧损坏，使溢流油量增加。

（2）油位过低，泵吸入空气或吸不上油。

（3）吸油管漏气。

（4）吸入口油过滤器滤网堵塞。

2. 排气量下降

（1）气虹活塞密封环损坏。

（2）气阀漏气失去单向作用。

3. 排出的气体带油

（1）刮油环损坏。

（2）挡油环损坏。

4. 活塞与缸颈发生接触或碰撞

（1）支承环损坏。

（2）活塞杆与十字头或者活塞杆与活塞的连接松动。

5. 空气压缩机响声异常

（1）气缸与活塞间有异物。

（2）活塞杆与十字头连接松动。

（3）连杆大小头轴承间隙太大。

（4）吸气阀、排气阀松动。

第二节 锅炉排渣系统

锅炉排渣系统主要有干排渣时湿排渣两种方式。

一、刮板式捞渣机

刮板式捞渣机的结构如图6-3所示。

刮板式捞渣机主要由调节轮、下压轮（前、后，共两个）、水封导

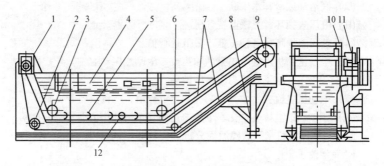

图 6 - 3 刮板式捞渣机

1—调节轮；2—下压轮（后）；3—水封导轮；4—壳体溢水槽；5—链条刮板；
6—下压轮（前）；7—铸石层；8—滚轮；9—主轴；10—滚子链传动装置；
11—驱动齿轮箱；12—排水阀

轮、壳体、链条刮板、滚轮和驱动装置组成。

调节轮的轴承镶在可以滑动的支座上，用以调整环形链条的松紧度。刮板装在两根环行球形链条之间，是刮灰部件。

壳体由上底板分隔成上、下两仓。上仓为水槽，炉渣掉入水槽内急剧粒化，变成多孔性沙状颗粒，通过链条刮板沿上底板及其斜坡刮走。下仓为干仓，供链条刮板回程用。壳体两侧有溢水口，采用连续进水和溢流形式，使水位恒定作为水封，以防冷风漏入炉内。水温一般控制在 55～60℃，在此温度下，渣块粒化的耗水量最为经济，且粒化效果好。上底板及其斜坡部分铺设了铸石，可提高耐磨性，并减小刮板与它的摩擦力。

水封导轮与下压轮是链条的导向机构，也是链条的限位机构。由于水封导轮要与水接触，故在导轮的轴中开有小孔通入低压水，形成轴封，以防污水进入轴承。

驱动装置主要由电动机、减速齿轮箱和滚子链传动机构组成。电动机、驱动减速齿轮箱和滚子链带动主轴，再由主轴上的链轮牵引链条刮板。链条刮板的移动速度可以根据渣量进行调节。刮板和链条要用耐磨、耐腐蚀的材料制成，并应有一定的强度和刚度，以免遇有大颗粒的渣块落下时被砸弯或折断。

刮板式捞渣机有下列优点：

（1）与水力除渣机比较，能大量节约水、电和投资。

（2）有良好的水封装置，可以防止漏风。

（3）水仓中有足够的冷却水量，能充分满足炉渣粒化要求。

（4）运行平稳可靠，能连续工作，系统无瞬间流量变化，便于管理。

（5）容量大，结构简单，可以移动，便于安装和维修。

（6）刮板在槽内滑动，使用寿命较长，功耗较小。

刮板式捞渣机的缺点有：刮板式捞渣机除结构简单，体积较小，速度较慢外，还因牵引链条和刮板是直接在槽壁上滑动的，所以不仅阻力较大，而且磨损也比较严重，另外，当锅炉燃用含硫量较高的煤种时，链条和刮板还要受到酸腐蚀。

二、干式排渣系统

干式排渣机本质上是基于耐热不锈钢链板输送机的应用。不锈钢输送链板由耐高温不锈钢制成，在输送过程中具有高防尘效果。干式排渣机的基本特性是其高韧性，虽然各部分之间存在着巨大的温度差，依不会有任何永久性变形。

1. 工作原理

锅炉正常运行时，由冷灰斗落下的热炉渣（850℃左右）经炉底排渣装置落到钢带式输渣机的输送钢带上低速移动。在锅炉负压作用下，冷空气通过主通风孔，对输送钢带上的热炉渣进行冷却，冷空气经吸热升温到400～500℃后返回炉膛。炉渣经输渣机完成输送、冷却后降至200℃以下，经斗式提升机进入渣仓。碎渣机出口的破碎粒度控制在1～5mm，以满足干渣输送条件。在渣仓顶部增设布袋除尘器、真空压力释放阀，出渣口设有散装机、加湿搅拌装置将渣用专用车运走。钢带机除渣系统如图6-4所示。

2. 系统组成

干除渣系统由炉底排渣装置、钢带式输渣机、碎渣机、斗式提升机、液压系统、渣仓、电气与控制系统组成。

3. 干式排渣机的其他优点

（1）可靠性高。因为不锈钢输送带不存在突然断裂的可能，运行速度低，输送过程中渣与输送带无相对运动，因而磨损低。

（2）可以输送大的渣块。

（3）易于维护（源于简单合理的结构设计）。

（4）良好的密封。不锈钢输送链完全密封在一个密封性能好的钢壳体中，所有托辊的轴承设在壳体外，在常温下就能进行维护保养工作。

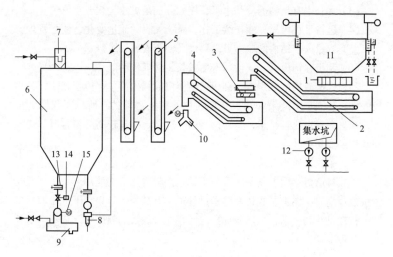

图 6 - 4　钢带机除渣系统

1—炉底排渣装置；2——级钢带输渣机；3—碎渣机；4—二级钢带输渣机；
5—斗式提升机；6—渣仓；7—布袋除尘器；8—干渣装车机；9—加湿
搅拌机；10—电动三通；11—渣井；12—排污水泵；13—手动插板门；
14—气动阀门；15—电动给料机

第三节　排渣设备的运行及维护

一、捞渣机的运行与维护

捞渣机应在锅炉点火前投运，并在空载下启动，以后持续运行，直到锅炉熄火无灰渣排出，捞渣机方可停运。即只要有灰渣排出，捞渣机就不能停运。捞渣机启动时，原则上应以最低速度启动，然后根据灰渣量调节刮板行进速度。调节过程中，主要以刮板上的灰渣刮至斜坡时无灰渣落入水封槽里为原则。

1. 捞渣机启动前的检查

（1）灰坑门开启成垂直位置，并围成方框，下部浸入水中形成水封。

（2）捞渣机壳体完整无泄漏，链条松紧适度，刮板良好。

（3）运行需要的各种冷却水系统已投入运行。

（4）有关的联锁装置按规定要求放置。

（5）电气设备防水装置完整、良好，无漏电现象。

锅炉设备运行（第二版）

2. 捞渣机的运行维护

捞渣机运行时应定期检查灰坑的水封，溢流箱的水温正常。对刮板式捞渣机的链条、刮板、传动装置、电动机、齿轮箱等运行情况进行全面检查，保证各部运转正常。此外，每月还应对捞渣机的刮板及链条进行一次详细检查，如发现刮板变形、损坏，或链条磨损严重、节距伸长，与链条啮合不好，有脱链危险时，应及时通知检修处理。

为避免大块焦渣直接落入水封槽内影响除渣系统的安全运行，可在刮板式捞渣机的入口加装固定栅栏或燃尽炉排等装置。

刮板式捞渣机在运行中如因大块焦渣落下引起卡住或有联轴器打滑等现象时，必须及时清理焦渣；运行中发生链条或销子断裂等故障时，应及时通知检修人员处理；如果因为联锁保护动作，则应尽快查出原因，消除故障后重新启动。锅炉运行中，刮板式捞渣机发生故障短时抢修时，可关闭所有灰坑门以形成临时炉底存渣，将刮板式捞渣机通过下部滑轨拉出抢修，抢修时间一般不应超过2h。

二、干排渣的运行与维护

1. 启动前检查

（1）作为安装工具的材料，如木块、焊条、螺栓等，可能在装配过程中遗失的，要在启动前清除。

（2）检查清扫链的运行方向是否正确。

（3）检查转动阻力是否适合清扫链的运行。

（4）检查减速箱是否有足够的润滑油。

（5）检查所有轴承是否进行了足够润滑。

（6）清扫链空载运行48h，检查电机的消耗功率是否正常、清扫链有无不规则性或摩擦产生的金属噪声。

2. 使用和维护

（1）清扫链是非常易于操作的设备部件，但有时会发生事故引起故障或停止。清扫链的故障对干式排渣机的运行不会产生大的影响，但是必须清除故障，使干式排渣机运行更加安全可靠。

（2）建议运行中进行以下检查：

1）当清扫链未完全张紧时，通过加大张紧力，防止清扫链的不规则运行；当滑板达到极限位置时，停止清扫链并将其缩短。

2）定期检验张紧滑块的滑槽内有无卡涩物质。

3）尾部链轮轴上装有零速开关，要进行定期机械和电气检查，保证链的反常转动现象在控制室内能被监测到。

4）定期检查清扫链托辊轴承的密封性能，保证每月给轴承加一次润滑油脂。

5）在运行过程中，一些托辊轮可能会被卡住，在下一次维修停机时更换其轴承。

6）定期从外部检查托辊轴的旋转情况。

7）驱动链轮和尾部链轮的轴承需定期进行注油。

第四节　阀　　门

一、阀门的作用

（1）用闸阀、截止阀、止回阀接通或切断管道中各段的介质。

（2）用节流阀、调节阀等调节管路中介质的流量和压力。

（3）用分配阀、三通旋塞和换向阀等改变介质的流向。

（4）蒸汽管道安装阻汽排水阀（即疏水器）既疏水又防止蒸汽通过。

二、阀门的分类

阀门可分为两大类：

（1）自动阀门。靠介质本身状态而动作的阀门，如止回阀、减压阀、疏水器等。

（2）驱动阀门。依靠人力、电力、液力或气力驱动的阀门，如手动截止阀、电动闸阀等。

阀门还可按以下几种方法进行分类：

（1）按结构特征分类，有闸门型、截止门型和旋启型。

（2）按用途分类，有切断用、止回用、调节/分配用、特殊用途等。

（3）按操纵方法分类。

1）手动。用手轮或者用手柄直接传动，通过齿轮或者蜗轮传动，通过链轮或者万向节远距离传动。

2）电动。由电动机通过减速器传动和电磁传动等。

3）液动和气动。

（4）按介质压力分类。

1）真空阀。绝对压力低于 0.1MPa 的阀门。

2）低压阀。压力低于 1.6MPa 的阀门。

3）中压阀。压力在 2.5～3.6MPa 的阀门。

4）高压阀。压力高于 9.8MPa 的阀门。

（5）按介质温度分类，有普通阀门、高温阀门及超高温阀门。

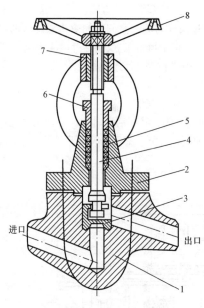

图 6-5　高压疏水阀

1—阀体；2—阀盖；3—阀瓣；
4—阀杆；5—阀杆密封材料；
6—阀杆压兰；7—阀杆螺母；
8—手轮

（6）按公称通径分类，有小口径阀门、中口径阀门、大口阀门及特大口径阀门。

三、阀门的基本结构

阀门是由阀体、阀盖、阀杆、阀杆螺母、关闭件（阀瓣闸板）、密封面、填料密封及传动装置等组成的，如图 6-5 所示。

1. 阀体及阀盖

阀门本体可分解为阀体和阀盖两部分。阀体和阀盖的连接要求保持一定的强度，密封可靠，使介质不会沿结合面外泄。阀体和阀盖的连接方式有螺纹连接、法兰连接、夹箍连接和内压自紧密封连接四种。

2. 阀杆与阀杆螺母

阀杆与阀杆螺母是用来开启或者关闭阀门的，它们之间的连接方式可按阀杆的运动方式分为三类：

（1）阀杆运动时既有旋转运动又有往复动作。

（2）阀杆运动时只有往复运动而无旋转。

（3）阀杆运动时只旋转而无往复运动。

高温高压阀门多采用阀杆只有往复运动而无旋转的形式，有利于提高密封的使用寿命。阀杆只旋转而无往复运动的结构，开关位置不直观。

3. 关闭件与密封面

关闭件包括阀瓣（截止阀）与闸板（闸阀）两种。关闭件的一端与阀杆相连且随阀杆运动，另一端与阀座组成密封面，密封面的结构是阀门工作可靠性的关键。阀门的严密性是依靠关闭件与阀座上经过精密加工研磨的两个密封面的紧密接触来保证的。密封面有平面密封、锥面密封、球面密封和刀型密封等类型。

4. 填料密封结构

填料密封是用以防止介质通过阀杆与阀盖之间的间隙渗漏出来的结构。填料密封结构又称为填料函,一般由填料压盖、填料和填料垫等零件组成。填料密封有压紧螺母式、压盖式和波纹管式等类型。

四、锅炉常用的阀门

(一) 截止阀

图6-6表示了一种高压电动截止阀,其在启闭时依靠电动机通过传动减速机械带动阀杆螺母转动,使阀杆升降,工质从阀瓣下部引入,该阀也可以切换到手动位置直接手动。

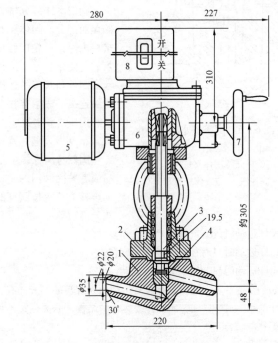

图6-6 电动截止阀

1—阀体；2—阀盖；3—阀杆；4—阀瓣；5—电动机；6—减速器；7—手轮；8—位置指示器

截止阀的密封面较小,研磨较容易,运行、检修都较方便,但水阻力较大,因此只用在管道直径小于100mm的高压管道上。对截止阀的要求

锅炉设备运行（第二版）

是有高度的严密性，工作可靠，对阻力大小的要求不高。

（二）闸阀

闸阀的种类很多，常用的是楔式闸阀。在高压管道中多采用双闸板式闸阀，其结构见图6-7。

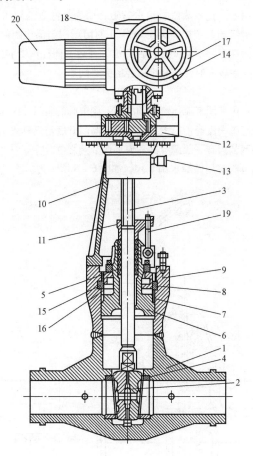

图6-7　闸阀

1—阀体；2—阀瓣；3—阀杆；4—阀座；5—阀杆密封填料；6—自密封阀盖；
7—自密封填料；8—密封座圈；9—六分环盖板；10—门架；11—压兰；12—
齿轮箱；13—油杯；14—手柄；15—六分环；16—自密封圈；17—手轮；
18—换向齿轮箱；19—压兰螺栓；20—执行器电动机

双闸板式闸阀关闭时阀杆向下移动，由于万向节的作用，阀杆下移时闸板紧压在阀座上。闸阀与截止阀相比，其优点是启闭省力，水阻力小，允许流体向两个方向流动，开启后流体与阀瓣密封面不接触；缺点是开闭行程大，开闭时密封面有摩擦，易泄漏。

闸阀适用于大直径蒸汽或给水管道，因为这些管道要求阀门水阻力小。在高压机组的系统中，大于 DG100 的切断阀门都用闸阀。闸阀开启时要求闸板两端压差不能太大，否则难以开启，阀杆承受的力矩也太大。当阀板两端压差较大时，应装小口径的旁路阀。

（三）调节阀

调节阀是用来调节流体流量的阀门。调节阀的阀门开度与流量有一定的关系，开度越大流通量越大。性能好的阀门开度与流量成正比的关系。

常用的调节阀有一般调节阀和窗形调节阀之分。

窗形调节阀常用做给水调节阀，如图 6-8 所示为。其阀瓣和阀座都

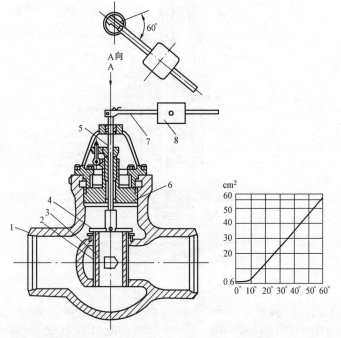

图 6-8　给水调节阀（PN200、DN250）

1—阀体；2—阀座；3—阀瓣；4—拔杆；5—阀杆；6—阀盖；7—杠杆；8—重锤

是圆筒形的，在圆筒上各开一个小窗，当小窗重合时，调节阀的开度为最大，两个小窗错开得越多，开度越小，完全错开时开度为零。调节由调节柄带动阀杆旋转来实现，而调节柄又由执行器带动。

图6-9所示为一般调节阀的结构，其阀瓣与阀座的结构类似于截止阀，阀门开度的大小由阀杆的垂直位移量决定。

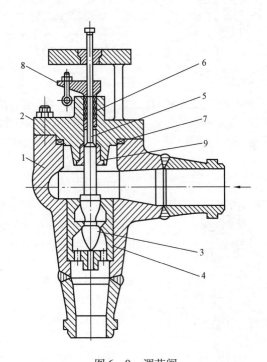

图6-9 调节阀

1—阀体；2—阀盖；3—阀瓣；4—阀座；5—阀杆；6—密封填料；
7—阀体与阀盖间的密封环；8—密封压兰；9—导向套

（四）止回阀

止回阀是自动防止流体逆向流动的安全装置，常用的止回阀是升降式止回阀，升降式止回阀还分带弹簧的和不带弹簧的两种。

图6-10所示为带弹簧的升降式止回阀。流体从阀瓣下部引入，借本身压力将阀瓣举起，阀门开启。当断流或者倒流时，阀瓣借弹簧作用力落下，阀关闭。图6-11所示是旋启式止回阀示意。

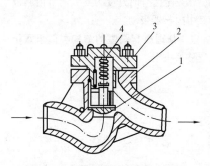

图 6-10 带弹簧的升降式止回阀
1—阀瓣；2—阀体；
3—阀盖；4—弹簧

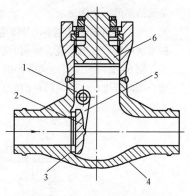

图 6-11 旋启式止回阀
1—活动固定点；2—阀瓣；3—阀座；
4—阀体；5—阀杆；6—阀盖

（五）安全阀

1. 弹簧式安全阀

弹簧式安全阀常用于大型锅炉的吹灰系统、压缩空气系统等低压系统中，其结构如图 6-12 所示。安全阀的阀瓣上面受到弹簧的作用力，下面受到工质的作用力。正常状况下，由于弹簧力大于蒸汽压力，阀瓣紧压阀座保持严密关闭状态。当蒸汽压力达到安全阀开启压力时，工质压力超过弹簧作用力，使阀瓣打开。通过调整螺栓来调节弹簧紧力，可以整定启动压力值。

弹簧式安全阀的结构简单，其缺点是易泄漏，优点是结构尺寸较小。

2. 脉冲式安全阀

脉冲式安全阀工作原理如图 6-13 所示。脉冲式安全阀由主阀和副阀组成，其工作原理是用副阀控制主阀。在正常情况下，主阀被高压蒸汽压紧，严密关闭。当压力达到安全阀

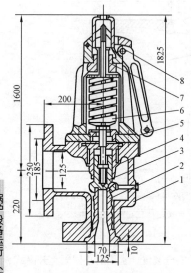

图 6-12 弹簧式安全阀
1—阀体；2—阀座；3—阀瓣；
4—阀杆；5—阀盖；6—弹簧；
7—调整螺栓；8—锁紧螺母

起座规定值时，副阀先打开，蒸汽引入主阀活塞上面，由于活塞受压面积大于阀瓣受压面积，可以同时克服蒸汽和弹簧的作用力，将主阀打开。压力降到一定数值时，副阀关闭，活塞上的汽源中断，因此在蒸汽压力和弹簧力作用下主阀自动关闭。副阀可以用小直径的重锤式或弹簧式安全阀，也可以用压力继电器和电磁线圈组成电气自动起座、回座系统。

3. 液控式安全阀

图 6-14 所示为一种用于 300MW 锅炉再热器出口的液控式安全阀，是由液压系统控制的安全阀，其特点是动作可靠，排汽量大。正常运行时可以作为安全阀用，启动过程中又可控制升温升压用，投入自动状态还能控制再热器出口蒸汽压力的增长速度。

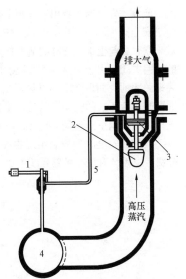

图 6-13　脉冲式安全阀原理
1—重锤式脉冲阀；2—主阀；3—活塞；4—主蒸汽管；5—导汽管

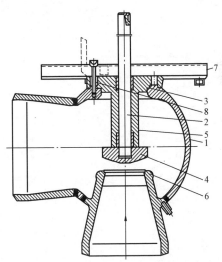

图 6-14　液控式再热器安全阀的本体结构
1—阀体；2—阀杆；3—密封圈；4—阀瓣；5—阀盖；6—阀座；7—集油盘；8—螺栓

液控式安全阀主要由安全阀本体和液控系统组成。

安全阀本体为角式结构。阀杆下部为阀瓣，中部带有位置指示器并通过一联轴器与上部液压缸的活塞杆连接。安全阀在关闭状态时，活塞上部的油路关闭，由于液体的不可压缩性，不管阀瓣上承受多大压力，阀门始终是关闭的。如果汽压（再热器出口）升高达到安全阀动作压力，控制回路开启液压缸的安全旁路门，使液压缸上下油室连通，这时安全阀在蒸汽压力的作用下开到最大位置，压力恢复正常时自动关闭。

液控式安全阀的控制系统主要由执行器（或称液压缸）、供油系统、分级控制系统和安全旁路系统组成。

锅 炉 启 动

第一节 设备、系统的检查与准备

在启动锅炉之前，运行人员应首先了解设备的状况，必须对设备、系统进行全面详细的检查。同时，与汽轮机、电气值班员取得联系，确认机组具备启动条件，并做好启动措施，以便使启动工作顺利进行。

一、启动前的检查

1. 转动机械的检查

由于风机、空气预热器、制粉系统启动前的检查已在前面章节详细阐述，这里主要介绍以下几点：

（1）工作票终结并收回，安全措施拆除；现场干净无杂物，各种标志齐全准确。

（2）表计齐全完好，处于投入状态；信号及仪表电源送电。

（3）地脚螺栓齐全牢固，靠背轮防护罩完好，电机外壳接地良好。

（4）轴承润滑油质、油位正常，冷却水系统良好。

（5）盘动转子灵活。

（6）电机测绝缘良好。

2. 烟风系统的检查

（1）炉膛及烟、风道内部应无明显焦渣、积灰和其他杂物，且内部无人工作；所有脚手架应全部拆除，炉墙及烟、风应完整无裂缝，受热面、管道应无明显的磨损和腐蚀现象。

（2）全部的煤、油、气体燃烧器的位置正确，设备完好，喷口无焦渣，操作及调整装置良好，火焰检测器探头应无积灰及焦渣现象。

（3）各受热面管壁无裂纹及明显的因超温而变形的现象，各紧固件、管夹、挂钩完整，尾部受热面及烟道内应无堵灰和积灰。

（4）渣井和冷灰斗水封槽内应充满水，冷灰斗内灰渣应清除干净，浇渣和冲渣喷嘴位置正确。

（5）吹灰器设备完好，安装位置正确，进退自如；各风门、挡板设备完整，开关正常且内部实际位置与外部开度指示相符。

（6）联系除尘值班员，使尘器处于良好的备用状态。

（7）现场整齐、清洁、无杂物，所有栏杆完整；平台、通道、楼梯均完好且畅通无阻，现场照明良好，光线充足。

（8）为检修工作而设置的临时设施已拆除，临时孔、洞已封堵，设备、系统已恢复原状。

（9）各看火孔、检查门、人孔应完整，开关灵活，各防爆门完整，无影响其动作的杂物存在，各处保温完整、燃油管道保温层上无油迹，制粉系统管道外部无积粉，锅炉烟、风道外形完整。

（10）锅炉钢架、大梁及吊架、刚性梁等外观无明显缺陷，所有的膨胀指示完整良好。

（11）集控室及锅炉辅助设备就地控制操作盘上的仪表、键盘、按钮、操作把手等设备完整，铭牌配置齐全，通信及正常照明良好，并有可靠的事故照明和声光报警信号。

3. 汽水系统的检查

（1）汽水系统各阀门应当完整，开关方向正确，阀门的门杆不应有弯曲、锈涩现象；标牌齐全正确；法兰结合面的螺栓应拧紧，压兰应有再拧紧的裕度；远方控制机构应当完整、灵活好用，位置指示与实际位置相符；对电动阀门应当进行遥控试验，证实其电气和机械部分的动作协调；启闭严密、限位装置（或机构）可靠。

（2）汽包锅炉的就地水位计应当显示清晰；照明充足，并配有工作、事故照明两套电源，水位计处于正常投入状态，电视监视系统投入运行。

（3）直流锅炉还应对启动旁路系统进行全面检查，处于良好的备用状态。

（4）强制循环锅炉重点应检查锅水循环泵的冷却装置和密封装置处于正常状态。

（5）安全门应当完整，无妨碍其动作的障碍物，且动作灵活；排汽管、疏水管应畅通。

（6）汽水管道应当保温齐全，各支吊架牢固，汽水管道上临时加装的各种堵板都应拆除，汽水取样、加药设备及排污设备应完整。

（7）膨胀指示器应完整，无卡涩、顶碰现象，并应将指针调至基准点上，针尖与栅面的距离为 3～5mm。

（8）汽水系统各阀门应调整至启动位置。此项检查十分重要，应按相关规程给出的各阀门启动时的开关位置逐个进行检查。

二、启动前的准备工作

（1）锅炉各转动机械经试转正常，各项试验和校验工作均已完成并符合要求。

（2）通知化学值班员准备充足的、符合水质要求的启动用水。

（3）通知热工和电气人员对以下设备送电：锅炉各辅机及附属设备，所有仪表、电动门、调整门、电磁阀、风机的动静叶调整装置，风门和挡板；各自动装置、程控系统、巡测装置；计算机系统、保护系统、报警信号及有关照明。

（4）联系燃料值班人员，使锅炉燃用的煤的储量能满足要求，燃油已建立循环，燃油伴热蒸汽系统已投运正常。

（5）炉膛风、烟道的看火孔、人孔门、检查门均已关闭，且封闭严密；各吹灰器均在退出位置。

（6）锅炉的冷却水系统、水封系统、压缩空气系统、燃油雾化蒸汽系统都在运行状态，除尘灰斗加热系统、暖风器系统已处于热备用状态；底部加热系统具备投运条件。

（7）除灰、除渣、冲灰水、轴封水系统及电除尘器、预热器、风机、制粉系统及其附属设备均在良好的备用状态。

（8）机炉大联锁、辅机联锁、锅炉保护装置、数据采集、终端电视屏幕显示、各种监控系统等具备投用条件。

（9）联系汽轮机、电气值班员，具备机组启动条件。

第二节　锅　炉　启　动

一、概述

现代大型发电机组的生产方式大多采用炉、机、电纵向联合的单元式系统，而启停也是整机启停，整个启停过程中炉、机、电之间有很多制约条件，要求各个环节的联系、协调、配合必须一致，才能够顺利完成启、停工作。

随着机组容量的不断增大，国内外对单元机组的启停进行了大量的研究试验工作，积累了不少经验。目前对单元机组最经济的启动方式得出了一致的结论，即滑参数启动。滑参数启动就是在机组启动过程中，锅炉的蒸汽参数是随着暖管、暖机、冲转、升速、带负荷的不同要求而逐渐升高或保持稳定的，锅炉蒸汽参数到达额定值时，整机启动工作全部结束。

滑参数启动不仅缩短了机组的启动时间，改善了机组启动条件，而且还具备以下优点：

（1）安全可靠性好。

（2）经济性高。

（3）操作简便。

（4）设备利用率高，运行调度灵活。

（5）改善环境，减少污染。

滑参数启动分真空法和压力法两种。

1. 真空法滑参数启动

在锅炉点火前，从锅炉出口经汽轮机到凝汽器，蒸汽管路上的阀门全部打开，启动抽汽器使锅炉的汽包（自然循环锅炉）、过热器、再热器和汽轮机的各汽缸都处在负压状态。锅炉点火后产生的蒸汽通入汽轮机进行暖机，当蒸汽参数达到一定值时，汽轮机被冲动旋转，并随蒸汽参数的逐渐升高而升速和带负荷，全部启动过程由锅炉进行控制。由于这种启动方法仅适用于冷态启动，且启动时真空系统太大，抽真空的时间太长，尤其对于热惯性大的锅炉，在低负荷时就不易控制汽温、汽压，从而不易控制汽轮机升速并网，故目前很少采用。

2. 压力法启动

采用滑参数压力法启动，汽轮机冲转时，主汽门前的蒸汽已具有一定的压力和一定的过热度（一般要在50℃以上），在升速过程中和低负荷时，进汽参数保持不变，用逐渐开大调节阀的方法增加进汽量，直至调节阀全开（或留一个未开）后，保持开度不变，此时锅炉增加负荷，使蒸汽升温升压，逐步增大汽轮机功率。

压力法滑参数启动克服了真空法的缺点，便于维持锅炉在低负荷下的稳定运行，因此，目前的滑参数启动都采用压力法。

二、锅炉启动曲线

锅炉启动曲线是指启动过程中锅炉出口蒸汽温度、压力、汽轮机的转速和机组的负荷等参数随时间的变化曲线。图7-1所示为某300MW机组的冷态启动曲线，从锅炉点火开始直到机组带上负荷，汽温、汽压、负荷的典型变化曲线均在图中标出，从曲线可以看出，机组的启动过程大约分为三个阶段。

第一阶段是从锅炉点火开始逐渐升温升压直到汽轮机冲转。在此阶段，应严格控制燃料的投入量，控制炉膛出口烟气温度低于规程规定值，

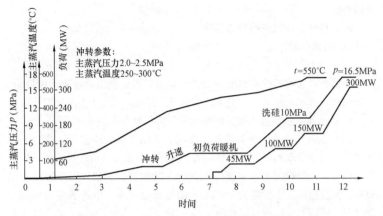

图 7－1　某 300MW 机组的冷态启动曲线

从而保护过热器和再热器。同时，应严格按照曲线的要求进行升温升压，以免汽包产生过高的热应力。

第二阶段是从汽轮机开始冲转到并网，继而接带机组初始负荷。此时，汽轮机方面的操作比较多，所以要求锅炉蒸汽参数稳定。锅炉除了控制燃烧外，还可以利用汽轮机高压旁路、低压旁路、喷水减温器以及过热器系统上的疏水阀控制汽轮机主汽门前和中压缸汽门前的蒸汽参数。这时，汽轮机主要是升速和暖机。暖机的目的是防止汽轮机有过大的热应力，使汽缸膨胀，防止在升负荷过程中汽轮机的胀差大。

第三阶段是锅炉升温升压，汽轮机逐步接带负荷。在此阶段中对于检修后的机组要做的一项主要工作就是洗硅。洗硅结束后，机组继续升温升压并带到额定负荷。

锅炉洗硅是通过连续排污或定期排污，将含盐浓度高的锅炉水排掉，以保证蒸汽含硅量在规定的范围内的过程。因为随着蒸汽压力的升高、蒸汽的密度增大，蒸汽性质也就越接近水的性质，溶解盐的能力提高。硅酸是在蒸汽中溶解能力最强的一种，它随蒸汽进入汽轮机后，蒸汽由于做功压力下降，硅酸便以难溶于水的固态形式从蒸汽中析出，沉积在汽轮机的低压叶片和通流部分中，严重影响汽轮机的安全经济运行。因此，对于亚临界压力的机组，启动时，必须严格控制炉水中的含硅量，并根据含硅量来控制升压速度，在升压过程中，一般压力达到 9.8MPa 时开始洗硅。根据化学分析，当炉水的含硅量达到蒸汽品质合格的要求时方可升压，否则排除一部分含硅量高的炉水，补充相对干净的给水，把炉水的含硅量降下来再升压。

三、自然循环锅炉的冷态启动

（一）启动程序

1. 自然循环锅炉的上水与加热

在锅炉启动前的检查和准备工作结束后，确认机组具备启动条件时，才能向锅炉进水。此时，锅炉各汽、水阀门开关均应处于上水位置。

（1）水质。进水前水质必须经化学分析化验合格。

（2）水温和速度。锅炉冷态上水时，当给水进入汽包后，汽包上下壁和内外壁会出现温差而产生热应力，因此，上水温度应按锅炉制造厂的规定执行，一般规定上水温度应比材料性能规定的无塑性转变温度高出33℃，无数据时，水温应低于90℃，因为水温过高产生的热应力可能造成汽包、联箱发生弯曲变形或焊口产生裂纹等。同时，有压力的水进入无压力的汽包时，会产生大量蒸汽，造成工质与热量损失。为保证汽包安全，在上水过程中，应始终保持上水温度与汽包壁金属温差小于50℃，且汽包本身金属壁温差不超过50℃，否则应当停止上水。当汽包材料具有较高的冷脆性时，可以适当提高上水温度。

汽包壁温差的大小不仅与上水温度有关，还与上水速度有关。一般上水速度越快，产生的温差就越大，因此应控制上水时间。对于高压以上的锅炉，夏季上水时间约为2~3h，冬季上水时间约为4~5h，各个机组应当根据设备和当地气候条件确定上水时间。如果环境温度低于5℃，应当采取防寒、防冻措施。当上水温度与汽包金属壁温差小时，可以适当加快上水速度；反之，则应延长上水时间。

（3）上水高度。一般当上水至最低可见水位时，停止上水。因为锅炉点火后，在升温升压过程中水受热膨胀，水位会逐渐升高。

（4）上水方式及方法。上水方式一般有从省煤器向锅炉上水、利用给水泵从给水旁路管上水。

上水方法：上水前记录各部分膨胀指示值，打开炉顶各空气门，选择适当的上水方式，适当控制上水速度，上水过程中密切注意汽包壁温差和受热面膨胀是否正常，上水至最低可见水位时，停止上水。如果在上水过程中或上水结束后发现异常情况，必须查明原因予以消除。

（5）蒸汽加热的目的和方法。为在启动初期建立稳定的水循环并缩短启动时间，节约点火用油，现代大型机组汽包锅炉一般都安装有锅炉底部加热系统。

锅炉上水完毕后，打开底部联箱加热疏水门，微开加热总门进行暖管。暖管时间一般不少于30min。等到疏水疏净后，关闭联箱疏水门，缓慢开启加热总门。之后，逐渐开启加热分门，注意炉墙的振动情况，控制各分门开度，由小到大逐渐加热。加热过程中注意汽包上、下壁温差，如接近50℃应当关小加热门，减慢升温速度。到锅炉点火时，一般要求汽包下壁温度在100℃以上。一般在汽包起压后停止加热。

2. 锅炉点火

（1）热工保护、热工信号仪表及有关设备的投用。锅炉点火初期是一个非常不稳定的运行阶段，为了保证锅炉设备的安全，点火前，应当把辅机联锁、锅炉灭火、炉膛正压、再热器、水位等热工保护投入，并将炉膛亮度表、探测式烟气温度计、火焰监视器、工业电视等热工信号仪表投入；自动化程度高的大型锅炉还应当将电子计算机、电传打字机、终端电视屏幕显示、点火程序控制投入，锅炉点火前还应投入除尘器。现代大型锅炉一般都配有暖风器，其作用是防止或减轻空气预热器低温酸性腐蚀和积灰，在锅炉启动时提高风温，以稳定燃烧，所以点火前也应投入暖风器。使用回转式空气预热器的锅炉，在点火前应当启动回转式空气预热器，以防止点火后由于受热不均而产生严重变形。

（2）点火前的吹扫。为了防止炉膛内和烟道内残存的可燃气体在点火时发生爆燃，点火前应当先启动引风机、送风机对炉膛、烟道、风道等进行吹扫。如果是煤粉炉，应对一次风管进行吹扫，吹扫时间一般为5～10min，吹扫风量一般为额定值的30%～40%。现代大型锅炉的"吹扫"一般编入程序控制之中，所以吹扫时间一般已由保护程序预定。

对于油燃烧器，点火前应当应用压缩空气或蒸汽对其油管和喷嘴进行吹扫，以保持油路畅通。

吹扫完毕后，调节一、二次风压达到点火所需的数值，炉膛负压调到20～40Pa，准备点火。

（3）油燃烧器的投入。现代大型锅炉多采用容易燃烧、对受热面污染少、容易实现自动控制的轻油作为点火燃料。有的锅炉采用三级点火方法，即先点燃液化气，再点燃轻油，待炉内温度达到一定数值后再点燃煤粉，但是大多数锅炉采用二级点火方法。

冷炉点火时，为防止发生熄火，应当同时投入两支以上油枪，使之相互影响、稳定燃烧，燃烧器四角布置时，应当先点燃对角的两支油枪。点火初期，要定期对换另外两支油枪，以保证锅炉受热面均匀受热。随着汽压、汽温、烟温、风温的提高，根据升温、升压速度，可增投油枪。

在点火初期，炉膛温度低，要注意风量的调整和油枪的雾化情况，经常观察火焰，根据火焰颜色判断其风量的配比情况。如果火焰呈红色，从看火孔观察有烟，且烟囱冒黑烟，说明风量不足，应适当提高风量；如果火焰呈亮黄色，说明风量基本合适；如果火焰发白，说明风量过大，需减少风量；如出现火星太多，则说明油枪雾化不好，严重时要停止使用。此外，油压也不能太高，否则将使着火推迟，对着火不利。但油压太低，对雾化不好，所以一般油压要控制在 3.0MPa 左右。

（4）煤粉燃烧器的投入。油枪点燃且着火稳定后，待过热器后的烟温和热风温度上升到一定数值，如粉仓有粉，可投入主燃烧器；如粉仓无粉，可启动一套制粉系统，开始磨制煤粉。若为直吹式制粉系统，可启动排粉机（一次风机）、磨煤机、给煤机，先少量给煤，投入主燃烧器。若为中储式制粉系统，待粉位达到了定值后，可先后逐步对角投入油枪上的燃烧器。不同的锅炉要求投粉的时间不尽相同，但综合来看，投粉时间的选择主要是考虑以下几个因素：

1）煤粉气流着火的稳定性。如果燃用挥发分较高的煤粉，可以早些投粉，否则要晚些投粉。在投用煤粉燃烧器时，热风温度需达到一定值，一般要求 150℃ 以上。如果投粉时最先使用的最下排煤粉燃烧器采取了稳燃措施，如采用船形、钝体稳燃器等，也可以早些投粉。

2）对汽温、汽压的影响。煤粉燃烧器的投入提高了炉膛燃烧强度，同时由于煤粉的燃尽时间大于油的燃尽时间，故使火焰中心相对提高，使得锅炉升温、升压的速度加快，所以投粉一般要选择在机组带上部分负荷，有热量输出。由于有了齐备的调节手段，可以使汽温、汽压得到很好的控制。

3）单经济方面考虑。早投粉可以少燃油，降低启动费用。但如果投粉过早，炉膛内的烟气温度就较低，着火后的煤粉燃烧速度较慢，煤粉进入较低的烟气温度区域时，便减弱甚至停止了燃烧反应，从而带来相当高的因飞灰引起的机械不完全燃烧热损失，造成浪费。所以对于一台具体的锅炉，要综合考虑各种因素，并结合运行经验，选择合理的投粉时间。

（5）投粉后的调整。投粉后，应及时注意煤粉的着火情况。如投粉不能点燃，在 5s 之内要立即切断煤粉；如发生灭火，则要通风 5min 后方可重新点火；如果投粉后着火不良，应及时调整风粉比。点火初期风粉比小些较好，具体情况可根据煤种与计算出的不同工况时的最佳风粉比来调整风量。

在最初投粉时，煤粉燃烧器应对角投入，随着机组升温、升压过程的进行，由下而上增加煤粉燃烧器，当负荷达到 60%～70% 时，可根据着火情况，逐渐切除油枪。

3. 锅炉升压

在升压初期，由于只投少数点火油枪，燃烧较弱，炉膛内火焰充满度较差，故蒸发受热面的加热不均匀程度较大。又因为受热面和炉墙温度较低，故受热面内产汽量少，不能从内部促使受热面均匀受热。因而，蒸发设备的受热面，尤其是汽包，容易产生较大的热应力。所以升压过程的开始阶段温升应比较慢。

另外，压力越低，升高单位压力时，相应的饱和温度的升高速度就越大。因此，开始的升压应非常缓慢。在升压的后阶段，虽然汽包的上下壁和内外壁的温差已大为减小，升压速度可以比开始升压初期快，但由于压力升高所产生的机械应力也较大，所以后阶段的升压速度也不应超过规定的升压速度。

单元机组在达到冲转参数、汽轮机冲转后的升温升压速度主要以满足汽轮机的要求为原则。

由前可知，在锅炉升温升压过程中，升压速度不能太快，否则将影响锅炉各部件，甚至影响汽轮机的安全；但升压也不能过慢，否则会延长启动时间、增加启动的费用。不同类型的锅炉，应根据各自的升温、升压曲线，来指导启动升压过程的操作。

4. 汽轮机冲转

当锅炉主蒸汽压力、温度升至汽轮机要求的冲转参数时，汽轮机冲转。在汽轮机冲转过程中，主要依靠调整旁路的开度控制启动时的主蒸汽压力。当汽轮机中速暖机完毕继续升速时，则应通过调整旁路及增加燃料量来控制蒸汽参数。当汽轮机全速，发电机并列带负荷进行暖机时，锅炉应保持主蒸汽压力不变，将汽温逐渐升高，以满足汽轮机低负荷暖机的需要。

5. 发电机并网与带负荷

当汽轮机冲转升速结束、发电机并网后，根据汽轮机的启动升温升压曲线，逐渐加强燃烧，并逐渐关小旁路至全关，在此过程中要不断进行洗硅。机组带满负荷且运行正常后，应对锅炉进行一次全面检查，并联系热工人员投入有关的自动和保护，同时汇报班长、值长，锅炉启动完毕。

（二）自然循环锅炉启动过程的注意事项

1. 汽轮机冲转前锅炉应做的工作

（1）视汽包水位情况，联系汽轮机值班员向锅炉进水。进水时，关闭省煤器再循环门。停止进水时，开启再循环门。

（2）根据化学要求，开启加药门、取样门，投入连续排污。

（3）检查确认锅炉本体所有疏水门全部关闭。

（4）联系汽轮机投入高、低压旁路。

2. 汽包壁温差

在启动期间，蒸发区内的自然循环尚不正常，汽包里的水流动得很慢或局部停滞，对汽包壁的放热系数较小，故汽包下部金属温度升高不多。汽包上部与蒸汽接触，蒸汽对金属凝结放热的放热系数比汽包下部的大几倍，故汽包上部的金属温度较高。这种上下壁温差将使汽包趋向于拱背形状的变形，而与汽包连接的很多管子不可能让汽包自由变形，这就必然会产生热应力，上部金属是轴向压应力，下部金属是轴向拉应力。上下壁温差越大，则热应力也越大。

针对上述情况，应严格控制汽包壁温差不大于 50℃，并定期记录各部分的膨胀指示。若发现汽包壁温差超过 50℃，应及时调整燃烧，加强排污，降低升压速度，迅速查找原因，待温差减小后，方可继续升压。

3. 再热蒸汽温度

在锅炉启动点火过程中，当旁路流量未建立前，防止再热器超温最可靠的方法是控制烟气温度不超过金属材料的允许温度。在启动升压过程中，要将再热器的疏水门打开，将再热器侧的烟气挡板调整至 100%，同时联系汽轮机值班员注意旁路的投用是否正常，以确保再热蒸汽与主蒸汽温差不超过规定限度。

4. 管壁超温

在升负荷期间，应严格监视屏式过热器、高温过热器出口汽温及各管壁壁温，及时投入各级减温水。在负荷达到一定值时，要联系汽轮机值班员投入高压加热器，防止各系统部件局部壁温超限。当再热蒸汽温度上升过快时，可将燃烧器适当下摆，或关小再热器侧的烟气挡板，必要时可投入再热器减温水，使再热器不要超温。

5. 水位控制

在升压过程中，锅炉工况变化比较多，如燃烧调节、汽压和汽温的逐渐升高、排汽量的改变、进行锅炉下部放水或外来蒸汽加热、连续排污的投用和定期排污等，这些工况变化都会对水位产生不同程度的影响，若调节控制不当，将会引起水位事故。

在升压过程中，对水位的控制与调节应密切配合锅炉工况的变化进行。在点火至启动旁路系统阶段，一般不进行水位调整；旁路系统启动后，尤其是汽轮机带上一定负荷后，锅炉的消耗水量增多，水位下降，则需相应增加给水量，而主给水管流量大，不易控制，所以一般采用低负荷进水管给水。这时可以手动，也可以采用单冲量调节。在锅炉带上较大负荷时，应根据负荷的上升情况，适时切换至主给水管运行。待水位比较稳定后，即可投入给水三冲量自动调节系统。

6. 压力与温度的协调

锅炉在启动过程中，汽温与汽压的配合不一定恰当，需通过各种调节手段协调。当汽温达不到参数要求时，应加强燃烧，联系汽轮机值班员开大高压旁路，提高汽温；当汽温达到冲转参数要求而汽压已高出规定值时，根据需要可开启对空排汽阀泄压；当汽压低、汽温高时，可适当关小高压旁路。在上述手段进行调节的同时，还要配合燃烧调整或其他手段来实现汽温、汽压的协调。

四、自然循环锅炉的热态启动

1. 热态启动的定义

对于单元机组，启动状态是按汽轮机汽缸金属温度的高低进行划分的，锅炉的热态启动是指汽轮机在热状态时锅炉的启动。

2. 热态启动参数的要求

在机组热态滑参数启动时，为了避免汽轮机金属剧烈冷却，我国普遍采用压力法。锅炉预先点火，待蒸汽压力与温度符合金属温度的要求（高于金属温度 $50 \sim 80℃$）时冲转，又称为正温差启动。

中间再热机组热态启动时，还应对再热蒸汽温度有一定的要求。因为启动前中压缸进汽处的金属温度与高压缸调节级温度相近，所以要求再热蒸汽温度与主蒸汽温度接近，一般要求再热蒸汽温度高于中压缸第一级处内缸金属温度 $50℃$，同时应注意，再热蒸汽管道直径大而长，所以暖管要充分，严防启动过程中造成中压缸水冲击事故。

3. 热态启动的控制要点

热态启动过程与冷态启动过程基本相同，但在热态启动时要特别注意以下几点：

（1）点火前，锅炉各疏水门应在关闭位置，当主蒸汽温度与高温过热器入口汽温之差小于 $30℃$ 时，全开高温过热器集汽联箱疏水门。高、低压旁路系统投入后，关小或关闭上述疏水门。

（2）热态滑参数启动前，汽包内工质保持一定的压力，在启动升温升压曲线上可以找到一个对应点。锅炉点火后，需尽快启动旁路系统，以较快速度调整燃烧，达到上述对应点，避免因锅炉通风、吹扫等原因使汽包压力有较大幅度的降低。然后按对应的锅炉启动升温升压曲线进行升温升压。

（3）启动时用机组的旁路减压阀、一次汽和二次汽管道的疏水阀或锅炉的对空排汽阀控制锅炉的汽压和汽温。汽轮机冲转前，尽量少用或不用减温水调整汽温。

五、直流锅炉的冷态启动

（一）直流锅炉的启动特点

直流锅炉的启动特点主要可归纳为以下几点：

（1）厚壁部件的热应力是限制机组启停速度的主要矛盾，直流锅炉的厚壁部件较少，只有联箱和阀门等，因此它的启停速度比汽包锅炉快。但当直流锅炉与汽轮机组成单元机组时，机组的启动速度会受到汽轮机的限制。

（2）在点火初期为使水冷壁管得到冷却，要有25%～30%的启动流量。但这时从水冷壁甚至过热器出来的只是热水或汽水混合物，不允许进入汽轮机，所以必须另设启动旁路系统。在锅炉熄火后的一段时间内，炉膛温度还很高，也需有一定的水量流经水冷壁，所以也需投入旁路系统。

（3）由于进入锅炉的给水是一次蒸发完毕的。为了避免有杂质沉积在锅炉管壁上或被蒸汽带入汽轮机中，直流锅炉在点火前一定要进行冷态清洗，待水质合格后方可允许点火。

（4）汽包锅炉的过热器、省煤器和水冷壁各受热面之间有汽包做固定的分界，而直流锅炉的各段受热面是在启动过程中逐步自然形成的，因此在某些受热面内的工质总是存在由水变成蒸汽的体积膨胀过程。

（二）直流锅炉启动程序

1. 冷态循环清洗

直流锅炉运行时，给水中的杂质除部分随蒸汽带走外，其余都沉积在受热面上。机组停用时，内部还会由于腐蚀生成氧化铁。为了清除这些污垢，在点火前要用一定温度的除氧水进行循环清洗。同时，为了防止其他设备中的污垢进入锅炉，清洗要分为两个阶段进行。

（1）低压系统的循环清洗流程。凝汽器→凝结水泵→除盐设备→凝结水升压泵→低压加热器→除氧器→凝汽器。

（2）锅炉进水。低压系统的循环清洗结束、炉前给水水质合格后即可向锅炉进水。向冷态的锅炉进水时，速度可稍快，但为了防止进水时对锅炉管系造成压力冲击，在给水泵出水门开启前应维持给水泵在最低转速。开始时的进水量一般不宜过大，在进水过程中，为排去沉积在锅炉底部一些联箱内的杂质，应对省煤器与水冷壁进口过滤器进行排放。当锅炉本体空气门内有水排出时，即可关闭空气门，然后缓慢调节包墙管出口至启动分离器进口的调节阀（包分调）和低温过热器出口至启动分离器进口的调节阀（低分调），开始向启动分离器进水。开始进水时启动分离器内的水质较差，可通过启动分离器水侧至地沟的隔绝阀（分地沟隔绝阀）排去；当水质基本透明时，即可转入大循环进行工质回收。

（3）高压系统的循环清洗。由于该清洗工作涉及给水泵、给水母管、高压加热器及锅炉本体等高压系统，故称为高压系统循环清洗。它利用温度较高的除盐水对锅炉管系及系统进行冲刷，使氧化铁和可溶性盐类被水带走，达到清洗的目的。其流程为凝汽器→凝结水泵→除盐设备→凝结水升压泵→低压加热器→除氧器→给水泵→高压加热器→省煤器→水冷壁→包墙管过热器管系→低温过热器→启动分离器→凝汽器。

循环清洗的流量必须与启动分离器的排泄能力和化学水处理能力相适应。要判断是否清洗完毕，只需分析省煤器入口和分离器出口的水即可。

2. 建立启动压力和启动流量

高压清洗完毕后工质仍按原回路循环，这时应调节给水和过热器旁路阀，以保证给水连续地强迫流经所有的受热面，达到对受热面冷却和对不受热部件进行加热的目的。即直流锅炉在点火之前，必须建立一定的启动压力和启动流量。

启动压为是指在启动过程中，锅炉本体受热面内工质所具有的压力。建立启动压力能够保证在较低压力时，水冷壁内不致汽化，使水冷壁内的工质流动始终稳定。启动压力的大小应由工质流动稳定性、膨胀量大小、启动经济性及阀门运行条件等各种因素综合考虑而定。

启动流量是指启动过程中锅炉的给水流量。启动流量可确保直流锅炉受热面在启动时的冷却，其大小决定了工质在受热面中的质量流速。启动流量大，对水冷壁工作的安全性有利，但相应的启动损失会增加，且对切除启动分离器时参数控制与受热面超温都有不利的影响。实践证明，合理的启动流量一般为额定蒸发量的 30% 左右。

3. 锅炉的点火

直流锅炉的点火方式及方法基本与汽包锅炉相同，这里就不重复介绍了，只对一些特殊要求加以说明。

（1）由于包墙管出口至启动分离器进口的调节阀（简称"低分调"）前无节流管束，为保护阀门，在点火前应将低温过热器出口至启动分离器进口的隔绝阀（简称"低分出"）和"低分调"关闭，包墙管压力由"包分调"维持。具有烟温探针装置的锅炉，在点火前还应将烟温探针装置投用，以便根据烟温核对当时的燃料量。

（2）在点火升温过程中，应严格控制包墙管出口及水冷壁各点升温速率不大于规定值，下辐射水冷壁每片管屏的出口温度与各管屏出口平均温度之差不大于规定值，如超过要求则应停止升温。

（3）锅炉点火后，应对启动分离器的有关管道进行暖管，以免后阶段投入时发生管道振动。在对启动分离器汽侧通向凝汽器的管道进行暖管时，应征得汽轮机司机的同意。

4. 启动分离器升压

启动初期的燃烧率约为额定负荷时的 10%～15%，包墙管出口工质温升速度应小于规定值，在过热器和再热器通汽前，进口处的烟温不应超过额定汽温。

当包墙管出口温度达到一定值后，工质经节流管束流入分离器，以消除刺耳的噪声，温度升高后，可以打开节流管束的旁路阀。

随着分离器进口工质焓的提高，工质汽化量增大，分离器内的水位逐渐下降。当水位稍高于正常水位时，可打开分离器送汽阀，由除氧器和高压加热器回收热量。分离器多余的蒸汽和水分别进入凝汽器，并由分离器的放气阀和放水阀分别调节其压力和水位。

5. 过热器、再热器及蒸汽管道的通汽

当启动分离器压力升至 1～1.5MPa，且水位较低时，即可缓慢开启分离器至前屏过热器进口的隔绝阀（简称"分出"），向过热器、再热器及蒸汽管道供汽暖管。

向过热器、再热器及蒸汽管道供汽时间的确定，重点考虑以下因素：

（1）防止过热器管壁温度剧变。锅炉点火后，对过热器与再热器进行真空干燥，使管内部分积水在负压下逐渐蒸发而被带走。但对于立式过热器内的积水，尤其是水压试验后，则往往不能彻底清除。如过热器通汽不当，会引起管路水冲击，管壁温度剧变或发生周期性变化，使管子产生裂纹而损坏。

垂直布置的过热器管中如有积水，若通汽压力太小、汽量太小，无力冲走积水时，将引起管中水柱的脉动。由于汽和水对管壁的冷却能力不同，也将引起交变热应力。

如果通汽时汽压较高，启动分离器中的水位将难以控制，当"分出"阀门开启过快时，便会使启动分离器压力突降，水位突升，控制不当甚至可能造成启动分离器满水，使前屏进水，引起管壁温度剧变。

通汽压力越高，疏通积水的效果越好，但启动分离器压力达到较高值

锅炉设备运行（第二版）

时，过热器和再热器处于干烧状态的时间必然较长，通汽时过热器与再热器管壁温度也越高。此时启动分离器中产生的饱和蒸汽温度将大大低于管壁温度，若通汽过快将引起管壁温度剧降而产生应力。

（2）防止管道水冲击。如果通汽时汽压较高，相应汽量就较多且通汽速度较快，当管道中积水未疏尽时，蒸汽遇到管中的积水会发生突然凝结，将引起比汽压低时严重得多的水冲击现象。

（3）防止主蒸汽温度两侧偏差。对于双回路系统，且管内有积水时，如果通汽压力较低、汽量太小，部分蛇形管中的积水将无力排除，造成主蒸汽温度两侧的偏差。为防止开"分出"时发生汽温两侧的偏差，除选择适当的压力外，在开启向过热器供热的阀门时，应两侧同步进行，以免由于两侧供汽压力、流量的差异造成主蒸汽两侧汽温的偏差。一旦发生汽温偏差，应立即开启低汽温侧的过热器出口疏水阀或过热器对空排汽阀来逐步消除。

（4）过热蒸汽与再热蒸汽管道的暖管。过热器与再热器通汽后，过热蒸汽与再热蒸汽管道也通汽暖管，因此暖管的时间及参数的选择将对达到汽轮机冲转参数的时间产生影响，这一问题在热态启动时更为重要。

根据以上分析可知，过热器、再热器及其蒸汽管道通汽时间的确定，既要考虑过热器、再热器的安全，又要尽量缩短启动时间及燃料消耗。实践证明，选择启动分离器压力为 $1 \sim 1.5 \text{MPa}$ 时向过热器、再热器及蒸汽管道通汽较为合适。

6. 热态清洗

锅炉点火后，水温在 $260 \sim 290℃$ 时，去除氧化铁的能力最强，超过 $290℃$ 时铁开始在受热面上发生沉积。因此热态清洗时，要控制包墙管出口水温不超过 $290℃$，待水质合格后方可升温。包墙管出口水温在 $260 \sim 290℃$ 范围内的清洗过程称为热态清洗，热态清洗循环回路与高压系统冷态清洗相同。

热态清洗中的温度是否能按规定要求严格控制住，对于热态清洗的质量和效果十分关键。要控制好热态清洗的温度，主要控制好热态清洗时的燃料量。燃料量的控制要做到超前调节、超前控制，此外还可根据烟温探针的数值或者参考高温过热器后的烟温值，使燃料量控制在需要范围内。

热态清洗水质合格且征得司机同意后，开启分离器到除氧的阀门向除氧器给水箱供水。进行工质与热量的回收。

7. 汽轮机冲转，发电机并列

当汽轮机前的蒸汽参数达到规定值时，可依次进行汽轮机的冲转、暖机、升速、同步，并接带初始负荷。此过程中，汽轮机要求汽压平稳，汽温缓慢上升。为此，要在固定燃烧率下调节分离器的放汽量，此外，高温过热器及再热器出口所装设的减温减压旁路也可作为调节手段。在汽轮机带初始负荷后，可把主汽阀旁通阀控制改为调节汽门控制。

8. 锅炉的工质膨胀

（1）工质膨胀的定义。随着锅炉热负荷的逐渐增大，水冷壁内的工质温度逐渐升高，一旦达到饱和状态就开始汽化，由于工质汽化时的比体积比水增加了很多倍，汽化点以后管内的工质向锅炉出口即启动分离器排挤，导致进入启动分离器的工质体积流量比锅炉入口体积流量大得多，这种现象称为直流锅炉工质的膨胀。

（2）工质膨胀的原因。在直流锅炉中，水的加热、蒸发、过热三个阶段无固定的分界点，各段受热面是在启动过程中逐步形成的。在加热过程中，高热负荷区域内的工质首先汽化，体积突然增大，引起局部压力突然升高，猛烈地把后部工质推向出口，造成锅炉瞬时排出量大大增加。因此膨胀现象的基本原因是由于蒸汽与水的比体积不同而造成的。

（3）影响直流锅炉工质膨胀量的因素。

1）锅炉本体受热面中储水量的大小。锅炉本体受热面中储水量越小，膨胀量就越小。锅炉本体受热面中储水量的大小取决于启动分离器的位置。启动分离器越靠近锅炉入口，启动分离器的蓄水量就越小，由于参与工质膨胀的受热面减少，总的膨胀量变小，持续时间也相应较短。

2）启动压力的影响。汽水比体积不同是引起直流锅炉工质膨胀现象的物理原因。启动压力高，汽水的比体积差小，膨胀量就小；反之，启动压力越低，膨胀现象就越严重。因为一方面，启动压力低，对应的饱和温度也低，膨胀开始得较早，沸腾点出现于受热面的较前部位，由于其后受热面中的水量大，因此膨胀量也大；另一个方面是压力越低，汽水比体积差越大，汽化时局部压力的升高也越大，膨胀也就越剧烈。

3）启动流量的影响。启动流量越大，锅炉本体受热面中的储水量越大，则锅炉出口流量和工质的膨胀量也越大。

4）给水温度的影响。给水温度越高，在相同的热负荷条件下工质进入锅炉水冷壁受热面的焓值就越高，使水冷壁中汽化点的位置前移，使其后的受热面增大，储水量增多，故膨胀量增大。

5）燃烧强度增加速度的影响。燃烧强度的增加速度是指投入燃料量的增加速度。投入增加的速度越快，燃烧强度增加就越剧烈，工质温升就越快，使得蒸发点前移，其后受热面的储水量增多，膨胀量也越大。同时，由于燃料投入速度快，蒸发受热面内产汽量多，使局部压力升高，因而锅炉出口瞬时的排出量增大。在控制工质膨胀的各种因素中，因为启动分离器的位置是在设计中已确定的，启动压力和启动流量也已选定，所以主要是控制燃料量的增加幅度和速度。

（4）工质膨胀的控制。直流锅炉启动过程中工质膨胀阶段参数的控制将直接影响到启动的安全，因为膨胀量过大，将使锅炉包墙和启动分离器压力、水位都难以控制，控制不当甚至会引起锅炉超压和启动分离器满水。

为了控制好膨胀现象，必须控制工质的压力和燃烧率。一般启动初期燃烧率控制为额定负荷的 10%～15%。燃料量的增加不宜采用投油枪的方式，因为这种方式扰动比较大；而应采用缓慢提高油压的方式。在膨胀过程中应注意维持包墙管出口压力、启动分离器压力和水位在正常范围内。当混合器、水冷壁出口及包墙管出口工质均达到饱和温度时，膨胀即结束。此时应及时调节分离器的调节阀，防止包墙管降压，同时适当增加燃料量，以防膨胀不畅，造成二次膨胀。

9. 切除启动分离器，过热器升压

切除启动分离器是具有外置式分离器的直流锅炉启动过程中一项关键性操作。这个阶段的重点是既要防止主蒸汽温度大幅度变化，特别是防止温度的降低；又要防止各受热面管壁超温，以免危及机组的安全运行。为防止切换过程中汽温的大幅度波动，目前均采用"等焓切换"的方式。

"等焓切换"是指在切除启动分离器的过程中始终保持"低出"阀门的旁路调节阀门前后的工质焓相等。

汽轮机定速后将分离器压力提高到规定值，调节高温过热器旁路阀，使低温过热器出口汽焓等于分离器出口饱和汽焓，并使低温过热器内的流量稳定，则进入高温过热器的蒸汽量和焓均保持不变，汽轮机前汽压和汽温也不会有明显变动。故等焓切换方式对汽轮机最有利。

根据汽轮机升高负荷的信号，继续开大过热器减压阀，高温过热器进口压力逐渐上升，当它超过分离器的压力时，关闭分离器的通汽阀，并逐渐关小低温过热器旁路阀（简称"低调"）。当汽轮机负荷升至约 1/3 额定值时，把它完全关闭，此后将起锅炉安全阀的作用。随着分离器压力的下降，高压加热器和除氧器的汽源由分离器切换为汽轮机的抽汽。分离器切除后，锅炉就以纯直流方式运行。

启动分离器切除后进行过热器升压，过热器升压过程一般可分为两个阶段：第一阶段采用保持汽轮机调节汽门开度不变，逐渐关小高、低压旁路的方法进行升压；第二阶段在高、低压旁路均关闭后，采用关小汽轮机调节汽门的方法进行升压。不论在第一阶段还是第二阶段的升压过程中，当高、低压旁路或汽轮机调节汽门逐渐关小时，过热器和包墙管压力将随之上升。在过热器升压的过程中，应调整减温水和燃烧使过热器各点的温度均随压力的上升而变化。

当锅炉参数升至额定值后，应全面检查锅炉各参数正常，复查各阀门位置符合要求。检查炉内燃烧工况应良好，炉内无泄漏现象。根据规定将烟温探针及暖风器退出运行，通知热工值班员到场，检查设备正常后，将锅炉各系统逐个投入自动。

10. 升负荷

单元机组的升负荷是一个锅炉根据汽轮机的升负荷曲线，按比例地增加燃料、给水和风量，在维持各参数正常的情况下机组负荷不断升高的过程。

在升负荷过程中，要组织燃烧调整，进行合理配风，保证炉内燃烧工况良好。调节烟气挡板或摆动燃烧器角度，保证再热蒸汽温度正常。通过调整给水流量和过热器减温水量，使主蒸汽温度保持稳定。

随着机组负荷的不断升高，可逐渐减少燃油量，燃烧工况稳定后可停用所有油枪，保持燃油系统循环，以保证随时可用。机组负荷升到一定值后，开启包墙管旁路阀，以降低高负荷时汽水系统的阻力。

升负荷结束后对锅炉进行全面检查，对空气预热器室及烟道各受热面进行一次全面的吹灰工作，以清除启动过程中沉积在受热面上的未燃尽可燃物质，至此，锅炉启动结束。

（三）直流锅炉启动中的重要问题

1. 建立合适的启动压力和启动流量

启动过程中，水冷壁内应有一定的工质流过，以保护水冷壁管。工质流量大，压力高，流动稳定性就好，但工质焓的提高较缓慢，将会延长启动时间并增加启动损失。直流锅炉一般采用约30%的额定给水量。

启动初期水冷壁内应有足够的压力，并使工质出口温度总低于对应压力下的饱和温度，且有一定的余量，以保证管内工质不致汽化，维持单相流动使水冷壁得到冷却。但是压力越高，水冷壁与分离器之间调节阀的压降就越大，磨损和噪声也越大，给水泵所耗功率也越多，因此在启动初期可使水冷壁内只维持较低压力，待工质出口温度上升后，再提高压力至额定值。

2. 发电机并列后的负荷控制

汽轮发电机组升至全速后与电网同步，然后并列，并列后要掌握好升负荷的速度。如果加负荷过慢将延长启动时间、增加启动费用。如果加负荷过快易造成主蒸汽温度下降，这是因为：

（1）加负荷速度过快时，由于主蒸汽压力的下降，将使主蒸汽温度相应下降。如此时减温水已投用，则会因主蒸汽压力的降低造成减温水量增加，从而使主蒸汽温度进一步下降。

（2）加负荷过快，将造成过热器通流量瞬时剧增，引起主蒸汽温度下降。

（3）加负荷速度过快将造成分离器压力突然降低。此时如采用关小分离器到凝汽器的阀门来提高分离器的压力，将造成过热器的通流量剧增，使主蒸汽温度剧降。

（4）加负荷速度过快，将使分离器出口饱和蒸汽的湿度增加，从而造成主蒸汽温度的下降。

综上分析，发电机并列后的加负荷速度应缓慢，主蒸汽与分离器的压力尽量用高、低压旁路来调节，在操作过程中如能保持主蒸汽压力稳定，则主蒸汽温度必将稳定。

3. 切除分离器前及其过程中应注意的问题

（1）切除分离器前燃料量已较多，为尽量增加过热器和再热器的通流量，在增加燃料量的同时应逐步开大汽轮机调节汽门，增加汽轮机负荷。

（2）开大调节汽门的操作应缓慢，开大后不可随意关小，以免引起汽轮机调节级后的温度突降。

（3）合理组织燃烧，防止燃烧不良及热负荷不均匀而引起水冷壁局部超温。

（4）给水流量的调节应和包墙管压力相互配合，以求稳定。

（5）切除分离器前应先将低温过热器前、后管道内的积水放尽，以防切除分离器过程中汽温下降。

（6）切除分离器过程中应始终保持包墙管压力和低温过热器出口温度稳定，以实现等焓切换。

（7）切除分离器过程中应始终保持减温水量有一定的调节余地。如发生主蒸汽温度迅速下降，应立即关小或关闭减温水，开启过热器部分有关疏水。

（8）切除分离器结束时，"低出"阀门旁路调节阀的开度应符合要

第七章 锅炉启动

求，不应盲目开大，以免包墙管压力无法维持。需待过热器升压时，方可逐渐开大直至开足。

（9）各参数符合一定条件并保持稳定后，方可进行切除启动分离器的操作。

六、直流锅炉的热态启动

单元机组直流锅炉的热态启动程序与操作方法与冷态启动大致相同。下面只介绍热态启动过程中的几个注意事项：

（1）热态启动时的锅炉进水，必须控制其速度和水温，以防进水过快或水温过低造成省煤器等受热面及管道振动和锅炉本体管系金属温降速率过大而产生应力。

（2）热态启动时应防止汽轮机缸壁金属发生冷却与蒸汽进入饱和区而产生负胀差现象与水冲击现象，所以要合理选择热态启动时汽轮机的冲转参数，减少启动过程中汽缸及转子各金属部件的热应力。

（3）在热态启动中，常常出现再热蒸汽温度度提不起来的问题，这时要尽量提高高压旁路后的温度；尽量开大高压旁路，增加高压旁路的通流量；投用位置较高的燃烧器，将燃烧器摆角上调，适当增加风量提高过量空气系数或开大再热器侧的烟温挡板以增加再热器的对流吸热量等。但也要注意前屏和再热器等锅炉局部受热面出现壁温超限现象。

七、强制循环锅炉的冷态启动

强制循环锅炉是在自然循环锅炉的基础上，在汽包的集中下降管上加装锅水循环泵，从而建立良好的锅炉水循环，克服自然循环锅炉在高参数下的缺点。强制循环锅炉采用在点火前先启动锅水循环泵，形成循环再点火的运行方式。这样使水冷壁在启动过程中，不管各根管子之间吸热差别如何，都能保证每根管中都有相同温度的工质流过，因而使水冷壁温度分布均匀、膨胀自由，有利于缩短启动时间、节约点火用油。

强制循环锅炉的启动，在启动锅水循环泵后的各项操作与自然循环锅炉基本相同，这里只对启动过程中与自然循环炉不同的操作加以说明。

1. 锅水循环泵的注水排空气操作

锅水循环泵的结构、工作环境、冷却方式决定了锅炉进水前必须先完成锅水循环泵的注水排空气操作，否则无法保证进入锅水循环泵电动机腔室内的水质，进而引起绕组污染、轴承磨损等不良后果。同时，还可能造成电动机内的空气排不出去，电动机得不到良好的冷却而使绕组超温、绝缘损坏。锅水循环泵电动机在注水排空气操作前，必须对注水管路进行冲洗，当注水管路冲洗合格后，才允许向电动机内注水。注水必须从电动机的底部注入且流量需加以限制，以保证电动机内部的空气能全部排出。

2. 强制循环锅炉的进水及锅水循环泵的启动

必须在循环泵注水排空气、一次冷却水的冲洗等工作均已结束后，才允许向锅炉进水。自然循环锅炉要求上水至最低可见水位，而强制循环锅炉由于循环泵启动时水位会下降，故要求上水至最高可见水位。锅炉进满水后，还应对锅水循环泵的电动机进行彻底的排空气操作。虽然在进水前已对锅水循环泵进行了注水排空气操作，但电动机腔室内仍可能有夹杂的空气泡，所以一般采用短时间启动锅水循环泵的运行方式来排除这些空气泡。

冷炉进水后，启动锅水循环泵运行 10~15min 后，应联系化学值班员化验锅水品质。如水质不合格应立即停止锅水循环泵的运行，对锅炉放水，放水完毕后再重新上水。当水质合格，锅水循环泵连续运行后，要注意监视锅水循环泵的电流、差压和电动机腔室温度，因为此时锅水温度较低，锅水循环泵的差压较大，其电动机电流有可能超过额定值运行。

循环泵启动后，锅炉点火，以后的程序与自然循环锅炉的启动大致相同。

第八章

锅炉运行调节

锅炉运行调节的目的是在确保锅炉安全、经济运行的前提下，连续不断地向汽轮机提供合格的蒸汽，以满足外界负荷的需要。

锅炉机组运行的好坏在很大程度上决定了整个火力发电厂运行的安全性和经济性。锅炉机组的运行，必须与外界负荷相适应。由于外界负荷是经常变动的，因此锅炉机组的运行，实际上只能维持相对的稳定。当外界负荷变动时，必须对锅炉机组进行一系列的调整操作，使供给锅炉机组的燃料量、空气量、给水量等做相应的改变，使锅炉的蒸发量与外界负荷相适应，否则锅炉运行参数（汽压、汽温、水位等）就不能保持在规定的范围内。严重时，将对锅炉机组和整个发电厂的安全与经济运行产生重大影响，甚至给人身安全和国家财产带来严重的危害。同时，即使在外界负荷稳定的情况下，锅炉机组内部某一因素的改变，也会引起锅炉运行参数的变化，因而也同样要对锅炉机组进行必要的调整操作。所以，为使锅炉设备达到安全和经济的运行，必须经常地监视其运行情况，并及时、正确地进行适当的调节工作。调节的内容通常有燃烧调节、参数调节和运行方式调节三个方面。

对锅炉机组运行总的要求是既要安全又要经济，在运行中对锅炉进行监视和调节的主要任务是：

(1) 保证炉水和蒸汽品质合格，保持正常的汽温、汽压。

(2) 保证蒸汽产量（即蒸发量）在额定值，以满足外界机组负荷的需要。

(3) 均匀给水，维持汽包的正常水位。

(4) 及时进行正确的调节操作，消除各种异常、障碍与隐形事故，保证锅炉机组在最佳工况下运行。

(5) 维持燃料经济燃烧，尽量减少各种热损失，提高锅炉效率。

为了完成上述任务，现代大型机组都配有先进的自动调节装置，同时要求运行人员有高度的责任感，努力学习业务，精通锅炉设备的构造和工作原理，熟悉设备的特性，充分了解各种因素对锅炉运行的影响，熟练掌握操作技能，重视和严格遵守操作规程及有关制度，并不断总结经验，掌握锅炉机组安全经济运行的调节操作方法。

第一节 负 荷 调 节

一、负荷调节的方法

随着系统负荷的变化，锅炉负荷也应随之发生变化，以适应系统负荷变化的需要，为此要进行负荷调节。负荷调节是指对运行锅炉的负荷分配，有按比例调节、按机组效率调节和按燃料消耗微增率相等调节三种方式。

（一）根据锅炉机组的蒸发量按比例调节

根据锅炉机组的蒸发量按比例调节是将全部负荷按额定蒸发量比例分配给参加运行的各台锅炉。当总蒸发量达到极限值时，将备用锅炉并入运行；当负荷降低到任一台锅炉的稳定负荷下限时，则将一部分锅炉停止运行。其优点是易于实现负荷分配的自动化；缺点是没有考虑到各台锅炉的效率，因而不能保证运行的经济性。尤其在各台锅炉的类型和性能相差悬殊时更不经济，所以只用于各台锅炉的性能、参数基本相同的情况。

（二）按高效率机组带基本负荷、低效率机组带变动负荷的原则调节

按高效率机组带基本负荷、低效率机组带变动负荷的原则调节是尽可能利用经济性高的锅炉来降低总的燃料消耗，但实际中并不一定能实现。因为对既定锅炉而言，热效率不是常数，而是随负荷而变的。而担负变动负荷的锅炉，其蒸发量将在很大范围内波动，而且可能在很不经济的负荷范围内波动，因此结果将可能使设备的总经济性降低。

（三）按燃料消耗量微增率相等的原则调节

燃料消耗微增率是指锅炉负荷每增加 1t/h，燃料消耗的增加值。

在某一负荷下的微增率 Δb 是这一负荷下燃料消耗量特性曲线的斜率，即 $\Delta b = \Delta B / \Delta D$，如图 8 - 1 所示，所以微增率可以由锅炉的燃料消耗量特性曲线 $B = f(D)$ 求得。

由图 8 - 1 可看出，在正常负

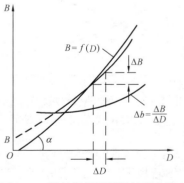

图 8 - 1　锅炉燃料消耗量特性曲线

荷范围内，微增率随负荷的增大而增大。根据数学推理可知，当每台锅炉的燃料消耗量微增率相等时，全厂燃料消耗量应为最小值。因而最经济的负荷调节是总负荷变化时各运行锅炉负荷变化的情况应始终保持其燃料消耗量特性曲线的斜率相同。

锅炉负荷的调节除了考虑燃料消耗量微增率相等外，还必须注意锅炉稳定运行的最低值。为保证锅炉运行的可靠性，变动工况下负荷调节应使锅炉不低于最低负荷值。

由以上分析可知，按照燃料消耗量微增率相等的原则进行调节最经济，但在实际中，由于运行方式的多变，这种方法对运行人员技术水平要求较高，使其应用受到限制。而按高效率机组带基本负荷、低效率机组带变动负荷的原则调节比较容易实现，且在一般负荷范围内，其经济性和按 Δb 相等的方法分配负荷也相差不大，故应用较广。

二、负荷调节带来的影响

（一）对辐射和对流受热面传热的影响

锅炉负荷增加时，炉膛温度与炉膛出口烟气温度均将升高。炉膛温度的提高将使总辐射传热量增加，但是炉膛出口烟温的升高，又表示每千克燃料在炉内辐射传热量的相应减少。所以锅炉负荷增加时，辐射吸热量增加的比例将小于工质流量增加的比例。即随着锅炉负荷的增加，辐射受热面内单位工质的吸热量将减少，使锅炉辐射传热的份额相对下降。

锅炉负荷增加时，一方面由于燃料量、风量相应增加，烟气量增多，使流经对流受热面的烟气流速增加，从而增大了烟气对管壁的对流放热系数；另一方面由于炉膛出口烟温提高，使烟温与管壁温度的平均温差增大，导致对流吸热量增加的比例大于负荷增加时工质流量增加的比例，使对流受热面内单位工质的吸热量增加，锅炉对流传热份额上升。

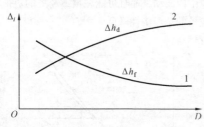

图 8 - 2　工质吸热量与锅炉负荷的关系
1—辐射受热面吸热；2—对流受热面吸热

图 8 - 2 表示出当锅炉负荷变化时，辐射和对流受热面中工质吸热量与锅炉负荷的关系。

从图 8 - 2 中可以清楚地看到：当负荷升高时，辐射吸热量相对减少，而对流吸热量相对增加；当锅炉负荷降低时，辐射吸热量相对增加，而对流吸热量相对减少。

（二）对锅炉效率的影响

当负荷变化时，锅炉效率也随之变化，负荷与锅炉效率的关系如图 8-3 所示，由图可见，当负荷在 75% ~ 85% 范围时，锅炉效率最高，这一负荷称为经济负荷。在经济负荷以下时，负荷增加，效率也增高；超过经济负荷，效率则随负荷的增加而下降。

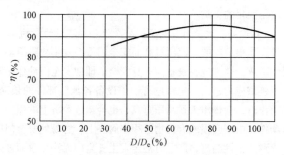

图 8-3　负荷与锅炉效率关系

在经济负荷以下时，导致效率降低的主要因素是炉内温度低，以致不完全燃烧损失增大；在经济负荷以上时，主要是由于排烟损失增大而降低了锅炉效率。

（三）对燃料消耗量的影响

负荷变动时，由于锅炉效率是变化的，所以在经济负荷以下时，燃料消耗量比略小于负荷增加比（即 $B_2/B_1 < D_2/D_1$）；而在经济负荷以上时，燃料量增加比则略高于负荷增加比（即 $B_2/B_1 > D_2/D_1$）。

（四）对汽包蒸汽带水的影响

在蒸汽压力、汽包尺寸及锅水含盐量一定的条件下，蒸汽带水量是随着锅炉负荷的增加而增加的。这是由于负荷增加时，蒸汽流速和汽水混合物的循环速度都加快的缘故。蒸汽流速越大，蒸汽带水能力越强，汽水循环越快，汽包内扰越剧烈，产生的水滴数量也就越多。负荷变化与蒸汽带水的关系如图 8-4 所示。

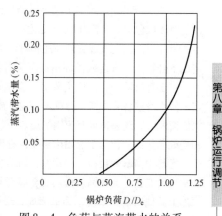

图 8-4　负荷与蒸汽带水的关系

第二节 压力调节

蒸汽压力是锅炉安全和经济运行的重要指标之一，压力调节就是通过保持锅炉出力与汽轮机所需蒸汽量的平衡来实现蒸汽压力的稳定。

一、汽压变化的影响

（一）汽压过高、过低对锅炉运行安全性和经济性的影响

汽压过高是很危险的，汽压过高而安全门万一发生故障拒动，则可能会发生爆炸事故，严重危害设备与人身安全。即使安全门动作正常，汽压过高时由于机械应力过大，也将危害锅炉设备各承压部件的长期安全性。当安全门动作时，会排出大量高压蒸汽，也会造成经济上的损失。并且安全门经常动作，由于磨损或有污物沉积在阀座上，容易使安全门回座时关闭不严，导致经常性漏汽，严重时甚至发生安全门无法回座而被迫停炉的后果。

如果汽压降低，则会减少蒸汽在汽轮机中的做功焓降，使蒸汽做功能力降低，汽耗、煤耗增大，会大大降低汽轮发电机运行的经济性。有资料表明，当汽压较额定值降低 5% 时，则汽轮机的蒸汽消耗量将增加 1%。若汽压过低，由于在相同负荷下汽轮机进汽量的增大，使汽轮机轴向推力增加，易发生推力轴瓦烧毁事故；否则就不能保持汽轮机的额定负荷，从而减少发电和供热量，造成大量经济损失。

（二）汽压变化速度的影响

1. 汽压变化速度对锅炉安全性的影响

对于汽包锅炉，汽压突然变化，容易导致满水或缺水等水位事故发生；另外，汽压突升或突降，还将对锅炉水动力工况产生直接影响，可能造成下降管入口汽化或循环倍率下降等影响锅炉水循环安全性的情况发生。对于直流锅炉，汽压突降时，会造成水冷壁管屏内水动力工况不稳定，使水冷壁各管内流量分配不均匀，严重时甚至引起局部管壁超温。当汽压突变时，还将造成直流锅炉加热、蒸发、过热三区段位置的变化，使相变处受热面的传热工况发生突变，有可能导致管壁温度剧变而损坏。

运行中当锅炉负荷等变动时，如不及时、正确地进行调节，造成汽压经常反复变化，会使锅炉受热面金属经常处于重复或交变应力的作用下，再加上其他因素如温度应力的影响，最终可能导致受热面金属发生疲劳损坏。

2. 影响汽压变化速度的因素

汽压变化速度说明锅炉保持或恢复规定汽压的能力，即体现了锅炉抗内、外扰动能力的大小。它主要与扰动量的大小、锅炉的蓄热能力、燃烧设备的惯性、调节品质的好坏和燃料种类等有关。

（1）扰动量大小。扰动量的大小对汽压的变化将产生直接的影响。扰动量越大，汽压变化的速度就越快，变化幅度也就越大，此外，对于单元机组特别是直流锅炉，这种影响尤为显著。

（2）锅炉的蓄热能力。锅炉的蓄热能力是指锅炉受到外扰的影响而燃烧工况不变时，锅炉能够放出或吸收热量的大小。蓄热能力越大，则外界负荷发生变化时保持汽压稳定的能力越大，即汽压的变化速度越慢；反之，则保持汽压稳定的能力就越小，汽压的变化速度就越快。

锅炉的储热包含在工质、受热面金属以及炉墙中，但对于炉墙的储热量一般都忽略不计，因为现代锅炉都采用轻型炉墙，燃烧室的炉墙（整个锅炉炉墙的主要部分）又处于被膜式水冷壁遮盖的状态，故储热量不大；同时，炉墙的吸热与放热比较迟缓，与现在研究的相当快的负荷变动相比已失去意义。所以，锅炉的储热量可认为是工质和受热面金属的储热量的总和。

显然，锅炉的储热能力与锅炉的水容积和受热面金属量的大小有关。水容积和受热面金属量越大，则储热能力越大。由此可知，汽包锅炉由于具有厚壁的汽包及大的水容积，其储热能力较大。通常，汽包锅炉的蓄热能力是同容量直流锅炉的 2～3 倍，所以负荷变化时，前者的压力变化速度比后者慢。

储热能力对锅炉运行的影响，有好的一面，也有不好的一面。如汽包锅炉的储热能力大，则当外界负荷变动时，锅炉自行保持出力的能力就大，引起参数变化的速度就慢，有利于锅炉的运行；但当需要人为地主动改变锅炉出力时，则由于储热能力大，使出力和参数的反应较为迟钝，因而不能迅速跟上工况变动的要求。

（3）燃烧设备的惯性。燃烧设备的惯性是指燃料量开始变化到炉内建立起新的热负荷所需要的时间。燃烧设备的惯性越大，在变工况或受到内、外扰动时，锅炉汽压恢复的速度就越慢。

燃烧设备的惯性与制粉系统的类型有关。直吹式制粉系统的惯性比中间储仓式制粉系统为大，由于前者从改变给煤量到进入炉膛的煤粉量发生变化需要一定的时间，而后者有煤粉仓故只要增大给粉量就能很快适应负荷的要求。

（4）燃料种类。燃料种类按相态分为气态燃料、液态燃料、固态燃料三种。不同相态的燃料和同种相态但成分不同的燃料，由于其燃烧速度不同，因而稳定汽压的能力也不同。例如，燃煤锅炉比燃油锅炉惯性大；挥发分较高的煤由于其燃烧速度快，热惯性小，故稳定汽压的能力强，而挥发分较低的煤，稳定汽压的能力就较差。

3. 汽压变化对汽温的影响

通常，当汽压升高时，过热蒸汽温度也要升高。这是由于当汽压升高时，饱和温度会随之升高，则给水变为蒸汽必须要消耗更多的热量，在燃料量不变的条件下，锅炉的蒸发量将瞬间减少，即通过过热器的蒸汽量减少，相对吸热量增加，导致过热蒸汽温度升高。

4. 汽压变化对水位的影响

通常，当汽压降低时，由于饱和温度的降低，将引起部分炉水蒸发，使炉水体积膨胀，故水位要上升；反之，当汽压升高时，水位要下降。如果汽压的变化是由于负荷变化等原因引起的，则上述水位变化只是暂时的现象，然后会朝相反的方向变化。如负荷增加、汽压下降时，先引起水位上升，但在给水量没有增加时，由于给水量小于蒸发量，故水位很快就下降。由此可知，汽压变化对水位有直接的影响，尤其当汽压急剧变化时，若调节不当或误操作，容易发生水位事故。

综上可知，汽压过高、过低或者急剧的汽压变化（即变化速度很快）对于锅炉以及整个发电机组的运行都是不利的。因此，运行中规定了正常的汽压波动范围，对于高压和超高压锅炉为 $\pm(0.1 \sim 0.2)$ MPa。在锅炉操作盘的蒸汽压力表上一般用红线标明锅炉的正常汽压数值，以引起值班人员的注意。但是，由于负荷等运行工况的变动，汽压的变化是不可避免的。运行人员必须及时、正确地调整燃烧，以尽可能保持或尽快地恢复汽压的稳定。

对于并列运行的机组，为了使多数锅炉的汽压比较稳定，并使蒸汽母管的汽压稳定，一般可根据设备特性和其他因素指定一台或几台锅炉应对外界负荷的变化，做调节汽压用，称为"调压炉"；其余各炉则保持在一定的经济出力下运行。这种运行方式容易做到汽压稳定，同时，除调压炉外，多数锅炉都在经济负荷和比较稳定的状况下运行，对安全和经济两方面都是有利的。

二、影响汽压变化的因素

汽压的变化实质上反映了锅炉蒸发量与外界负荷之间的平衡关系，但平衡是相对的，不平衡是绝对的。外界负荷的变化以及由于炉内燃烧情况或锅内工作情况的变化而引起的锅炉蒸发量的变化，经常会破坏上述平衡关系，因而汽压的变化是必然的。

引起汽压变化的原因可归纳为两方面：一是锅炉外部因素，称为外扰；二是锅炉内部因素，称为内扰。

（一）外扰

外扰是指非锅炉本身的设备或运行原因所造成的扰动。对于单元机组主要表现在外界负荷的变化、事故情况下的甩负荷、高压加热器因故突然退出运行和给水压力的变化等方面。

在锅炉汽包的蒸汽空间内，蒸汽是不断流动的。一方面由蒸发受热面中产生的蒸汽不断流进汽包；另一方面蒸汽又不断离开汽包，向汽轮机供汽。当供给锅炉的燃料量和空气量一定时，燃料在炉膛中燃烧所放出的热量是一定的，锅炉蒸发受热面所吸收的热量也是一定的，则锅炉每小时所产生的蒸汽数量（即锅炉蒸发量）一定。蒸汽压力的形成是由于在容器内气体分子不断运动碰撞器壁的结果；当气体分子的数量越多、分子运动的速度越大时，产生的蒸汽压力就越高；反之，蒸汽的压力就低。由此可知，当外界负荷变化，如增加时，由锅炉送往汽轮机的蒸汽量就增多，则在锅炉蒸汽容积内的蒸汽分子数量就减少，因而必然引起汽压下降，此时如果能及时调整锅炉燃烧，适当增加燃料量和风量，使锅炉产生的蒸汽数量相应增加，则汽压将能较快恢复至正常的数值。

综上可知，从物质平衡的角度来看，汽压的稳定取决于锅炉蒸发量（或称锅炉出力）与外界负荷之间是否处于平衡状态。当锅炉的蒸发量正好满足汽轮机所需要的蒸汽量（即外界负荷）时，汽压就能保持正常和稳定；而当锅炉蒸发量大于或小于汽轮机所需要的蒸汽量时，汽压就升高或降低。所以，汽压的变化与外界负荷有密切的关系。

此外，当外界负荷不变时，并列运行的锅炉之间的参数变化也会互相产生影响。如两台锅炉并列运行时，如果1号炉由于某种原因汽压下降，则由于1号炉与蒸汽母管之间的压差减小，1号炉的蒸汽流量（送往蒸汽母管的蒸汽量）将减少，此时由于汽轮机所需要的蒸汽量（即外界负荷）没有改变，则2号炉的蒸汽流量势必增加，导致2号炉的汽压下降。但2号炉汽压下降不是由锅炉内部的运行因素引起的。因此，并列运行锅炉之间的相互影响，对于受影响的某台锅炉（如上述的2号炉），这种影响仍然属于"外扰"的范畴，即与外界负荷变化时所带来的结果是一样的。

当外界负荷变化时，对于蒸汽母管制系统中并列运行的各台锅炉，其汽压受影响的程度除与负荷变化的大小和各台锅炉的特性有关外，还与各台锅炉在系统中的位置有关，边远的锅炉受的影响较小。

对于直流锅炉，锅炉的出力主要取决于给水流量的变化。当发生给水泵或给水系统故障等情况，造成给水压力和给水流量大幅度变化时，主蒸汽流量必将发生变化，此时如果汽轮机调节汽门开度不变，则必将引起锅炉出口汽压变化。

（二）内扰

内扰一般是指在外界负荷不变的情况下，由于锅炉设备工作情况（如热交换情况等）或燃烧工况变化（如燃烧不稳定或燃烧失常等）而引起的扰动。内扰主要反映在锅炉蒸汽流量的变化上，因而发生内扰时，锅炉汽压和蒸汽流量总是同向变化。

在外界负荷不变时，汽压的稳定主要取决于炉内燃烧工况的稳定。燃烧工况正常，则汽压变化不大。当燃烧不稳或燃烧失常时，炉膛热强度将发生变化，使蒸发受热面的吸热量发生变化，水冷壁中产生的蒸汽量变化，引起汽压发生较大的变化。影响燃烧不稳定或燃烧失常的因素很多，如煤种改变、燃煤量改变、煤粉细度改变、风粉配合不当、风速风量配合不当，炉内结焦/漏风，燃油时油压/油温/油质发生变化以及风量变化等都会造成炉膛温度变化，引起汽压变化。

此外，锅炉热交换情况的改变也会影响汽压的稳定。在锅炉的炉膛内，既进行着燃烧过程，同时也进行着传热的过程；燃料燃烧后所放出的热量以辐射和对流两种方式传递给水冷壁受热面，使水蒸发变成蒸汽（但在炉膛内对流传热是很少的，一般只占炉内总传热量的 5% 左右）。因此，如果热交换条件变化，使受热面内的工质得不到所需要的热量或传给工质的热量增多，会影响产生的蒸汽量，势必引起汽压发生变化。

水冷壁管外积灰或结渣以及管内结垢时，由于灰、渣和水垢的导热系数很低，都会使水冷壁受热面的热交换条件恶化，因此，为了保持正常的热交换条件，应当根据运行情况，正确调整燃烧，及时进行吹灰和排污等，以保持受热面内、外的清洁。

锅炉发生故障时（如安全门动作、对空排汽阀误开、过热器或蒸汽管道泄漏、爆破等），若汽轮机调节汽门开度不变，将使锅炉出口压力产生突降。这种扰动对于汽包锅炉和直流锅炉都会产生很大的影响。

对于直流锅炉，由于给水一次流经各受热面完成加热、蒸发、过热等过程，因此直流锅炉蒸发量的变化取决于进入锅炉给水流量的变化，而炉内放热量的变化仅对蒸汽温度产生直接影响。当给水流量由某种原因增大时，锅炉的蒸汽流量将相应增加，在外界负荷不变的情况下锅炉出口汽压将上升；反之，当给水流量减少时，锅炉的出口汽压将下降。对于汽包锅炉，给水流量的变化，将引起汽包水位的变化，但由于汽包储存工质和热量的作用，对锅炉的出力及汽压产生的影响不如直流锅炉反映得快和直接。

在汽包锅炉中，当燃烧工况变化时，炉膛热强度或锅炉受热面的吸热比例将发生变化，使锅炉蒸发受热面的吸热量及产汽量相应改变，在外界负荷不变的情况下，由于锅炉蒸发量的变化必将导致锅炉出口汽压发生变化。而对于直流锅炉，燃烧工况的变化仅影响蒸汽温度，对锅炉出口汽压并不产生直接影响。

（三）外扰和内扰的判别

无论外扰或内扰，汽压的变化总与蒸汽流量的变化紧密相关。因此，在锅炉运行中，当蒸汽压力发生变化时，除了通过"电力负荷表"了解外界负荷是否发生变化外，一般还可根据汽压与蒸汽流量的变化关系判断引起汽压变化是由于外扰或内扰的影响。

（1）如果汽压 p 与蒸汽流量 D 的变化方向是相反的，则是由于外扰的影响，这一规律无论对于并列运行的机组或单元机组都是适用的。如当 p 下降，同时 D 增加，说明外界要求蒸汽量增多；或当 p 上升，同时 D 减少，说明外界要求蒸汽量减少。故这都属于外扰。

（2）如果汽压 p 与蒸汽流量 D 的变化方向是相同的，则大多是由于内扰的影响。如当 p 下降，同时 D 减少，说明燃料燃烧的供热量不足；或当 p 上升，同时 D 增加，说明燃料燃烧的供热量偏多。这都属于内扰。

但必须指出，判断内扰的这一方法，对于单元机组而言仅适用于工况变化的初期，即汽轮机调速汽门动作以前，而调速汽门动作以后 p 与 D 的变化方向则是相反的，在运行中应予以注意。

对于单元机组内扰的影响过程：当外界负荷不变时，锅炉燃料量突然增加（内扰），最初 p 上升，同时 D 增加，但当汽轮机调速汽门关小（为了维持额定转速）以后，p 继续上升，D 则减少；反之，当燃料量突然减少时，最初 p 下降，同时 D 减少，但当汽轮机调速汽门开大以后，p 则继续下降，而 D 则增加。

三、汽压的调节方法

（一）汽包锅炉的汽压调节

当外界负荷增加使汽压下降时，必须强化燃烧，即增加燃料量和风量以稳定汽压，同时应相应增加给水量以保持正常水位，改变减温水量以保持过热蒸汽温度。

外界负荷的变化是客观存在的，而锅炉蒸发量的多少可以由运行人员通过对锅炉燃烧的调节控制。当负荷变化（如增加）时，如果能及时并正确地调整燃烧，使锅炉蒸发量也相应地随之增加，则汽压就能维持在正常的范围内；如果不能及时、正确地调整燃烧，将会造成蒸发量跟不上负荷的需要，则汽压不能稳定并会下降。因此，对汽压的控制与调节，就是运行人员如何正确地调整锅炉燃烧，以控制好锅炉蒸发量，使之适应外界负荷需要的问题。对汽压的调节实质上就是对锅炉蒸发量的调节，下面仅说明负荷变化时对汽压（即对蒸发量）进行调节的一般方法。

当负荷变化时，如当负荷增加（蒸汽流量指示值增大）使汽压下降时，必须强化燃烧，即增加燃料量和风量（还必须相应增加给水量和改变减温水量）。

对于增加燃料量和风量的操作顺序，一般情况下，最好是先增加风量，然后再增加燃料量。如果先增加燃料量然后增加风量，且如果风虽增加但较迟，则将导致不完全燃烧。但是，由于炉膛中总是保持有一定的过剩空气量，所以在某些实际操作中，当负荷增加较大或增加速度较快时，为了保持汽压稳定使之不致有大幅度下降，可以先增加燃料量，然后再适当地增加风量。低负荷情况下，由于炉膛中的过剩空气量相对较多，因而在增加负荷时也可先增加燃料量，后增加风量。

增加风量时，应先开大引风机入口挡板，然后再开大送风机的入口挡板。如果先开大送风，则火焰和烟气将可能喷出炉外伤人，并且恶化了锅炉房的卫生条件。送风量的增加，一般都是增大送风机入口挡板的开度即增加总风量；只有在必要时，才根据需要再调整各个（或各组）燃烧器前的二次风挡板。

增加燃料量的手段是同时或单独增加各运行燃烧器的燃料量（燃煤时增加给粉机或给煤机转速等，燃油时增加油压或减少回油量），或者是增加燃烧器的运行数。如对于具有中间储仓式制粉系统的锅炉，燃料量的增加可通过增加各运行给粉机的转速或将备用的给粉机投入运行的方法实现。在负荷增加不大、各运行给粉机尚有调节裕度的情况下，只需采用前一种方法，否则，必须投入备用的给粉机及相应的燃烧器。有时，也可单独地增加某台给粉机的转速，即单独增加某个燃烧器的给粉量。

燃煤锅炉如果装有油燃烧器，必要时还可以将油燃烧器投入运行或者加大喷油量，以强化燃烧，稳定汽压。但是，如果控制油量的操作不方便（如不能在操作盘上控制）或者受燃油量的限制时，则不宜采用"投油"或加大喷油量的方法调节汽压。

当负荷减少（蒸汽流量指示值减小）使汽压升高时，则必须减弱燃烧，即先减少燃料量再减少风量（还应相应减少给水量和改变减温水量），其调节方法与汽压下降时相反。在异常情况下，当汽压急剧升高，只靠燃烧调节来不及时，可开启过热器疏水门或对空排汽门，以尽快降压。

（二）直流锅炉汽压的调节

在直流锅炉中，炉内热量的变化将直接影响各段汽水温度的变化，但对锅炉的蒸发量只起到暂时突变的作用。当参数在新的工况下稳定时，锅炉的蒸发量并未改变。所以，燃烧率改变并不直接影响锅炉的蒸发量，只有当给水量改变时，才会引起锅炉蒸发量的变化。

由图8-5所示的直流锅炉动态特性可知，当给水流量发生变化时，蒸发量和汽压的变化需经过一段时滞。如当燃料量不变，而给水流量减少时，锅炉的蒸发量降低。由于过热段的长度增长，过热蒸汽的温度因工质流量降低和过热段长度增加而提高。在外界负荷不变时，蒸发量的降低将引起蒸汽压力的下降。但是由于工质储量与蓄热能力的影响，蒸汽汽压及温度不会立即发

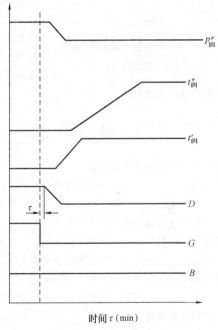

时间 τ (min)

图8-5 给水量 G 减少扰动时的动态特性

t'_{gq} —过热区段开始部分的汽温；

t''_{gq} —过热区段出口的汽温；

p''_{gq} —过热蒸汽出口压力；

D —蒸汽流量；B —燃料量

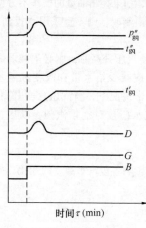

图 8-6 燃料量 B 增加扰动
时的动态特性

生变化，而是在扰动开始一段时间后才变化。由此可见，如果在调节过程中忽视了这一点，很难使汽压维持稳定。

此外，燃料量变化时，瞬时锅炉蒸发量变化的滞后时间比给水量引起的蒸发量变化的滞后时间短，如图 8-6 所示。因此在外界需要锅炉变负荷时，如先改变燃料量，就能保证在过程开始时蒸汽压力的稳定，以后汽压的稳定只需改变给水量即可。通过这样的调节手段，可以保证过热蒸汽温度、汽压的稳定。

在直流锅炉的调节过程中，使给水流量和燃料量同时按一定比例进行调节，才能既保证汽温的稳定，同时又达到调节负荷或汽压的目的。

第三节 汽 温 调 节

一、汽温调节的必要性

当蒸汽具有规定的压力和温度时，才具备预定的做功能力，并使热力设备正常工作，因此蒸汽温度是锅炉运行中必须监视和控制的主要参数之一。锅炉正常运行中，过热蒸汽温度与再热蒸汽温度将随着机组负荷、锅炉出力、燃料与给水的比例、给水温度、风量、汽压以及燃烧工况等的变化而变化，过热蒸汽温度、再热蒸汽温度过高、过低或大幅度波动都将严重影响锅炉和汽轮机的安全、经济运行。

（一）汽温过高

汽温过高将引起过热器、再热器、蒸汽管道以及汽轮机汽缸、转子部分金属的强度降低，蠕变速度加快，特别是承压部件的热应力增加，缩短使用寿命。当超温严重时，将造成金属管壁的胀粗和爆破，使锅炉不能正常运行。根据实际运行中过热器发生损坏的情况来看，其损坏大多是因为管子金属被高度过热造成的。因而，汽温过高对设备的安全有很大的威胁。

（二）汽温过低

汽温过低的危害主要表现在以下几方面：

（1）汽温过低将增加汽轮机的汽耗，降低机组的经济性。

（2）汽温过低时，将使汽轮机的末级蒸汽湿度增大，加速对叶片的水蚀，严重时可能产生水冲击，威胁汽轮机的安全。

（3）汽温过低时，将造成汽轮机缸体上下壁温差增大；产生很大的热应力，使汽轮机的胀差和窜轴增大，危害汽轮机的正常运行。

（三）汽温波动幅度过大

汽温突升或突降，除对锅炉各受热面焊口及连接部分产生较大的热应力外，还将造成汽轮机的汽缸与转子间的相对位移增加，即胀差增加，严重时甚至可能发生叶轮与隔板的动静摩擦，造成汽轮机的剧烈振动。

（四）汽温两侧偏差过大

过热蒸汽温度和再热蒸汽温度两侧偏差过大，将使汽轮机的高压缸和中压缸两侧受热不均，导致热膨胀不均，影响汽轮机的安全运行。

为了避免出现上述情况，在锅炉的运行中，必须具体情况具体分析，及时采取调节措施使汽温维持在规定的范围内。

现代锅炉对过热温度的控制非常严格，对于高压和超高压锅炉机组，汽温允许波动范围一般不得超过额定值 $\pm 5℃$。

二、影响汽温变化的因素

（一）影响过热蒸汽温度变化的因素

1. 燃料性质的变化

燃料性质变化对汽温有很大的影响，如燃料的低位发热量、灰分及煤粉细度等因素变化时，都将造成炉内燃烧工况的变化，从而导致热负荷及汽温的变化。

燃料性质的变化对直流锅炉和汽包锅炉的汽温的影响不同。当燃料的挥发分降低、灰分和水分增加时，将使炉膛火焰中心上移，炉膛温度降低。对于直流锅炉，增加了加热段，相对减少了过热段，从而使过热蒸汽温度降低；对于汽包锅炉，由于灰分、水分增加，烟气量增加，对于具有对流特性的过热器系统，由于导致对流过热器的吸热量增强而使过热蒸汽温度升高。

2. 风量变化的影响

对汽包锅炉，当风量在规定范围内增大时，如保持燃料量不变，则一方面由于炉膛温度降低，水冷壁辐射吸热量减少，使产汽量减少；另一方面，由于风量增大造成烟气量增多，烟气流速加快，使过热器对流吸热量增加，最终造成过热蒸汽温度升高。如果保持锅炉负荷不变，则必须增加燃料量，则由于烟气量的增加，烟速加快，使对流传热加强，也将使过热蒸汽温度升高；反之则将下降。

对于直流锅炉，在风量增加的开始阶段，由于炉膛具有一定的热容量，故炉膛的火焰温度无明显变化，烟温几乎不变。此时由于风量的增加使得烟气流速增加，高温过热器的吸热量增加，从而使过热蒸汽温度升高；在燃料量不变的情况下，增加风量后经过一段滞后时间，必然造成炉膛温度下降，使锅炉辐射受热面吸热量减少，引起加热段与蒸发段增长，亦即蒸发点后移，过热段缩短，此时对流传热虽有增强，但最终还是造成过热蒸汽温度下降。

在总风量不变的情况下，配风工况变化也会引起汽温变化。这是由于配风工况不同，燃烧室火焰中心的位置也不同。如对于四角布置切圆燃烧方式，当燃烧器上面二次风大而下面二次风小时，将使火焰中心压低，于是炉膛出口烟温降低，使汽温降低。

当送风和引风配合不当，使炉膛负压发生变化时，由于火焰中心位置变化，也会引起汽温发生变化。

3. 燃烧工况的变化

在锅炉运行中，燃烧工况的变化将引起火焰中心上下移动，致使辐射受热面和对流受热面的吸热量发生变化，最终使过热蒸汽温度变化。

4. 受热面清洁程度的影响

直流锅炉与汽包锅炉的受热面清洁程度对汽温的影响不尽相同。

对于直流锅炉，工质在受热面内一次流过，完成加热、蒸发和过热的过程。只要给水流量和减温水流量保持不变，锅炉出力便保持不变。因而在燃料量不变的情况下，无论在一次汽系统的任何部位结渣，都会造成一次汽系统内工质吸热量减少，从而使过热蒸汽温度下降。

对于汽包锅炉，当水冷壁结渣后，如保持燃料量不变，则锅炉的蒸发量将下降，而且因炉膛出口烟温升高，最终使过热蒸汽温度升高；如果保持锅炉的蒸发量不变，则必须增加燃料量，同样使得炉膛出口烟温升高，同时烟气量增大，使过热蒸汽温度升高。当汽包锅炉的过热器部分发生结渣或积灰时，则会由于锅炉蒸发量未变而过热器吸热量减少，导致过热蒸汽温度下降。所以汽包锅炉过热蒸汽温度的变化应视结渣或积灰的部位而言。

过热器管内结垢不但会影响汽温，而且可能造成管壁过热损坏。若过热器积灰、结渣不均匀，有的地方流过的烟气量多，汽温就高；有的地方流过的烟气量少，汽温就低。在这种情况下，虽然过热器出口蒸汽温度的平均温度变化不大，但个别管子的壁温可能很高，这是很危险的。所以要重视保持受热面的清洁，防止结垢、积灰和结渣现象的发生，在运行中应进行必要的吹灰和打焦工作。

5. 给水温度变化的影响

汽轮机负荷的增加、高压加热器的投停，都会引起给水温度变化，给水温度的变化对锅炉过热蒸汽温度的变化有较大影响。

对于汽包锅炉，给水温度升高，使给水在水冷壁内的吸热量减少。当燃料量不变时，锅炉的产汽量增加，相对蒸汽的吸热量将减少，从而导致汽温降低；若保持锅炉的蒸发量不变，就要相应减少燃料量，从而使燃烧减弱，烟气量减少，亦使汽温降低。

对于直流锅炉，给水温度的升高，将缩短加热与蒸发段的长度，增长了过热区段，亦即在炉膛热负荷不变时，使蒸发点前移，最终将导致过热蒸汽温度的升高；反之，当给水温度降低时，在其他工况不变的情况下，将会使过热蒸汽温度下降。

6. 过热蒸汽压变化的影响

过热蒸汽压变化时，直流炉与汽包炉汽温的变化基本相同，如汽压降低时，由于对应的饱和温度降低，从而汽温下降。对于汽包锅炉，汽压降低的瞬间将引起蒸发量增加，导致汽温下降；对于直流锅炉，由于附加蒸发量的产生，使过热区段蒸汽通流量瞬间增加，也使汽温下降。

另外，当主蒸汽压力有较大幅度的变化时，若给水压力不变，则由于减温水和锅内工质的压差发生变化，将引起减温水量变化。若不及时调整，必将加剧过热蒸汽温度的变化。

7. 烟气挡板开度变化的影响

有些锅炉的再热蒸汽温度是采用烟气调温挡板来调节的，当烟气挡板开度变化时，造成流经低温再热器侧和低温过热器侧的烟气量发生变化，使低温过热器的吸热量有所改变，当其他工况不变时，必将引起过热蒸汽温度变化。

8. 锅炉负荷的变化

锅炉运行中负荷是经常变化的。当锅炉负荷变化时，过热蒸汽温度也会随之变化。对于不同类型的过热器，其汽温随锅炉负荷变化的特性也不相同。辐射过热器的汽温变化特性是负荷增加时汽温降低，负荷减少时汽温升高；而对流过热器的汽温变化特性是负荷增加时汽温升高，负荷减少时汽温降低。两者的汽温变化特性恰好相反。

我国多数锅炉采用的联合过热器中，炉膛墙式辐射过热器的应用很少，主要由受热面积较小的辐射、半辐射过热器和受热面积较大的对流过热器串联组成。同时，由于受结渣条件的限制，进入过热器的烟气温度不可能太高，所以，联合过热器的汽温特性一般仍偏近于对流特性。

由上可知，无论哪种类型的过热器，当锅炉负荷变化时，过热蒸汽温度随之变化。但是，上述汽温随锅炉负荷变化的特性是指变化前、后的两个稳定工况。而对于从一个工况向另一个工况变化的动态过程中，汽温的变化情况则与上述不尽相同，如当负荷突然增加，而燃烧工况还来不及改变，汽压未恢复，由于过热器的加热条件并未改变，而流经过热器的蒸汽流量却增加了，因此汽温降低。只有经过一段时间后，当燃料量增加达到新的平衡时，汽温才逐渐恢复。说明当锅炉负荷的变化量或变化速度大时，必将引起过热蒸汽温度的上下波动。

9. 饱和蒸汽湿度的变化

对于直流锅炉，由于加热、蒸发和过热没有明显的分界点，所以饱和蒸汽湿度的变化对汽温无明显影响。对于汽包锅炉，从汽包出来的饱和蒸汽总含有少量水分，在正常情况下，进入过热器的饱和蒸汽湿度一般变化很小，饱和蒸汽的温度保持不变。但运行工况变动时，特别是负荷突增、汽包水位过高或锅水含盐浓度太大而发生泡沫共腾时，会使饱和蒸汽湿度大大增加，增加的水分在过热器中汽化将多吸收热量，若此时燃烧工况不变，则用于使干饱和蒸汽过热的热量相应减少，因而使过热蒸汽温度下降。

10. 减温水的变化

减温器中减温水温度和流量发生变化时，将引起过热蒸汽侧总吸热量的变化，汽温会发生变化。用给水做减温水时，如给水系统压力升高，虽然减温水调节阀的开度未变，但减温水量增加，从而使过热蒸汽温度下降。此外，当表面式减温器发生泄漏时，也会引起汽温下降。

（二）影响再热蒸汽温度的因素

1. 高压缸排汽温度变化的影响

在其他工况不变的情况下，高压缸排汽温度越高，再热器出口温度就越高。机组在定压方式下运行时，汽轮机高压缸排汽温度将随着机组负荷的增加而升高。另外，主蒸汽温度、主蒸汽压力、汽轮机高压缸效率和高压缸抽汽量大小等因素，均会对高压缸的排汽温度产生影响。

2. 再热器吸热量的变化

再热蒸汽温度与主蒸汽温度一样也受到锅炉机组各种运行因素的影

响，如锅炉负荷、燃料性质、燃烧工况、流经再热器侧的烟气流量以及受热面的清洁程度等都将引起再热器吸热量发生变化，从而导致再热蒸汽温度的变化。

3. 再热蒸汽量变化的影响

在其他工况不变时，再热蒸汽流量越大，再热器出口温度越低。机组正常运行时，再热蒸汽流量将随着机组负荷、汽轮机高压缸抽汽量大小、吹灰器投停、安全门、汽轮机旁路或对空排汽阀状态等情况的变化而变化。

此外，再热蒸汽温度还受到减温水量大小的影响，在其他工况不变的情况下，减温水量越大，则再热蒸汽温度越低。

三、汽温的调节方法

（一）过热蒸汽温度的调节

1. 汽包锅炉过热蒸汽温度的调节

（1）利用减温器调节过热蒸汽温度。减温器可分为表面式和喷水式两种。表面式减温器是一个热交换器，利用给水间接地冷却蒸汽；喷水式减温器把给水或蒸汽冷凝水直接喷入过热器中，以降低蒸汽温度。由于喷水式减温器结构简单，调节速度快，所以在现代大型锅炉中主要用于调节汽温。

喷水式减温器调节过热蒸汽温度的原理是：利用给水或蒸汽凝结水作为冷却工质，直接冷却蒸汽，以改变蒸汽的焓值，从而改变过热蒸汽温度。

现代大型锅炉通常设计两级以上喷水减温器，第一级布置在屏式过热器入口之前，对蒸汽温度进行粗调，其喷水量应能保证屏式过热器的管壁温度不超过允许值；第二级喷水减温器布置在高温对流过热器入口前或中间，对汽温进行细调，以保证锅炉出口蒸汽温度的稳定。

喷水减温的特点是只能使蒸汽温度降低而不能升高。因此锅炉按额定负荷设计时，过热器受热面超过实际需要量。即锅炉在额定负荷下运行时，过热器吸热量大于蒸汽所需过热量，这时需用减温水降低蒸汽的温度，使之保持额定值。当锅炉负荷降低时，由于一般锅炉的过热器都接近于对流特性，所以汽温也将下降，减温水量将减少，如负荷继续降低，则减温水量应继续减少，直至减温水门全部关闭。

从蒸汽侧采用减温器调温在经济上是有一定损失的。一方面由于在额定负荷时蒸汽必须减温，过热器受热面比实际需要的大，增加了金属消耗量；另一方面由于部分给水用作减温水，使省煤器的水流量减少或省煤器中水温要提高，因而将使锅炉排烟温度升高，排烟损失增加。但由于喷水减温的设备简单，操作方便，调节灵敏，故得到广泛应用。

由于过热蒸汽温度的变化有一定的时滞性和惯性，所以调节过热蒸汽温度时，还应根据汽温的变化趋势进行超前调节，但受运行人员调节经验所限，要保持汽温稳定，仍有一定困难，故现代大容量锅炉均采用汽温自动调节。

在自动调节系统中，把被调温度作为主调信号，并利用减温器后的汽温信号及时反映调节效果。为进一步提高调节质量，在调温系统中加入其他提前反映汽温变化的信号，如蒸汽负荷、汽轮机功率等，如图8-7所示。

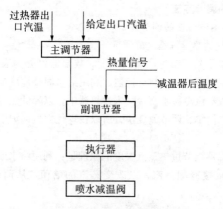

图8-7　过热汽温控制系统

（2）改变火焰中心位置。由于利用喷水减温调节汽温只能使蒸汽温度降低，所以当汽温低于规定值，而减温水门已全部关闭时，必须采用其他的辅助调节手段，改变火焰中心位置是很有效的辅助调节手段。

改变火焰中心位置可以改变炉内辐射吸热量和进入过热器的烟气温度，从而调节过热蒸汽温度。当火焰中心位置升高时，炉内辐射吸热量减少，炉膛出口烟温升高，过热蒸汽温度升高；反之，汽温降低。

改变火焰中心位置的方法主要有：

1）采用摆动式燃烧器改变其倾角。采用摆动式燃烧器时，可以用改变其倾角的办法改变火焰中心沿炉膛高度的位置，达到调节汽温的目的。在高负荷时，将燃烧器向下倾斜某一角度，可使火焰中心位置下移，使汽温降低；而在低负荷时，将燃烧器向上倾斜适当角度，则可使火焰中心位

锅炉设备运行（第二版）

置提高，使汽温升高。目前使用的摆动式燃烧器上下摆动的转角为±20°，一般用+10°~-20°。应注意燃烧器倾角的调节范围不可过大，否则可能会增大不完全燃烧损失或造成结渣等。如向下的倾角过大时，可能会造成水冷壁下部或冷灰斗结渣；若向上的倾角过大时，会增加不完全燃烧损失并可能引起炉膛出口的屏式过热器或凝渣管结渣，同时在低负荷时若向上的倾角过大，还可能发生炉膛灭火。

此方法多用于四角布置的燃烧方式，其优点是调温幅度大，时滞性小，当燃烧器摆动角度为±20℃时，可使炉膛出口烟温变化100℃以上，调节灵敏，设备简单，没有功率消耗；缺点是摆角过大会造成结渣和不完全燃烧损失增加。

2）改变燃烧器的运行方式。如果沿着炉膛高度布置多排燃烧器，投入或停用不同高度的燃烧器可改变火焰中心位置，从而达到调节汽温的目的。常用于多排布置旋流燃烧器的锅炉上。

3）改变配风工况。在总风量不变的情况下，改变上、下排二次风的比例可改变火焰中心位置。当汽温高时，开大上排二次风，关小下排二次风，以压低火焰中心，使汽温下降；汽温低时，则与上述情况相反操作，提高火焰中心，使汽温上升。但进行调整时，应根据实际设备的具体特征灵活掌握。

4）利用吹灰的方法调节过热蒸汽温度。发现汽温偏低时，应及时加强对过热器的吹灰；发现汽温升高时，则应加强对炉膛水冷壁及省煤器的吹灰，并在确保燃烧完全的前提下尽量减少锅炉的总风量。

（3）改变烟气量。若改变流经过热器的烟气量，则烟气流速必然改变，从而改变了烟气对过热器的放热量。烟气量增多时，烟气流速大，使对流传热系数增大，则过热器烟气侧的放热量增加，使汽温升高；烟气量减少时，烟气流速小，使汽温降低。改变烟气量即改变烟气流速的方法有：

1）采用烟气再循环改变再循环烟气量即可调节汽温。

2）采用烟气挡板改变挡板开度即可改变流经受热面的烟气量，以达到调节汽温的目的。

3）在燃烧工况允许的范围内调节送风量，以改变流经过热器的烟气量，即改变烟气流速，以达到调节过热蒸汽温度的目的。

必须指出，对于从烟气侧调节过热蒸汽温度的方法中，燃烧器的运行方式和风量的调节等首先必须满足燃烧工况的要求，以保证锅炉机组运行的安全性和经济性，用于调节汽温，一般只是作为辅助手段。当汽温问题成为运行中的主要矛盾时，才用燃烧调节配合调节汽温，这时即使降低经济性也是可取的。

综上所述，调节过热蒸汽温度的方法很多，这些方法各有其优缺点，故在应用时应根据具体的情况予以选择。在高参数大容量锅炉中，为了得到良好的汽温调节特性，往往应用两种以上调节方法，并常以喷水减温与一种或两种烟气侧调温方法相配合。在一般情况下，烟气侧调温只能作为粗调，而蒸汽侧（用减温器）调温才能进行细调。但某些实践经验证明，如使用得当，烟气侧调温也能使蒸汽温度控制在规定的范围内。

2. 直流锅炉过热蒸汽温度的调节

（1）直流锅炉过热蒸汽温度的调节原理。在直流锅炉中，给水进入锅炉后，是一次全部蒸发成过热蒸汽的。在给水变成过热蒸汽的过程中经历了加热、蒸发、过热三个阶段，它们之间没有固定的分界线，是随工况的变化而变化的，如图 8-8 所示。

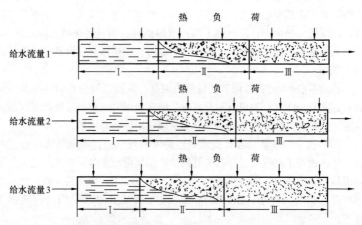

图 8-8　给水流量变化时直流锅炉各区段的长度变化的影响
Ⅰ—加热区段长度；Ⅱ—蒸发区段长度；Ⅲ—过热区段长度
给水流量 1 > 给水流量 2 > 给水流量 3

由图 8-8 可知，在锅炉热负荷和其他条件都不变时，给水流量发生变化将引起三个区段的长度发生变化，引起汽温发生变化。

同样可以分析，在给水流量和其他条件都不变时，燃料量发生变化，也可引起三个区段发生变化，导致汽温发生变化。

所以，直流锅炉过热蒸汽温度的调节，主要通过调整给水量和燃料量的比例来达到。要想使汽温保持稳定，就必须保持燃料量与给水流量之比为一定值，但在实际运行的动态过程中，要始终保持该比例为定值是不现实的。加上实际运行中各种其他因素对过热蒸汽温度的影响，使过热蒸汽温度的调节除了采用调节此比例作为粗调外，还必须采用减温水作为细调，才能保证过热蒸汽温度的稳定。

（2）直流锅炉过热蒸汽温度的调节方法。在直流锅炉的汽温调节过程中，为了能够及时调节燃料量与给水流量的比例，必须选择超前信号作为调节依据。

当锅炉的燃料与给水比例发生变化时，一般会在水冷壁出口温度上首先反映出来，但由于水冷壁出口温度接近于饱和温度，遇工况变化时，一旦低至饱和温度便不再发生变化，因而它不适于用作过热蒸汽温度调节的超前信号。而包墙管出口温度有一定的微过热度，能基本保证工况扰动时始终保持微过热状态，因而对燃料与给水比例的变化有较高的灵敏度。如能监视并保持包墙管出口温度正常，就能有效地保证燃料与给水的比例正常，再利用减温水进行细调，便能使主蒸汽温度保持稳定。所以直流锅炉一般都采用包墙管出口温度（也称中间点温度）作为过热蒸汽温度调节的超前信号。但是，当锅炉负荷较高时，锅炉本体部分工质的焓增减少，中间点温度要相应降低，并有可能接近甚至达到饱和温度，使之变化迟钝。此时，则应以低温过热器出口汽温即中间温度来代替中间点温度的作用。

中间温度与中间点温度的变化除随燃料量、给水量或负荷的变化而变化外，还将随着风量、汽压、给水温度等因素的变化而相应变化。因此在过热蒸汽温度的调节过程中，要对这些因素进行适当调整，保持中间点或中间温度在恰当的控制值，以确保合理的燃料与给水之比作为粗调。在此基础上以减温水作为细调，对过热蒸汽温度进行最后的修正。

（二）再热蒸汽温度的调节

对于中间再热锅炉，与主蒸汽温度相似，再热蒸汽温度偏离额定值同样会影响机组运行的经济性和可靠性。与过热器相比，再热器的工作具有如下特点：一般来说，再热器多布置成对流式，或以对流为主，其汽温特性有显著的对流特性；而且再热蒸汽压力低，其比热容较过热蒸汽小，吸收同样热量时再热蒸汽温度的变化大；此外，由于再热器的进汽是汽轮机高压缸的排汽，低负荷时汽轮机排汽温度低，使再热器需要吸收较多的热量方能使汽温达到额定值。以上特点造成再热蒸汽温度对工况变化敏感，波动范围大。

再热蒸汽温度的调节方法，原则上与过热蒸汽温度的调节相同。

1. 烟气挡板调节

烟气挡板调节是一种应用较为广泛的再热蒸汽温度的调节方法，其布置方式如图8-9所示。

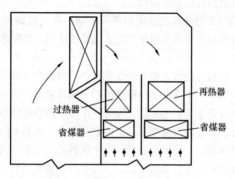

图8-9　分隔烟气挡板布置方式

烟气挡板一般布置于尾部受热面省煤器之后、空气预热器之前。用分隔墙将低温过热器和再热器分隔在两个烟道内，通过调节挡板开度改变流经两个烟道的烟气流量，达到调温的目的。烟气挡板使流经两个烟道的烟气量变化的情况如图8-10所示。在额定负荷时，烟气挡板全开，两烟道的烟气量各占烟气总量的50%。负荷降低时，关小过热器烟气挡板，使较多的烟气流经再热器烟道，以维持额定的再热蒸汽温度。但挡板不可能绝对严密，故在任何时候每一烟道的烟气流量不能等于锅炉的全部烟气量。

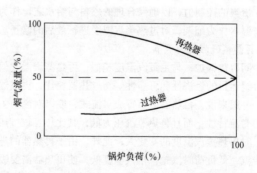

图8-10　挡板调节时，烟气量随锅炉负荷的变化

烟气挡板调节的优点是结构简单，操作方便，主要缺点是挡板开度与汽温变化不成线性关系，调节时对主蒸汽温度也会造成一定的影响。此外，由于挡板布置在烟道中，所以必须用耐热钢板制作，以免挡板产生热变形。另外，利用挡板调节汽温，灵敏度也较差，因此一般宜与其他调节方法联合使用。

2. 烟气再循环

烟气再循环利用再循环风机从锅炉尾部烟道抽出部分烟气再送入炉膛，改变过热器与再热器的吸热量，达到调节汽温的目的。烟气再循环的热力特性，即各受热面吸热量与烟气再循环量之间的关系如图 8 – 11 所示。

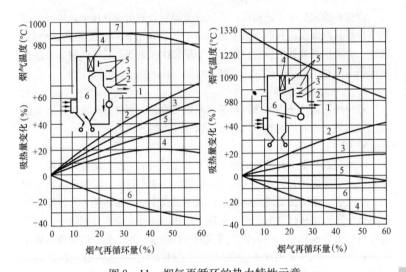

图 8 – 11　烟气再循环的热力特性示意

（a）从冷灰斗下部送入时的特性；（b）从炉膛出口送入时的特性

1—至预热器；2—省煤器；3—过热器；4—过热器Ⅰ；5—过热器Ⅱ；

6—炉膛；7—炉膛出口

如图 8 – 11（a）所示，当锅炉在低负荷时，再循环烟气从冷灰斗下部送入，随着再循环烟气量的增加，炉膛辐射吸热量相对减少，而对流受热面吸热量增加，且沿着烟气流程，越往后的受热面，其吸热量增加的百分数越大。即调温幅度越大。一般来讲再热器布置在过热器后面，因此把烟气再循环作为调节再热蒸汽温度的手段。

如图 8 – 11（b）所示，当锅炉负荷高时，再循环烟气从炉膛出口处送入，这时炉膛辐射吸热量变化很小，但造成炉膛出口烟温下降和对流受热面烟气量增加。采用这种方式，过热蒸汽温度和再热蒸汽温度的调温幅度很小，因此，它的目的不是调温，而是降低炉膛出口烟温，防止屏式过热器超温和高温对流过热器结渣。

采用烟气再循环的优点是调温幅度大，试验表明，每增加再循环量 1%，可使再热蒸汽温度提高 2℃；节省再热器受热面，调节反应也较快，还可以均匀炉膛热负荷；其缺点是采用高温的再循环风机，增大了投资和厂用电，且不宜在燃用高灰分燃料或低挥发分燃料时采用，否则会加剧受热面积灰和磨损，对燃烧的稳定性不利。

3. 改变炉膛火焰中心的高度

改变炉膛火焰中心的高度，可以改变辐射和对流吸热比例，从而达到调节再热蒸汽温度的目的。改变火焰中心高度的方法有改变燃烧器倾角；改变上、下层燃烧器的负荷；调节上下层二次风量等。具体的调节方法在前面调节主蒸汽温度时已做了详细介绍。

4. 汽 – 汽热交换器

是一种用过热蒸汽加热再热蒸汽的热交换器。当负荷降低时，加大进入汽 – 汽热交换器的再热蒸汽份额，以提高再热蒸汽温度。

5. 喷水减温器

喷水减温器由于其结构简单，调节方便，调节速度快而被广泛用于再热蒸汽温度的细调，但它的使用将使机组的热效率降低。因为使用喷水减温，将使中、低压缸工质流量增加，限制了高压缸的做功能力，即等于用部分低压蒸汽循环代替高压蒸汽循环，使热经济性下降。根据计算，超高压机组的再热蒸汽中每喷入锅炉蒸发量 1% 的水，将使整个机组的热效率降低 0.1% ~ 0.2%。因此不宜采用喷水减温作为再热蒸汽温度调节的主要手段。一般情况下，再热器中将喷水减温作为汽温的细调或事故喷水。当再热器进口烟温剧烈升高或再热器进口安全门起座无法使之回座时，均可采用事故喷水进行紧急降温，保护再热器。

四、汽温监视和调节中应注意的问题

（1）运行中要控制好汽温，首先要监视好汽温，并经常根据有关工况的改变分析汽温的变化趋势，尽量在汽温变化之前进行调节工作。如果等汽温变化以后再采取调节措施，则必然形成较大的汽温波动。

应特别注意对过热器中间点汽温（如一、二级减温器出口汽温）的监视，中间点汽温保证了，过热器出口汽温就能稳定。

（2）虽然现代锅炉一般都装有汽温自动调节装置，但运行人员除应对有关表计加强监视以外，还需熟悉有关设备的性能，如过热器和再热器的汽温特性、喷水调节门的阀门开度与喷水量之间的关系、过热器与再热器管壁金属的耐温性能等，以便在必要的情况下由自动切换为远方操作时，仍能维持汽温的稳定并确保设备的安全。

（3）在进行汽温调节时，操作应平稳均匀。如对于减温调节门的操作，不可大开大关，以免引起急剧的温度变化，危害设备安全。

（4）由于蒸汽流量不均或受热不均，过热器和再热器总存在热偏差，在并联工作的蛇形管中总可能有少数蛇形管的汽温和壁温较平均值为高，因此运行中不能只满足于平均汽温不超限，而应在燃烧调节上力求做到不使火焰偏斜，避免水冷壁或凝渣管发生局部结渣，注意烟道两侧烟温的变化，加强对过热器和再热器受热面壁温的监视等，以确保设备的安全并使汽温符合规定值。

第四节　燃　烧　调　节

一、概述

1. 燃烧调节的意义

锅炉燃烧工况的好坏，不但直接影响锅炉本身的运行工况和参数变化，而且对整个机组运行的安全与经济有着极大的影响。因此，无论是正常运行或启停过程，均应合理组织燃烧，保证燃烧工况稳定、良好。

2. 燃烧调节的任务和目的

锅炉燃烧调节的任务是：

（1）使锅炉蒸发量适应外界负荷的需要，以维持稳定的汽压，因此常把燃料量的调节称为压力调节。

（2）保证良好燃烧，减少未燃尽损失，同时要防止锅炉金属烟气侧的腐蚀和减少对大气的污染。

（3）维护炉膛内稳定的负压，保证锅炉运行安全可靠。

（4）使机组运行保持最高的经济性。

燃烧过程是否稳定直接关系到锅炉运行的可靠性。如燃烧过程不稳将引起蒸汽参数发生波动；炉膛温度过低将影响燃料的着火和正常燃烧，容易造成炉膛灭火；炉膛温度过高或火焰中心偏斜将可能引起水冷壁、凝渣管结渣或烧损设备，并可能增大过热器的热偏差，造成局部管壁超温等等。对于大容量高参数锅炉，燃烧调节适当（燃料完全燃烧、炉膛温度场和热负荷分布均匀）是安全、可靠运行的必要条件。

燃烧过程的经济性要求保持合理的风、煤配合，一、二次风配合和送、吸风配合。此外，还要求保持适当高的炉膛温度。合理的风、煤配合即保持最佳的过量空气系数；合理的一、二次风配合即保证着火迅速、燃烧完全；合理的送、引风配合即保持适当的炉膛负压，减少漏风。当运行工况改变时，这些配合比例如果调节得当，就可以减少燃烧损失，提高锅炉效率。对于现代火力发牌机组，锅炉热效率每提高1%，将使整个机组效率提高约0.3%~0.4%，标准煤耗可下降3~4g/kWh。

对于煤粉炉，为达到上述燃烧调节的目的，在运行操作方面应注意燃烧器一、二、三次风的出口风速和风率，各燃烧器之间的负荷分配和运行方式，炉膛的风量即过量空气系数、燃料量和煤粉细度等各参数的调节，使其达到最佳值。

锅炉运行中经常碰到的工况改变是负荷改变，当锅炉负荷改变时，必须及时调节送入炉膛的燃料量和空气量（风量），使燃烧工况得以相应地改变。

在高负荷运行时，由于炉膛温度高，着火与混合条件比较好，故燃烧一般是稳定的。但这时排烟损失比较大，为了提高锅炉效率，可以根据煤质等具体条件，考虑适当降低过量空气系数运行。过量空气系数适当减小后，排烟损失必须降低，而且由于炉温高并降低了烟速使煤粉在炉内的停留时间相对增长，因此，不完全燃烧损失可能不增加或者增加很少，其结果可使锅炉效率有所提高。

负荷低时，由于燃烧减弱，投入的燃烧器不可能多，故炉膛温度较低，火焰充满程度差，使燃烧不稳定，经济性也较差。所以，对于大型煤粉炉一般不宜在70%额定负荷以下运行。低负荷时可以适当降低炉膛负压运行，以减少漏风，使炉膛温度相对有所提高，不但能稳定燃烧，也能减少不完全燃烧损失，但必须注意安全，防止喷火伤人。

由上所述可知，当运行工况改变时，燃烧调节正确与否，对锅炉运行的安全性和经济性都有直接的影响。

二、燃料量的调节

（一）中间储仓式制粉系统的锅炉

中间储仓式制粉系统的特点之一，是制粉系统运行工况的变化与锅炉负荷不存在直接关系。燃料量的调节可通过改变投停燃烧器数、改变给粉机转速或调节给粉机下粉插板的开度来实现。具体采用哪种方式调节，可根据负荷变化的需要和给粉机的工作情况而定。

当锅炉负荷变化较小时，改变给粉机的转速就可以达到调节的目的；当锅炉负荷变动较大时，改变给粉机转速不能满足调节幅度，则应先以投、停给粉机作粗调节，再以改变给粉机转速做细调节。但投、停给粉机应尽量对称，以免破坏整个炉内工况。

当投入备用燃烧器和给粉机时，应先开启一次风门至所需开度，对一次风管进行吹扫。待风压指示正常后，方可启动给粉机，并开启二次风，观察着火情况是否正常。当停用燃烧器时，应先停给粉机，并关闭二次风，而一次风应继续吹扫数分钟后再关闭，以防一次风管中发生煤粉沉积。为防止停用的燃烧器烧坏，其一、二次风应保持微小开度，以冷却喷口。

运行中要限制给粉机的转速范围。否则，转速过大，一次风中煤粉浓度大，易引起燃烧不完全；反之，煤粉浓度过低，使着火不稳，易发生灭火。给粉机具体转速范围应由锅炉燃烧调整试验确定。此外，对各台给粉机事先都应做好转速－出力试验，了解其出力特性，以保持运行时给粉均匀。给粉调节操作要平稳，应避免大幅度的调节，任何短时间的过量给粉或给粉中断，都会使炉内火焰发生跳动，着火不稳，甚至可能引起灭火。

（二）直吹式制粉系统的锅炉

具有直吹式制粉系统的煤粉炉，一般都装有数台磨煤机，即具有几个独立的制粉系统，由于无中间粉仓，所以其出力大小将直接影响锅炉的蒸发量。

当锅炉负荷变动较大时，需要通过启停制粉系统来调节燃料量。其原则是，一方面使磨煤机在合适的负荷下运行；另一方面则要求燃烧器在新的组合方式下能保证燃烧工况良好，火焰分布均匀，以防止热负荷过于集中造成水冷壁运行工况恶化。在启动制粉系统时，应及时调整一、二次风以及炉膛压力，并及时调整其他燃烧器的负荷，保持燃烧稳定，防止负荷骤增或骤减。

当锅炉负荷变化不大时，可通过调节运行的制粉系统的出力来调节燃料量。若锅炉负荷增加，要求制粉系统出力增大时，应先开磨煤机的进口风量，利用磨煤机内的存粉作为增负荷开始时的缓冲调节，然后增加给煤量，同时相应开大二次风门；反之，当锅炉负荷降低时，则应减少给煤量、磨煤机通风量以及二次风量。总之，对配有直吹式制粉系统的锅炉，其燃料量的调节基本上是用改变给煤量来解决的。

在调节给煤量和风门开度时，应注意辅机的电流变化、挡板的开度指示、风压的变化以及有关的表计指示变化，防止发生电流超限和堵管等异常情况。

（三）燃油量的调节

燃油量的调节方法与燃油系统的类型和油喷嘴的雾化方式有关，燃油量的调节方法主要有进油调节和回油调节两种，雾化方式一般有机械雾化和蒸汽雾化等方式。

采用进油调节系统的调节方法是当负荷变化时，通常利用改变进油压力达到改变油量的目的。当负荷降低较大时，则需大幅度降低进油压力，以便减少进油量，但这样会因油的压力低而影响进油的雾化质量。在这种情况下，不可盲目降低油压，而应采取停用部分油嘴的方法来满足降低负荷的需要。反之，当负荷增加较大时，也不可使进油压力太高，而应采用投用部分油嘴的方法满足增负荷的需要。

对于具有内回油的压力雾化喷嘴，除当锅炉负荷有大幅度的变化而需投停油嘴外，一般可利用调节回油阀开度来改变油量的多少，达到调节燃油量的目的。当锅炉负荷降低时，可适当开大回油阀，使回油增多，而喷入炉内燃烧的油量相应地减少。

对于蒸汽雾化的油喷嘴，燃油雾化蒸汽压力通常采用定压或与油压差压保持固定的方式运行。故用蒸汽雾化的油枪，一般油压允许在一定范围内波动。当负荷变动小时，可用调整油压的方法满足负荷需要；当负荷变化大时，同样必须采用投停油枪数的方法满足负荷的需要。

三、配风量的调节

（一）风量的调节

1. 控制 CO_2（或 O_2）值的意义

送入炉内的空气量（风量）可以用炉内的过量空气系数来表示。如前所述，过量空气系数和烟气中的 CO_2、O_2 含量存在如下的近似关系

$$\alpha = RO_2^{max} / RO_2 \text{ 及 } \alpha = 21/(21 - RO_2) \quad\quad (8-1)$$

对于一定的燃料，由于 RO_2^{max} 是常数，烟气中 RO_2 与 CO_2 值又近似相等，所以控制烟气中的 CO_2（或 O_2）含量实际上就是控制过量空气系数的大小。运行中，从二氧化碳表或氧量表指示值的大小即可间接了解到送入炉内空气量的多少。

过量空气系数的大小不仅会影响锅炉运行的经济性，而且会影响锅炉运行的可靠性。

从运行经济性方法来看，在一定的范围内，随着炉内过量空气系数的

增大，可以改善燃料与空气的接触和混合，有利于完全燃烧，使化学未完全燃烧热损失 q_3 和机械未完全燃烧热损失 q_4 降低。但是，当过量空气系数过大时，则因炉膛温度的降低和燃烧时间的缩短（由于烟气流速加快），可能使不完全燃烧损失反而增加。而排烟带走的热损失 q_2 总是随着过量空气系数的增大而增加的，所以，当过量空气系数过大时，总的热损失增加。

合理的过量空气系数应使各项热损失之和为最小，即锅炉热效率最高，这时的过量空气系数称为锅炉的最佳过量空气系数。显然，送入炉内的空气量应当使过量空气系数维持在最佳值附近。

最佳过量空气系数的大小与燃烧设备的类型和结构、燃料的种类和性质、锅炉负荷的大小以及配风工况等有关。如锅炉负荷越高，所需的 α 值越小，但一般在 $(0.5 \sim 1.0)D_e$（额定蒸发量）范围内，最适宜的 α 值无显著变化；液态除渣炉较固态除渣炉所需的 α 值小；低挥发分的燃料需要较大的 α 值。对于一般的煤粉炉，在经济负荷范围内，炉膛出口处的最佳 α 值大约为 $1.15 \sim 1.25$，全燃油炉大约为 $1.05 \sim 1.10$。对于具体的锅炉、燃料和燃烧工况，α 的最佳数值应通过在不同工况下锅炉的热效率试验来确定。

此外，随着炉内过量空气系数的增大，烟气的容积相应增加，烟气流速提高，因而使送、吸风机的耗电量也增加。

从锅炉工作的可靠性方面来看，若炉内过量空气系数过小，则会使燃料不能完全燃烧，造成烟气中含有较多的一氧化碳（CO）等可燃气体。由于灰分在具有还原性气体的介质中熔点降低，因此对于固态排渣煤粉炉，易引起水冷壁结渣以及由此而带来的其他不良后果。当锅炉燃油时，如果风量不足，使油雾不能很好地燃尽，将导致在尾部烟道及其受热面上沉积油垢，从而可能发生二次燃烧事故，如果处理不当，将使设备招致严重的损坏。

由于飞灰对受热面的磨损量与烟气流速的三次方成正比，因此对于煤粉炉，随着过量空气系数的增大，将使受热面管子和吸风机叶片的磨损加剧，影响设备的使用寿命。此外，过量空气系数增大时，由于过剩氧相应增加，将使燃料中的硫分易于形成三氧化硫（SO_3），烟气露点温度也相应提高，从而使烟道尾部的空气预热器更易遭受腐蚀，这对燃用高硫油的锅炉影响尤其显著。

由以上所述可知，在锅炉运行中应当保持合理的 CO_2（或 O_2）值，作为送风调节的依据。

用烟气中含氧量的大小作为风量调节的依据较二氧化碳含量好，因为和二氧化碳含量相比，烟气中最适宜的含氧量与燃料的化学成分和质量无关。

燃烧实践表明，当发生煤粉自流，排粉机带粉增多，以及油压、油温发生变化使送入锅炉内的燃料量突然增多而使风量相对减少时，从二氧化碳表反映出其指示值突然会有大幅度的减少。这是因为在燃料量增多（即风量减少）的情况下，对每千克燃料而言，燃烧产生的干烟气体积虽然减小，但由于风量过小使碳燃烧不完全，产生大量一氧化碳，二氧化碳含量下降，烟气中二氧化碳含量的百分数减少。

如果采用氧量表不会出现这种反常的变化，只要空气量小，O_2 值肯定小，因此在现代锅炉中，常用氧量表代替二氧化碳表。

对于各种燃料，都可以制定出相应的过量空气系数与烟气中二氧化碳和氧量的关系曲线，供运行调节时参考。

根据一些实际运行经验，当燃用烟煤时，在正常负荷范围内，一般控制高温省煤器前 CO_2 值在 15% ~ 16% 左右、O_2 值控制在 4% 左右比较经济，即可使过量空气系数保持在最佳值，相当于炉膛出口处的 $\alpha_1 = 1.15 \sim 1.25$。

2. 控锅炉漏风及其对 CO_2 值（O_2 值）的影响

对于负压燃烧锅炉，由于炉膛和各部烟道都在负压下运行，空气会从灰斗、炉墙以及空气预热器等不严密的地方逼入燃烧室和烟道，这就是所谓漏风。

漏风会对锅炉的安全性和经济运行带来不利的影响，如风道各处的漏风将使烟气量增大，从而增加排烟热损失 q_2 和引风机的电耗，同时使受热面的磨损加剧。当引风机出力不富裕时，甚至会因漏风过大使锅炉被迫减负荷。而冷空气漏入燃烧室（尤其从底部灰斗处漏入时）除有上述危害以外，还会降低炉膛温度，抬高火焰中心，从而影响燃烧完全，并促使汽温升高。冷灰斗大量漏风时，还可能引起燃烧不稳，甚至发生炉膛灭火或向外扑火。

因此，应控制并尽量减少锅炉漏风。为了减少漏风，除在锅炉检修时应尽力保持炉墙、烟道的严密性以外，在运行中，还须建立和切实执行堵漏风制度，以提高锅炉运行的经济性和可靠性。

由于存在漏风，故烟道各处的过量空气系数并不相同，而是沿着烟气流程逐渐增大；与此相反，沿着烟气流程烟气中二氧化碳含量的百分数则逐渐减小。烟道出口与进口的过量空气系数 α''、α' 之差值，称为漏风系数 $\Delta\alpha$。

根据漏风系数的概念、过量空气系数与烟气中二氧化碳百分数之间的关系以及它们沿烟气流程的变化规律，只要测出锅炉任何一段（或整个）烟道进出口处烟气中的 RO_2（%）值，通过计算（或利用曲线图）就可知道该段（或整个）烟道漏风系数 $\Delta\alpha$ 的大小，即

$$\Delta\alpha = \alpha'' - \alpha' = RO_2^{max}/RO_2'' - RO_2^{max}/RO_2' \qquad (8-2)$$

烟道进、出口处烟气中 RO_2' 和 RO_2''，可分别取样用烟气分析器来测定。

当经过测定说明锅炉漏风过大时，应做进一步检查并采取必要的措施。实践证明，除冷灰斗外，产生漏风最多的是人孔门、检查孔以及管子穿过炉墙处等位置。漏风处一般都留有烟、灰的痕迹，发现后应及时用石棉绳、水玻璃等进行堵塞。

3. 送风的调节

风量的调节是锅炉运行中一个重要的调节项目，是使燃烧稳定、完全的一个重要因素。当锅炉负荷发生变化时，随着燃料量的改变，必须同时对送风量进行相应的调节。

正常稳定的燃烧说明风、煤配合比较恰当。这时，炉膛内应具有光亮的金黄色火焰，火焰中心应在炉膛的中部，火焰均匀地充满炉膛但不触及四周水冷壁，火色稳定，火焰中没有明显的星点（有星点可能是煤粉分离现象，也可能是因为炉膛温度过低或煤粉太粗），从烟囱排出的烟色应呈浅灰色。

如果火焰炽白刺眼，表示风量偏大。如果火焰暗红不稳，有两种可能，一是风量偏小，二是送风量过大或漏风严重，致使炉膛温度大大降低。此外，还可能是风量以外的其他原因。如煤粉太粗或不均匀、煤的水分高或挥发分低时，火焰发黄无力；煤的灰分高时火焰闪动等。

当风量大时，二氧化碳指示值低而氧量表指示值高；风量不足时，则 CO_2 值高而 O_2 值低，火焰末端发暗，并有黑色烟怠，烟气中含有一氧化碳（CO），烟囱冒黑烟。

应根据二氧化碳表的指示及火色等来判断风量的大小，并进行正确的调节。

目前，发电厂中风量的具体调节方法多数是通过电动执行机构调节送风机进口导向挡板的开度。除了改变总风量外，在必要时还可以调节二次风量。

容量较大的锅炉通常装有两台送风机。当锅炉增、减负荷时，若风机

运行的工作点在经济区域内，在出力允许的情况下，一般只需通过调节送风机进口挡板的开度来调节送风量。但如负荷变化较大时，则需变更送风机的运行方式，即开启或停止一台送风机。合理的风机运行方式，应在运行试验的基础上通过技术经济比较来确定。

当两台送风机都运行，需要调节送风量时，一般应同时改变两台风机进口挡板的开度，以使烟道两侧的烟气流动工况均匀。在调节导向挡板开度改变风量的操作中，应注意观察电动机电流表、风压表、炉膛负压表以及二氧化碳（或氧量）表指示值的变化，以判断是否达到调节目的。尤其当锅炉在高负荷情况下，应特别注意防止电动机的电流超限，以免影响设备的安全运行。

（二）燃烧器出口风速与风率的调节

1. 调节的目的与配风条件

燃烧器保持适当的一、二、三次风出口速度和风率是建立良好的炉内工况、使风粉混合均匀、保证燃料正常着火与燃烧的必要条件。

一次风速过高会推迟着火时间，过低会烧坏燃烧器喷口，并可能造成一次风管的堵管；二次风速过高或过低都可能破坏气流与燃料的正常混合、搅拌，从而降低燃烧的稳定性和经济性。在表8-1中列出了各种煤种一、二、三次风速的推荐值。

表8-1　　　　　各种煤种一、二、三次风速的推荐值　　　　　m/s

燃烧器类型		无烟煤	贫煤	烟煤与褐煤
轴向叶轮式旋流燃烧器	一次风	12 ~ 16	16 ~ 20	20 ~ 26
	二次风	18 ~ 22	20 ~ 26	20 ~ 30
四角布置的直流燃烧器	一次风	20 ~ 30	20 ~ 30	25 ~ 32
	二次风	45 ~ 50	45 ~ 50	30 ~ 40
三次风喷口		45 ~ 55	45 ~ 55	35 ~ 45

燃烧器出口断面的尺寸及流速决定了一、二、三次风量的百分率，风率的变化也对燃烧工况有很大影响。当一次风率过大时，为达到风粉混合物着火温度所需的吸热量就要多，因而达到着火所需的时间就延长，这对挥发分低的燃煤着火很不利，如果一次风温较低就更为不利。而对于挥发分较高的燃煤，由于其着火容易，着火后要保证挥发分的及时燃尽，就需要有较高的一次风率。表8-2列出了各煤种所用一次风率的推荐值，供调节风率时参考。

表 8 - 2 各煤种所用一次风率的推荐值 %

制粉类型	无烟煤	贫煤	烟煤		褐煤
			$V_{daf} > 30\%$	$V_{daf} \leqslant 30\%$	
乏气送粉		20 ~ 25	25 ~ 35	25 ~ 30	20 ~ 45
热风送粉	15 ~ 20	20 ~ 25	25 ~ 45	25 ~ 40	40 ~ 45

2. 燃烧器出口风速及风率的调节方法

（1）四角布置的直流燃烧器。四角布置的直流燃烧器是根据煤质对燃烧的要求而设计的，其结构布置形式很多，对不同的燃料，可采用均等配风和分级配风方式，一、二次风速、风率也各不相同。

四角布置的直流燃烧器，由于其燃烧方式是靠四股气流组织的，所以一、二次风量及风速的选择是决定炉内空气动力工况是否良好的基本条件。必须注意对四股气流的调节与配合，任何不适当的一、二次风配比，都会破坏气流的正常混合和扰动，从而造成燃烧恶化并引起炉膛内结渣。一、二次风出口速度可用下述方法进行调节：

1）改变一、二次风率。

2）改变各层喷口的风量分配或停掉部分喷口。如可以改变相应上、下两层燃烧器的一次风量和风速或上、中、下各层二次风的风量和风速。在一般情况下，减少下排的二次风量，增加上排二次风量，可使火焰中心下移；反之，则抬高火焰中心。

3）对有可调节的二次风挡板的直流燃烧器，改变风速挡板的位置即可调节其出口风速，而保持风量不变或风量变化很小。

判断风速和风量是否适宜的标准，一是燃烧的稳定性、炉膛温度分布的合理性以及对过热蒸汽温度的影响；二是比较经济指标，主要是排烟热损失 q_2 和机械不完全燃烧热损失 q_4 的数值。

（2）蜗壳旋流燃烧器。

1）单蜗壳燃烧器和双蜗壳燃烧器。单蜗壳燃烧器的一次风率调节，如有中心锥的结构，可以调节中心锥的位置。双蜗壳燃烧器的一次风率只能依靠改变一次风量调节。当一次风量增加时，其风速和风量成比例地增加。

二次风的切向速度可以利用风速挡板（舌形挡板）进行调节，以改变燃烧器出口风粉混合物的扩散状态。当关小舌形挡板时，燃烧器出口气流轴向速度相对减少，切向速度相对增加，旋流强度增强，扩散角变大，烟气回流区增大,靠近喷口的温度提高;当开大舌形挡板时,其结果与上述相反。

运行中对二次风舌形挡板的调节以燃煤挥发分的变化和锅炉负荷的高低作为主要依据。对挥发分低的煤,应适当关小舌形挡板,提高火焰根部的温度,以利于燃料的着火;对挥发分高的煤,由于着火容易,故应适当开大舌形挡板使其射程变远,以防烧损燃烧器或结焦。在高负荷情况下,由于炉膛温度较高,燃料着火的条件较好,燃烧比较稳定,故可将舌形挡板开大些;在低负荷时,则应关小舌形挡板,以增强高温烟气的回流,便于燃料的着火与燃烧。

对舌形挡板的调节,不但能改变气流的速度,还会改变气流的流量,故当关小舌形挡板后,尚需保持风量时,应适当开大风量挡板。故燃烧器旋流强度较难调节,故其调节幅度不大。

2)轴向叶片旋流式燃烧器。其一次风稍有旋转地通过燃烧器,而后进入二次风旋流造成局部负压区。由于一次风通道的阻力较小和二次风的引射作用以及炉膛内负压的影响,故燃烧器入口处的一次风压很低。而二次风具有可移动的叶轮,故其阻力较大。其一、二次风轴向分速度只能借改变一、二次风率的分配来调整,二次风出口切向分速度可借改变叶轮的位置进行调整,从而改变着火条件达到稳定燃烧。

(三)炉膛负压的控制和引风量的调节

目前,国内绝大多数锅炉均采用既有送风机又有引风机的平衡通风方式,使炉膛烟气压力稍低于外界大气压,即负压运行。当炉膛负压过大时,会使漏风加大;反之,高温烟气及烟灰会向外冒,不但污染环境,还可能造成人身事故,所以不同类型的锅炉对负压值做了不同的规定。

运行中,如果单位时间内从炉膛排出的烟气量等于燃料燃烧产生的烟气量,则炉膛负压保持不变。当锅炉负荷变化而燃料量与风量变化时,各部负压也相应变化。炉膛负压增加则各部分负压相应增大,反之则各部负压减小。

锅炉灭火前,炉膛负压会发生大幅度摆动;当炉膛受热面发生爆破时,其负压也会发生大幅度的变化。因此,锅炉风压是反映燃烧工况是否稳定及判断事故的重要参数,所以运行中必须认真监视它的变化,按不同的情况正确判断并及时调整。

炉膛负压的调节主要采用送风量与引风量联合调节的办法,引风量的具体调节方法目前主要是通过电动执行机构操纵引风机进口导向挡板,以改变其开度,达到调节引风量的目的,但也有部分机组采用变速调节。调

锅炉设备运行(第二版)

节时，为避免炉膛出现正压和缺风现象，原则上应先增大引风，再增大送风量，而后增加燃料量；反之，则应先减少燃料量，再减少送风量，最后减少引风量。若锅炉装有两台引风机，则应同时调节，防止烟道两侧烟气流动不均匀而加大受热面的热偏差。

另外，当锅炉进行除灰、清渣工作时，为保证人员安全，负压应比正常值维持得高一些。

第五节　水　位　调　节

一、汽包水位调节的重要性

保持汽包的正常水位是汽包锅炉和汽轮机安全运行的重要条件之一。汽包水位表示出蒸发面的高低，汽包水位过高，蒸汽空间将缩小，会引起蒸汽带水，使蒸汽品质恶化，还将导致在过热器管内产生盐垢沉积，使管子过热，金属强度降低而发生爆管。严重满水时，将使蒸汽大量带水，引起管道与汽轮机内严重的水冲击，造成设备损坏。水位过低，对自然循环锅炉将破坏正常的水循环；对强制循环锅炉会使锅水循环泵入口汽化，泵组剧烈振动，最终都将导致水冷壁管超温过热。当严重缺水时，如处理不当，还可能造成水冷壁管的爆破。

现代大容量锅炉，与蒸发量相比汽包中的存水量不多，允许变动的水量更少。如果给水中断，可能在几秒钟里，水位就会降低到危险值或消失。即使不是给水中断，只是给水量与蒸发量不平衡，也会在几分钟内发生水位事故。因此，严格监视水位，控制和保持水位的正常是汽包锅炉的一项极为重要的工作，绝不能有丝毫的疏忽大意。

汽包正常水位，一般是定在汽包中心线之下 50~150mm 左右，其正常变化范围为 ±50mm。允许的汽包最高、最低水位应通过热化学试验和水循环试验来确定。最高允许水位应不致引起蒸汽突然带盐，最低允许水位应当不影响水循环的安全。

二、影响汽包水位变化的因素

锅炉运行中，水位是经常变化的，引起水位变化的原因是给水量与蒸发量的不平衡或工质的状态发生变化，总之，引起水位变化的主要因素为锅炉负荷、燃烧工况、给水压力、锅水循环泵的启停与运行工况等。

（一）锅炉负荷

汽包水位是否稳定，首先取决于锅炉负荷即蒸发量的变动量及其变化速度。因为负荷变动不仅影响蒸发设备中水的耗量，而且由此引起汽压变化，将使锅水状态发生变化，其容积也相应变化。当负荷变化，即所需要产生的蒸汽量变化时，将引起蒸发受热面中水的消耗量发生变化，因而必然会引起汽包水位发生变化。负荷增加，如果给水量不变或不能及时地相应增加，则蒸发设备中的水量逐渐被消耗，其最终结果将使水位下降；反之，则将使水位上升。一般来说，水位的变化反映锅炉给水量与蒸发量（负荷）之间的平衡关系。当不考虑排污、漏水、漏气等消耗的水量时，如果给水量大于蒸发量，则水位将上升；如果给水量小于蒸发量，则水位将下降，只有当给水量等于蒸发量，即保持蒸发设备中的物质平衡时，水位才保持不变。此外，由于负荷变化而造成的压力变化，将引起炉水状态发生改变，使其体积也相应改变，从而引起水位发生变化，可以通过"虚假水位"现象来理解。如锅炉负荷突然升高时，在给水量和燃烧工况不变时，汽压将迅速下降，这样就造成锅水饱和温度下降，炉内放出蓄热，产生附加蒸发量，汽水混合物的比体积增大，体积膨胀，使水位上升，形成虚假水位，如图 8-12 中曲线 2 所示。但此时给水流量并没有随负荷增加，因而大量蒸汽举出水面

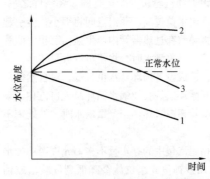

图 8-12　各种因素对水位的影响

后，水位也随之下降，如图 8-12 中曲线 1 所示。因此，当负荷突然增加时，汽包水位的变化为先高后低，如 8-12 中曲线 3 所示。反之，当负荷突然降低时，在给水和燃烧工况未调整之前，汽包水位将出现先低后高的现象。

（二）燃烧工况

在锅炉负荷和给水量没有变动的情况下，炉内燃烧工况发生变动将引起水位发生下列变化。当炉内燃料量突然增多时，炉内放热量增加使锅水吸热量增加，汽泡增多，体积膨胀，导致水位暂时升高。由于产生的蒸汽量不断增加使汽压升高，相应地提高了饱和温度，使锅水中的汽泡数量减少，导致水位下降。对于母管制机组，由于锅炉压力高于蒸汽母管压力，蒸汽流量增加，则水位将继续下降；对于单元机组，由于汽压上升使蒸汽做功能力提高，在外界负荷不变的情况下，汽轮机调节汽门将关小，以减少进汽量，而此时因锅炉的蒸发量减少而给水流量没有改变，故汽包水位

锅炉设备运行（第二版）

升高。当燃料突然减少时，水位变化情况与上述相反。

实践证明，水位波动的大小取决于燃烧工况改变的强烈程度以及运行调节的及时性。

（三）给水压力

汽包水位的变化与给水压力有关，当给水压力变化时，将使给水流量发生变化，从而破坏给水量与蒸发量的平衡，引起水位变化。当给水压力增加时，给水流量增大，水位上升；当给水压力降低时，给水流量下降，水位降低。这是在锅炉负荷和燃烧工况不变的条件下，水位随给水压力的变化关系。

（四）锅水循环泵的启停及运行工况

强制循环锅炉在启动锅水循环泵前，汽包水位线以上的水冷壁出口至汽包的导管均是空的，所以启动锅水循环泵时，汽包水位将急剧下降。当锅水循环泵全部停运后，这部分水又要全部返回到汽包和水冷壁中，而使汽包水位上升。此外，锅水循环泵的运行工况也将对汽包水位产生一定的影响。

三、汽包水位的调节

对水位的控制调节比较简单，它依靠改变给水调节门的开度，即改变给水量来实现。水位高时，关小调节门；水位低时，开大调节门。现代大型锅炉机组都采用一套比较可靠的缔水自动调节器来自动调节送入锅炉的给水量；调节器的电动（或气动）执行机构除能投入自动以外，还可以切换为远方（遥控）手动操作。

但是，当给水调节投入自动时，运行人员仍需认真监视水位和有关表计，以便一旦自动调节失灵或锅炉运行工况发生剧烈变化时，能迅速将给水自动解列，切换为远方手动操作，保持水位的正常。为此，运行人员必须掌握水位的变化规律，还应熟悉调节门和系统的调节特性，如阀门开度（或圈数）和流量的关系、调节时滞的时间等。

当用远方手动调节水位时，操作应尽可能平稳均匀，一般应尽量避免采用对调节门进行大开大关的大幅度调节方法，以免造成水位过大的波动。

当由于给水量调节不当造成水位波动过大时，将会导致汽温、汽压发生变化（但在大容量锅炉中给水量变动对汽压的影响不明显）。

（一）水位的监视

在锅炉运行过程中，要控制好水位，首先要做好对水位的监视工作。对汽包水位的监视应以就地水位计为准，并参照电触点水位计和低地位水位计的指示作为监视手段，通过保持给水流量、减温水流量与蒸汽流量的平衡使汽包水位保持稳定。另外，在监视过程中要特别注意以下两个问题。

1. 指示水位与实际水位的差别

从就地水位计看到的水位为指示水位。

从汽包内部工况分析，已知汽包内没有明显的汽水分界线。从图 8-13 所示的汽包内湿分分布曲线来看，找不到汽水空间相连的部位，但是可以找到比重变化最快的点，这个点定为汽包的实际水位。

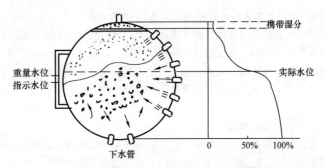

图 8-13　汽包内部工况及湿分分布

现代锅炉除在汽包上就地装有一次水位计（如云母水位计、双色水位计）以外，通常还装有几只机械或电子式二次水位计（如差压式水位计、电接点水位计、电子记录式水位计等），其信号直接接到锅炉操作盘上，以增加对水位监视的手段。此外，还应用工业电视来监视汽包水位。

对汽包水位的监视，原则上应以一次水位计为准。正常运行中，一次水位计的水位应清晰可见，而云母水位计的水面应有轻微的波动，如果停滞不动或模糊不清，可能是连通管发生堵塞，应对水位计进行冲洗。

汽包水容积中水的温度较高且含有蒸汽泡，而水位计中的水由于有一定的散热，其温度低于汽包压力下的饱和温度且没有汽泡，所以汽包中的水比水位计中水的密度小，因而造成指示水位低于实际水位，如图 8-13 所示。如果汽包水容积中充满的是饱和水，则水位指示的偏差则随着工作压力的增高而增大，如图 8-14 所示。

此外，当就地水位计的连通管发生泄漏和堵塞时，将会引起指示水位与实际水位的误差。若是汽侧泄漏，将使指示水位偏高；若水侧泄漏，则使水位指示偏低。

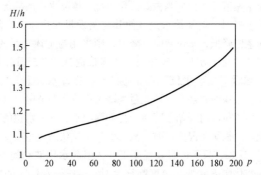

图 8-14　汽包水位高度 H 与水位计指示高度 h 之比同压力的关系

2. 虚假水位

虚假水位即不真实水位。当汽轮机调节汽门大开大关、锅炉燃烧工况发生突变时，都可能出现虚假水位，此现象易使运行人员产生误判断以致误操作，所以在水位监视与调节中应特别注意。

当负荷急剧增加时，汽压将很快下降，由于炉水温度就是锅炉当时压力下的饱和温度，所以随着汽压的下降，炉水温度要从原来较高压力下的饱和温度下降到新的、较低压力下的饱和温度，炉水（和金属）会放出大量的热量，这些热量用来蒸发炉水，于是炉水内的汽泡数量大大增加，汽水混合物的体积膨胀，所以促使水位很快上升，形成"虚假水位"。当炉水中多产生的汽泡逐渐逸出水面后，汽水混合物的体积又收缩，所以水位又下降；这时如果不及时、适当地增加给水量，则由于负荷急剧增加，蒸发量大于给水量，因而水位将会继续很快下降。

当负荷急剧降低时，汽压将很快上升，则相应的饱和温度提高，因而一部分热量用于将炉水加热到新的饱和温度，而用于蒸发炉水的热量则减少，炉水中的汽泡数量减少，使汽水混合物的体积收缩，所以促使水位很快下降，形成"虚假水位"。当炉水温度上升到新压力下的饱和温度以后，不再需要多消耗液体热，炉水中的汽泡数量又逐渐增多，汽水混合物体积膨胀，所以水位又上升，这时如果不及时、适当地减小给水量，则由于负荷急剧降低，给水量大于蒸发量，因而水位将会继续很快上升。

知道"虚假水位"产生的原因后，就可以找出正确的操作方法。如当负荷急剧增加时，起初水位上升，这时运行人员应当明确，从蒸发量与给水量不平衡的情况来看，蒸发量大于给水量，因而这时的水位上升现象是暂时的，它不可能无止境地上升，而且很快就会下降，因而，切不可立即去关小给水调节门，而应当做好强化燃烧、恢复水位的准备，然后待水位即将开始下降时，增加给水量，使其与蒸发量相适应，恢复水位的正常。当负荷急剧降低，水位暂时下降时，则采用与上述相反的调节方法。当然，在出现"虚假水位"现象时，还需根据具体情况具体对待，如当负荷急剧增加时"虚假水位"现象很严重，亦即水位上升的幅度很大，上升的速度也很快时，还是应该先适当地关小给水调节门，以避免满水事故的发生，待水位即将开始下降时，再加强给水，恢复水位的正常。

实际上，当锅炉工况变动时，只要引起工质状态发生改变，就会出现"虚假水位"现象，只不过明显程度不一，引起水位波动的大小也不同，锅炉负荷的变化幅度和变化速度都很大时，"虚假水位"的现象比较明显。此外，当发生炉膛灭火和安全门动作的情况时，"虚假水位"现象也会相当严重，如果准备不足或处理不当，则最容易造成缺水或满水事故。因此对于"虚假水位"现象应当予以足够重视。

（二）水位调节原理

1. 单冲量自动调节

单冲量自动调节系统是最简单的水位调节方式，它按汽包水位的偏差来调节给水阀的开度，如图 8 – 15（a）所示，图中 H 表示汽包水位的信号。

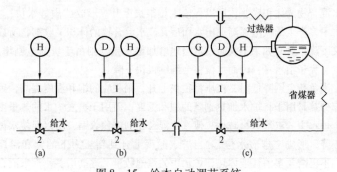

图 8 – 15　给本自动调节系统

（a）单冲量；（b）双冲量；（c）三冲量

1—调节机构；2—给水调节阀

单冲量调节方式的主要缺点为当蒸汽负荷和蒸汽压力突然变动时，由于水容积中的蒸汽含量和蒸汽比容改变会产生虚假水位，使给水调节阀有误动作。因此，单冲量调节只能用于负荷相当稳定的小容量锅炉。

2. 双冲量自动调节

图 8 - 15（b）所示为双冲量给水调节系统，系统中除水位信号 H 之外，又加入了蒸汽流量信号 D。当蒸汽负荷变动时，信号 D 比信号 H 提前反应，从而可抵消"虚假水位"的影响。双冲量给水调节方式可用于负荷经常变动和容量较大的锅炉，缺点是不能及时反映与纠正给水量扰动的影响。

3. 三冲量自动调节

图 8 - 15（c）所示三冲量系统是更为完善的给水调节方式，在该系统中除信号 H 与 D 之外，又增加了给水流量信号 G。在调节系统中各信号的作用如下：

（1）汽包水位是主信号，因为任何扰动都会引起水位变化，使调节器动作，改变给水调节器的开度，使水位恢复至规定值。

（2）蒸汽流量是前馈信号，它能防止由于"虚假水位"而引起调节器的误动作，改善蒸汽流量扰动下的调节质量。

（3）给水流量信号是介质的反馈信号，它能克服给水压力变化所引起的给水量变化，使给水流量保持稳定，就不必等到水位波动之后再进行调节，保证了调节质量。

所以三冲量自动调节系统既综合考虑了蒸汽量与给水量相等的原则，又考虑到了水位偏差的大小，因而既能补偿"虚假水位"的反应，又能纠正给水量的扰动，是目前大型锅炉普遍采用的水位调节系统。

4. 给水全程控制调节

给水全程控制调节采用两段式，即调节调速泵的转速维持给水泵出口压力，控制调节阀开度维持汽包水位。通过给水启动阀和主给水阀的相互无扰切换以及系统的单冲量和三冲量的相互无扰切换，实现给水从机组启动到带负荷全过程的自动调节。

给水全程控制调节系统如图 8 - 16 所示，下面以某厂给水全程自动控制系统为例说明其调节原理。如图 8 - 16（a）所示，在给水流量 $D <$ 23% 时，将汽包水位和水位给定值的差值送入调节器 1。此时开关 a - c 是接通的，调节器输出的信号由 a 到 c，送入执行器 1，去控制给水启动阀，实现单冲量调节。在 23% $< D <$ 25% 时，开关 a - c 和 a - b 都接通，调节器 1 输出的信号送至两个执行器，去控制给水启动阀和主给水阀。在此过程中，随着主给水阀打开，逐渐关闭给水启动阀，直至给水启动阀全关。这时候给水实行单冲量控制。在 25% $< D <$ 30% 时，开关只是 a - d 接通，

对主给水阀实行单冲量控制。在 $D \geqslant 30\%$ 时，开关只是 b - d 接通，调节器 2 输出的信号送往执行器 2，实现给水的三冲量控制。

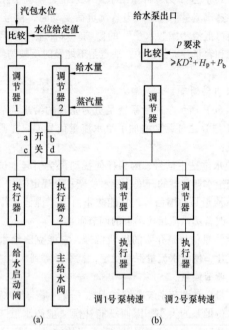

图 8 - 16 给水全程控制系统

(a) 汽包水位控制；(b) 给水泵转速控制

图 8 - 16 (b) 所示为给水泵转速的控制系统。给水泵出口压力值和压力要求值比较后，产生的差值送入调节器，进而控制给水泵转速。给水泵出口压力要求值由三部分组成：①KD^2 是从给水泵出口至锅炉汽包间管道的流动阻力；②H_p 是汽包水位高于给水泵出口水的重位压头；③p_b 是汽包压力。

（三）水位的调节方法

1. 节流调节

节流调节比较简单，它是依靠改变给水调节门的开度，即改变给水量来实现的。水位高时关小调节门，水位低时开大调节门。现代大型锅炉都采用可靠的三冲量给水自动调节系统，但在锅炉启停和负荷大幅度波动时，应将自动切换为手动调节；在手动调节时，操作应尽可能平稳均匀，一般应尽量避免采用对调节门进行大开大关的大幅度调节方法，以免造成水位过大的波动。

2. 变速调节

节流调节中节流损失较大，所以目前大型机组多采用变速给水泵来调节水位。

变速调节是通过改变给水泵的转速，从而达到改变其流量来调节锅炉汽包水位的目的。

采用液力耦合器可实现给水泵的无级调速，液力耦合器又称液力联轴器或液压靠背轮，主要由泵轮、涡轮和旋转内套组成。它们形成两个腔，在泵轮和涡轮间的腔中有工作油所形成的循环流动圆；在涡轮和旋转内套的腔中，由泵轮和涡轮的间隙流入的工作油随旋转内套和涡轮旋转，在离心力作用下，形成油环。工作油在泵轮里获得能量，而在涡轮内释放能量，如果改变工作油量的多少，就可以改变传动力的大小，从而改变涡轮的转速，以适应负荷的需要。即在泵轮转速不变的情况下，要降低涡轮转速，可通过改变工作油室中的充油量来实现。

在进行水位调节时，由于工作室中的油量与勺管位置有关，所以可通过改变勺管的径向位置来改变液力耦合器的工作油量。当水位低时，可使勺管向"＋"的方向移动，增加其工作油量，提高涡轮转速，加大给水流量；当水位高时，可使勺管向"－"的方向移动，减少其工作油量，降低涡轮转速，减小给水流量，使水位降低。总之，在锅炉运行过程中，可通过液力耦合器来改变水泵转速，达到改变水泵流量来调节汽包水位的目的。

采用变速调节，减少了给水的节流损失，使水泵的效率始终保持在最佳范围附近，减少了厂用电消耗，提高了机组运行的经济性，同时还改善了电动机的运行条件，延长了电动机的使用寿命。

3. 变速与节流的联合调节

在锅炉水位调节中，若只采用节流调节，则节流损失太大；若只采用变速调节，则在调速过程中会影响减温水量，使汽温波动。所以常规的给水调节方案采取节流与变速的联合调节。

在调节过程中，可先调节给水调节阀，再根据调节阀的前后差压去调节给水泵转速。这种所谓"二段调节"方案，从动态角度看，由于不存在惯性和滞后，给水量随时与给水调节阀开度保持正比地改变，所以不会加大汽包水位的动态惯性，同时也可以通过控制给水阀的开度来控制减温水量，所以目前大型机组都采用节流和调速联合调节。

第六节 吹 灰 与 排 污

一、吹灰

（一）目的与作用

锅炉的受热面上常有积灰，由于灰的导热系数小，因此积灰使热阻增加，热交换恶化，以致排烟温度升高，锅炉效率降低；当积灰严重而形成堵灰时，会增加烟道阻力，使锅炉出力降低，甚至被迫停炉清理。

吹灰的目的和作用是清除炉膛、过热器、省煤器、空气预热器等受热面的结焦、积灰等污染，增强各受热面的传热能力，使锅炉各受热面的运行参数处于理想状态下，降低排烟热损失，提高锅炉热效率。

（二）吹灰器的种类

吹灰器种类很多，按结构特征的不同可分为短伸缩式吹灰器（即炉室吹灰器）、长伸缩式吹灰器、固定旋转式吹灰器和往复式吹灰器等；按吹灰介质分为蒸汽吹灰器、水力吹灰器和压缩空气吹灰器。

（三）吹灰方法

随着锅炉容量增大、吹灰器数量增加，过去所采用的单台独立控制的吹灰方法现在已不太适用。对于大型煤粉锅炉，通常均装有几十台乃至一百多台各种类型吹灰器，并实行程序控制。

1. 吹灰时的注意事项

（1）锅炉的吹灰操作，应在锅炉运行工况正常，吸风机有足够余量，燃烧及各参数稳定且无其他重大操作时方可进行。

（2）吹灰前，应对所属系统全面检查。检查内容主要包括：与吹灰有关的调节控制系统各设备均经事先校验正常并已置于投运前状态；有关的热工仪表、信号及报警装置已投入运行；各吹灰器全部在退出位置，吹灰安全门完整、良好且在回座位置，吹灰总门、吹灰调节门在关闭位置，吹灰管道和疏水管道等均无异常情况。

（3）在进行吹灰操作前，应先通知有关岗位值班员，做好相应的安全措施和参数调整工作。吹灰前应适当增大炉膛负压，吹灰过程中应注意各段汽温的变化和加强参数调整，以免吹灰过程中由于灰渣脱落，造成局部吸热量发生较大变化而导致汽温波动。吹灰过程中应禁止观察炉内燃烧情况。除灰岗位值班员应关闭所有门、孔，停止人工除焦工作，并做好大块焦渣落下的预想。

（4）吹灰操作一般采用程控方式进行。在打开吹灰总门后检查自动调压装置工作正常，并对所属系统进行充分暖管。暖管结束后，程控系统即开始进行吹灰操作。吹灰结束后，程控系统进行自动泄压，操作人员应实地检查各吹灰器应在全部退出位置。

（5）吹灰过程中应保持炉膛负压及吹灰蒸汽压力符合要求，在蒸汽压力过低或无蒸汽时严禁进行吹灰操作，以防烧坏吹灰器。进行手操吹灰时，每次投入吹灰器的数量应严格规定（一般同时吹灰的台数应不超过2台），以防对锅炉燃烧工况及运行参数产生较大的扰动。

（6）无论程控或手操吹灰，炉室的吹灰顺序一般为从下到上逐对进行，烟道吹灰器吹灰时，应按烟气流向逐对进行，以防吹落的灰粒再次黏附在清洁的受热面上，空气预热器吹灰，一般可两台同时进行。

2. 吹灰过程

炉膛吹灰器和长伸缩式吹灰器的吹灰过程如下：接到吹灰信号，接通电源，把吹灰器推入锅炉，摆销拨动摆动块，开启吹灰器汽门吹灰，"进吹"完成，接微机信号，电机反转，"退吹"，摆销拨动摆动块，关吹灰器汽门，至起始位置，接微机信号，断开电源。

固定旋转式吹灰器的吹灰过程较为简单，只有启动电机使吹灰器旋转、开启吹灰器汽门、吹灰、关闭吹灰器汽门、停止电机几个步骤。

3. 吹灰程序

锅炉吹灰程序控制程序如图 8-17 所示，现结合该吹灰程序叙述如下：

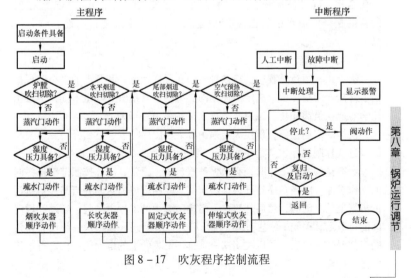

图 8-17　吹灰程序控制流程

（1）炉膛吹灰系统。

1）暖管、疏水。

2）吹灰器动作，每个吹灰器来回吹扫两次，吹灰程序由下而上，锅炉左右侧（或前后面）同时进行，逐对切换。

（2）水平烟道吹灰系统。

1）暖管、疏水。

2）吹灰器动作，每个吹灰器来回吹扫一次，吹灰程序自前至后，逐个切换。

（3）后竖井吹灰系统。

1）暖管、疏水。

2）吹灰器动作，吹灰程序自上而下，逐个切换。

二、排污

（一）目的与作用

锅炉排污分为定期排污和连续排污两种。

锅炉定期排污是从水冷壁下联箱和集中下降管下部定期排水，用以排掉锅水中的沉渣、铁锈和磷酸盐处理后所形成的沉淀物，以防这些杂质在水冷壁管和集中下降管中结垢和堵塞。

锅炉运行时，由于锅水不断蒸发而浓缩，使其含盐浓度逐渐增加。连续排污就是为了把锅水的含盐浓度控制在允许的范围内，保证蒸汽品质合格，连续不断地将炉水中含盐浓度最大的炉水排出。连续排污的目的是降低炉水中的含盐量和碱度，防止炉水浓度过高而影响蒸汽品质。

（二）排污的方法

锅炉正常运行过程中，连续排污门在开启状态，其开度的大小应根据锅水含盐量的指标要求决定。但不同类型锅炉其最大开度也不同，一般由化学专业人员通知化验结果，运行人员按要求进行调节。

锅炉的定期排污，现代大型锅炉都采用程序控制，下面介绍一个典型的步进式控制程序，其程序如图 8-18 所示。

定期排污系统工作时，必须保证汽包水位正常，因此按照定期排污时的操作规律，应当顺序打开各排污阀门。控制程序为首先开启某一组排污汇集管上的电动阀，然后开启这一组排污管中的 1 号电动阀，经过一段时间的排放后，关闭 1 号电动阀，再开启 2 号电动阀，直到这一组所有排污阀门都操作一遍后，最后关闭这一组排污汇集管上的电动阀，再进行下组的排污操作。

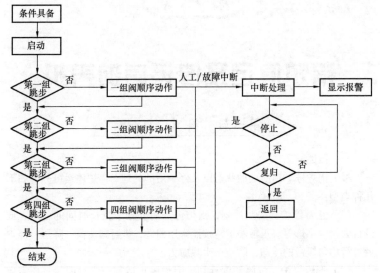

图 8 – 18   定排程序控制程序

第九章

锅炉停运及停运后的养护

第一节 锅 炉 停 运

一、概述

根据锅炉停炉前所处的状态以及停炉后的处理，锅炉停运可分为如下几种类型：

（1）正常停炉。按照计划，锅炉停炉后要处于较长时间的备用，或进行大修、小修等。正常停炉需按照降压曲线，进行减负荷、降压，停炉后进行均匀缓慢的冷却，防止产生热应力。

（2）调峰停炉。按照调度计划，锅炉停止运行一段时间后，还需启动继续运行。调峰停运后，要设法减小热量散失，尽可能保持一定的汽压，以缩短再次启动的时间。

（3）紧急停炉。运行中锅炉发生重大事故，危及人身及设备安全，需要立即停止锅炉运行。紧急停炉后，往往需要尽快进行检修，以消除故障，所以要适当加快冷却速度。

二、停炉前的准备

停炉前的准备主要包括以下工作：

（1）停炉前对锅炉所有设备进行一次全面检查，详细记录设备缺陷，以便停炉后消除。

（2）停炉前对锅炉受热面进行全面吹灰，冲洗、校对就地水位计，并进行一次定期排污。

（3）做好炉前油系统和油燃烧器的投入准备，使其处于良好状态，以便在停炉过程中随时投油稳燃，防止锅炉灭火。

（4）对事故放水电动门、对空排汽电动门及直流锅炉启动分离器的有关调节门和低调阀门等做一次开关试验，缺陷应及时消除，使其处于良好状态。

（5）检查启动旁路系统的状况，并做好准备工作。

（6）停炉备用或停炉检修时间超过 7d，需将原煤斗和落煤管中的煤

锅炉设备运行（第二版）

用尽；停炉超过3d时，中间储仓式制粉系统，需将煤粉仓中的煤粉用尽；停炉时间在3d以内时，煤粉仓的粉位也应尽量降低，以防煤粉在系统内自燃而引起爆炸。为此，应根据停炉时间，提前停止上煤；根据粉位情况，确定制粉系统停运的时间。

三、锅炉停运方法

单元机组的正常停运，对于汽包锅炉可分为定参数停运和滑参数停运两种方式；对于直流锅炉可分为投运启动分离器停运和不投启动分离器停运两种方式。

（一）汽包锅炉的停运

1. 滑参数停运

接到停炉命令后，按滑参数停运曲线开始平稳地降低蒸汽压力、温度以及锅炉负荷，严格控制降温、降压速率，保证蒸汽温度有50℃以上的过热度。中间再热机组进行滑参数停运时，应当控制再热蒸汽温度与过热蒸汽温度变化一致，不允许两者温差过大（自然循环汽包锅炉滑参数停运曲线见图9-1）。

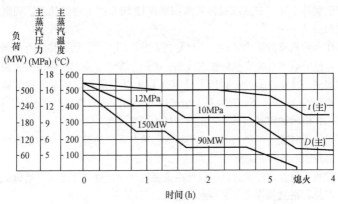

图9-1　DG1000/170-1型自然循环汽包锅炉滑参数停运曲线

汽包锅炉滑参数停运曲线随着锅炉负荷的降低，及时调整送、引风量，保证一、二次风的协调配合，保持燃烧稳定。根据燃烧及负荷情况，将有关自动控制系统退出运行或进行重新校验，适时投油，稳定燃烧。在停炉过程中，煤油混烧时，当排烟温度降低至100℃时，逐个停止电除尘器各电场，锅炉全燃油时所有电场必须停止，停运的电场应改投连续振打方式。引风机停止后，振打装置连续运行2~3h后停止，并将灰斗积灰放净，停止各加热装置。

配有中间储仓式制粉系统的锅炉，应根据煤粉仓煤位和粉仓粉位情况，适时停止磨煤机；根据负荷情况，停用部分给粉机或减少给粉机的出力。停止磨煤机前，应将该制粉系统余粉抽净，停用给粉机后应将一次风系统吹扫干净，然后停用排粉机或一次风机。对于直吹式制粉系统的锅炉，应根据负荷需要适时停用部分制粉系统，且吹扫干净，停用后的煤粉燃烧器应将相应的二次风门关小，停炉后关闭。

根据蒸汽温度情况，及时调整或解列减温器，汽轮机停机后，再热器无蒸汽通过时，控制炉膛出口烟温不大于540℃。

随着锅炉负荷的逐渐降低，应当相应地减少给水量，以保持锅炉正常的水位，此时应注意给水启动调节系统的工作情况。在负荷低到一定程度（约30%额定负荷），应由主给水管路切到低负荷给水管路供水，同时将水位自动调节三冲量倒为单冲量调节，或改为手动调节。

当锅炉负荷降至某一很低的负荷（约20%额定负荷）时，启动Ⅰ、Ⅱ级旁路系统，并根据汽温情况关闭减温水。随着旁路门的开大、汽轮机调节汽门的关小，汽轮机逐渐降低负荷。这时，机前的蒸汽温度和主蒸汽压力应保持不变，主蒸汽和再热蒸汽要保持50℃以上的过热度，确保汽轮机的安全。

在汽轮机负荷降为零，关闭汽轮机调节汽门以后，锅炉切除所有燃料熄火，停炉后的油枪应从炉膛内拔出，吹扫干净，不得向灭火后的燃烧室内吹扫油。维持正常的炉膛压力及30%以上额定负荷的风量进行炉膛通风，吹扫5min后，停止送风机、引风机，关闭所有的风门、挡板、人孔、检查孔，密闭炉膛和烟道，防止冷却过快损坏设备。

保持回转式空气预热器和火焰检测器冷却风机继续运行，待烟温低于相应规定值时方可将其停止。

在整个滑参数停炉过程中，严格监视汽包壁温度，温差不得超过规定值，严格监视汽包水位，保持水位正常。

自然循环锅炉在停炉后，应解除高、低值水位保护，缓慢上水至最高可见水位，关闭进水门，停止给水泵，开启省煤器再循环门。强制循环锅炉，在停炉后要至少保留一台强制循环泵连续运行，并维持汽包水位在正常值。

停炉过程中，按规定记录各部膨胀值，冬季停炉应做好防冻措施。

2. 定参数停炉

定参数停运是指在机组停运的降负荷过程中，汽轮机前蒸汽的压力和温度不变或基本不变的机组停运。若机组是短期停运，进入热备用状态，可采用定参数停运，这样锅炉熄火时蒸汽的温度和压力很高，有利于下一次启动。

采用定参数停炉时应尽量维持较高的锅炉主蒸汽压力和温度，减少各种热损失。减负荷过程中应维持主蒸汽压力不变，逐渐关小汽轮机的调节汽门，随着锅炉燃烧率的逐渐降低，汽温将逐渐下降，但应保持汽温过热度在规定值以上，否则应适当降低主蒸汽压力。

停炉后适当开启高低压旁路或过热器、再热器出口疏水门约30min，以保证过热器、再热器有适当的冷却。保持空气预热器、火焰检测器冷却风机连续运行，为减少热损失，可在熄火炉膛吹扫完毕后停止送、引风机运行。对于强制循环锅炉，停炉后至少应保留一台强制循环泵运行。

3. 汽包锅炉停炉注意事项

（1）锅炉停运过程中禁止吹灰、除尘和除焦。

（2）严格控制降温、降压速度，汽包上、下壁温差应当小于规定值，否则应当放慢降压、降温速度。

（3）在滑停过程中，要保证蒸汽有50℃以上的过热度。

（4）停炉过程中，发生故障不能滑停时，可按紧急停运操作进行。待汽轮机打闸后，为保护过热器、再热器，开启Ⅰ、Ⅱ级旁路，30min后关闭。

（5）停炉后注意监视排烟温度，检查尾部烟道，防止自燃。

（6）强制循环锅炉，停炉过程中必须注意强制循环泵的运行情况，停炉后要控制汽包水位在允许范围内，一旦强制循环泵全停，则应立即停止锅炉通风冷却。

（7）停运后的燃烧器要保留少量冷却风，以防止烧坏喷口；停炉后应加强对油燃烧器的检查，若油燃烧器仍然喷油燃烧，应检查炉前油系统确与燃油母管隔绝，并用蒸汽进行吹扫，使之熄灭。

（8）对于中储式制粉系统的锅炉，停炉后粉仓有存粉时，应每4h记录一次粉仓温度，防止自燃。

（9）停炉后必须注意防止有水通过主蒸汽管道和再热蒸汽管道进入汽轮机，还应注意做好停炉后的保养和防冻工作。

4. 停炉后的冷却与放水

（1）停炉后要防止锅炉急剧冷却，对于汽包、联箱有裂纹的锅炉，停炉6h后可开启烟道挡板进行缓慢的自然通风，停炉8h后开启锅炉各人孔门、看火门、打焦孔等增强自然通风，停炉24h后，炉水温度低于

100℃方可放水。

（2）紧急冷却时，在停炉 8 ~ 10h 后才允许向锅炉上水和放水，炉水温度低于 80℃可将水放掉。

（3）锅炉停炉后进行检修，停炉 4 ~ 6h 内，应紧闭所有孔门、烟道及制粉系统各风门挡板，以防锅炉急剧冷却。经 4 ~ 6h 后，打开烟道挡板逐渐通风，并进行必要的上水和放水。经 8 ~ 10h 后，锅炉再上水和放水。如有加速冷却的必要，可启动引风机（微正压锅炉启动送风机）适当增加放水和上水的次数。当锅炉压力降至 0.5 ~ 0.8MPa 时，方可进行锅炉带压放水。

（4）中压锅炉需要紧急冷却时，在主汽门关闭 4 ~ 6h 后，可以启动引风机（微正压锅炉启动送风机）加强通风，并增加锅炉放水和上水的次数。

（5）液态排渣锅炉在溶渣池底未冷却前锅炉不得放水，以免炉底管过热损坏。

（6）在锅炉冷却过程中，应监视汽包上下壁温差不大于规定值。当温差较大时，冷却操作应缓慢或推迟进行。严禁为加快冷却汽包金属壁温采取边放水边补水的做法。

（7）为防止锅炉受热面内部腐蚀，停炉后根据要求做好停炉保护工作。一般情况下，采用热炉带压放水余热烘干法进行保护。

（8）冬季停炉，应做好防冻措施。当进行热炉放水时，应开启炉本体各疏放水门、省煤器放水门、给水和减温水放水门、各部联箱放水门以及仪表导管放水门，放尽管道积水，各转机冷却水应保持畅通。

（9）当环境温度低于 5℃时，短期备用停炉，可投用底部蒸汽加热防冻。

（二）直流锅炉的停运

直流锅炉的正常停炉应根据制造厂提供的正常停炉曲线，进行参数控制和相应操作。下面以 1000t/h 直流锅炉为例介绍直流锅炉的停运过程及方法。

1. 投入启动分离器的停运方法

（1）定压降负荷。在该阶段中过热器压力维持不变，锅炉本体压力随着负荷的降低而逐步降低。锅炉通过逐步减少燃料和给水量以及关小汽轮机调节汽门进行降负荷。根据负荷及燃烧情况，及时调整送、引风量，保证一、二、三次风的协调配合，保持燃烧稳定，将有关自动控制系统退出运行或进行重新设定，适时投油，稳定燃烧。在此过程中，根据燃料量及时调整风量；根据包墙管出口及低温过热器出口温度调整燃料与给水比例，并通过调节减温水量，维持主蒸汽温度正常，调整烟气调温挡板和再热器减温水量，维持再热蒸汽温度在正常范围内。

机组降负荷过程应呈阶梯型，降负荷速率为每分钟1%额定负荷，从70%额定负荷至发电机解列应控制在3～4h。负荷减至100MW时，应及时调整给水流量、锅炉总风量、过热蒸汽温度、再热蒸汽温度，使其在规定的范围内。

降负荷过程中，给水流量必须保证大于等于启动流量的最低限度，直至锅炉灭火，以确保水动力工况稳定，要特别注意保持燃料量与给水量成一定比例，否则，将可能导致前屏过热器进水。在该阶段还应微开有关疏水，对启动分离器所属管道进行暖管，为投入启动分离器做准备。

（2）过热器降压。过热器降压为投入分离器做准备，此阶段仍为直流运行方式。过热器降压操作是由减少燃料量、开大汽轮机调节汽门或高、低压旁路以及关小"低调"来完成的。控制降压速率（不大于0.2～0.3MPa），同时保持包覆过热器压力的稳定，保持合理的燃料与给水之比，各项操作要注意协调配合，力求缓慢平稳，以免造成汽温、汽压、给水流量及减温水流量的较大波动。

在过热器降压过程中采用包墙管出口至启动分离器的蒸汽管路对分离器本体进行暖管。

（3）投入启动分离器。当启动分离器达到投入条件，且低温过热器出口蒸汽温度、过热蒸汽压力符合要求时，投入启动分离器运行。如不及时投入分离器，前屏过热器将有充水的危险。

当主蒸汽压力降至一定值时，继续缓慢减小燃料量，并将"低调"按一定速率逐渐关小。此时用"包分调"维持包墙管压力不变，在此过程中"包分调"逐渐开大，启动分离器逐步升压。由于"包分调"的逐渐开大，使低温过热器的通流量逐渐减少，低温过热器出口温度逐步上升。当低温过热器出口温度超过规定值时开启"低分进"，调节"低分调"维持低温过热器出口温度在一定范围内。而后"低调"继续关小，用"包分调"维持包墙管压力，用"低分调"维持低温过热器出口温度，用"分凝水"维持分离器水位，用"分凝汽"控制分离器升压速度。按此方式，在逐步提高分离器压力的同时继续降低温过热器热器压力，当启动分离器压力大于"分出"后压力时，"分出"止回门打开，过热器由启动分离器和"低调"同时供汽。分离器投入后，继续按上述方式关小

"低调"，将"低调"的流量逐步转移到"低分调"及"包分调"上去，直至"低调"阀门关闭，然后关闭"低调"隔绝门。此时过热器已全部由启动分离器进行供汽。

上面介绍了分离器的投入方法，在整个投入过程中，应始终保持低温过热器出口温度在一定范围内不变，以满足等焓切换的需要。

（4）发电机解列和汽轮机停机。投入启动分离器后，保持其压力、水位正常，包墙过热器出口压力在规定值。继续缓慢减少燃料量，当燃料量减至一定值时可停用部分或全部制粉系统。随着燃料量的逐渐减少，当机组负荷降到很小值时，可将发电机与系统解列，然后停运汽轮机。此时锅炉应开启大旁路、Ⅰ级旁路和再热器出口的对空排汽门，以维持过热器及再热器受热面的通汽冷却。

（5）停炉。汽轮机停机后，锅炉应继续减少燃料量。为了保证水冷壁运行工况正常，避免燃烧器逐个停用后，运行燃烧器周围水冷壁局部热负荷过于集中，致使该水冷壁壁温超限或水动力工况不稳定，故在熄火前应始终保持给水量在额定蒸发量的30%左右。

当燃料量降至低限时，停用全部燃烧器，使锅炉熄火。锅炉熄火切断全部燃料后，维持额定负荷风量的30%，对燃烧室和烟道通风吹扫5min，燃油炉时间要延长一些，然后停用送、引风机。

锅炉熄火后继续向锅炉本体以小流量进水，使锅炉本体各受热面均匀冷却。

在停炉过程中，煤油混烧时，当排烟温度低于100℃时，逐个停止各电场，锅炉100%投油时，所有电场必须停止，停运的电场应改投连续振打方式。引风机停止后，振打装置应连续运行2~3h左右，并将灰斗积灰放净，停止各加热装置。

保持回转式空气预热器、点火器、火焰检测装置冷却风机运行，待温度符合要求时，停止其运行。

2. 不投分离器的停运方法

在锅炉不具备投运启动分离器条件时，可采用不投分离器的停运方式。采用该方式停运时，首先按正常减负荷操作减少燃料、风量、给水量，定压将机组负荷减至100MW，并将锅炉各自动装置切至手操位置。根据运行工况的需要，保留一台制粉系统或停用所有制粉设备改为全烧油运行。制粉系统全部停用后应立即切断电除尘器的高压电源，根据规定调整电除尘器振打装置的振打方式。

开启高压旁路及低压旁路，使机组负荷降至10~15MW，按"紧急停炉"或"MFT"按钮，切断进入锅炉的所有燃料，使锅炉熄火。

锅炉熄火后，如电除尘器仍投运，应立即切断电除尘器的高压电源，根据规定调整电除尘器振打装置的振打方式，退出锅炉的有关保护，关闭过、再热蒸汽各减温水隔绝门。根据需要建立或停止轻油及重油循环。如停止重油循环，则应立即对重油系统进行冲洗。为防止超压，锅炉熄火后应立即调整开启高、低压旁路，以不大于 0.3MPa/min 的速率降低主蒸汽压力至 12MPa，然后关闭"低出"及"低调"阀。而后继续通过高、低压旁路，按上述速率将过热器和再热器的压力泄除。当汽轮机凝汽器不允许排入汽、水时，应立即关闭高、低压旁路及其减温水门，通过开启过热器、再热器有关对空排汽门或疏水阀来进行泄压。

锅炉熄火后重油枪的冲洗，应在炉膛和烟道吹扫后并继续维持吹扫状态的过程中进行。重油枪冲洗结束后，锅炉炉膛和烟道的通风吹扫、附属设备的停用、各受热面的去压及锅炉的冷却等操作均按投启动分离器停炉的程序和要求进行。

3. 停炉后的冷却

（1）自然冷却。

1）直流锅炉停炉后一般采用自然冷却方式，并严格监视包覆过热器和水冷壁的降温、降压速率。

2）停炉后立即开启过热器及再热器有关疏水门，以规定速率降低过热蒸汽和再热蒸汽压力至规定值，然后用过热器、再热器对空排汽门将余压泄掉。

3）停炉 4h 后，开启烟道挡板进行自然通风冷却，同时调整炉本体有关疏水门，以规定速率降低包覆过热器压力至规定值，开启炉本体空气门，泄掉余压。

4）停炉 6h 后，根据需要可启动一台引风机进行通风冷却，当一级混合器工质温度达到要求时，进行省煤器、水冷壁、包覆过热器管子和低温过热器放水，放水时停止通风冷却，结束放水 1h 后，方可继续通风冷却。

（2）快速冷却。

1）直流锅炉停炉后如需要快速冷却，则将给水流量减少至 60～100t/h 进行循环冷却。

2）快速冷却时，应装有监视表计，严格控制包覆过热器、水冷壁管屏之间的温差小于 40℃；若降温降压速率超过上述数值，应立即调整通风量和进水量；若调整无效时，应立即停止快速冷却；当工质温度降至需要温度时，停止进水循环，停用启动分离器。

第二节 锅炉停运后的防腐与保养

一、备用期间的防腐

（一）防腐的目的

锅炉停止运行或进行检修都要进行防腐，这是因为：

（1）锅炉停止后，汽水系统管路内表面及汽水设备的内表面往往因受潮而附着一层水膜，当外界空气大量进入内部时，空气中的氧便溶解在水膜中，使水膜饱含溶解氧，引起金属表面氧化腐蚀。

（2）金属内表面上有沉积物或水渣，这些物质具有吸收空气中湿分的能力，使金属表面产生水膜，由于金属表面电化学的不均匀性而发生电化学腐蚀。

（3）沉积物中含有盐类物质，会溶解在金属表面的水膜中而产生腐蚀，这种腐蚀为垢下腐蚀。

经常启停的锅炉腐蚀尤为严重，腐蚀降低了金属的强度和使用寿命，腐蚀产物会使蒸汽品质恶化，因此锅炉停运期间必须要防腐。

（二）防腐的方法

防止锅炉汽水系统发生停用腐蚀的方法较多，但其原则包括以下几点：

（1）不让空气进入锅炉汽水系统中。

（2）保持停用锅炉汽水系统金属表面的干燥。实践证明，当停用锅炉内湿度小于20%，就能避免腐蚀。

（3）在金属表面造成具有防腐蚀作用的薄膜（即钝化膜），以隔绝空气。

（4）使金属表面浸泡在含有除氧剂或其他保护剂的水溶液中。

具体的保养防腐方法叙述如下。

1. 充氮或充气相缓蚀剂保护

充氮或充气相缓蚀剂保护是向锅炉内充入氮气或气相缓蚀剂，将氧从锅炉的水容积中驱赶出来，使金属表面保持干燥和与空气隔绝，从而达到防止金属腐蚀的目的。保养防腐前必须对锅炉的保养条件进行一次全面的检查，特别要检查各阀门的严密性，否则会影响保养防腐效果。充氮防腐时，氮气压力一般保持 $0.02 \sim 0.049$ MPa 左右，使用的氮气或气相缓蚀剂的纯度大于 99.9%。锅炉充氮或气相缓蚀剂保护期间，应经常监视压力的变化和定期进行取样分析，并进行及时补充。

2. 余热烘干法

自然循环锅炉正常停炉后，待汽包压力降至 0.5～0.8MPa 时，开启放水门进行锅炉带压放水，压力降至 0.15～0.2MPa 时，全开空气门、对空排气门、疏水门，对锅炉进行余热烘干。直流锅炉采用导热烘干防腐时，应在泄压以后进行。在烘干过程中，禁止启动引风机、送风机通风冷却。此法适用于锅炉检修期间的保护。

3. 压力防腐法

锅炉停炉后，汽包压力保持在 0.3MPa 以上，防止空气进入锅炉，当汽包压力降至 0.3MPa 时，应点火升压或投入水冷壁下联箱蒸汽加热，在整个保养期间要保证锅炉水品质合格，强制循环锅炉应保持一台强制循环泵运行。压力防腐法操作简单有利于再启动，适用于较短期的备用锅炉。

4. 干燥剂法

干燥剂法是采用吸湿能力很强的干燥剂，使锅炉汽水系统中保持干燥，防止金属腐蚀。常用的干燥剂有无水氧化钙（粒径为 10～15mm）、生石灰或硅胶（硅胶应先经 120～140℃干燥）。干燥剂法只适用于小容量锅炉。

5. 溶液保护法

溶液保护法是用具有保护性的水溶液充满锅炉，借此杜绝空气中的氧进入锅内。常用的水溶液有二甲基酮肟、联氨（氨液）、碱液（氢氧化钠或磷酸三钠）、磷酸三钠和亚硝酸钠混合溶液等。采用此法进行保养前，应检查所有有关阀门及汽水系统其他附件的严密性，以免泄漏，当锅炉充满保护性溶液后，应关闭所有阀门。

（三）选择停用保养方法的原则

锅炉停用保养方法较多，且特点与适用范围也不一样，为便于选择，下面简单叙述有关选择的事宜：

（1）对大型的超高压汽包锅炉和直流锅炉，由于过热器系统较为复杂，汽水系统内的水不易放尽，故大都采用充氮法和压力防腐法（如有外来汽源加热时）。

（2）停用时间的长短。对短期停运的锅炉，采用的保养方法要满足在短时间里启动的要求，应采用压力防腐法；对长时间停用和封存的锅炉设备应用干燥剂法、溶液保护法等。

（3）环境温度。在冬季应预想到锅炉内存水和溶液是否有冰冻的可能，如有温度低于 0℃的情况，则不宜采取溶液保护法。

（4）现场的设备条件，如锅炉能否利用邻炉热风进行烘干、过热器有无反冲洗装置等。

二、冬季锅炉的防寒防冻

为了防止冻坏管道和阀门，在冬季要考虑锅炉的防冻问题。对于室内布置的锅炉，只要不是锅炉全部停用，一般不会发生冻坏管道和阀门的问题；对于露天或半露天布置的锅炉，如果当地最低气温低于0℃，要考虑冬季防冻问题。

由于停用的锅炉本身不再产生热量，且管道内的水处于静止状态，当气温低于0℃时，管道和阀门易冻坏。最易冻坏的部位是水冷壁下联箱定期排污管至一次阀前的一段管道以及各联箱至疏水一次阀前的管道和压力表管。因为这些管线细，管内的水较少，热容量小，气温低于0℃时，首先结冰。

为防止冬季冻坏上述管道和阀门，应将所有疏放水阀门开启，把锅水和仪表管路内的存水全部放掉，并防止有死角积水的存在，因为立式过热器管内的凝结水无法排掉。冬季长时间停用的锅炉，要采取特殊的防冻措施，防止过热器管结冰，必要时对运行锅炉的上述易冻管道要采取伴热措施。

第十章

锅炉的结渣、磨损、积灰和腐蚀

第一节 锅炉结渣

一、结渣的危害

煤粉炉中，熔融的灰渣黏结在受热面上的现象称为结渣（现场称为结焦）。结渣会对锅炉的安全运行与经济运行造成很大的危害，主要表现在以下三个方面。

1. 降低锅炉效率

当受热面上结渣时，受热面内工质的吸热降低，以致烟温升高，排烟热损失增加。如果二次风出口结渣，在高负荷时会使锅炉通风受到限制，以致炉内空气量不足；如果燃烧器出口处结渣，则影响气流的正常喷射。这些都会造成化学不完全燃烧损失和机械不完全燃烧损失的增加，故结渣会降低锅炉热效率。

2. 降低锅炉出力

水冷壁上结渣会直接影响锅炉出力，另外，烟温升高会使过热蒸汽温度升高，为了保持额定汽温，往往被迫降低锅炉出力，有时结渣过重（如炉膛出口大部分封住、冷灰斗封死等）还会造成被迫停炉。

3. 造成事故

（1）水冷壁爆破。水冷壁管上结渣，使结渣部分和不结渣部分受热不均匀，容易损坏管子。有时炉膛上部大块渣落下，会砸坏管子；打渣时不慎，也可能打破管子。

（2）过热器超温或爆管。炉内结渣后，炉膛出口烟温升高，导致过热蒸汽温度升高，加上结渣造成的热偏差，很容易导致过热器管超温爆破。

（3）锅炉灭火。除渣时，若除渣时间过长，大量冷风进入炉内，易形成灭火。有时大渣块突然落下，也可能将火压灭。

二、结渣的特性和条件

1. 灰结渣的特性（内因）

煤粉炉中，炉膛中心温度高达 1500～1600℃，煤中的灰分在这个温度下，大多熔化为液态或呈软化状态。随着烟气的流动，烟温及烟气中灰粒的温度因水冷壁的吸热而降低。如果灰的软化温度很低或灰粒未被充分冷却而仍保持软化状态，当灰粒碰到受热面时，会黏结在壁面上而形成结渣，所以灰的结渣首先取决于灰的熔融特性。

（1）灰的熔融特性。如第二章所述，通常用测定 DT、ST、FT 的方法来说明灰的熔融特性。在变形温度 DT 下，灰粒一般还不会结渣；到了软化温度 ST，就会黏结在受热面上，因而常用 ST 作为灰熔点来判断煤灰是否容易结渣。

（2）灰中矿物质组成对灰熔点的影响。煤灰中各种无机成分在纯净状态下的熔点大部分是很高的，但是实际上煤灰是以多成分的复合化合物的形式或混合物的形式存在的，在高温情况下，它的结渣性能与煤灰中矿物质的含量和各种成分的组合有很大的关系。因此，在试验室条件下得出的灰熔点并不能完全表明灰在炉内的结渣性能，有时 ST 较高的煤灰，往往在炉温并不高的锅炉内产生结渣。

近年来，国外还采用结渣性指数来说明煤灰是否易结渣，即

$$R_S = \frac{碱性物}{酸性物} \times S - \frac{Fe_2O_3 + CaO + MgO + Na_2O + K_2O}{SiO_2 + Al_2O_3 + TiO_3} \times S$$

$$(10-1)$$

式中　Fe_2O_3、CaO、MgO、Na_2O、K_2O、SiO_2、Al_2O_3、TiO_3——各成分在燃料灰分中的质量百分比；

　　　　　　　　　　　　　　　　　　　　　　S——煤的干燥基全硫分。

随着 R_S 的不同煤灰的结渣性能见表 10-1。

表 10-1　　　　　　　　随 R_S 的不同煤灰的结渣性能

R_S 指数	煤灰的结渣性能	R_S 指数	煤灰的结渣性能
<0.6	弱结渣性	2.0～2.6	强结渣性
0.6～2.0	一般结渣性	>2.6	严重结渣性

（3）灰中含铁对灰熔点的影响。灰中含铁成分对灰熔点有很大影响。

如果灰中含氧化铁多，灰熔点较高；如果含氧化亚铁多，灰熔点就低。

当煤灰处于还原性气氛（CO 等还原性气体）中时，灰中的氧化铁还原成为氧化亚铁，此时灰的熔点低于氧化性气氛下的灰熔点。

煤中硫铁矿（FeS_2）含量多时，灰的结渣性强，这是因为 FeS_2 氧化后生成氧化亚铁。

（4）管壁表面粗糙程度对结渣的影响。灰黏结在表面粗糙物体上的可能性比黏结在表面光滑物体上的可能性要大得多。如在管子排列稀疏（s/d 较大）的水冷壁上，总是先在粗糙的炉墙表面结渣，然后再发展成大片结渣。

（5）炉内结渣有自动加剧的特性。炉内只要开始结渣，就会越结越多。这是因为结渣后燃烧室温度和壁面温度都因传热受阻而升高，高温的渣层表面呈熔融状态，加之其表面粗糙，使灰粒更容易黏结，从而加速了结渣过程的发展。结渣严重时，有的渣块能达到十几吨重，严重威胁锅炉的安全与经济运行。

2. 结渣的条件（外因）

以上所述是结渣的基本特性，除了煤的特性外，结渣的具体原因还有很多，如：

（1）燃烧时空气量不足。空气不足，容易产生一氧化碳，因而使灰熔点大大降低。这时即使炉膛出口烟温并不高，仍会形成结渣。燃用挥发分大的煤时，更容易出现这种现象。

（2）燃料与空气混合不充分。燃料与空气混合不充分时，即使供给足够的空气量，也会造成有些局部地区空气多些，另一些局部地区空气少些。在空气少的地区会出现还原性气体，而使灰熔点降低，造成结渣。

（3）火焰偏斜。燃烧器的缺陷或炉内空气动力工况失常都会引起火焰偏斜。火焰偏斜，会使最高温的火焰层转移到炉墙近处，使水冷壁上严重结渣。

（4）锅炉超负荷运行。锅炉超负荷运行时，炉温升高，烟气流速加快，灰粒冷却也不够，因而容易结渣。

（5）炉膛出口烟温增高。炉膛出口烟温高容易造成炉膛出口处的受热面结渣，严重时会局部堵住烟气通道。炉膛下漏风、空气量过多、配风不当、煤粉过粗等，都会使火焰中心上移，以致炉膛出口烟温增高。

（6）吹灰、除渣不及时。运行中受热面上积聚一些飞灰是难免的，如果不及时清除，积灰后受热面粗糙，当有黏结性的灰碰上去时很容易附在上面形成结渣。刚开始形成的结渣，因壁面温度较低，渣质疏松，容易清除，但如不及时打渣，结渣将自动加剧，结渣量加多，而且越来越紧密，以致很难去除。

（7）锅炉设计、安装或检修不良。设计时炉膛容积热强度选得过大、水冷壁面积不够或燃烧带敷设过多等，会使炉膛温度过高，造成结渣。燃烧器的安装、检修质量对结渣影响很大，如旋流燃烧器中心不正和外围旋转角度过大，又如直流燃烧器四角燃烧时，切圆直径过大、中心偏斜、火焰贴墙等，都会形成结渣。燃烧器烧损未及时检修也会导致结渣。

上面所说的这些原因往往同时存在，而且互相制约、互为因果，呈现出很复杂的现象。在分析时，必须抓住主要矛盾，克服主要问题，带动次要问题。一有成效，就要坚持下去，并找寻新的矛盾，直到彻底解决问题时为止。

三、结渣的预防

1. 堵塞漏风

漏风过大会促进结渣，如炉底漏风会使炉膛出口处结渣；空气预热器漏风，使炉内空气量不足，也会导致结渣等。

漏风有害而无利，应尽可能予以堵塞。运行时可用蜡烛寻找漏风处，凡漏风处蜡烛火会被吸向炉内。冷炉可以用烟幕弹找漏风，点燃烟幕弹，炉内保持正压（关引风挡板，开送风机），凡漏风处有烟冒出。堵漏时最好在炉内堵，同时注意不要堵住膨胀间隙。

2. 防止火焰中心偏移

火焰中心上移，炉膛出口处会结渣，为防止结渣，可采取以下措施：

（1）尽量利用下排燃烧器或使燃烧器下倾，以降低火焰中心。但燃烧室下部结渣时，应采取相反的措施。

（2）降低炉膛负压，也可以降低火焰中心。但负压炉膛不允许正压运行，一般至少保持 $20 \sim 30Pa$ 的负压。

（3）采用加强二次风旋流强度、降低一次风率等方法使着火提前，也可降低火焰中心。

火焰偏斜会造成水冷壁上结渣，为防止结渣，可采取以下措施：

（1）对仓储式制粉系统，应保持各给粉机的给粉量比较均衡，每个给粉机的给粉也要均匀，为此煤粉应有必要的干燥度、煤粉仓内壁不应黏附煤粉、防止煤粉自流等。

（2）对直吹式制粉系统采用直流燃烧器切圆燃烧时，要尽量使四个角的气流均匀。为此，做冷态空气动力场试验时，应将四角的气流速度调整到接近相等。

（3）切圆不宜过大，以免气流贴墙，造成水冷壁结渣。

（4）低负荷运行时，燃烧器的投入要照顾前、后、左、右，使火焰不致偏斜。

3. 保持合适的空气量

空气量过大，炉膛出口烟温可能升高；空气量过小，可能出现还原性气体，这些都会导致结渣，因而应控制好二氧化碳值或氧量值，保持合适的过量空气系数。

4. 做好燃料管理，保持合适的煤粉细度

电厂燃用的燃料应长期固定，如果燃料多变，则要求燃用前能得到化验报告，以便及时研究燃烧方法；煤中混杂的石块应清除掉，过湿的煤应经干燥再送往锅炉房。这些对防止结渣都有好处。

煤粉过粗，会使火焰延伸，炉膛出口处易结渣，同时，粗粉落入冷灰斗，在一定条件下会形成再燃烧，造成冷灰斗结渣。但煤粉过细则不经济又易爆。故应保持煤粉的合适细度。

5. 加强运行监视，及时吹灰打渣

运行中，应根据仪表指示和实际观察来判断是否有结渣现象。如燃烧室出口结渣时，仪表显示过热蒸汽温度偏高、减温水量增大、排烟温度升高、燃烧室负压减小甚有正压、煤粉量增加等。此时，可通过检查孔观察炉膛出口处，如有结渣，应及时打掉以免结渣加剧。另外，及时吹灰打渣也是防止结渣的有效措施。

6. 提高检修质量

锅炉检修时应彻底清除炉内积存灰渣，并做好漏风试验以堵塞漏风。

根据运行中的燃烧工况、结渣部位和结渣程度，适当调整燃烧器。烧坏的燃烧器应修复或更换。

结渣严重时，对原有卫燃带可在检修时去除或减小面积。

如果燃用灰熔点很低的煤，还可改用液态排渣炉。

第二节　受热面的磨损

煤粉炉的磨损危害很大，锅炉大修时要用很多工时来修复或更换磨损的部件，而且磨损还会造成受热面泄漏。

锅炉中的飞灰磨损都带有局部的性质，烟气走廊区、蛇形管弯头、管子穿墙部位、管式空气预热器的烟气入口处及灰分浓度大的区域等磨损比较严重；对于被磨损的管子，其磨损也不均匀。

一、磨损的机理

煤粉炉的烟气中带有大量的飞灰粒子，这些飞灰粒子都具有一定的动能。烟气冲刷受热面时，飞灰粒子就不断地冲击管壁，每一次冲击，都从管子上削去极其微小的一块金属屑，这就是磨损。时间一长，管壁因磨损而变薄，强度降低，结果造成管子的损坏。

气流对管子表面的冲击有垂直冲击和斜向冲击两种。冲击角（气流方向与管子表面切线方向之间的夹角）为90°时称为垂直冲击，小于90°时为斜向冲击，如图10-1所示。

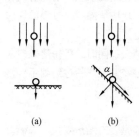

图 10-1 灰粒对管子表面的冲击

（a）垂直冲击；（b）斜向冲击

垂直冲击时，灰粒的作用力方向为管子表面的法线方向，这时管子表面上一个很小而又极薄的薄层受到冲击力的作用而变形成凹坑，当冲击的力超过其强度极限时，这个薄层就被破坏而脱落，这种磨损称为冲击磨损。

斜向冲击时，灰粒作用于管壁的冲击力可分为法线方向的力和切线方向的力两个分力，法线方向的力会引起冲击磨损，切线方向的力则起着刮削作用。当切向力所产生的剪应力超过极限强度时，管壁表面被刮去极微小的一块金属屑，这种磨损称为切削磨损。

由于管子是圆形的，管子表面更多的是受到灰粒的斜向冲击，所以切削磨损所占的比重较大。但正对气流方向的表面也有明显的麻点，表明该处受到冲击磨损的作用。

实践和理论都说明管子上的磨损是不均匀的。如当气流横向冲刷管束时，第一排管子磨损最严重处是偏离管子沿气流方向的中心线 $\alpha = 30° \sim 40°$ 的地方，如图 10-2 所示。从第二排管子往后，磨损情况与管束的排列方式有关，错列管以正面迎风，磨损最严重处为 $\alpha = 25° \sim 35°$ 的地方；顺列管以侧面迎风，磨损最严重处为 $\alpha = 60°$ 的地方。显然，磨损最严重处是冲击力和切向力的综合磨损作用最大的地方。

不但第一根管子的磨损不均匀，管束中各排管子的磨损也不均匀。可见，整个锅炉的磨损部

图 10-2 对流受热面管束第一排管子的磨损部位
$\alpha = 30° \sim 40°$

位带有局部的性质，磨损程度很不均衡。

二、影响磨损的因素

从以上的讨论可以知道，管子金属被灰粒磨去的量正比于冲击管壁的灰粒的动能及冲击的次数。灰粒的动能越大，冲击次数越多，则磨损越严重。灰粒的动能和冲击的次数都取决于烟气流速。灰粒的动能与烟气流速的二次方成正比，而冲击次数在烟气浓度一定时与烟气流速的一次方成正比，因而管子的磨损量就与烟气流速的三次方成正比。

这个关系可由式（10－2）、式（10－3）导出

$$T \propto \frac{G\omega^2}{2g}\tau \qquad\qquad (10-2)$$

$$G = \mu\omega \qquad\qquad (10-3)$$

则

$$T \propto \frac{\mu\omega^3}{2g}\tau \qquad\qquad (10-4)$$

又可写成

$$T = c\eta\mu\omega^3\tau \qquad\qquad (10-5)$$

式中　T——管壁单位面积表面的磨损量，g/m^2；

G——飞灰质量流量，用以说明冲击次数，$g/(m^2 \cdot s)$；

ω——飞灰速度，可认为等于烟气流速，m/s；

μ——烟气中的飞灰浓度，g/m^3；

τ——时间，h；

η——飞灰撞击管壁的机会率，与灰粒所受的惯性力及气流阻力有关；

c——考虑飞灰磨损性的系数，与飞灰性质及管束的结构特性有关。

可以看出，影响磨损因素有飞灰速度、飞灰浓度、灰粒特性、管束的结构特性和飞灰撞击率等。

1. 飞灰速度

如前所述，磨损量与飞灰速度的三次方成正比。烟气流速增加一倍，磨损量增加七倍。所以，控制烟气流速对减轻磨损是很有效的。

但是，烟气流速降低，会使对流放热系数降低，以致增加了传过一定热量所需要的受热面。而且，烟气流速降低，还会增加受热面上的积灰和堵灰。因此，应进行全面的技术经济比较来确定最佳的烟气流速。

在烟气走廊区，烟气流速特别高，有时可比平均流速大 3 ~ 4 倍，磨损将增加几十倍。

2. 飞灰浓度

飞灰浓度增大,灰粒冲击次数增多,因而磨损加剧。所以,烧多灰分的煤时,磨损严重。此外,锅炉中飞灰浓度大的局部区域,磨损更严重。

燃烧方式与飞灰浓度也有关,如采用液态排渣炉时,飞灰浓度较低。

3. 灰粒特性

灰粒特性的影响也相当大。具有锐利棱角的灰粒比球形灰粒的磨损严重得多,灰粒越粗、越硬,磨损越重。

省煤器区的磨损常大于过热器区,除了管束错列布置的原因外,还因为省煤器区的烟气温度低,灰粒较硬。当燃烧工况恶化时,磨损也会增加,这是因为飞灰中含碳量增加,而焦炭的硬度比灰粒要高。

4. 管束的结构特性

管子的排列情况对管子磨损的影响也很大。烟气横向冲刷时,错列管束的磨损比顺列管束严重。错列管束第二、三排磨损最重,这是因为气流进入管束后流速增加,动能加大,而第四排后动能被消耗去一部分,磨损减轻。顺列管束第五排以后磨损严重,是因为灰粒有惰性,随着气流速度的增大灰粒还有一个加速过程,到第五排时才能达到全速。

烟气纵向冲刷时,磨损将大为减轻。这是因为纵向冲刷时灰粒沿管轴方向运动,打击管壁的可能性大大减小。

5. 飞灰撞击率

飞灰撞击管壁的概率由多种因素决定,一般来说,飞灰颗粒大、飞灰比重大、烟气流速快、烟气黏度小,则飞灰的撞击机会就多。

三、减轻磨损的措施

根据以上的讨论可以知道,减轻磨损的积极措施应该是控制烟气流速,尤其是烟气走廊区的烟气流速,如管子弯头与墙之间的距离尽量小、管间距离尽量均匀等。但是局部区域烟速过高是难以避免的,所以应在管子易磨损处加装防磨装置,检修时予以更换。

省煤器的防磨装置如图 10-3 所示,其中 (a) 是在弯头处加装护瓦和护帘;(b) 表示加装护瓦的一种方法,可以加大烟气走廊区的阻力;(c) 是弯头处的护瓦;(d) 是在管子磨损最大处焊上钢条,用料少,对传热影响小。

管式空气预热器的防磨装置如图 10-4 所示,由图可知,气流进入管口后先收缩后扩张,因而飞灰磨损最严重处是在离管口约 300～400mm 长的一段内。为保护管子,可在进口处加装一段套管,检修时更换磨损的套管即可。

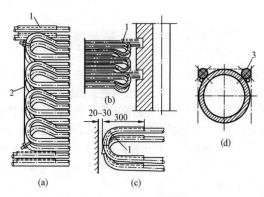

图 10 – 3　省煤器的防磨装置

（a）弯头处的护帘和护瓦；（b）穿过烟气走廊区的护瓦；

（c）弯头护瓦；（d）防磨钢条

1—护瓦；2—护帘；3—钢条

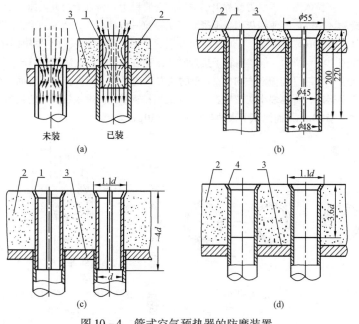

图 10 – 4　管式空气预热器的防磨装置

（a）飞回磨损原理；（b）内部套管；（c）外部焊接短管

1—内套管；2—耐火混凝土；3—管板；4—焊接端管

第三节　受热面的积灰

锅炉受热面上积灰是常见的现象。由于灰的导热系数小，因此积灰使热阻增加，热交换恶化，以致排烟温度升高，锅炉效率降低。积灰严重而形成堵灰时，会增加烟道阻力，使锅炉出力降低，甚至被迫停炉清理。

广义地说，锅炉积灰包括炉膛受热面的结渣、高温对流过热器上的高温黏结灰、低温空气预热器上的低温黏结灰和对流受热面上积聚的松灰等。黏结灰与腐蚀有关，腐蚀和结渣在前面已讨论过，本节只讨论狭义的积灰，即松灰的积聚。

一、积灰的机理

松灰的积聚情况随着烟速的不同而不同，图 10-5 表示三种烟速下的积灰情况，由图可知，积灰主要积在背风面，迎风面很少，而且烟速越高，积灰越少，迎风面甚至没有。

灰粒依靠分子引力或静电引力吸附在管壁上，而管子的背风面由于有旋涡区，因而能使细灰积聚下来。飞灰颗粒一般都小于 $200\mu m$，但大多数是 $10\sim20\mu m$ 的颗粒。当烟气横向冲刷管子时，管子背风面产生旋涡区，如图 10-6 所示。气体向管子接近时，流动方向改变，然后绕过管子，并在管子中部（与流动方向成 $90°$ 角的地方）离开管子壁面，管子背面产生旋涡运动，将很多小灰粒旋进去，并沉积在管壁上。进入旋涡区的灰粒大多小于 $30\mu m$，而沉积下来的灰粒都小于 $10\mu m$。

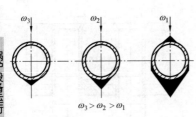

图 10-5　松灰的沉积

图 10-6　流体绕过管子时的流动情况

灰粒越小，其单位质量的表面积就越大，因而相对的分子引力就越大。$3\sim5\mu m$ 的灰粒与管壁接触时，其分子引力可大于本身质量，从而使它吸附在管壁上。

烟气中的灰粒可以被感应而带有静电荷。带电荷的灰粒与管壁接触时，有静电力的作用。当静电力大于灰粒本身质量时，灰粒便吸附在管壁上。一般小于 $10\mu m$ 的带电灰粒都能吸附住，甚至小于 $20\sim30\mu m$ 的带电灰粒也能吸附在管壁上。

大的灰粒不但不沉积，而且会冲击管壁从而使积灰减轻，所以管子正面的积灰少。但是，由于气流在接近管子时转向，所以受冲击最多的是管子两侧，管子正面有沉积灰粒的可能。

灰粒的沉积过程是开始积聚很快，然后由于大灰粒的冲击使积聚的速度减慢。积聚上的灰和冲击掉的灰相等时，灰粒的积聚和冲去达到动态平衡，积灰不再增加。只有因外界条件改变而破坏这个平衡时（如烟速变化），才会改变积灰的情况，直到建立新的动态平衡为止。

二、影响积灰的因素

积灰程度与烟气流速、飞灰颗粒度、管束结构特性等因素有关。

1. 烟气流速

积灰程度与烟气流速有很大的关系。烟速越高，灰粒的冲刷作用越大，因而背风面的积灰越少，迎风面的积灰更少甚至没有。如烟速小于 $2.5\sim3m/s$，迎风面也有较多的积灰，当烟速大于 $8\sim10m/s$ 时，迎风面一般不沉积灰粒。

2. 飞灰颗粒度

如果粗灰多，则冲刷作用大而积灰轻；如果细灰多，则冲刷作用小而积灰较多。因此，液态除渣炉、油炉等的积灰比煤粉炉严重。

3. 管束的结构特性

错列布置的管束迎风面受冲刷，背风面受冲刷也较充分，故积灰比较轻。顺列布置的管束背风面受冲刷少，从第二排起，管子迎风面也不受正面冲刷，因此积灰较严重。

如果减小纵向管间节距，对于错列管束，由于背风面冲刷更强烈，所以积灰减轻；对于顺列管束，相邻管子的积灰更容易搭积在一起，形成更严重的积灰。

减小管子直径，飞灰冲击机会加大，积灰减轻，采用小管径管子制造锅炉受热面还有放热系数高、结构紧凑等优点，所以得到广泛的应用。

三、减轻积灰的方法

1. 定期吹灰

尾部受热面应有合适的吹灰装置，并应坚持定期吹灰的制度。

由于省煤器是错列布置的，采用吹灰管只能吹到前几排，后面管排的积灰除不掉，因此以采用钢珠除灰为好。

2. 控制烟气流速

提高烟气流速，可以减轻积灰，但会加剧磨损。为了使积灰不过分严重，在额定负荷时，烟气流速不得小于 $5 \sim 6 \mathrm{m/s}$，一般可以保持在 $8 \sim 10 \mathrm{m/s}$。

3. 采用小管径、错列布置

如省煤器可采用 $25 \sim 32 \mathrm{mm}$ 的管子，$s_1/d = 2 \sim 2.5$，$s_2/d = 1 \sim 1.5$，则积灰可以轻些。

第四节　受热面的烟气侧腐蚀

一、低温对流受热面的烟气侧腐蚀

低温对流受热面的烟气侧腐蚀（简称低温腐蚀）主要出现在低温段空气预热器的冷端。腐蚀使受热面很快穿孔、损坏，严重时三四个月就需要更换受热面，对锅炉的正常运行影响很大，也增加了金属和资金的消耗。腐蚀的同时，还出现堵灰现象，使烟道通风阻力增加，排烟温度提高，甚至被迫停炉，大大影响了锅炉的安全性和经济性。下面讨论低温腐蚀的基本规律和减轻的方法。

1. 烟气的水露点、酸露点和低温腐蚀

烟气进入低温受热面后，其中的水蒸气可能由于烟温降低或在接触温度较低的受热面时发生凝结。烟气中水蒸气开始凝结的温度称为水露点，纯净水蒸气的露点取决于它在烟气中的分压力。常压下燃用固体燃料的烟气中，水蒸气的分压力为 $0.01 \sim 0.015 \mathrm{MPa}$，水蒸气的露点低达 $45 \sim 54 \mathrm{℃}$。可见，一般不易在低温受热面发生结露，但如果凝结时可能使受热面金属产生氧腐蚀。

当燃用含硫燃料时，硫燃烧后形成二氧化硫，其中一部分会进一步氧化成三氧化硫。三氧化硫与烟气中水蒸气结合成为硫酸蒸气。烟气中硫酸蒸气的凝结温度称为酸露点，它比水露点要高很多。烟气中三氧化硫（或者说硫酸蒸气）含量愈多，酸露点就愈高，酸露点可达 $140 \sim 160 \mathrm{℃}$ 甚至更高。烟气中硫酸蒸气本身对受热面金属的工作影响不大，但当它在壁温低于酸露点的受热面上凝结下来时，就会对受热面金属产生严重的腐蚀作用。这种由于金属壁温低于酸露点而引起的腐蚀称为低温腐蚀。

三氧化硫的形成主要有两种方式，一是在燃烧反应中，二氧化硫与火焰中的原子状态氧反应，生成三氧化硫，即

$$SO_2 + [O] \longrightarrow SO_3$$

二是二氧化硫在烟道中遇到氧化铁（Fe_2O_3）或氧化钒（V_2O_5）等催化剂时，与烟气中的过剩氧反应生成三氧化硫，即

$$2SO_2 + O_2 \longrightarrow 2SO_3$$

烟气中的三氧化硫量很少，但极少量的三氧化硫，就会使烟气露点（即硫酸蒸气露点）提高到不允许的程度。如当烟气中硫酸蒸气含量为 0.005%（即十万分之五）时，露点即提高到 130～150℃。

研究受热面上腐蚀的过程，可以对腐蚀的机理有进一步的理解。图 10－7 表示一台燃用多硫重油锅炉的低温空气预热器沿烟气流向的腐蚀速度。

腐蚀速度既与硫酸凝结量和硫酸浓度有关，又与管壁的温度有关。硫酸凝结量越多，壁温越高，则腐蚀速度越高；硫酸浓度则不是单向变化，在浓度为 56% 时有一个腐蚀速度的最大值。由于影响腐蚀速度的因素较多，因而图 10－7 中曲线的变化较复杂。

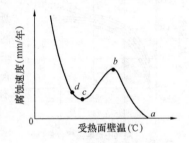

图 10－7　低温受热面金属沿烟气流向的腐蚀速度

由图 10－7 可知，在受热面壁温到达硫酸露点（a 点，壁温为 175℃左右），硫酸开始凝结，发生腐蚀。但由于此处硫酸浓度高，凝结酸量少，因而虽然壁温较高，腐蚀速度不高。沿着烟气流向，金属壁的温度逐渐降低，但是凝结下来的酸量增多，其作用超过温度降低的作用，因而腐蚀速度很快上升，到 b 点（壁温 90℃左右）达到最高点。此后由于壁温下降，腐蚀速度反而下降，到 c 点（壁温 75℃左右）降到一个腐蚀最轻点。沿烟气流向再往后，壁温虽然更低，但由于凝结量更大，而且酸液浓度接近 56%，因此腐蚀速度又上升。到 d 点（壁温为 60℃左右），壁温达到水露点，大量水蒸气凝结，特别是烟气中大量 SO_2 直接溶于水，生成亚硫酸溶液（H_2SO_3），对金属产生极严重的腐蚀，因此，水露点后腐蚀速度大大加快。

图 10－7 是一个特例。一般情况下，壁温不会低到水露点，也不允许低到水露点，最好高于硫酸露点。但当硫酸露点很高时，壁温也不一定要高于硫酸露点，因为壁温升高则排烟温度也高，锅炉效率下降。因此，壁温的高低或排烟温度的高低应通过技术经济比较来定。从腐蚀的角度来看，必须使壁温不在腐蚀速度最高点。

低温受热面的腐蚀与低温黏结灰是相互促进的。硫酸蒸气的凝结，一方面造成腐蚀；另一方面又能黏住飞灰，飞灰与硫酸会生成坚硬难除的水泥质黏结灰。黏结灰使受热面壁温又下降，促使硫酸凝结得更多，于是腐蚀加重、黏结灰加多。

2. 影响低温腐蚀的因素

由上述可知，低温腐蚀与烟气露点（即硫酸露点）有关，如果烟气露点很低，腐蚀就不容易发生；如果烟气露点很高，腐蚀就不易避免。

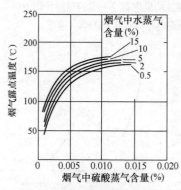

图 10 - 8　烟气露点温度与烟气中硫酸蒸气流量的关系

图 10 - 8 表示烟气露点与烟气中硫酸蒸气含量的关系，由图可知，当烟气中含有很微量的硫酸蒸气时，随着硫酸蒸气量的增加，烟气露点温度就急剧增高，到硫酸蒸气量达 0.010% 以上时，烟气露点就提高不多了。烟气中水蒸气含量对烟气露点也有影响，但影响不大。

烟气中硫酸蒸气量超过 0.010% 时，烟气露点虽提高很少，并不等于腐蚀程度不增高。因为烟气中含硫酸蒸气越多，凝结下来的酸量也越多，腐蚀也越严重。

烟气中硫酸蒸气量加多，既提高烟气露点，又增多硫酸凝结量，因而提高了腐蚀程度。硫酸蒸气量取决于三氧化硫量，所以说三氧化硫量的多少对腐蚀程度有决定性的影响。

烟气中三氧化硫的形成与燃料硫分、火焰温度、燃烧热强度、燃烧空气量、飞灰性质和数量以及催化剂的作用等有关。

（1）硫分越多则烟气中的三氧化硫越多。

（2）火焰温度高或燃烧强度大，则火焰中的原子氧增多，因而三氧化硫也多。

（3）过量空气增加，也会使火焰中原子氧增加，从而增加了三氧化硫量。

（4）飞灰中有些物质如 Fe_2O_3、V_2O_5 等有催化作用，使 SO_2 再氧化成 SO_3。但飞灰中未燃尽的焦炭粒以及飞灰中的钙镁氧化物和磁性氧化铁（Fe_3O_4）却有吸收或中和二氧化硫和三氧化硫的作用，因而飞灰多而三氧化硫量小。

（5）催化剂的作用很显然，但是催化能力与温度有关，大约壁温为500～

600℃时催化能力最强，这正是过热器管壁的温度范围，所以 Fe_2O_3 与 V_2O_5 会在过热器区使较多的二氧化硫变成三氧化硫。

由以上分析可知，油炉的低温腐蚀可能最严重，因为油中有钒的氧化物，油的燃烧强度大而飞灰少，因而燃油时三氧化硫多，烟气露点高。如果烧高硫油，则三氧化硫更多，烟气露点更高。煤粉炉的烟气露点要低得多。

3. 烟气露点的确定

烟气的酸露点与燃料含硫量和单位时间送入炉内的总硫量有关，后者随燃料发热量降低而增加。两者对露点的影响，综合起来可用折算硫分 $S_{ZS,ar}$ 表示。显然，$S_{ZS,ar}$ 越高，燃烧生成的 SO_2 就越多，SO_3 也将增多，致使烟气酸露点升高。不同燃烧方式下，烟气酸露点与燃料折算硫分关系的工业试验结果示于图 10-9。

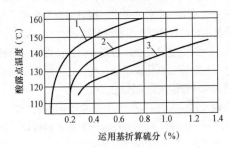

图 10-9 酸露点与折算硫分的关系
1—燃油炉；2—链条炉；3—煤粉炉

燃烧固体燃料时，烟气中带有大量的飞灰粒子。灰粒子含有钙和其他碱金属的化合物，可以部分吸收烟气中的硫酸蒸气，从而可以降低其在烟气中的浓度。由于烟气中硫酸蒸气分压力减小，酸露点降低。烟气中飞灰粒子数量越多，这个影响就越显著。一般来说，层燃炉烟气露点要比煤粉炉高，主要就是这个原因。燃料中灰分对酸露点的影响可用折算灰分 $A_{ZS,ar}$ 和飞灰系数 α_{fh} 表示。

综合上述各影响因素，常用经验公式计算烟气的酸露点，即

$$t_1 = t_{sl} + \frac{125 \sqrt[3]{S_{ZS,ar}}}{1.05\alpha_{fh}A_{ZS,ar}} \qquad (10-6)$$

式中　　t_1——烟气的酸露点，℃；

t_{sl}——按烟气中水蒸气分压力计算的水露点，℃；

$S_{ZS,ar}$、$A_{ZS,ar}$——收到基燃料的折算硫分和折算灰分；

α_{fh}——飞灰系数。

4. 减轻低温腐蚀的措施

减轻低温腐蚀的途径有两条：一是减少二氧化硫的量，这样不但露点降低，而且减少了凝结量，使腐蚀减轻；二是提高空气预热器冷端的壁温，使之高于烟气露点，至少应高于腐蚀速度最快时的壁温，这是防止低温腐蚀最有效的办法。实现前一途径有燃料脱硫、低氧燃烧、加入添加剂等方法；实现后一途径有热风再循环、加暖风器等方法。另外，还可用抗腐蚀材料制作低温受热面。

（1）燃料脱硫。如果煤中黄铁矿（硫化铁 FeS）较多，可以在煤进入制粉系统之前利用重力不同将黄铁矿分离出来，但也只能去掉一部分。燃料中的有机硫很难去除，油的脱硫方法目前还在研究中。

（2）低氧燃烧。燃油炉在采用配风更为合理的燃烧器和较好的自控装置条件下，可以实现低过量空气系数的燃烧。据有关资料介绍，在保持完全燃烧的情况下，燃烧器出口的过量空气系数可低至 $\alpha = 1.01 \sim 1.03$。

低氧燃烧，必须强调燃烧要完全，否则不但经济性差，而且烟气中仍会有较多的氧气，达不到降低三氧化硫量的目的；还必须控制漏风，否则氧量仍会增大，使用膜式水冷壁能较好地控制漏风。

低氧燃烧能使烟气露点大大下降，能有效减轻低温腐蚀和低温黏结灰。

（3）添加白云石等添加剂。以白云石粉作为添加剂可以吸收烟气中的三氧化硫，在燃油锅炉中有一定的效果。但是使用白云石粉后，烟气中增加了大量粉尘，有可能增加高温、低温黏结灰及烟道积灰，故应配用钢珠除尘或其他吹灰措施。

（4）采用热风再循环。实践中提高壁温最常用的方法是提高空气入口温度。在燃烧高硫燃料的锅炉中采用暖风器（亦称前置式空气预热器）或热风再循环，把冷空气温度适当提高后，再进入空气预热器。图10-10所示为热空气再循环的两种方式和暖风器的布置，图10-10（a）中，部分热空气被送风机吸入，与冷空气混合后再进入预热器，故可提高进风温度；图10-10（b）中，另加一只再循环风机，将预热器出口热风送入预热器入口与冷风混合，以提高进风温度。再循环的风量越大，进风温度升高越多，排烟温度也会升高，因而排烟热损失将增大。采用热风再循环的另一个缺点是送风机的电耗增大了。采用热风再循环时通常只将冷空气温度提高到 $50 \sim 65 ℃$，因而锅炉效率降低不多。对于高硫燃料，烟气露点超过 $120 ℃$ 时，采用这种方式不合适。

（5）采用暖风器。在空气预热器前的风道中加装热交换器（即暖风器），如图 10 – 10（c）所示，用汽轮机的低压抽汽来加热冷空气，而凝结下来的水再回入给水系统，可以将冷空气温度提高到 80℃ 左右。虽然因排烟温度升高而降低了锅炉热效率，但是由于利用了低压抽汽，热力系统的经济性提高，比较起来全厂经济性略有提高。

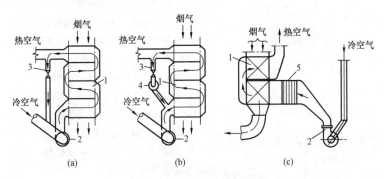

图 10 – 10　热风再循环和暖风器系统

（a）利用送风机再循环；（b）利用再循环风机；（c）加装暖风器

1—空气预热器；2—送风机；3—调节挡板；4—再循环风机；5—暖风器

（6）空气预热器冷端采用抗腐蚀材料。用于管式空气预热器的抗腐蚀管材有铸铁管、玻璃管（横管式）、09 铜管等；用于回转式空气预热器受热面的抗腐蚀受热元件有不锈钢波形板、陶瓷砖等。采用抗腐蚀材料虽可减轻腐蚀，却不能防止低温黏结灰，因而，必须加强吹灰。

二、高温对流受热面的烟气侧腐蚀

高温对流受热面的烟气侧腐蚀是指过热器、再热器及其吊挂零件的烟气侧腐蚀，简称高温腐蚀。

煤粉炉中，汽温高于 510℃ 以上时才发生高温腐蚀，汽温高于 565℃ 时腐蚀较严重。

燃油炉的高温腐蚀出现在壁温超过 580 ~ 620℃ 时，温度越高，腐蚀越重。

高温腐蚀有时很强烈，会使管子在很短时间内爆裂，因而对高温腐蚀问题必须给以充分的重视。

1. 高温腐蚀的机理

（1）煤粉炉。图 10 – 11 表示腐蚀处的结积物，由图可知，壁面处有黑色腐蚀产物磁性氧化铁（Fe_3O_4）及硫化物；贴壁的一层为白色的升华物，经化学反应后，主要是碱金属硫酸盐，特别是有较多的复合硫酸盐；中间暗红色结积层里多为硫酸盐和氧化铁；最外层是飞灰。

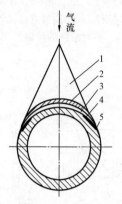

图10-11 高温腐蚀处的结积物

1—飞灰沉积；2—暗红结积层；

3—白色升华物质层；4—黑色腐蚀

产物；5—管壁

对腐蚀起主要作用的是复合硫酸盐，它在 $550 \sim 710℃$ 范围内呈液态，$550℃$ 以下为固态，$710℃$ 以上则分解出 SO_3 而成为正硫酸盐。

液态的复合硫酸盐对管壁有强烈的腐蚀作用，尤其在 $650 \sim 700℃$ 时腐蚀最强烈，其腐蚀过程为（化学式中 M 代表 Na 和 K）

$$Fe + 2M_3Fe(SO_4)_3 == 3M_2SO_4 + 3FeS + 6O_2$$

$$3FeS + 5O_2 == Fe_3O_4 + 3SO_2$$

$$3SO_2 + O_2 + 12O_2 == 3SO_3$$

$$3M_2SO_4 + Fe_2O_3（飞灰）+ 3SO_3 ==$$

$$2M_3Fe(SO_4)_3$$

将各式的左边与右边分别相加，消去相同各项，则得

$$Fe + \frac{1}{2}O_2 + Fe_2O_3 == Fe_3O_4$$

因此，虽然化学反应经过很多中间过程，有些物质生成又耗去，耗去又生成，但是实质上是铁的氧化过程。

管壁上复合硫酸盐生成过程如下：煤的灰分中含有碱金属氧化物 Na_2O 和 K_2O，燃烧时升华，微小的升华灰靠扩散作用到达管壁并冷凝在壁面上，烟气中的三氧化硫与这些碱金属氧化物在壁面上化合生成硫酸盐，即

$$M_2O + SO_2 == M_2SO_4$$

管壁上的硫酸盐与飞灰中的氧化铁及烟气中的三氧化硫作用就生成复合硫酸盐，即

$$3M_2SO_4（结积物）+ Fe_2O_3（飞灰）+ 3SO_3（烟气）== 2M_2FeSO_4$$

复合硫酸盐有向低温处移聚的特性，因而会从结积物的表层向低温的管壁表面移聚，使腐蚀过程不断进行。

（2）油炉。油炉的高温腐蚀也称为钒腐蚀，这时过热器或再热器的高温黏结灰结积层中有较多的五氧化二钒。

油燃烧时，灰中钒和钠的氧化物升华，然后凝结在过热器及再热器管壁上，并与烟气中的氧化硫作用，生成 V_2O_5 及 Na_2SO_4。V_2O_5 与 Na_2SO_4 的混合物，按其混合比的不同而有不同的熔点，一般为 $550 \sim 660℃$ 左右，熔化的混合物对管壁有腐蚀作用，其化学反应如下

$$Fe + V_2O_5 == FeO + V_2O_4$$

锅炉设备运行（第二版）

这个过程不断重复，V_2O_5 和 V_2O_4 是中间产物，实质上化学反应为

$$Fe + \frac{1}{2}O_2 =\!\!=\!\!= FeO$$

与煤粉炉的高温腐蚀一样，是铁的氧化过程。

（3）高温黏结灰。由以上分析可知，高温黏结灰开始于升华灰。煤粉炉的高温黏结灰是从煤的灰分中的氧化钠、氧化钾升华开始，升华灰凝结在管壁上与烟气中的氧化硫、灰中氧化铁经复杂的反应生成复合硫酸盐。在一定的温度范围内，复合硫酸盐呈液态，因而可以作为黏结剂来捕捉飞灰，形成高温黏结灰。

2. 减轻高温腐蚀的措施

高温腐蚀的生成必须有两个条件：一是灰中有升华灰成分，如煤中有钾、钠、硫，油中有钒、钠等，而且这些成分可以生成腐蚀剂，如煤粉炉中有复合硫酸盐，油炉中有 V_2O_5 等；二是有使腐蚀剂液化的温度，如复合硫酸盐在 550～710℃、氧化钒在 580℃ 以上时为液态。

高温腐蚀的程度主要与温度有关，温度越高，腐蚀越严重。另外，腐蚀程度也与腐蚀剂的多少有关，腐蚀剂越多，腐蚀越严重。

要完全防止高温腐蚀，去掉灰中的升华灰成分，显然是做不到的，所以只有控制管壁温度是较有效的办法。即使不能完全防止高温腐蚀，也可以减轻腐蚀程度。

控制管壁温度的办法有：

（1）将过热蒸汽温度、再热蒸汽温度限制在一定的范围内，我国趋向于将汽温规定为 540/540℃。

（2）固定件和吹灰器等易腐蚀部件应安置在低温区，最好用工质冷却的管子作为支吊件来代替不冷却的耐热钢支吊件。

（3）合理布置过热器与再热器，使金属壁温维持在腐蚀危险温度以下，如将过热蒸汽出口管段布置在烟温较低的地方等。

除了控制壁温外，采用耐腐蚀材料等也是可以考虑的方法，但这些方法目前还不成熟。

三、炉膛水冷壁的管外腐蚀

炉膛水冷壁的管外腐蚀也称高温腐蚀，主要发生在液态排渣炉的水冷壁上。但只要具备条件，任何类型、参数和容量的锅炉都会发生高温腐蚀。

高温腐蚀的速度很快，较严重的平均管壁减薄为 0.5～0.7mm/年，更严重的甚至达到 2～4mm/年。腐蚀的部位一般都在燃烧器区域。

某电厂两台高压液态排渣炉曾发生严重的水冷壁管外腐蚀，腐蚀部位

在熔渣段，离炉底约 2m。其中一台炉子在运行 4000h 后，腐蚀深度达 0.34mm。可见，水冷壁的管外腐蚀严重威胁锅炉的安全运行。

1. 水冷壁管外腐蚀的机理

当水冷壁上有一定的结积物，周围有还原性气氛，管壁有相当高的温度时，水冷壁就会发生管外腐蚀。根据结积物的不同，可以看出水冷壁的管外腐蚀有硫化物型和硫酸盐型两种类型，其中硫酸盐型较常见。

（1）硫化物型腐蚀。发生硫化物型腐蚀的管子表面，有硫化铁 FeS 和磁性氧化铁 Fe_3O_4。硫化物型水冷壁管外腐蚀主要发生在火焰冲刷管壁的情况下。这时，燃料中的 FeS_2 粘在管壁上受灼热而分解，即

$$FeS_2 \Longrightarrow FeS + S$$

分解出来的 S 与管壁金属作用，又生成 FeS，即

$$Fe + S \Longrightarrow FeS$$

FeS 氧化就生成 Fe_3O_4，即

$$3FeS + 5O_2 \Longrightarrow Fe_3O_4 + 3SO_2$$

因而，管壁金属被腐蚀而生成氧化铁。

这个过程中还生成 SO_2 或 SO_3，而它们与碱性氧化物作用生成硫酸盐，因此，硫化物型腐蚀与硫酸盐型腐蚀常同时发生。

（2）硫酸盐型腐蚀。发生硫酸盐型腐蚀的管子表面有大量的硫酸盐。其腐蚀过程为水冷壁管的温度在 310～420℃，其表面有氧化铁 Fe_2O_3，即

$$2Fe + O_2 \Longrightarrow 2FeO$$

$$4FeO + O_2 \Longrightarrow 2Fe_2O_3$$

或

$$4Fe + 3O_2 \Longrightarrow 2Fe_2O_3$$

燃料中的升华灰 Na_2O 和 K_2O 凝结在管壁上与烟气中的 SO_3 化合生成硫酸盐，即

$$M_2O + SO_3 \Longrightarrow M_2SO_4$$

M_2SO_4 有黏性，可捕捉飞灰，形成结渣，外层的温度升高，成为流渣。此时，烟气中的 SO_3 能穿过灰渣层与 M_2SO_4 及 Fe_2O_3 化合，生成复合硫酸盐，即

$$3M_2SO_4 + Fe_2O_3 + 3SO_3 \Longrightarrow 2M_3Fe(SO_4)_3$$

与前面不同的是由于管壁温度低，此处的复合硫酸盐是固态的。

管子表面原有的 Fe_2O_3 被消耗掉之后，又会生成新的 Fe_2O_3 层，导致管壁金属不断腐蚀。如果渣层脱落，则暴露到表面的复合硫酸盐受高温又分解为氧化硫、碱金属硫酸盐和氧化铁，使上述过程重复进行，因而大大加剧了腐蚀过程。

如果结积层中有焦性硫酸盐 $M_2S_2O_7$ 存在，则由于在管壁温度范围内，焦性硫酸盐呈液态，因而将产生更强烈的腐蚀性。

炉壁附近 SO_3 不多时，如固态排渣炉，结积物中的 M_2O 只能形成 M_2SO_4，正硫酸盐在水冷壁温度范围内呈固态，因而发生的腐蚀较轻微。炉壁附近 SO_3 较多或结积物中的复合硫酸盐分解出 SO_3 时，如液态排渣炉，则 M_2O 会进一步形成液态的 $M_2S_2O_7$，即

$$M_2SO_4 + SO_3 \Longrightarrow M_2S_2O_7$$

或
$$M_2O + 2SO_3 \Longrightarrow M_2S_2O_7$$

这时将发生强烈的腐蚀。

2. 减轻水冷壁管外腐蚀的措施

（1）改善燃烧。要防止煤粉过粗，避免火焰直接冲刷管壁，过量空气系数不宜过小，以改善结积物条件。

（2）控制壁温。要避免管内结垢，防止炉膛热负荷局部过高，以免水冷壁管壁温度过高，使腐蚀加剧。

（3）保持氧化性气氛。保护炉膛贴壁为氧化性气氛，可以在贴壁处加入一股空气流，以冲淡 SO_3 的浓度，使结积层中分解出来的 SO_3 向外扩散。

（4）采用耐腐蚀钢材。如采用渗铝管等也有一定的效果。

第十一章

锅炉故障停炉和事故处理

锅炉机组运行中不论任何设备损坏或异常，并导致锅炉机组停止运行或出力下降以及造成人身伤害的，均称为事故。引发锅炉事故的原因很多，除了由于设计、制造、安装、检修质量不良造成的事故外，运行人员的疏忽大意和技术不熟练以及对异常运行的判断或处理错误等均能造成事故或扩大事故。

现代大型锅炉机组设置了较为完善的热工保护装置、先进的控制系统，对于一般常见的典型故障都能够自动处理，而且处理得十分迅速，往往在运行人员尚未查明故障原因时就已经完成了锅炉机组的停运。若保护拒动，计算机终端屏幕上会自动显示出处理事故的指导语言，告诉运行人员发生了什么事故、应如何处理等。事故后也可使用计算机的追忆功能把机组事故前后一段时间内的主要参数打印出来，帮助运行人员分析判断故障原因、积极组织消除缺陷和决定机组是否恢复运行。

锅炉的事故很多，即使同一事故引发的原因也不完全相同，所以正确分析运行工况的变化，及早发现事故的前兆，及时采取必要的措施防止事故的发生和正确处理事故都有重要的意义。

事故处理应遵循以下原则：

（1）消除事故根源，隔绝故障点，限制事故的发展，并解除其对人身和设备的威胁。

（2）防止故障扩大，并尽可能保持机组的运行。

（3）保证正常机组的最大出力运行，尽量减少对用户的影响。

第一节　锅炉故障停炉

一、紧急停炉

（一）紧急停炉的条件

当锅炉运行中发生以下异常紧急情况，直接威胁设备或人身安全时，

锅炉设备运行（第二版）

不必征求值长及有关方面的意见，应立即停止锅炉运行，再视具体情况进行相应的处理：

（1）锅炉主保护具备跳闸条件而保护拒动。

（2）锅炉严重满水或缺水，汽包水位正、负值达到紧停规定值而保护拒动。

（3）所有水位计损坏或水位计指示不可靠。

（4）所有引风机、送风机、一次风机或回转式空气预热器故障停运而保护拒动。

（5）锅炉汽水管道或承压部件爆破威胁设备及人身安全。

（6）炉管爆破不能维持正常水位或正常燃烧，或虽能保持汽包水位，但由于加大给水流量导致汽包上下壁温差超过许可值。

（7）炉膛或烟道内部发生爆炸，燃料在炉膛或烟道燃烧，炉膛冒顶，炉顶塌落，火焰外冒威胁设备或人身安全。

（8）锅炉尾部烟道发生再燃烧。

（9）安全门动作后，经采取措施无法回座。

（10）锅炉运行中汽压超过安全门动作压力而安全门拒动，对空排汽门无法打开；或虽然安全门动作，对空排汽门已打开，但锅炉超压幅度仍超过设计压力的6%。

（11）热工仪表电源中断不能立即恢复，无法监视汽包水位、汽温、汽压。

（12）锅炉灭火。

（13）主蒸汽温度偏离参数，超过汽轮机许可值。

（14）再热蒸汽中断。

（15）锅炉房内发生火警，直接影响锅炉安全。

（16）锅炉强制循环泵全停或出入口差压低于规定值。

（17）直流锅炉给水中断或给水流量小于规定值。

（二）紧急停炉的操作

立即按下MFT手动停炉按钮，实现紧急停炉，立即解列给水自动，手动控制汽包水位正常，MFT动作后，应自动完成以下各项操作：

（1）切断全部给粉机总电源。

（2）停止制粉系统运行。

（3）关闭主油阀，退出所有投运的油枪和蒸汽吹灰枪。

（4）关闭过热器、再热器减温水电动总门。

（5）关闭全部一次风挡板。

（6）锅炉灭火。

（7）关闭脱硝系统供氨关断门。

如果 MFT 拒动，应立即手动完成上述各项操作。

锅炉灭火后，应调整风机挡板以不低于 30% 额定风量进行通风吹扫。为保护锅炉再热器，应开启高、低压旁路系统，当低压旁路系统无法打开时，应打开高压旁路和再热器对空排汽门 10min 后关闭。

若是尾部烟道发生二次燃烧，应立即停止引风机、送风机运行，严密关闭各风门和烟道挡板，切断进入炉膛的空气。

若是受热面爆管，应保留一台引风机运行，将炉内蒸汽抽出。设置有 SCR 脱硝装置的机组，应采取防止蒸汽在脱硝催化剂表面凝结的措施。

二、申请停炉

当运行中发生以下影响锅炉长时间运行且必须停炉处理的设备异常时，应申请停炉：

（1）给水管路、受热面或承压部件泄漏无法消除。

（2）蒸汽温度超允许值，锅炉受热面金属壁温严重超温，经采取措施无法恢复。

（3）锅炉给水、炉水、蒸汽品质恶化，经采取措施无法恢复。

（4）锅炉结焦严重，尾部堵灰，难以维持正常运行。

（5）炉顶支吊架发生变形或有断裂危险。

（6）炉膛裂缝有倒塌危险，或钢架、钢梁烧坏。

（7）锅炉安全门有缺陷，不能正确动作或动作后无法回座。

（8）汽包远传水位计全部损坏。

（9）锅炉两侧排烟温度偏差大于 100℃，不停炉不能恢复正常。

（10）与烟气接触的联箱保温材料脱落，使联箱壁温超过许可值。

（11）脱硫、脱硝、除尘等环保设备故障，污染物排放超标，短时不能恢复的。

停炉前，应做好防止故障扩大的措施，严密监控异常工况，达到紧急停炉条件时要立即紧停。

第二节　锅炉承压部件泄漏故障

一、水冷壁、过热器、再热器、省煤器管泄漏故障

（一）水冷壁泄漏故障（见表 11 - 1）

表 11 -1　　　　　　　　　　　　水冷壁泄漏故障

现象	(1) 汽包水位低，严重时汽包水位急剧下降，给水流量不正常地大于蒸汽流量。 (2) 炉膛或竖井烟道内有异常声音，从看火孔、人孔、炉墙不严密处向外喷烟气和水蒸气，并能听到泄漏声。 (3) 炉膛负压变正，燃烧不稳，火焰发暗，严重时锅炉灭火。 (4) 各段烟气温度下降，蒸汽流量、蒸汽压力下降，引风机电流增大。 (5) 炉管泄漏报警装置报警发出。 水冷壁泄漏的判断： (1) 将锅炉吹灰减压站蒸汽总门关闭，停运所有声波吹灰器、火焰电视冷却空气，锅炉周围仍有泄漏声，可以判断锅炉四管有泄漏存在。 (2) 水冷壁管具体泄漏部位的判断：首先投入锅炉助燃油枪，降低机组负荷，直至停止全部煤粉燃烧器，然后从看火孔可以清楚地观察到水冷壁泄漏位置
原因	(1) 给水或炉水品质不合格，使管内壁结垢、腐蚀。 (2) 管材不合格，焊接质量差，制造安装工艺不良。 (3) 管内有杂物堵塞，造成管子局部过热。 (4) 燃烧方式不合理、长期低负荷运行、排污门严重泄漏、锅炉结焦严重、水冷壁长时间受热不均，造成水循环不良，引起管子局部过热爆管。 (5) 燃烧器运行不正常，造成气流偏斜，冲刷管壁造成磨损。 (6) 吹灰器安装不正确、吹灰蒸汽带水或吹灰蒸汽压力过高，造成管子磨损。 (7) 炉内大块焦脱落，砸坏下部水冷壁。 (8) 锅炉严重缺水后，又强行上水，或严重缺水使管子过热爆破。 (9) 燃煤含硫量高，致使炉内高温区产生高温腐蚀，使管壁减薄而爆破。 (10) 停炉期间防腐措施不良，造成管壁腐蚀而爆破
处理	(1) 若水冷壁泄漏不严重，能维持正常水位和燃烧，不致很快扩大事故时，应降压降负荷运行，申请停炉。 (2) 如不能维持正常水位、燃烧恶化或受热面金属壁温超限时，应紧急停炉。 (3) 停炉后，保留一台引风机运行，维持炉膛负压，抽尽炉内烟气和蒸汽。 (4) 提高给水压力，增加锅炉给水，并严密监视汽包上下壁温差。 (5) 若炉管泄漏量大，无法维持汽包水位或汽包上下壁温差超过许可值，应立即停止上水，并严禁开启省煤器再循环门。 (6) 脱硝催化剂温度低于150℃后，停止风机运行，关闭烟气挡板，禁止蒸汽进入脱硝塔，防止凝结损坏催化剂

第十一章　锅炉故障停炉和事故处理

（二）过热器泄漏故障（见表 11 - 2）

表 11 - 2　　　　　　　　　　过热器泄漏故障

现象	（1）过热器爆口附近有泄漏声，严重时炉膛负压变正，从看火门、人孔门处向外冒烟气和蒸汽，引风机电流增大。 （2）过热蒸汽流量不正常地小于给水流量。 （3）爆管侧蒸汽压力下降。 （4）爆管侧烟气温度、排烟温度下降，如爆管在低温段过热器时，将造成过热蒸汽温度升高
原因	（1）蒸汽品质、给水品质不良，使过热器管内结垢。 （2）管材不合格，焊接质量差，制造安装工艺不良。 （3）管内或联箱内有杂物堵塞。 （4）过热蒸汽温度或过热器管壁温度长期超限运行。 （5）炉点火初期操作不当，过热器内蒸汽流速低、升温快，引起管壁超温。 （6）燃烧调整不当，局部烟温偏斜，个别管壁超温。 （7）低负荷运行时使用减温水不当，造成过热器水塞引起超温。 （8）过热器排变形，产生烟气走廊导致飞灰磨损，使管子变薄。 （9）吹灰器安装不正确、吹灰蒸汽带水或吹灰蒸汽压力过高，造成管子磨损。 （10）停炉保养不当，造成腐蚀或运行中燃料在炉膛内有还原性气体产生高温腐蚀
处理	（1）若过热器泄漏不严重，应降压运行，加强监视并申请停炉。 （2）如损坏严重，大量蒸汽向外喷出，不能维持运行，应紧急停炉，防止吹坏邻近管排。 （3）停炉后保留一台引风机运行，维持炉膛负压，保持汽包水位，并严密监视汽包上下壁温差。 （4）脱硝催化剂温度低于150℃后，停止风机运行，关闭烟气挡板，禁止蒸汽进入脱硝塔，防止凝结损坏催化剂

（三）再热器泄漏故障（见表 11 - 3）

表 11 - 3　　　　　　　　　　再热器泄漏故障

现象	（1）爆管侧附近有泄漏汽流声，严重时炉膛负压变正，向外冒烟、冒灰、冒汽，引风机电流增大。 （2）爆管侧烟温、热风温度、排烟温度下降。 （3）爆管侧再热器出口蒸汽压力下降，出入口压差增大，如再热器低温段爆管，将造成再热器出口蒸汽温度升高

原因	(1) 蒸汽品质、给水品质不良,使管内结垢。 (2) 管材不合格,焊接质量差,制造安装工艺不良。 (3) 管内或联箱内有杂物堵塞。 (4) 燃烧调整不当,引起管壁超温。 (5) 锅炉启停炉及甩负荷过程中,对再热器保护不够,使再热器管子过热。 (6) 再热器处有烟气走廊,飞灰磨损使管子变薄。 (7) 吹灰器安装不正确、吹灰蒸汽带水或吹灰蒸汽压力过高,造成管子磨损。 (8) 停炉保养不当,管束中长期积水,造成内部腐蚀
处理	(1) 若泄漏不严重,保持炉膛负压,申请停炉。 (2) 若泄漏严重,应紧急停炉。 (3) 停炉后保留一台引风机运行,直至抽出烟气和蒸汽。 (4) 脱硝催化剂温度低于150℃后,停止风机运行,关闭烟气挡板,禁止蒸汽进入脱硝塔,防止凝结损坏催化剂

（四）省煤器泄漏故障（见表 11 - 4）

表 11 - 4   **省煤器泄漏故障**

现象	(1) 给水流量不正常地大于蒸汽流量,严重时汽包水位下降。 (2) 省煤器泄漏附近有异常响声,严重时从人孔门及炉膛不严密处向外漏水、冒汽,尾部烟道下部向外流水。 (3) 省煤器后烟气两侧烟温偏差大,泄漏侧热风温度、排烟温度下降。 (4) 炉膛负压变小,引风机电流增大
原因	(1) 除氧器除氧效果差,给水含氧量超标,造成省煤器入口端氧腐蚀。 (2) 给水品质不良,使管内结垢。 (3) 管材不合格,焊接质量差,制造安装工艺不良。 (4) 管壁被吹灰蒸汽或飞灰磨薄或管内被杂物堵塞,局部过热。 (5) 停炉过程中,对省煤器没有保护好,或尾部烟道二次燃烧造成省煤器过热。 (6) 停炉后锅炉保养效果不好,造成腐蚀
处理	(1) 若损坏不严重,应加强上水,维持汽包水位,锅炉降压降负荷,加强监视申请停炉。 (2) 若损坏严重,无法维持汽包水位时应紧急停炉。 (3) 停炉后加强上水,关闭所有排污门、放水门、取样门,若水位维持不住,应停止上水。 (4) 保留一台引风机运行。 (5) 脱硝催化剂温度低于150℃后,停止风机运行,关闭烟气挡板,禁止蒸汽进入脱硝塔,防止凝结损坏催化剂

（五）"四管"泄漏的预防措施

（1）加强检修管理，合理使用管材，提高焊接工艺，加强防磨防爆检查，并保持系统通畅。

（2）定期化验给水、炉水及蒸汽品质，装设在线仪表，保持汽水品质合格，按规定进行排污。

（3）加强燃烧调整和煤质监督，保证火焰中心适宜，防止结渣，减少热偏差。保持适当的过量空气量，避免风量过大或缺氧燃烧，防止受热面超温超压运行，防止高温腐蚀。

（4）严格执行运行规程，启停炉按照曲线运行，控制各参数以及汽包、受热面管壁温度在允许范围内，防止锅炉产生大的热应力。

（5）合理吹灰打焦，保持受热面清洁，防止局部超温过热。

（6）据实际情况有效停炉保养，防止锅炉腐蚀。

（7）装设炉管泄漏监测装置，发生"四管"泄漏时，应及早停运，防止扩大冲刷损坏其他管段。

（8）定期检查水冷壁刚性梁四角连接及燃烧器悬吊机构，发现问题及时处理。防止因水冷壁晃动或燃烧器与水冷壁鳍片处焊缝受力过载拉裂而造成水冷壁泄漏。

二、蒸汽、给水管道爆破泄漏故障（见表 11-5）

表 11-5　　　　　　蒸汽、给水管道爆破泄漏故障

项目	蒸汽管道爆破泄漏事故	给水管道爆破泄漏事故
现象	（1）管道爆破后有很大的响声，损坏处保温材料潮湿、漏汽。 （2）蒸汽压力下降，汽包水位上升。 （3）爆破点在流量测点前，蒸汽流量下降，反之，指示上升	（1）管道爆破后有很大的响声，损坏处保温材料潮湿，有渗水漏水现象。 （2）给水压力下降，汽包水位下降。 （3）爆破点在流量测点前，给水流量下降，反之，指示上升。 （4）减温水流量下降，过热蒸汽温度升高
原因	（1）管材不合格，焊接质量差，制造安装工艺不良。 （2）支吊架位置不合理。 （3）管道腐蚀，保温脱落，风雨侵	（1）管材不合格，焊接质量差，制造安装工艺不良。 （2）支吊架位置不合理。 （3）管道腐蚀，保温脱落，风

锅炉设备运行（第二版）

项目	蒸汽管道爆破泄漏事故	给水管道爆破泄漏事故
原因	袭造成管道应力过大。 （4）启停过程中，升温、冷却速度过快，造成管道剧烈振动或发生水击。 （5）长期超温运行。 （6）长期运行超过年限未进行更换	雨侵袭造成管道应力过大。 （4）给水泵运行不正常，温度、压力波动大，产生水冲击或振动。 （5）管子蠕胀速度超过允许值。 （6）长期运行超过年限未进行更换
处理	（1）有备用系统的应切换系统处理。 （2）若管道轻微泄漏，就可采用带压堵漏方法处理。 （3）若运行中不能消除泄漏，当管道损坏不严重且不至于很快扩大故障时，可短时维持运行，调整锅炉参数，保持运行工况稳定，严密监视损坏部位发展趋势，申请停炉。 （4）泄漏处周围做好安全措施，防止汽、水喷出伤人。 （5）若管道严重爆破，不能维持水位或严重威胁人身、设备安全时，应紧急停炉	（1）有备用系统的应切换系统处理。 （2）若管道轻微泄漏，可采用带压堵漏方法处理。 （3）若运行中不能消除泄漏，当管道损坏不严重且不至于很快扩大故障时，可短时维持运行，调整锅炉参数，保持运行工况稳定，严密监视损坏部位发展趋势，申请停炉。 （4）泄漏处周围做好安全措施。 （5）若管道严重爆破，不能维持水位或严重威胁人身、设备安全时，应紧急停炉，停止给水泵及锅炉供水

三、蒸汽、给水管道水冲击故障（见表 11 – 6）

表 11 – 6　　　　　蒸汽、给水管道水冲击故障

项目	蒸汽管道水冲击故障	给水管道水冲击故障
现象	（1）管道有振动或有冲击声。 （2）蒸汽压力摆动大	（1）管道有振动或有冲击声。 （2）给水压力摆动大
原因	（1）送汽前没有充分暖管和疏水。 （2）有水和湿蒸汽进入高温管道内。 （3）蒸汽管道设计不合理、疏水管位置不合适或疏水系统设计不合理	（1）上水前未彻底排除空气。 （2）给水泵故障，给水压力剧变。 （3）给水管支架固定不牢固。 （4）给水流量剧烈变化。 （5）省煤器再循环使用不当

项目	蒸汽管道水冲击故障	给水管道水冲击故障
处理	(1) 延长暖管时间。 (2) 开启锅炉各疏水门, 汽轮机主汽门前疏水门, 必要时开启对空排汽门。 (3) 根据汽温情况, 特别是锅炉启动过程中, 尽可能在并网以后投入减温水, 短时必须投入时应控制减温水流量, 并调整燃烧, 恢复正常汽温后关闭减温水。 (4) 水冲击消除后, 检查各支吊架情况, 发现缺陷立即消除。 (5) 修改不合理的蒸汽和疏水系统	(1) 上水时全开空气门, 应缓慢充水把管内空气排尽 (满管流水时再关空气门)。 (2) 将给水管道固定好。 (3) 保持给水流量、压力稳定。 (4) 降低给水调整门两侧压差

第三节　锅炉燃烧系统故障

一、锅炉灭火故障（见表 11 – 7）

表 11 – 7　　　　　　　　　锅炉灭火故障

现象	(1) 炉膛压力突然大幅下降后恢复正常。 (2) 炉膛火焰监测失去, 炉膛变黑看不到火焰。 (3) 锅炉灭火保护动作并报警。 (4) 水位瞬时下降随后上升。 (5) 汽温、汽压下降。 (6) 烟气含氧量突然增大
原因	(1) 引风机、送风机、一次风机、给粉机全部或部分掉闸。 (2) 炉膛负压过大, 一次风速过大, 来粉不均, 一次风管堵塞。 (3) 低负荷运行时燃烧调整不当或制粉系统调整不当, 吹灰打焦控制不当, 燃烧不稳时未及时投油助燃。 (4) 煤质变劣, 挥发分低, 水分太大, 煤粉过粗, 锅炉燃烧恶化。 (5) 负荷波动大, 风量调整不及时, 给粉机转速过低, 或运行方式不合理。 (6) 炉膛大面积掉焦, 致使炉内扰动过大。 (7) 炉膛水冷壁严重爆破, 制粉系统爆破。 (8) 引风机、送风机高低速切换时操作不当。 (9) 厂用电消失或引风机、送风机跳闸, 给粉电源消失。 (10) 燃油系统故障, 油温、油压低, 油中带水

处理	（1）锅炉灭火后，炉膛灭火保护立即动作，发出灭火信号和显示灭火原因，自动切断给粉总电源，关闭燃油速断阀、一次风挡板、关闭减温水门，停止吹灰或排污，锅炉联锁将制粉系统停运。 （2）如果灭火保护拒动，则应立即手动按下 MFT 按钮，实现紧急停炉，检查上述各转机、风门挡板关闭。 （3）将自动改手动操作，控制汽包水位正常。 （4）调整炉膛负压 -10 ～ -20Pa，风量大于 30% 额定风量，检查吹扫条件满足后按程序进行吹扫，炉膛吹扫时间不少于 5min，吹扫完成后复归主燃料和油燃料信号。 （5）检查炉前燃油循环系统，开启燃油速断阀，"油跳闸"信号消失，"启动允许"信号出现，调整油压及雾化蒸汽压力正常。 （6）查明灭火原因并消除后，按机组热态启动操作程序进行点火带负荷，恢复机组运行；若灭火原因不明或短时无法消除故障时，按正常停炉步骤进行处理
预防锅炉灭火及灭火打炮的措施	（1）加强燃煤的监督管理，完善混煤设施，加强配煤管理和煤质分析，及时将煤质情况通知司炉，做好调整燃烧的应变措施，防止发生锅炉灭火。 （2）新炉投产、锅炉改进性大修后或当实际燃料与设计燃料有较大差异时，应进行燃烧调整，以确定一/二次风量/风速、合理的过量空气量、风煤比、煤粉细度、燃烧器倾角或旋流强度及不投油最低稳燃负荷等。 （3）运行中在负荷过低、煤质恶劣、煤粉变粗以及设备故障（如单风机运行）等情况下，应及时进行燃烧调整，投油助燃，并禁止进行受热面吹灰、捞渣机放灰等操作，防止锅炉灭火。 （4）当炉膛已经灭火或已局部灭火并濒临全部灭火时，严禁投助燃油枪。当锅炉灭火后，要立即停止燃料（包括煤、油、燃气、制粉乏气风）供给，严禁用爆燃法恢复燃烧。重新点火前必须对锅炉进行充分通风吹扫，以排除炉膛和烟道内的可燃物质。 （5）加强锅炉灭火保护装置的维护和管理，防止火焰探头烧损、污染失灵、炉膛负压管堵塞等问题的发生。 （6）严禁随意退出火焰探头或联锁装置，因设备缺陷需退出时，应经总工程师批准，并事先做好安全措施。热工仪表、保护、给粉控制电源应可靠，防止因瞬间失电造成锅炉灭火。 （7）加强设备检修管理，重点解决炉膛严重漏风、给粉机下粉不均匀和煤粉自流、一次风管不畅、送风不正常脉动、堵煤、直吹式磨煤机断煤和热控设备失灵等缺陷。 （8）加强点火油系统的维护管理，消除泄漏，防止燃油漏入炉膛发生爆燃。对燃油速断阀要定期试验，确保动作正确、关闭严密

第十一章　锅炉故障停炉和事故处理

二、锅炉尾部烟道再燃烧故障（见表 11 – 8）

表 11 – 8　　　　　　　　　锅炉尾部烟道再燃烧故障

现象	（1）烟道和炉膛负压剧烈变化，烟气含氧量减小（或二氧化碳增大）。 （2）尾部烟道烟气温度、受热面金属温度、排烟温度不正常地升高，热风温度、省煤器出口水温不正常升高。 （3）烟囱冒黑烟，尾部烟道及引风机的不严密处向外冒烟或喷火星，严重时防爆门动作。 （4）若空气预热器处再燃烧，其外壳发热发红，电流指示摆动
原因	（1）燃烧调整不当或燃用低挥发分的煤种时，配风不合适或风量过小，燃烧不完全。 （2）锅炉启停频繁或长时间低负荷运行，由于炉内温度低，燃烧工况差造成未燃尽的煤粉过多。 （3）制粉系统运行异常，粗粉过多或三次风带粉过多。 （4）油枪雾化不良、漏油严重、喷嘴脱落造成烟气中未燃尽的可燃物增多。 （5）锅炉灭火后未及时停供燃料以及点火前未充分通风吹扫
处理	（1）烟温不正常地升高时，应查明原因，进行燃烧调整，对受热面进行蒸汽吹灰。 （2）排烟温度或工质温度达到停炉条件，或检查确定尾部烟道再燃烧时，立即停止锅炉运行，同时停止引风机、送风机，关闭风、烟系统的所有挡板，停炉后，保持少量进水以冷却省煤器。 （3）对于回转式空气预热器，应立即关闭空气预热器出、入口烟气挡板，保持空气预热器继续运行，停止暖风器运行，利用吹灰汽管或专用消防蒸汽将烟道充满蒸汽及时投入消防水进行灭火或进行空气预热器水清洗。 （4）禁止打开引风机、送风机挡板和炉膛、烟道的看火孔、人孔门，隔绝空气的流通。 （5）投用灭火装置或采用吹灰器喷汽灭火。 （6）确认烟道内无火源后，启动引风机、送风机，逐渐开大挡板保持较大的炉膛负压进行烟道清扫以清除剩余可燃物。 （7）检查烟道及内部设备未遭损坏时，可重新点火启动
防止尾部烟道再燃烧的措施	（1）锅炉空气预热器的传热元件在出厂和安装保管期间不得采用浸油防腐方式。 （2）锅炉空气预热器在安装后第一次投运时，应将杂物彻底清理干净，经制造、施工、建设、生产等各方验收合格后方可投入运行。 （3）回转式空气预热器应设有可靠的停转报警装置、完善的水冲洗系统和必要的碱洗手段，并宜有停炉时可随时投入的碱洗系统，消防系统要与空气预热器蒸汽吹灰系统相连接，热态需要时投入蒸汽进行隔绝空气式消防。回转式空气预热器在空气及烟气侧应装设消防水喷淋水管，喷淋面积应覆盖整个受热面。

防止尾部烟道再燃烧的措施	（4）在锅炉设计时，油燃烧器必须配有调风器及稳燃器，保证油枪根部燃烧所需用氧量。新安装的油枪，在投运前应进行冷态试验。 （5）精心调整锅炉制粉系统，保证合格的煤粉细度。 （6）根据负荷调整燃烧方式，风、煤、油配比合理，混合均匀，着火稳定，燃烧完全。 （7）启动炉时当油枪投入正常、燃烧良好，且尾部烟道前烟温达200℃以上时，方可投入煤粉燃烧器。 （8）锅炉燃用渣油或重油时应保证燃油温度和油压在规定值内，保证油枪雾化良好、燃烧完全。锅炉点火时应严格监视油枪雾化情况，一旦发现油枪雾化不好应立即停用，并进行清理检修。 （9）运行规程应明确省煤器、空气预热器烟道在不同工况的烟气温度限制值，当烟气温度超过规定值时，应立即停炉。利用吹灰蒸汽管或专用消防蒸汽将烟道内充满蒸汽，并及时投入消防水进行灭火。 （10）回转式空气预热器出入口烟、风挡板，应能电动投入且挡板能全开、关闭严密。 （11）回转式空气预热器冲洗水泵应设有再循环，每次锅炉点火前必须进行短时间启动试验，以保证空气预热器冲洗水泵及其系统处于良好的备用状态，具备随时投入条件。 （12）若发现回转式空气预热器停转，立即将其隔绝，投入消防蒸汽和盘车装置。若挡板隔绝不严或转子盘不动，应立即停炉。 （13）锅炉负荷低于25%额定负荷时应连续吹灰，锅炉负荷大于25%额定负荷时至少每8h吹灰一次，当回转式空气预热器烟气侧压差增加或低负荷煤、油混烧时应增加吹灰次数。 （14）若锅炉较长时间低负荷燃油或煤油混烧，就可根据具体情况利用停炉对回转式空气预热器受热面进行检查，重点是检查中层和下层传热元件；若发现有垢时要碱洗。 （15）锅炉停炉1周以上时必须对回转式空气预热器受热面进行检查，若有挂油垢或积灰堵塞的现象，就应及时清理并进行通风干燥

第四节 锅炉水位故障

一、锅炉满水故障（见表11-9）

表11-9 锅炉满水故障

现象	（1）所有水位指示高于正常水位，给水流量不正常地大于蒸汽流量。 （2）水位高信号警报，超过最高值时保护装置自动停止锅炉机组运行，

现象	关闭汽轮机自动主汽门。 （3）严重满水时过热蒸汽汽温急剧下降，蒸汽管道发生水冲击，蒸汽含盐量及导电度增大
原因	（1）给水自动装置失灵，给水调整阀、给水泵调速装置故障使给水流量大或给水压力升高。 （2）远传水位计失灵，指示偏低，使运行人员误判断而导致误操作。 （3）锅炉热负荷增加过快，使水冷壁内汽水混合物的温升很快，体积迅速膨胀而水位上升，以致造成满水。 （4）锅炉汽压突然降低（如汽轮机调节汽门突然大开或锅炉安全门动作），产生虚假低水位，再加给水流量受压差增大的影响迅速大量增加，控制不及时使水位上升。 （5）运行人员对水位监视不够、控制不当，造成锅炉满水
处理	（1）当汽包水位不正常地上升时，应对照有关表计指示值（如：水位计、蒸汽流量、给水流量、给水压力、给水泵转速、调整门位置），判明水位上升原因，调整水位。 （2）当汽包水位超过高一值（+75mm）时，可采用下列手段控制水位上升： 1）属给水自动调整装置失灵，应解列给水自动，关小调整门或降低给水泵转速； 2）属增加负荷速度过快，应适当减缓增加负荷速度或停止增加负荷； 3）属给水调整门卡涩，应当关小电动给水门减少进水量； 4）属汽轮机调节汽门突然大开或安全门劫作，则应适当降低锅炉负荷，但不宜大量减少给水流量，以防调节汽门关回或安全门回座后给水量不足造成锅炉缺水事故。 （3）汽包水位达到高二值时，事故放水门应自动打开，同时还可关闭电动给水门控制水位上升。此时应严密监视主蒸汽和一级减温水进口蒸汽温度，若汽温迅速下降，应立即全关减温水门，开启过热器出口联箱疏水门，联系汽轮机开启主汽门前疏水。 （4）若汽包水位达到高三值且超过规定的延时时间后，保护装置应自动停止锅炉机组的运行、关闭汽轮机自动主汽门，防止事故扩大。若保护拒动，则应立即手动紧急停止锅炉运行，通知汽轮机关闭自动主汽门。 （5）停炉后继续放水至汽包正常水位，待查明异常原因且消除后恢复机组运行

二、锅炉缺水故障（见表 11-10）

表 11-10　　　　　　　　锅炉缺水故障

现象	（1）所有水位指示低于正常水位，给水流量不正常地小于蒸汽流量（省煤器或水冷壁爆破时相反）。 （2）水位低信号警报，低于最低值时保护装置自动停止锅炉机组运行。 （3）缺水严重时过热蒸汽温度升高
原因	（1）给水自动装置失灵，给水调整阀、给水泵调速装置故障使给水流量下降或给水压力降低。 （2）远传水位计失灵，指示偏高，使运行人员误判断而导致误操作。 （3）给水压力低或给水系统故障，高压加热器跳闸旁路阀开启速度慢或未开启，运行中给水泵故障停运，备用泵未联动，给水泵再循环门自开等。 （4）给水管道阀门故障，给水管道放水门、省煤器放水门或事故放水门误开，定期排污操作不当或排污门严重泄漏。 （5）水冷壁、省煤器、过热器泄漏爆管。 （6）运行人员对水位监视不够、控制不当，造成锅炉缺水
处理	（1）同满水的处理方法相同，即综合各参数的变化，判明缺水原因，调整水位恢复正常值。 （2）汽包水位超过低一值时，除了采用与处理满水相同手段调整水位外，还应停止锅炉的排污，如属给水泵故障应立即切换或启动备用给水泵。 （3）汽包水位达到低二值时，保护装置会自动停止锅炉的排污，这时可根据给水泵可供给的最大流量迅速降低锅炉的负荷并保持稳定。 （4）因省煤器或水冷壁泄漏造成锅炉缺水时，在增大给水量保持汽包水位的同时应监视给水量和汽包壁温差的变化。供水量增至最大仍不能满足锅炉需要或汽包壁温差超过允许值时，应立即停止锅炉运行。 （5）汽包水位降至低三值超过延时时间后，保护装置会自动停止锅炉运行，若保护拒动，则应立即手操紧急停止锅炉的运行。 （6）查明原因，消除故障后，保证正常汽包水位，重新点火恢复运行

三、防止汽包锅炉缺水或满水事故的措施

（1）汽包锅炉应至少配置两只彼此独立的就地汽包水位计和两只远传汽包水位计。水位计的配置应采用两种以上工作原理共存的配置方式，以保证在任何运行工况下锅炉汽包水位的正确监视。

（2）汽包水位计应正确安装，并采取正确的保温、伴热及防冻措施。

（3）按规定要求对汽包水位计进行零位的核定和校验。当各水位计偏差大于 30mm 时，应立即汇报，查明原因并予以消除。当不能保证两种类型水位计正常运行时，必须停炉处理。

（4）严格按照运行规程及各项制度，对水位计及其测量系统进行检查和维护。机组启动调试时应对汽包水位进行热态调整及校核。

（5）当一套水位测量装置因故障退出运行时，应填写处理故障的工作票，工作票应写明故障原因、处理方案、危险因素预告等注意事项，一般应在 8h 内恢复。若不能完成，应制定措施，经总工程师批准，允许延长工期，但最多不能超过 24h，并上报上级主管部门备案。

（6）锅炉汽包水位高、低保护应采用独立测量的三取二逻辑判断方式。当有一点因某种原因需退出运行时，应自动转为二取一的逻辑判断方式，并办理审批手续，限期恢复（不宜超过 8h）；当有两点因故退出运行时，应自动转为一取一方式，应制定相应的安全运行措施，经总工程师批准，限期恢复（8h 以内），如逾期不能恢复，应立即停炉。

（7）锅炉启动前应进行实际传动校验。用上水方法进行高水位保护试验，用排污门放水的方法进行低水位保护试验，严禁用信号短接方法进行模拟传动替代。

（8）在确认水位保护定值时，应充分考虑因温度不同而造成的实际水位与水位计（变送器）中水位差值的影响。

（9）锅炉投入运行后，应保证汽包高、低水位保护的正常投入，因缺陷等原因需退出水位保护时，应严格执行审批制度，并制定相应的安全运行措施，尽快恢复。退出保护时间最长不得超过 8h。

（10）汽包水位保护不完整严禁启动。

（11）对于强制循环汽包锅炉，炉水循环泵差压保护采用二取二方式。当有一点故障退出运行时，应自动转为一取一方式，并办理审批手续，限期恢复（不宜超过 8h）。当两点故障超过 4h 时，应立即停止该炉水循环泵运行。

（12）当运行中无法判断汽包真实水位时，应紧急停炉。

（13）运行人员必须严格遵守值班纪律，监盘思想集中，经常分析各运行参数的变化，调整要及时，准确判断及处理事故。不断加强运行人员的培训，提高事故判断能力及操作技能。

锅炉设备运行（第二版）

四、汽包水位计损坏故障（见表 11 – 11）

表 11 – 11　　　　汽包水位计损坏故障

原因	(1) 水位计云母片质量差。 (2) 检修工艺差或水位计本身质量差。 (3) 投入或冲洗的方法不正确
处理	(1) 发现水位计泄漏时，应立即解列，关水侧、汽侧门，开放水门。 (2) 当水位计爆破时，首先切断该水位计照明，然后再解列水位计。 (3) 如汽包就地水位计中有一只损坏时，应监视另一只水位计运行，同时尽快检修。 (4) 如汽包就地水位计全部损坏，而其他水位计（电触点、机械水位计）指示准确，水位报警正常时，可连续运行 2h。 (5) 如汽包就地水位计全部损坏，给水自动、水位报警不够可靠时，只允许根据正确可靠的低置水位计维持锅炉运行 20min。 (6) 如汽包就地水位计全部损坏，而远传水位计运行也不可靠时，应立即停炉

五、汽水共腾故障（见表 11 – 12）

表 11 – 12　　　　汽水共腾故障

现象	(1) 汽包水位发生剧烈波动，各水位计指示摆动，就地水位计看不清水位。 (2) 过热蒸汽温度急剧下降。 (3) 严重时蒸汽管道内发生水冲击。 (4) 饱和蒸汽含盐量和炉水电导度增大
原因	(1) 炉水品质不合格。 (2) 未按规定进行排污。 (3) 锅炉负荷增加过快，汽水分离装置损坏。 (4) 化学加药调整不当
处理	(1) 适当降低负荷，维持汽包水位在稍低水平运行，保持燃烧稳定。 (2) 关闭炉水加药门，全开连续排污，自然循环锅炉可加强上水和底部放水。 (3) 影响蒸汽温度时，应关小或停用减温水并开启联箱疏水和汽轮机主闸门前疏水。 (4) 化学加强汽水品质监督，采取措施改善品质。 (5) 在汽水品质改善前应保持锅炉负荷稳定，品质合格后应冲洗汽包就地水位计，恢复汽包水位正常运行

第五节 机组甩负荷

机组甩负荷故障见表 11 – 13。

表 11 – 13　　　　　　机组甩负荷故障

现象	（1）锅炉汽压急剧升高，汽温升高，严重时锅炉安全门动作。 （2）汽包水位先下降后上升，蒸汽流量骤降。 （3）汽轮机高低压旁路投自动时应自动投入。 （4）机组负荷表指示减小或到零，机组声音突变
原因	（1）电力系统发生故障。 （2）发电机、汽轮机故障跳闸或蒸汽系统门芯脱落、汽轮机调速系统运行不稳定，使调门自关
处理	（1）根据机组负荷情况，将自动切手动，立即切断部分燃烧器，防止超压，燃烧不稳可投油助燃；直流锅炉应保持煤、水、风比例正常，及时调整、稳定燃烧，保持汽温水位等参数的稳定。 （2）蒸汽压力过高，投入高、低压旁路系统，或打开对空排气门，防止锅炉超压。 （3）对配直流锅炉的机组，若汽轮机、发电机故障跳闸，锅炉应保持最低负荷运行，做好汽轮机冲转准备。 （4）若锅炉安全门、对空排气门拒动或动作后锅炉仍超压，安全门动作后不回座时，应紧急停炉。 （5）若汽轮机、发电机紧停，则按机组热态启动恢复

第六节 厂用电故障

一、厂用电中断故障（见表 11 – 14）

表 11 – 14　　　　　　厂用电中断故障

项目	6kV 厂用电故障	380V 厂用电故障
现象	（1）厂用电源盘 6kV 母线指示回零。 （2）所有跳闸电动机电流表指示回零，红色指示灯灭，绿色指示灯闪光，	（1）380V 电动机电流指示回零，红灯灭绿灯亮，事故喇叭响，光字牌显示跳闸设备。 （2）若两段 380V 电源同时失

项目	6kV 厂用电故障	380V 厂用电故障
现象	事故喇叭响，光字牌显示跳闸设备。 （3）跳闸电动机停止转动，失电段所带的给水泵跳闸，备用泵应自动投入，若未投入，则给水压力、汽包水位急剧下降	去，则锅炉给粉 I、II 段同时失去工作和备用电源，锅炉灭火。若一段 380V 电源失去，则失电段粉工作电源失去，备用电源应自动投入
原因	（1）电力系统、厂用母线故障。 （2）发电机、厂用变压器故障。 （3）电源故障后备用电源未自动投入。 （4）人员误操作	（1）厂用变压器或母线故障，备用电源未自动投入。 （2）人员误操作。 （3）保护误动
处理	（1）两段 6kV 厂用电母线同时失去电源时，锅炉大联锁或 MFT 保护动作，锅炉灭火。此时应迅速将辅机开关于停止位置，等待恢复。 （2）单段 6kV 厂用电母线失去时，应立即联系电气值班员进行处理，同时进行以下操作： 1）将跳闸或失电辅机开关置于停止位置，关闭相应的风门挡板。 2）迅速投入油枪，降低负荷运行，增大运行侧引风机、送风机出力，调整风量，稳定燃烧。 3）失电段给水泵跳闸时，备用泵应自动投入；否则，手动投入，并及时调整出力，保证给水流量和汽包水位正常。 4）将汽包水位、主蒸汽压力、主蒸汽和再热蒸汽自动切为手动，及时调整控制各参数在正常范围内。 5）失电后的处理过程中，若发生锅炉灭火，则按锅炉灭火处理。 6）厂用电恢复后，重新启动辅机点火，恢复正常运行	（1）380V 厂用电源全部失去时，锅炉灭火，查明原因并等待处理后启动。 （2）若单段 380V 母线故障，应立即联系电气值班员进行处理，同时进行以下操作： 1）将各跳闸转机开关放至停止位置，启动备用辅机。 2）自动调节器切换为手动。 3）电动阀在电源未恢复前需要操作则到现场就地手摇。 4）关闭各减温水门尽量维持汽温合格，汽包水位应保持略低些。 5）若在处理中锅炉灭火，则应按锅炉灭火处理。 6）厂用电恢复后，重新启动辅机点火，恢复正常运行

第十一章 锅炉故障停炉和事故处理

二、控制系统仪表电源中断故障（见表 11 – 15）

表 11 – 15　　　　　控制系统仪表电源中断故障

现象	（1）电动执行机构指示灯灭，开度指示表回零，自动调整装置失灵，无法对设备进行电动遥控操作。 （2）仪表指示不正常。 （3）记录表计停走。 （4）热电偶温度指示偏离正常值（温度补偿值），热电阻温度指示回零。 （5）锅炉可能燃烧不稳，甚至灭火
原因	（1）电气系统及电源母线故障。 （2）开关或刀闸故障，备用电源未能自动投入
处理	（1）如锅炉灭火，按灭火处理。 （2）如锅炉尚未灭火，尽量维持锅炉负荷稳定，监视一次仪表或汽轮机进汽压力和温度变化，可短时间运行。 （3）将自动切为手动，远控改为手控，关闭气动执行机构进气门或用手锁装置固定在原位。 （4）迅速恢复电源，若长时间不能恢复，或在处理过程如果主要仪表，如汽温、汽压、水位等长时间不能监视或汽温、汽压、水位超过允许值时应立即停止锅炉运行

第十二章

锅炉辅助设备故障

第一节　制粉系统故障

一、制粉系统的紧急停运

当制粉系统发生下列威胁设备及人身安全的异常时，应将制粉系统紧急停运：

（1）锅炉灭火时。

（2）制粉系统着火、爆炸时。

（3）危及人身安全时。

（4）轴承温度过高，经采取措施无效超过规定值时。

（5）润滑油中断或油压过低，短时无法恢复时。

（6）振动过大危及设备安全时。

（7）排粉机、磨煤机电流不正常升高超过额定值时。

（8）电气设备发生故障时。

（9）中储式制粉系统或半直吹式制粉系统细粉分离器发生堵塞。

二、制粉系统的自燃和爆炸故障（见表 12 - 1）

表 12 - 1　　　　　　　制粉系统的自燃和爆炸故障

现象	（1）制粉系统负压不稳，剧烈波动，检查孔内冒火星。 （2）自燃处管壁温度不正常升高，煤粉温度异常升高。 （3）爆炸时有响声，系统负压变正，从不严处向外冒烟、冒火、冒煤粉，防爆门鼓起或破裂。 （4）排粉机电流增大，振动增加，严重时叶片损坏。 （5）炉膛负压变正，火焰发暗，严重时造成锅炉灭火。 （6）煤粉仓自燃或爆炸时： 1）煤粉仓内温度不正常升高，粉仓内有烟或火星，并能嗅到烟气味； 2）严重时可能导致煤粉仓爆炸，发出巨大响声，粉仓防爆门破裂； 3）煤粉自燃后结成焦炭或粉仓内壁材料裂纹脱落，使给粉机下粉不均或不下粉，严重时给粉机卡涩，造成燃烧不稳或锅炉灭火

原因	（1）制粉系统内有存粉、积煤，温度高而引起自燃。 （2）煤粉过细、水分过低。 （3）启动制粉系统时，有火源未及时消除。 （4）运行中断煤调整不及时，磨煤机出口温度过高。 （5）停磨后，热风门不严。 （6）外来火源或易燃易爆物品进入系统。 （7）制粉系统附近明火作业，未做好防范措施。 （8）定期降粉工作执行不好，粉仓内负压维持不够，吸潮管堵塞。 （9）煤粉仓严重漏风。 （10）停炉时粉仓内余粉过多，未能严密封闭粉仓，有没有采取防范措施
处理	（1）发现磨煤机入口有火源时，应加大给煤量或浇水，同时压住回粉管锁气器。 （2）发现制粉系统自燃或爆炸，应紧急停止制粉系统，关闭各风门，严禁系统通风。 （3）关闭吸潮管挡板，必要时投入灭火装置。 （4）蒸汽灭火后，打开各人孔门、检查孔进行系统内部检查，检查内部温度、爆破及设备损坏情况，确认无异常后，积粉清理干净，可以重新启动制粉系统。 （5）启动时，需加强通风干燥，并敲打粗粉分离器回粉管和细粉分离器下粉管，以防堵管。 （6）对于煤粉仓，如粉仓温度超过110℃，停止制粉系统运行，关闭吸潮管挡板，加大锅炉负荷，迅速降低粉仓粉位，或加大制粉系统出力，迅速补粉，淹熄自燃的煤粉。 将降粉后，如粉仓内温度仍继续上升，可使用灭火装置（CO_2消防），同时监视给粉机来粉情况，必要时投入油枪助燃。 确认灭火后，方可重新启动制粉系统
防止制粉系统、煤粉仓自燃或爆炸的措施	（1）严格执行定期降粉制度和停炉前煤粉仓空仓制度。 （2）根据煤种控制磨煤机的出口温度，制粉系统停运后，对输粉管道要充分抽粉；有条件时，停用后可对煤粉仓实行充氮或二氧化碳保护。 （3）只要煤粉仓内有粉就应对煤粉仓温度进行监测，保证煤粉仓温度不超过100℃。 （4）发现积粉自燃，应用喷壶或其他器具把水喷成雾状，熄灭着火的地方，不得用压力水管直接浇注着火的煤粉，以防煤粉飞扬引起爆炸。 （5）加强燃用煤种的煤质分析和配煤管理，燃用易自燃的煤种时应及早通知运行人员，以便加强监视和巡检，发现异常及时处理。

防止制粉系统、煤粉仓自燃或爆炸的措施	（6）当发现粉仓内温度异常升高或确认粉仓内有自燃现象时，应及时投入灭火系统，防止因自燃引起粉仓爆炸。 （7）根据粉仓的结构特点，应设置足够的粉仓温度测点和温度报警装置，并定期进行校验。 （8）设计制粉系统时，要尽量减少制粉系统的水平管段，煤粉仓要做到严密、内壁光滑、无积粉死角，抗爆能力应符合规程要求。 （9）热风道与制粉系统连接部位，以及排粉机出入口风箱的连接，应达到防爆规程规定的防爆强度。 （10）加强防爆门的检查和管理工作，防爆薄膜应有足够的防爆面积和规定的强度。防爆门动作后喷出的火焰和高温气体，要改变排放方向或采用其他隔离措施，以避免危及人身安全、损坏设备和烧损电缆。 （11）定期检查粉仓壁内衬钢板，严防衬板磨漏、夹层积粉自燃。每次大修煤粉仓应清仓，并检查粉仓的严密性及有无死角，特别要注意粉仓顶板—大梁搁置部位有无积粉死角。 （12）粉仓、绞龙的吸潮管应完好，管内通畅无阻，运行中粉仓要保持适当负压。 （13）制粉系统煤粉爆炸事故后，要找到积粉着火点，采取针对性措施消除积粉。必要时要改造管路。 （14）消除制粉系统和输煤系统的粉尘泄漏点，降低煤粉浓度。大量放粉或清理煤粉时，应杜绝明火，防止煤尘爆炸。 （15）煤粉仓、制粉系统和输煤系统附近应有消防设施，并备有专用的灭火器材，消防系统水源应充足、水压符合要求。消防灭火设施应保持完好，按期进行试验。 （16）煤粉仓投运前应做严密性试验。凡基建投产时未做过严密性试验的要补做漏风试验，如发现有漏风、漏粉现象要及时消除

三、磨煤机堵煤和断煤故障（见表 12 - 2）

表 12 - 2　　　　　　　　　磨煤机堵煤和断煤故障

项目	磨煤机堵煤	磨煤机断煤
现象	（1）磨煤机入口负压变小，严重时变正，磨煤机出入口压差增大，系统负压增大。 （2）磨煤机入口密封处向外冒粉，磨煤机响声沉闷。 （3）磨煤机出口温度下降。 （4）严重时，排粉机、磨煤机电流下降	（1）磨煤机入口负压增大，压差减小，系统负压减小，磨煤机钢球声增大。 （2）磨煤机出口温度升高。 （3）排粉机电流增大，磨煤机电流先大后小。 （4）过热蒸汽温度升高后下降

项目	磨煤机堵煤	磨煤机断煤
原因	（1）原煤水分小，发生自流未及时发现和处理。 （2）磨煤机通风量调整不当，冷风、热风调整挡板失衡或通风量不足。 （3）给煤调整时，瞬间给煤量过大	（1）给煤机故障。 （2）原煤块过大，煤中有杂物，落煤管堵塞。 （3）原煤斗中无煤。 （4）原煤水分过大
处理	（1）当磨煤机堵煤不严重时，应减少给煤量或停止给煤，根据磨煤机入口负压适当增加或减少系统通风量，维持磨煤机出口温度为规定值；当磨煤机出口温度降低时，应当减少冷风量或再循环风量，增加热风量。 （2）若磨煤机堵煤严重时，应停止磨煤机断电后，开启出入口检查孔，掏出积煤后通风，恢复正常运行	（1）原煤斗不下煤，入口短管堵塞时，应立即进行敲打疏通，煤斗无煤应立即通知燃料上煤。 （2）停止给煤机，消除大块原煤及杂物。 （3）若磨煤机出口温度超过规定值，仍不能及时消除磨煤机断煤时，应立即减少系统通风量，关小热风，开大冷风。 （4）若时间较长，停止磨煤机进行处理，以防钢瓦过度损坏

四、粗粉分离器回粉管、旋风分离器堵煤故障（见表 12-3）

表 12-3 　　粗粉分离器回粉管、旋风分离器堵煤故障

项目	粗粉分离器回粉管堵塞故障	旋风分离器堵塞故障
现象	（1）磨煤机出入口压差变小，粗粉分离器出口负压摆动增大。 （2）回粉管锁气器动作不正常或不动作。 （3）煤粉细度变粗，严重时排粉机电流减小	（1）制粉系统三次风带粉量增加，在原有给煤机转速下，锅炉汽压、汽温升高，严重时安全门动作。 （2）旋风分离器入口负压减少，排粉机入口负压增大。 （3）排粉机电流增大。 （4）锁气器动作不正常，粉仓粉位下降
原因	（1）木屑分离器未投入或损坏。 （2）原煤中杂物、塑料、木块过多。 （3）回粉管锁气器卡涩。 （4）系统负压过大。 （5）粗粉分离器内部防磨涂层脱落	（1）下粉管锁气器脱落，动作不灵活。 （2）煤粉水分大，造成下粉管堵塞。 （3）煤粉筛堵塞。 （4）粉仓粉位过高续表粗粉分离器回粉管堵塞故障旋风分离器堵塞故障

项目	粗粉分离器回粉管堵塞故障	旋风分离器堵塞故障
处理	（1）活动粗粉分离器锁气器，敲打疏通回粉管，清理木屑分离器。 （2）停止给煤，活动或开大粗粉分离器调整挡板，将粗粉分离器内积粉抽走。 （3）若上述处理无效时，应停止制粉系统进行疏通工作	（1）堵塞不严重时，检查筛子，取出杂物后疏通下粉管。 （2）堵塞严重时应立即停止给煤机，关小排粉机入口挡板。调整燃烧，维持汽温、汽压稳定。 （3）活动下粉管锁气器，清理、敲打下粉管道。 （4）如影响燃烧，应停止制粉系统运行

五、煤粉仓棚粉故障（见表12－4）

表12－4   煤粉仓棚粉故障

现象	（1）煤粉仓棚粉后，给粉机下粉不均匀，一次风携带煤粉量变化大，炉膛内烟气温度降低，锅炉汽温、汽压、蒸汽流量、锅炉负荷波动大。 （2）一次风压变小（不下粉）；炉膛内燃烧不稳，严重时造成锅炉灭火
原因	（1）煤粉仓内煤粉温度低，煤粉潮湿。 （2）煤粉仓内煤粉温度高，煤粉自然结块。 （3）煤粉仓长期不降粉
处理	（1）投入油枪助燃，调整风量，稳定燃烧。 （2）敲打或活动给粉机挡板，清理粉块。 （3）如果煤粉仓内粉位低，尽快补粉。 （4）不下粉的给粉机不应多台运行，应停部分不下粉的给粉机，以免突然下粉造成汽温、汽压急剧升高。 （5）如锅炉灭火，按灭火事故处理

第二节　风机与转机故障

一、转动设备的紧急停运

锅炉辅助转动设备在发生下列情况之一时，应紧急停止运行：

（1）转动设备发生强烈振动超过规定值。

（2）转动设备内部有明显的摩擦声和异常响声。

（3）电动机有明显的焦煳味、冒烟、着火。

（4）轴承温升超过限值或冒烟。

（5）轴承部位和密封部位大量泄漏介质或密封部位冒烟。

（6）发生危及人身和设备安全运行的故障。

对于运行中的辅助设备，除发生伤害人身安全或损坏设备的故障必须紧急停止外，一般应先启动备用辅助设备，方可停止故障设备的运行。现场紧急停止转机后，事故按钮按的时间应大于1min，防止主控室再次强送。

二、一次风机故障（见表 12 – 5）

表 12 – 5　　　　　　　　　　　　**一次风机故障**

项目	单台一次风机掉闸	两台一次风机同时掉闸
现象	（1）掉闸的一次风机电流指示到零，运行反馈消失，停运反馈返回，事故喇叭响。 （2）RB保护动作，将锅炉负荷自动降到60%，中储式制粉系统停止部分给粉机运行，直吹式停止部分制粉系统运行，并投入部分油枪助燃。 （3）停运的一次风机出入口门关闭。 （4）一次风压降低	（1）锅炉大联锁保护和辅机联锁动作，锅炉灭火。 （2）一次风压到零
原因	（1）辅机联锁和锅炉大联锁保护动作。 （2）误按事故按钮。 （3）电气故障。 （4）转动机械轴承缺油损坏	
处理	（1）将各掉闸设备复位，降低负荷运行。 （2）对于中储式制粉系统，加大运行给粉机的转速（注意防止堵管），调整风量，及时投油助燃，维持燃烧；对于直吹式制粉系统，根据一次风机处理情况，投入部分油燃烧器，停止部分制粉系统，增加运行制粉系统的出力，调整燃烧。 （3）查明并消除故障原因，恢复运行。 （4）如锅炉灭火，则按灭火处理	（1）按锅炉灭火处理。 （2）如短时不能恢复就按正常停炉处理

三、送风机故障（见表 12 -6）

表 12 -6　　　　　　　送风机故障

项目	单台送风机掉闸	两台送风机同时掉闸
现象	（1）掉闸送风机电流指示回零，运行反馈消失，停运反馈返回，事故喇叭响。 （2）炉膛负压增大，锅炉总风压减小。 （3）炉膛火焰发暗，燃烧不稳，严重时锅炉灭火。 （4）RB 保护动作，锅炉负荷自动减到 60%，中储式制粉系统停止部分给粉机运行，关闭停用的一次风门；直吹式制粉系统停止部分制粉系统，并投入部分助燃油枪。 （5）具有高低速切换的送风机，运行的送风机如在低速运行时，切换到高速运行	（1）锅炉大联锁保护动作，锅炉灭火。 （2）总风压到零
原因	（1）送风机润滑油泵掉闸，备用油泵未联动。 （2）低电压保护动作（对于有低压保护的风机）。 （3）误按事故按钮。 （4）联锁动作	
处理	（1）如锅炉未灭火，将正常运行的送风机调节挡板开大，调整燃烧、风量、炉膛负压，维持燃烧稳定。 （2）RB 保护动作，锅炉负荷自动减到 60%。 （3）检查保护动作情况，掉闸送风机出、入口挡板应自动关闭，否则，应手动关闭。 （4）具有高、低速切换装置的送风机，运行的送风机应自动由低速转高速，若因故障不能切为高速，应进一步降低机组负荷。 （5）查明并消除缺陷后恢复运行	（1）按锅炉灭火处理。 （2）注意联锁保护动作情况及锅炉大联锁动作情况，将未尽项目，按规定补充完善，注意调整汽压、汽温、水位。 （3）如短时无法恢复按停炉处理

四、引风机故障（见表 12 – 7）

表 12 – 7   引 风 机 故 障

项目	单台引风机掉闸	两台引风机同时掉闸
现象	（1）掉闸引风机电流指示回零，运行反馈消失，停运反馈返回，事故喇叭响。 （2）炉膛负压变正，炉内不严密处向外冒火。 （3）自动关闭掉闸侧入口调节挡板。 （4）RB 保护动作，锅炉负荷自动减到 60%，中储式制粉系统停止部分给粉机运行，关闭停用的一次风门；直吹式制粉系统停止部分制粉系统，并投入部分助燃油枪。 （5）燃烧不稳，严重时锅炉灭火	锅炉大联锁保护动作，锅炉灭火
原因	（1）引风机润滑系统油泵故障，备用油泵未联动或润滑油压中断。 （2）润滑油油量小。 （3）转机故障不能运行，过负荷或电机故障。 （4）误捅事故按钮	
处理	（1）立即检查掉闸引风机入口调节挡板应自动关闭，否则，手动关闭。 （2）检查运行侧引风机入口挡板自动开大，调整送风量，维持炉膛负压。 （3）RB 动作减负荷至 60% BMCR，加强燃烧调整，必要时投油助燃。 （4）如一台引风机运行，两侧烟温及过热蒸汽温度偏差大，应进一步降负荷。 （5）具有高、低速切换装置的引风机，运行的引风机应自动由低速转高速，若因故障不能切为高速，应进一步降低机组负荷。 （6）查明原因，予以消除，恢复运行	（1）按锅炉灭火处理。 （2）注意联锁保护动作情况及锅炉大联锁动作情况，将未尽项目按规定补充完善，注意调整汽压、汽温、水位。 （3）如短时无法恢复按停炉处理

五、转机故障（见表 12-8）

表 12-8　　　　　　　排粉机、磨煤机掉闸故障

项目	排粉机掉闸	磨煤机掉闸
现象	（1）事故喇叭响，掉闸侧排粉机电流标指示到零，停运反馈返回。 （2）同侧磨煤机、给煤机联动掉闸，磨煤机入口热风门关闭，冷风门开启。 （3）炉膛负压增大，汽温、汽压降低，严重时引起锅炉灭火	（1）事故喇叭响，掉闸侧磨煤机电流指示到零，停运反馈返回。 （2）给煤机掉闸，磨煤机入口风门关闭。 （3）三次风压瞬间增大。 （4）同侧排粉机电流瞬间增大而后变小
原因	（1）锅炉大联锁动作。 （2）电气设备故障、厂用电中断。 （3）误按事故按钮	（1）锅炉大联锁或辅机联锁动作。 （2）润滑油流量低保护动作。 （3）低电压保护动作、电气设备故障、厂用电中断、误按事故按钮
处理	（1）将掉闸排粉机、磨煤机、给煤机报警复位。 （2）检查保护动作情况，如有漏项应手动完善，特别是三次风冷却风门应开启。 （3）调整炉膛负压，稳定燃烧，必要时投油助燃，控制汽温汽压正常。 （4）如短时不能恢复，根据粉位情况进行邻仓送粉。 （5）查明并消除原因，恢复运行	（1）将掉闸磨煤机、给煤机报警复位。 （2）适当减少系统通风量，维持磨煤机的出口温度，并保持磨煤机入口负压在规定值。 （3）若短时不能恢复，停止该侧排粉机运行。 （4）查明原因，恢复运行

六、强迫循环泵故障

强迫循环泵的故障一般可分为电气故障（包括电动机故障和出入口电动门故障）、强迫循环泵汽化和强迫循环泵电动机温度高几种类型。

（1）当强迫循环泵发生电气故障时，应及时切换备用泵，将故障泵停用，查明原因后恢复备用或启动。

（2）强迫循环泵汽化故障，见表 12-9。

表 12 –9　　　　　　　　强迫循环泵汽化故障

现象	(1) 强迫循环泵电流、出口压力下降且摆动。 (2) 强迫循环泵出口流量迅速下降。 (3) 泵内声音异常。 (4) 泵出入口压差降低,保护动作跳闸
原因	(1) 给水中断。 (2) 蒸发系统压力急剧下降。 (3) 汽水分离器水位太低。 (4) 汽包水位太低
处理	(1) 运行中应尽量避免可能使泵汽化的各种工况出现。 (2) 密切监视强迫循环泵入口温度,始终维持入口温度低于对应压力下的饱和温度在5℃以上。 (3) 发现强迫循环泵入口温度上升时,应加大给水流量,使泵入口水温下降。 (4) 发现强迫循环泵汽化,应立即停止该泵运行,以防设备损坏

(3) 强迫循环泵电机温度高故障,见表 12 – 10。

表 12 –10　　　　　　　强迫循环泵电机温度高故障

原因	(1) 电动机充水速度太快,腔室内空气未完全排出。 (2) 二次冷却水量不足,温度高或管道有泄漏。 (3) 一次冷却水系统有泄漏,过滤器堵塞。 (4) 循环泵电动机泵轮定位螺栓断裂,一次冷却水量不足
处理	(1) 增加二次冷却水量。 (2) 一次冷却水系统中有泄漏时,采用给水泵经高压冷却器连续向电动机充水,阻止高温锅水倒回电动机腔内。 (3) 过滤器堵塞时,开启过滤器旁路。 (4) 电动机温度继续升高至规定值时,应紧急停泵,并检查关闭出入口门

第三节　锅炉安全门故障

锅炉安全门故障见表 12 – 11。

表 12 - 11　　　　　　　锅炉安全门故障

现象	(1) 饱和蒸汽压力或过热蒸汽压力超过动作压力，而安全门未动作。 (2) 安全门动作后降至回座压力，安全门不回座。 (3) 未超过安全门动作压力，而安全门动作
处理	(1) 当安全门拒动时，应立即将安全门强制开启，打开对空排汽门，同时降低锅炉热负荷，降低蒸汽压力。 (2) 当安全门动作后不回座时，应强制回座，若脉冲安全门强制回座无效时，应将脉冲来汽门关闭，使其回座。 (3) 当安全门全部失效或锅炉严重超压时，应立即停止锅炉运行。 (4) 安全门误动时，解列自动，先强行关回，然后查明原因，予以消除

第四节　回转式空气预热器故障

锅炉机组的空气预热器主要有管式和回转式两大类型，大型机组一般均安装回转式空气预热器。

管式空气预热器的常见故障是磨损、腐蚀造成的漏风和积灰造成的烟道堵塞，但这是一个缓慢加剧的过程，最终结果是锅炉出力下降和经济性能降低，短期内不会危及设备安全。

回转式空气预热器则不同，发生故障时，短时间处理不好就可能使设备遭受损坏，只有投入大工作量的检修才能恢复其正常运转。

回转式空气预热器故障见表 12 - 12。

表 12 - 12　　　　　　　回转式空气预热器故障

现象	(1) 发出事故信号，跳闸运行反馈消失，停运反馈返回。 (2) 电动机电流到零，空气预热器电动机故障停运后，空气马达或备用电动机自动投入。 (3) 故障跳闸侧出口排烟温度升高，空气预热器出口风温下降。 (4) 空气预热器跳闸侧的空气出口挡板和烟气入口挡板自动关闭
原因	(1) 空气预热器转子与静子接触面有杂物卡涩。 (2) 空气预热器电气回路故障，电源中断。 (3) 空气预热器减速箱故障。 (4) 空气预热器主轴承损坏

处理	（1）发现空气预热器电流增大或波动的处理。 1）在就地用听针检查空气预热器动、静密封（轴向、径向、环向）摩擦声，必要时检修调整轴向和径向密封板，扩大密封间隙，若无效果，降负荷单侧空气预热器停运或请示停炉。 2）检查空气预热器上下轴承油位、油质、油温是否正常。 3）检查减速器有无漏油、有无异声、供油是否正常。 （2）润滑油泵异常的处理。油泵跳闸，备用油泵未联动，应手动合备用油泵和跳闸油泵各一次，若不成功则应监视运行，当润滑油温超过规定值时，停止空气预热器运行。 （3）空气预热器跳闸的处理。 1）一台空气预热器跳闸，若在跳闸前无电流过大现象或机械部分故障，可重合闸一次，若重合闸成功，则应查明原因并消除；若重合闸无效，应投入盘车装置，降低锅炉负荷，控制排烟温度不超规定值。 2）一台空气预热器故障停运排烟温度超限，或两台空气预热器同时故障停运，应按紧急停炉处理

第十三章

锅炉效率与经济运行

第一节 锅炉正平衡热效率

一、锅炉正平衡热效率

锅炉的正平衡热效率是指锅炉的输入热量与锅炉的输出热量的比值的百分数，输入热量主要指燃料燃烧放出的热量，而输出热量指有效利用的热量，即

$$\eta = Q_1 / Q_r \times 100\% \qquad (13-1)$$

式中　Q_1——锅炉的输出热量，kJ/kg；

　　　Q_r——锅炉的输入热量，kJ/kg。

采用正平衡法求取锅炉效率，只要知道锅炉的输入热量和输出热量就可以计算。从式（13-1）可知，计算正平衡热效率比较简单，对于大容量锅炉，只要能够比较准确地计量出锅炉单位时间内的燃料消耗量，就可以求取锅炉的正平衡热效率。但在正平衡试验中，要求锅炉长时间保持稳定工况，并需精确测定有效利用热量和燃料消耗量。采用中间储仓式制粉系统的锅炉，测量输入热量是相当困难而且不易准确的。正平衡法不能确定各项损失，难以分析造成损失的原因，因此应用不是很广泛。目前我国研制的原煤计量设备和入炉燃料的测量方法不断完善，大容量锅炉计量入炉燃料量已有可能，因此，采用正平衡法求取锅炉热效率的准确度提高了，便于计算锅炉热效率和煤耗。

二、锅炉正平衡热效率的计算方法

在锅炉的热平衡计算中，能量平衡的范围一般包括燃料制备系统及前置预热器的热量收支在内，即将上述热量包括在能量平衡的系统界限内。在能量平衡系统中设定一个温度作为计算空气、烟气和燃料物理显热的基准温度，在该温度下将工质的焓假定为零。一般情况下可选用0℃或送风机入口空气温度作为计算的基准温度。

1. 锅炉的输入热量

锅炉的输入热量是指每千克固体燃料输入锅炉能量平衡系统的总热量。其中包括燃料的收到基低位发热量，燃料的物理显热，外来热源加热燃料、重油和空气的热量。输入热量可用式（13-2）表示，即

$$Q_r = Q_{net}^{ar} + Q_{wx} + Q_{wl} \qquad (13-2)$$

式中　Q_{net}^{ar}——收到基燃料低位发热量，kJ/kg；

　　　Q_{wx}——燃料的物理显热，kJ/kg；

　　　Q_{wl}——加热燃料、空气和雾化重油的外来热量，kJ/kg。

燃料的物理显热数值很小，一般可以忽略不计，只有当外部热源加热燃料或燃料水分相当大时，才需要计入。外来热源加热重油的热量，只有燃油炉或油煤混烧时才可能出现，燃煤锅炉在正常运行时可以不予考虑。

对于有用外来热源通过暖风器加热入炉空气的大容量锅炉，应计入外来热源带入热量，则式（13-2）可以写成

$$Q_r = Q_{net}^{ar} + Q_{nf} \qquad (13-3)$$

$$Q_{nf} = D_{nf}/B(h' - h'')$$

$$Q_{nf} = 1/BV_{sf}c_{pk}(t_{nf}'' - t_0)$$

式中　Q_{nf}——外来热源在暖风器中加热空气的热量，kJ/kg；

　　　D_{nf}——暖风器耗汽量，kg/h；

　h'、h''——暖风器出、入口蒸汽焓，kJ/kg；

　　　V_{sf}——送风量，m³/h；

　　　c_{pk}——空气平均比热容，可取 1.32kJ/（m³·℃）；

　　　t_{nf}''——暖风器出口空气平均温度，℃；

　　　t_0——基准温度，℃。

2. 锅炉输出热量

锅炉输出热量是相对于每千克的固体燃料燃烧后，工质在锅炉中所吸收的总热量和排污水以及其他外用蒸汽所消耗的热量的总和。也就是锅炉供出蒸汽的总热量与给水和返回锅炉蒸汽总热量之差。锅炉输出热量可用式（13-4）表示，即

$$Q_1 = 1/B[D_{gr}''(h_{gr}'' - h_{gs}) + D_{zr}'(h_{zr}'' - h_{zr}') + D_{zj}(h_{zr}'' - h_{zj})$$

$$+ D_{bq}(h_{bq} - h_{gs}) + D_{pw}(h_{bs} - h_{gs})] \qquad (13-4)$$

式中　B——锅炉燃料消耗量，kg/h；

D''_{gr}——锅炉出口蒸汽流量，kg/h；

h''_{gr}——锅炉出口主蒸汽焓，kJ/kg；

h_{gs}——锅炉给水焓，kJ/kg；

D'_{zr}——锅炉入口再热蒸汽流量，kg/h；

h''_{zr}、h'_{zr}——锅炉再热器出口、入口再热蒸汽焓，kJ/kg；

D_{zj}——再热蒸汽减温水流量，kg/h；

h_{zj}——再热蒸汽减温水焓，kJ/kg；

D_{bq}——饱和蒸汽抽出量，kg/h；

D_{pw}——锅炉排污量，kg/h；

h_{bq}、h_{bs}——饱和蒸汽、饱和水焓，kJ/kg。

式（13-4）的计算适用于有一次再热蒸汽系统和以给水作为减温水的锅炉。如果是多次再热系统，计算中应加上逐次再热所吸收的热量。

若锅炉连续排污流量无法测量时，可利用给水和锅水的盐量平衡式进行计算，即

$$D_{pw} = D_{gs}S_{gs}/S_{ls} \tag{13-5}$$

式中 D_{gs}——锅炉给水流量，kg/h；

S_{gs}、S_{ls}——锅炉给水及锅水含盐量，mg/L。

当锅炉连续排污水流量小于锅炉蒸发量的 2% 时，排污所带走的热量可以忽略不计。

三、锅炉机组的净效率

锅炉机组的净效率是指在锅炉热效率的基础上，扣除自用汽、水的热能和自身各种用电设备的自用电量之后的热效率值。锅炉机组自用电设备主要包括锅水循环泵、送风机、引风机、烟气再循环风机、除渣及除灰系统的用电设备、电除尘系统的用电设备等。

锅炉机组净效率可用（13-6）式计算

$$\eta_j = \eta - \Delta\eta \tag{13-6}$$

$$\Delta\eta = \frac{D_{zs}(h_{zs} - h_{gs}) + D_{zq}(h_{zq} - h_{gs}) + 29310b\sum P}{BQ_r}$$

式中 $\Delta\eta$——自用汽水及自用电能所折算的热量占总输入热量的百分数，%；

D_{zs}、D_{zq}——自用水、汽流量，kg/h；

h_{zs}、h_{zq}——自用水、汽焓，kJ/kg；

h_{gs}——给水焓，kJ/kg；

b——电厂标准煤耗，kg/kWh；

ΣP ——锅炉机组自用电耗量，kWh/h。

第二节 锅炉反平衡热效率

一、反平衡热效率的含义

锅炉反平衡热效率一般是指锅炉的输入热量和各项热损失之间的热平衡关系。对于固体燃料而言，一般都以每千克燃料为基础进行计算，其热平衡关系式为

$$Q_r = Q_1 + Q_2 + Q_3 + Q_4 + Q_5 + Q_6 \qquad (13-7)$$

设

$$q_1 = Q_1/Q_r \times 100\% ; q_2 = Q_2/Q_r \times 100\% ; \cdots$$

如各项热量均按锅炉热量的百分率表示，则锅炉反平衡热效率可写成

$$\eta = q_1 = 100 - (q_2 + q_3 + q_4 + q_5 + q_6) \qquad (13-8)$$

式中 Q_r ——每千克燃料的输入热量，kJ/kg；

Q_1 ——每千克燃料的输出热量，kJ/kg；

Q_2 ——每千克燃料的排烟损失热量，kJ/kg；

Q_3 ——每千克燃料的可燃气体（化学）未完全燃烧损失热量，kJ/kg；

Q_4 ——每千克燃料的固体（机械）未完全燃烧损失热量，kJ/kg；

Q_5 ——每千克燃料的锅炉散热量，kJ/kg；

Q_6 ——每千克燃料的灰渣物理损失热量，kJ/kg；

q_1 ——输出热量百分率，%；

q_2 ——排烟热损失百分率，%；

q_3 ——可燃气体（化学）未完全燃烧热损失百分率，%；

q_4 ——固体（机械）未完全燃烧热损失百分率，%；

q_5 ——锅炉散热损失百分率，%；

q_6 ——灰渣物理热损失百分率，%。

二、排烟热损失

排烟热损失为锅炉末级空气预热器后排出的热烟气带走的物理热量占输入热量的百分率，即

$$q_2 = Q_2/Q_r \times 100\% \qquad (13-9)$$

$$Q_2 = Q_2^{gr} + Q_2^{H_2O} \qquad (13-10)$$

式中 Q_2^{gr} ——干烟气带走的热量，kJ/kg；

$Q_2^{\mathrm{H_2O}}$ ——烟气中的水蒸气显热，kJ/kg。

1. 干烟气带走的热量

干烟气带走的热量用式（13-11）计算

$$Q_2^{\mathrm{gr}} = V_{\mathrm{gy}} c_{p,\mathrm{ey}} (\theta_{\mathrm{py}} - t_0) \tag{13-11}$$

式中　V_{gy} ——每千克燃料燃烧生成的干烟气容积，$\mathrm{m^3/kg}$；

　　　$c_{p,\mathrm{ey}}$ ——干烟气从 t_0 至 θ_{py} 的平均定压比热容，$\mathrm{kJ/(m^3 \cdot ℃)}$；

　　　θ_{py} ——排烟温度，℃；

　　　t_0 ——基准温度（一般可选用送风温度），℃。

式（13-11）中各项可用式（13-12）~式（13-17）进行计算

$$V_{\mathrm{gy}} = (V_{\mathrm{gy}}^0)^c + (a_{\mathrm{py}} - 1)(V_{\mathrm{gk}}^0)^c \tag{13-12}$$

$$(V_{\mathrm{gy}}^0)^c = 1.866(\mathrm{C_{ar}^r} + 0.375\mathrm{S_{ar}})/100 + 0.79 V_{\mathrm{gy}}^0 + 0.8\mathrm{N_{ar}}/100 \tag{13-13}$$

$$\mathrm{C_{ar}^r} = \mathrm{C_{ar}} - A_{\mathrm{ar}}\underline{\mathrm{C}}/100 \tag{13-14}$$

$$\underline{\mathrm{C}} = a_{\mathrm{lz}}\mathrm{C_{lz}^c}/(100 - \mathrm{C_{lz}^c}) + a_{\mathrm{fh}}\mathrm{C_{fh}^c}/(100 - \mathrm{C_{fh}^c}) + a_{\mathrm{cj}}\mathrm{C_{cj}^c}/(100 - \mathrm{C_{cj}^c}) \tag{13-15}$$

$$(V_{\mathrm{gk}}^0)^c = 0.089(\mathrm{C_{ar}^r} + 0.735\mathrm{S_{ar}}) + 0.265\mathrm{H_{ar}} - 0.0333\mathrm{O_{ar}} \tag{13-16}$$

$$c_{p,\mathrm{ey}} = c_{p,\mathrm{CO_2}}\mathrm{RO_2^{py}} + c_{p,\mathrm{N_2}}(100 - \mathrm{RO_2^{py}})/100 \tag{13-17}$$

式中　$(V_{\mathrm{gy}}^0)^c$ ——按收到基燃料成分，由实际燃烧掉的碳计算的理论干烟气体积；

　　　a_{py} ——排烟处过量空气系数；

　　　$\mathrm{C_{ar}^r}$ ——实际烧掉的收到基碳质量含量百分率；

　　　$(V_{\mathrm{gk}}^0)^c$ ——按收到基燃料成分，由实际烧掉的碳计算的理论燃烧所需干空气量；

　　　$\underline{\mathrm{C}}$ ——灰渣平均含碳量与燃煤灰量之比率；

　　　$c_{p,\mathrm{CO_2}}$ ——二氧化碳气体平均定压比热容；

　　　$c_{p,\mathrm{N_2}}$ ——氮气平均定压比热容；

　　　$\mathrm{RO_2^{py}}$ ——排烟处三原子气体 $\mathrm{RO_2}$ 成分分析百分数。

式（13-12）~式（13-17）中 a_{lz}、a_{fh}、a_{cj}、$\mathrm{C_{lz}^c}$、$\mathrm{C_{fh}^c}$、$\mathrm{C_{cj}^c}$ 可参见式（13-21）~式（13-25），$c_{p,\mathrm{CO_2}}$、$c_{p,\mathrm{N_2}}$ 可从表13-1查得。

2. 烟气中水蒸气显热

烟气中水蒸气显热用式（13-18）计算

第十三章　锅炉效率与经济运行

$$Q_2^{H_2O} = V_{H_2O} c_{p,H_2O} (\theta_{py} - t_0) \qquad (13-18)$$

式中　V_{H_2O} ——烟气中所含水蒸气容积，m^3/kg；

c_{p,H_2O} ——水蒸气从 t_0 到 θ_{py} 时的平均定压比热容（查表 13-1），
$kJ/(m^3 \cdot ℃)$。

表 13-1　　　　　　　常用气体平均定压比热容

温度（℃）	c_{p,CO_2}	c_{p,N_2}	c_{p,O_2}	c_{p,H_2O}	$c_{p,gy}$	$c_{p,CO}$	c_{p,H_2}	c_{p,CH_4}
1	1.5998	1.2946	1.3059	1.4943	1.2971	1.2992	1.2766	1.5500
100	1.7002	1.2958	1.3176	1.5052	1.3004	1.3017	1.2908	1.6421
200	1.7873	1.2996	1.3352	1.5223	1.3071	1.3071	1.2971	1.7589
300	1.8672	1.3067	1.3561	1.5424	1.3172	1.3167	1.2992	1.8862
400	1.9296	1.3163	1.3775	1.5654	1.3289	1.3289	1.3021	2.0155
500	1.9887	1.3276	1.3980	1.5897	1.3427	1.3427	3.3050	2.1403
600	2.0411	1.3402	1.4168	1.6148	1.3565	1.3574	1.3080	2.2609
700	2.0883	1.3536	1.4344	1.6412	1.3708	1.3720	1.3121	2.3768
800	2.1311	1.3670	1.4499	1.6680	1.3842	1.3862	1.3167	2.4941
900	2.1692	1.3796	1.4645	1.6957	1.3976	1.3996	1.3226	2.6025
1000	2.2035	1.8917	1.4775	1.7229	1.4097	1.4126	1.3289	2.6992
1100	2.2349	1.4034	1.4892	1.7501	1.4214	1.4248	1.3360	2.7363
1200	2.2638	1.41431	.5005	1.7769	1.4327	1.4361	1.3431	2.8629

烟气中所含水蒸气包括燃料中氢燃烧产生的水蒸气、燃料中水分蒸发形成的水蒸气、空气中湿分带入的水蒸气。对于燃煤锅炉，不计燃油雾化带入的水蒸气，这样，水蒸气容积可用式（13-19）计算

$$V_{H_2O} = 1.24[(9H_{ar} + M_{ar})/100 + 1.293 a_{py}(V_{gy}^0)^c d_k/100]$$

$$(13-19)$$

式中　d_k ——空气的绝对湿度，一般为 $10 \times 10^{-3} kg/kg$（干空气）；

a_{py} ——排烟处过量空气系数。

三、可燃气体（化学）未完全燃烧热损失

这项热损失是烟气中未燃尽的气体可燃物随烟气排走而损失的热

量，可用排烟中的未完全燃烧产物的含量来确定，按式（13-20）计算

$$q_3 = (1/Q_r)V_{gr}(126.36CO + 358.19CH_4 + 107.98H_2$$
$$+ 590.79C_mH_n) \times 100\%$$
$$(13-20)$$

式中 CO、CH_4、H_2、C_mH_n——一氧化碳、甲烷、氢气及碳氢化合物占干烟气的容积百分率；

Q_r——输入热量，kJ/kg；

V_{gr}——每千克燃料燃烧生产的干烟气体积，m^3/kg。

四、固体（机械）未完全燃烧热损失

燃料的固体颗粒，未能在炉内完全燃烧而被排出造成了固体（机械）未完全燃烧热损失。目前，国内大型发电锅炉均采用煤粉悬浮燃烧方式，其固体（机械）未完全燃烧热损失可用式（13-21）计算

$$q_4 = q_4^{lz} + q_4^{fh} + q_4^{cj} + q_4^{sz}$$
$$(13-21)$$

式中 q_4^{lz}——炉渣中的固体（机械）未完全燃烧热损失，%；

q_4^{fh}——飞灰中的固体（机械）未完全燃烧热损失，%；

q_4^{cj}——沉降灰的固体（机械）未完全燃烧热损失，%；

q_4^{sz}——中速磨煤机排出石子煤的热损失，%。

式（13-21）中各项分别用式（13-22）~式（13-25）进行计算

$$q_4^{lz} = (337.27A_{ar}/Q_r)a_{lz}C_{lz}^c/(100 - C_{lz}^c)$$
$$(13-22)$$

$$q_4^{fh} = (337.27A_{ar}/Q_r)a_{fh}C_{fh}^c/(100 - C_{fh}^c)$$
$$(13-23)$$

$$q_4^{cj} = (337.27A_{ar}/Q_r)a_{cj}C_{cj}^c/(100 - C_{cj}^c)$$
$$(13-24)$$

$$q_4^{sz} = B_{sz}Q_{net}^{sz}/(BQ_r) \times 100\%$$
$$(13-25)$$

式中 a_{lz}、a_{fh}、a_{cj}——炉渣、飞灰、沉降灰中灰量占入炉煤灰量的质量百分率（可用表13-2进行选取），%；

C_{lz}^c、C_{fh}^c、C_{cj}^c——炉渣、飞灰、沉降灰中可燃物含量百分率，%；

B_{sz}——中速磨煤机中排出的石子煤量，kg/h；

Q_{net}^{sz}——石子煤实测的低位发热量，kJ/kg；

B——锅炉燃煤量，kg/h。

对于燃油锅炉，q_4 可以忽略不计。

表 13-2 锅炉灰渣平衡百分率

燃烧方式与炉膛形式		捕渣率（%）	飞灰平衡百分率（%）
链条炉			15~30
抛煤炉			25~40
沸腾炉		—	40~60
固态排渣火室炉	钢球或中速磨煤机		~90
	竖井磨煤机		~85
液态排渣炉	开式炉膛	20~35	
	半开式炉膛	30~45	
卧式旋风炉	煤粉：烟煤、褐煤	80	
	煤屑：烟煤	80~85	
立式前置旋风炉（ВТИ 型）	无烟煤	50~60	—
	其他煤种	60~80	
立式下置旋风炉（KSG 型）	褐煤	80~85	

注 考虑省煤器下部沉降灰 3%，空气预热器下部沉降灰 5%。

五、散热损失

锅炉在运行过程中，由于炉墙、金属构架、风烟道、汽水管道的保温并非完全绝热，有些还没有保温材料，工质的热量会向四周环境中散失，这部分热量损失形成锅炉的散热损失。锅炉散热损失与锅炉机组的热负荷有关。锅炉在额定负荷下的散热损失可从图 13-1 中查得或按式（13-27）进行计算，当锅炉机组偏离额定蒸发量运行时，可按式（13-26）进行计算

$$q_5 = q_{e5} D_e / D \tag{13-26}$$

$$q_{e5} = 5.82 (D_e)^{-0.378} \tag{13-27}$$

式中　q_{e5}——额定蒸发量下的散热损失，%；

　　　　D_e——锅炉额定蒸发量，t/h；

　　　　D——计算效率使用的锅炉蒸发量，t/h。

六、灰渣物理热损失

从锅炉排出的灰与炉渣都具有一定的温度，由此带来的热损失形成了灰渣物理热损失。灰渣物理热损失包括炉渣、飞灰和沉降灰排出锅炉设备

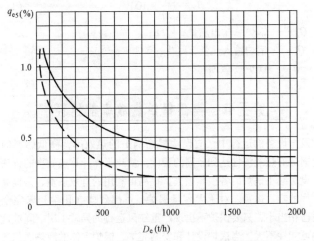

图 13 - 1　额定负荷下的锅炉散热损失曲线

时所带走的热损失，可按式（13 - 28）计算

$$q_6 = (A_{ar}/100Q)[a_{lz}(t_{lz} - t_0)c_{lz}/(100 - C_{lz}) + a_{fh}(\theta_{py} - t_0)c_{fh}/$$
$$(100 - C_{fh}^c) + a_{cj}(t_{cj} - t_0)c_{cj}/(100 - C_{cj}^c)] \qquad (13 - 28)$$
$$t_{lz} = FT + 100 \qquad (13 - 29)$$
$$c_h = 0.71 + 5.02 \times 10^{-4}t_h \qquad (13 - 30)$$

式中　　t_{lz}——炉渣温度，固态排渣煤粉炉取 800℃，液态排渣煤粉炉按式
（13 - 29）计算；

c_{lz}——炉渣比热容，为 0.84kJ/（kg·℃）；

t_{cj}——烟道排出的沉降灰温度，可取沉降灰部位的烟气温度，℃；

c_{fh}、c_{cj}——飞灰、沉降灰比热容，可按式（13 - 30）计算，kJ/
（kg·℃）；

FT——灰的熔化温度，℃

t_h——灰的温度，℃。

当燃煤折算灰分 $A_{zs} = 4187A_{ar}/Q_{net}^{ar} < 10\%$ 时，固态排渣煤粉炉可忽略
炉渣物理热损失，液态排渣煤粉炉、旋风炉可忽略飞灰物理热损失。对于
燃油炉，$q_6 = 0$。

七、锅炉燃料消耗量

当用反平衡方法求得锅炉效率后，可用式（13 - 31）计算锅炉实际
燃料消耗量

$$B = \frac{Q_{gl}}{Q_r \eta} \times 100\% \qquad (13-31)$$

式中　　Q_{gl}——锅炉总输出热量，kJ/h；

　　　　Q_r——锅炉输入热量，kJ/kg；

　　　　η——锅炉效率，%。

第三节　提高锅炉热效率的途径

在发电设备的运行中，应设法提高锅炉的热效率，降低燃料的消耗量，使锅炉的热经济性达到较高的程度。从热平衡计算热效率的方法可以看出，设法减小锅炉的各项热损失，提高可利用的有效热量，是提高锅炉燃烧效率的唯一途径。对于大容量锅炉，可燃气体（化学）未完全燃烧热损失已相当小，只要锅炉不出现严重缺风运行的异常工况，降低这项热损失的可能性不大。当锅炉设计和安装完毕，锅炉本体的散热面积和保温条件已定型，从运行角度出发去降低锅炉散热损失也不可能。对于已经投入运行的锅炉，提高锅炉的检修质量，做好锅炉各部分的保温，可防止散热损失增大。灰渣物理热损失所占比例相对甚小，其值也不大，通过运行降低这项热损失的手段不多。由此可见，只有排烟热损失、固体（机械）未完全燃烧热损失在锅炉各项热损失中所占的比例较大，在实际运行中其变化也较大，因此，设法降低这两项损失是提高锅炉热经济性的潜力所在。

一、降低排烟热损失

锅炉排烟温度是反映锅炉设计、运行状况及设备健康水平的综合性参数。在锅炉运行中，操作不当引起排烟温度升高或排烟量增大，都会增加排烟热损失，使锅炉热效率下降，运行中降低排烟热损失可从下面几方面分析考虑。

1. 防止受热面结渣和积灰

由于熔渣和灰的传热系数很小，锅炉受热面结渣和积灰，会增加受热面的热阻。同样的锅炉受热面积，如果结渣和积灰，传给工质的热量将大幅度减少，会提高炉内和各段烟温，从而使排烟温度升高。运行中合理调整风、粉配合，调整风速和风率，避免煤粉刷墙，防止炉膛局部温度过高，均可有效地防止飞灰黏结到受热面上形成结渣。在锅炉运行中应定期进行受热面吹灰和及时除渣，可减轻和防止积灰、结焦，从而保持排烟温度正常。

2. 合理运行煤粉燃烧器

大容量锅炉沿炉膛高度布置数层燃烧器一次风粉喷口，当锅炉减负荷或变负荷运行时，根据锅炉的运行状况，合理投停不同层次的燃烧器，会影响排烟温度，在锅炉各运行参数正常的情况下，一般应投用下层燃烧器，可使炉膛出口温度及排烟温度保持正常。

3. 控制送风机入口空气温度

锅炉运行中，送风机入口空气温度高于设计值时，会减小空气预热器的传热温压，使传热量减小，排烟温度升高，当送风机入口风温升高较多时，空气预热器出口风温也会有所升高，虽然可以提高炉内理论燃烧温度水平和燃烧的经济效果，但也会使炉内烟气温度上升，导致排烟温度升高。夏季，锅炉取用炉顶空气时，送风机入口空气温度可能高于设计值，从而造成排烟温度升高，运行中应分析入炉空气温度升高与排烟温度升高对锅炉热经济性的影响，设法进行调整控制。

4. 注意给水温度的影响

锅炉给水温度降低会使省煤器传热温压增大，省煤器吸热量将增加，在燃料量不变时排烟温度会降低。但是，如果保持锅炉蒸发量不变，由于省煤器出口水温有所下降，蒸发受热面所需热量增大，需增加燃料量，使锅炉各部烟温回升。这样，排烟温度同时受给水温度下降和燃料量增加两方面的影响。一般情况下，如果保持锅炉负荷不变，排烟温度将会降低。但利用降低给水温度来降低排烟温度的方法并不可取，因为降低排烟温度虽然可能使锅炉效率提高，但由于汽轮机抽汽量减少，电厂的热经济性将会降低。

5. 避免入炉风量过大

锅炉燃烧生成的烟气量的大小，主要取决于炉内过量空气系数及锅炉的漏风量。锅炉安装、检修质量高，可以减少漏风量。但是送入炉膛有组织的总风量却和锅炉燃料燃烧有直接关系。在满足燃烧正常的条件下，应尽量减少送入锅炉的过剩空气量。过大的过量空气系数，既不利于锅炉燃烧，又会增加排烟量而使锅炉效率降低。锅炉都装有氧量表和风量表，正确监视和分析这些表计，是合理用风的基础。

6. 注意制粉系统运行的影响

（1）对中间储仓式制粉系统，运行中应注意减小三次风量。三次风一般设计布置在燃烧器的最上层，由于三次风的风温不高，并含有一定煤粉，三次风的喷入会推迟燃烧，并使火焰中心提高，从而提高排烟温度。

（2）运行中，合理调整制粉系统，保证合格的煤粉细度，提高各分离元件的分离效率，尽量减少三次风的含粉量，有利于保持炉内正常的火焰中心而不使其抬高。

应该知道，降低锅炉排烟温度不是无限的，是相对设计值而言的，只能在运行调整的可行范围内进行。排烟温度过低，会导致空气预热器结露、积灰和腐蚀，同样会影响锅炉安全运行。

二、减少固体（机械）未完全燃烧热损失

固体（机械）未完全燃烧热损失的大小主要取决于飞灰和灰渣中的含碳量。在固态排渣煤粉炉中，飞灰占总灰量的比例相当大，设法降低飞灰中的含碳量尤其重要。降低飞灰及灰渣中的含碳量可以从以下几方面考虑。

1. 合理调整煤粉细度

煤粉细度是影响灰渣可燃物的主要因素之一，对于不同的燃煤煤种，其合理的煤粉细度也不同。理论上，煤粉越细，燃烧后的可燃物越少，有利于提高燃烧经济性；但煤粉越细，受热面越容易黏灰，影响其传热效率，而且制粉系统电耗升高。但是煤粉过粗，炭颗粒大，很难完全燃烧，飞灰可燃物含量将会大大升高。所以，应选择合理的煤粉细度值来降低固体（机械）未完全燃烧热损失，以提高锅炉效率。

2. 控制适量的过量空气系数

炭颗粒的完全燃烧需要与足够的氧气进行混合，送入炉内的空气量不足，不但会产生不完全燃烧气体，还会使炭颗粒燃烧不完全。但空气量过大，又会使炉膛温度下降，影响炭颗粒的完全燃烧。因而，过量空气系数过大或过小均对炭颗粒的完全燃烧不利，合理的过量空气系数应通过燃烧调整确定。

3. 重视燃烧调整

锅炉炉膛内燃料燃烧的好坏、炉膛温度的高低、煤粉进入炉膛时着火的难易，对飞灰及灰渣可燃物的含量有着直接的影响。炉膛内的燃烧工况不好，就不会有较高的炉膛温度。煤粉进入炉膛后，没有足够的热量预热和点燃，必将推迟燃烧，增加飞灰的含碳量。要使炉膛内燃烧工况正常，为煤粉创造较好的着火条件，需对燃烧器的风率配比、一次风粉浓度及风量进行调整，掌握燃烧器的特性，使锅炉燃烧处于最佳状态。所以，重视燃烧工况的科学调整是减少固体（机械）未完全燃烧热损失很重要的方面。

三、保证锅炉燃煤质量

燃煤的组成成分对提高燃烧速度和燃烧完全程度的影响很大。挥发分多的煤易着火燃烧，挥发分少的煤着火困难且不易燃烧完全。煤中的灰分是燃料中的有害成分，灰分多会妨碍可燃质与氧气的接触，使炭粒不易燃烧完全，影响锅炉热效率。灰分的组成直接影响灰熔点的高低，对受热面的结渣、积灰和磨损都有影响，灰分的多少还与采矿、运输、储存等条件有关。煤的水分含量差别也很大，由于采矿、运输和储存条件不同，也影响煤中水分的含量。煤中水分过多不利于燃烧，它着火困难，并降低燃烧温度，还会使烟气体积增大而降低锅炉热效率。

在设计过程中，为了保证机组安全运行，对于燃用不同煤种的锅炉，其炉膛的结构形状和大小、受热面的布置方式及受热面积的大小是不同的，所采用的燃烧设备、制粉系统的形式和布置方式也不一样。锅炉配用的辅机容量、台数也与设计煤种密切相关。如设计烧烟煤的锅炉改烧劣质烟煤后，锅炉炉膛温度会降低；劣质烟煤的灰分含量大，发热量相对较低，锅炉蒸发量不变时，燃煤量将增加，制粉系统所耗电能增加，锅炉净效率会降低。改变锅炉设计煤种，对锅炉安全运行也会造成不同程度的危害。如我国某电厂原设计燃用山西晋北煤，当改用内蒙古东胜神府煤时，炉膛发生严重结渣，并造成重大破坏事故。

由此可见，保证燃用设计煤种是锅炉安全经济运行的关键因素。因此，电厂应有严格的煤质检验制度，避免在原煤中掺夹矸石、黄土，人为改变原煤灰分、水分含量。燃煤化验人员应认真进行入厂煤和入炉煤的化验工作，煤质化验结果应及时通知运行人员，以便调整燃烧，保证锅炉安全经济运行。加强煤质化验工作，还必须对煤质化验人员进行培训、考核认证，不断提高其技术水平和工作责任心，以便提供准确的化验数据，保证燃煤质量，做好节能工作。

四、减少汽水损失

锅炉的汽水损失，除了由于检修质量不高造成的跑、冒、滴、漏之外，主要是锅炉运行中排污和疏水造成的。

减少排污热损失可以从下面几方面考虑：

（1）保证锅炉的给水品质。锅炉给水品质高，在锅炉设计的锅水浓缩倍率下，排污率将减小。

（2）提高汽水分离装置的安装和检修质量，提高汽水分离效果，在较高的锅水浓度下获得较好的蒸汽品质，从而减少排污率。

（3）运行中保持锅炉负荷、水位、汽压等参数稳定，使锅炉汽水分离装置在正常情况下运行。

锅炉疏水一般在锅炉启停和异常情况下进行，及时、合理地开启和关闭疏水可以减少热量损失。疏水门、排污门都可能出现泄漏，在锅炉运行中应认真检查，及时处理，以免造成不必要的热量损失。

五、坚持锅炉小指标监督管理

锅炉各项经济小指标监督管理，是提高锅炉运行经济性、节约能源的重要手段。与锅炉热效率有关的经济小指标有排烟温度、烟气氧量值、一氧化碳值、飞灰可燃物含量、炉渣可燃物含量等。通过这些指标的分析化验结果，可近似计算出锅炉的各项主要热损失和热效率。

1. 固体（机械）未完全燃烧热损失

飞灰可燃物和炉渣可燃物含量是用来计算固体（机械）未完全燃烧热损失的。对于固态排渣煤粉炉，炉渣量较小，一般炉渣中含碳量也比飞灰中的小，因此可不计炉渣可燃物。飞灰可燃物 C_{fh} 和可建立如下关系，即

$$q_4 \approx 0.95 \times 32892 (A_{ar}/Q_{daf}) \times C_{fh}/(100 - C_{fh}) \qquad (13-32)$$

2. 排烟热损失

用烟气氧量值可计算出过量空气系数，而用排烟温度和过量空气系数可计算出排烟热损失

$$q_2 = (K_1 a_{py} + K_2)(\theta_{py} - t_{lk})/100 \times (100 - q_4)/100 \qquad (13-33)$$

$$K_1 = 3.5 + 0.02 M_{ar}^{zs}$$

$$K_2 = 0.35 + 0.055 M_{ar}^{zs} \text{（对于无烟煤或贫煤）}$$

$$K_2 = 0.49 + 0.055 M_{ar}^{zs} \text{（对于烟煤或褐煤）}$$

$$M_{ar}^{zs} = 4187 M_{ar}/Q_{ar,net}$$

式中　　t_{lk}——冷空气温度，℃；

　　　　M_{ar}^{zs}——燃料收到基折算水分。

3. 可燃气体（化学）未完全燃烧热损失

烟气中的可燃气体主要是一氧化碳，其他可燃气体含量极少。若可以测得烟气中含有一氧化碳含量，可用式（13-34）近似计算可燃气体未完全燃烧热损失

$$q_3 = 3.2 a CO \qquad (13-34)$$

式中　a——烟道中同一测点测出的过量空气系数；

　　　CO——烟道中同一测点测出的 CO 容积百分含量。

4. 锅炉效率

对于电厂的同一台锅炉，通过长期运行可以估计出一个散热损失及灰渣物理热损失，则可以通过反平衡计算出锅炉效率。通常也可将以上近似

计算式绘制成线算图，知道各项小指标后，就可以从线算图上直接查得各项损失和锅炉效率。

第四节　燃烧调整与经济运行

锅炉燃烧调整是保证锅炉经济运行不可缺少的方法。燃烧工况的好坏，在很大程度上影响锅炉设备运行的安全性和经济性。运行人员通过燃烧调整，可以保证锅炉达到额定参数。燃料燃烧完全，对环境污染较小，同时，能使锅炉在一定出力下达到最佳的风煤配比，并在最经济状态下运行，以获得较好的锅炉热效率。燃烧调整还可以使火焰中心、炉膛温度场及受热面的热负荷分布均匀合理，以保证锅炉的水动力工况及汽温分布正常，在锅炉设计保证的高低负荷范围内不出现燃烧不稳、结焦及设备烧损等异常情况，从而保证锅炉的安全运行。

通过对运行锅炉燃烧参数的调整，取得一定的数据，分析整理后，提出锅炉设备最佳运行方式，即燃烧调整试验。通过燃烧调整试验，运行人员能够更好地了解和掌握设备性能，使锅炉燃烧在保证安全运行基础上获得最高的经济性。本节着重介绍一次风粉均匀性调整、煤粉细度调整、过量空气系数调整、燃烧器风速风率调整、燃烧器投停方式调整。

一、一次风粉均匀性调整

锅炉炉膛一次风粉均匀性对燃烧工况起着重要的作用。大容量锅炉的燃烧器数目较多，单台燃烧器的热功率也较大，使每台燃烧器的风粉都能调整均匀，创造炉内较好的燃烧条件。如果各台燃烧器之间的风粉处于相差悬殊的状态时，在缺风或者缺煤的不正常状况下燃烧，会使燃烧效果不佳，严重时还会导致燃烧不稳定，燃烧不完全，热损失增加，锅炉效率降低。所以，不论是新装锅炉还是检修后的锅炉，有条件时都应进行风粉均匀性的调整。

无论是四角布置的直流燃烧器还是前后墙布置的圆形燃烧器，都应保证一定的一次风管道风速；风速过低，会引起堵管，风速过高，一次风管流动阻力加大，会增大风机能耗。也应保证一定的燃烧器一次风出口风速，速度过高，对着火和燃烧不利，风速过低，有可能烧损燃烧器。所以应在保证一次风管和一次风出口风速的情况下，进行各管一次风速的调平。

1. 风粉平衡调整

对中间储仓式制粉系统的锅炉，应进行风粉平衡调整。风量平衡调整的测速装置可装在煤粉落粉管前的二次风管道上，或利用运行的风速测量装置进行各管的风量调平。如果依据锅炉 DCS 上的一次风静压表进行调平，应注意检查各一次风管上静压测点安装位置距离燃烧器出口的长度是否相等。长度不等时，不能单纯考虑其静压相等，还应考虑这段管道的阻力问题。各管给粉量也应调平，首先应将各台给粉机的起始转速调整一致，避免在同一平行控制器控制条件下给粉机转速相差过大，从而使下粉量不一样。给粉机特性的好坏是保证给粉量顺利调整的重要因素，有条件时应进行给粉机的特性试验，以掌握各台给粉机的转速与下粉量的变化规律，做到运行人员心中有数。风粉平衡调整，首先应调风，在冷态和热态下均应进行，其次在热态下进行粉量平衡调整。

2. 阻力调平

对于直吹式制粉系统，一般都是一台磨煤机直接供给数台燃烧器，燃烧器中燃料量和空气量的调节都设置在磨煤机之前，运行中不可能对单个燃烧器调节风粉平衡。由于磨煤机后一次风管道布置的长度相差很大，设计时一般都在管道中装有阻力平衡元件（如缩孔或月牙形阻力调整板）。对装有固定阻力平衡元件的一次风管道，在锅炉冷态下测量空气通过阻力平衡元件的阻力特性，在热态下测量含粉气流通过阻力平衡元件的阻力特性，即可全面掌握冷、热态阻力状况，为运行和阻力平衡元件的调整提供可靠的依据。对装有可调阻力平衡元件的一次风管，一般仅在锅炉运行的热状态下进行风粉调平。这是因为冷态下在单纯空气条件下调平的数值使用价值不大，热态下所调整的介质是气粉混合物，更接近正常运行状况。由于可调阻力元件装在磨煤机后一次风管上，便于阻力调整。为了减小调整工作量，在调整前应对可调阻力元件的开度进行阻力计算，根据计算结果，预先设定可调阻力平衡元件的开度，然后在运行中进行小范围的阻力匹配调整，以使各管风粉混合物达到平衡。

二、燃烧器出口风速及风率调整

燃烧器出口风速是否适当，对燃料的顺利着火和燃尽很重要，一次风速的大小决定了煤粉的着火条件，二次风速的大小直接影响煤粉和气流的混合扰动及燃尽，三次风速的高低对炉膛火焰燃烧也有直接的影响。因此，合理调整一、二、三次风速可以提高锅炉的安全经济运行水平。

燃烧器出口断面尺寸和气流速度决定了一、二、三次风率。一次风率大，气粉混合物达到着火温度所需的热量就多，燃烧器出口着火段就长，对挥发分含量高的燃料比较有利；一次风率小，燃烧器出口着火段可以缩短，对挥发分含量低的燃料有利，而挥发分含量高的燃料有可能烧损燃烧器。一次风率的调整可在不同煤种推荐值附近选值进行。

为了便于单只燃烧器的一次风率及风速调整，可在一次风管上安装风量测量装置。有些锅炉，往往由于锅炉管道设计长度不够而无法测量二次风率及风速，这时可以统一测量一组燃烧器的二次风量，有了风量测量装置就可以在锅炉常用负荷下选择 3~4 个风速工况进行调整，寻求合理的燃烧器出口风速及风率。不论通过何种方式进行风速、风率调整，分析判断其是否合理的标准有如下几点。

1. 燃烧器燃烧的稳定性和安全性

既要保证着火稳定，长期运行时不易烧损，又要保证锅炉要求的出力参数。没有测试条件时，可以观察燃烧器出口着火段长度、炉膛温度、炉膛负压及 DCS 运行数据进行分析判断。有测试条件时可以进行实际测试，取得数据进行分析并得出结果。图 13-2 所示是一组对旋流燃烧器出口 $D/3$ 截面的热态测试数据，可以看出，当一次风率 $r_1 \approx 23.5\% \sim 26\%$ 时，温度分布和氧浓度的差别不大；当 $r_1 = 17\%$ 时，温度分布情况就明显发生变化，由于二次风的作用相对加强，气粉混合物的扩展角略有增加，热烟气回流得到强化，中间回流区的温度有所提高。从温度、氧浓度、轴向速度分布的情况可以看出，在测量截面上，一、二次风未能全面混合，对挥发分含量低的燃料着火有利。

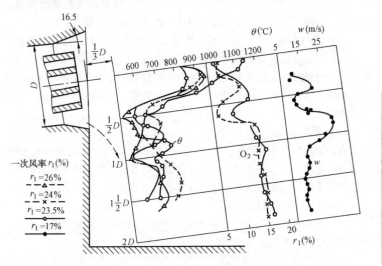

图 13-2 一次风率对旋流燃烧器出口工况的影响

2. 比较其经济指标

主要比较排烟热损失 q_2 和固体（机械）未完全燃烧热损失 q_4 的数值，根据热损失和锅炉效率变化曲线确定合理的风速和风率数值。图 13-3 所示是一组一次风速取一次风率对锅炉经济性的影响趋势曲线。

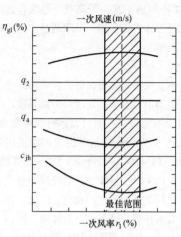

图 13-3　一次风率（或风速）对锅炉经济性的影响

三、燃烧器负荷分配与投停方式的调整

1. 负荷分配

锅炉运行时，常因火焰偏斜、炉膛结渣、烟气侧热偏差过大、汽温偏高或偏低以及提高热经济性等问题，需要调整各燃烧器的负荷分配，以达到炉内温度分布合理的目的。

负荷分配的调整原则为：

（1）对前后墙布置的蜗壳式圆形燃烧器，可以单台进行调整，一般应保持中间负荷较大，两侧负荷较小。

（2）对于四角布置的直流式燃烧器，一般应同时调整 2 台或单层 4 台燃烧器的热负荷。

（3）炉内火焰分布不合理造成燃烧工况异常，需要进行燃烧器负荷分配调整时，应根据锅炉所配用的不同的制粉系统及燃烧器布置方式灵活考虑。如配用直吹式燃烧系统的四角直流燃烧器，出现汽温偏高且减温水量不够时，可以考虑增加下排 4 只燃烧器的负荷，减小或停用上排 4 只燃烧器的负荷。

2. 投停方式

当锅炉负荷发生变动时，尤其当锅炉由于调峰需要负荷变动较大时，为保证合理的一、二次风速，只进行单台燃烧器的风粉调整不能满足负荷变化的需要，则应通过投停燃烧器方式进行负荷调整。

投停燃烧器的原则为：

（1）停用燃烧器的前提，首先是保证锅炉在额定参数下运行正常和炉内燃烧稳定，其次才考虑锅炉燃烧经济性。

（2）低负荷时，一般汽温要偏低，当投下层燃烧器时，应注意调整汽温。高汽温时，应投下层停上层，并应考虑有利于煤粉燃尽。

（3）四角燃烧器应对角停用或整层停用，并定时切换。

（4）旋流燃烧器单台停用或整层停用时应考虑火焰充满度及水冷壁、过热器的受热均匀性。

总之，进行燃烧器的负荷分配和投停时，判断调整措施是否合理应落实到锅炉燃烧的稳定性、炉膛出口烟温、炉膛温度分布、水动力稳定性、汽温特性和锅内过程等。

四、煤粉细度调整

煤粉炉燃用的煤粉愈细，煤粉的燃尽度愈好，燃烧经济性愈高，但制粉系统的耗电量越高，制粉金属耗量也增加。过细的煤粉还容易黏附在受热面管子上，影响锅炉传热。煤粉细度粗，制粉耗电小，并对受热面有一定的自吹灰作用，但燃尽差，并增加受热面的磨损。煤粉细度的调整效果主要落实在锅炉经济性上，一般固体（机械）未完全燃烧热损失 q_4 减小，则制粉系统的自用电能热损失 q_{zf} 增大，反之亦然。通过对煤粉细度的调整，使 q_4 与 q_{zf} 之和达到最小值的区段为所需要的煤粉细度最经济值，图 13-4 所示为一煤粉细度调整试验结果示例。

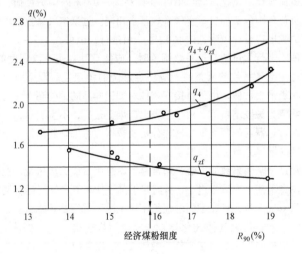

图 13-4　煤粉细度调整试验结果示例

煤粉细度调整时的锅炉负荷可以选择在运行的常用负荷附近，煤粉细度可在常用煤粉细度或推荐的煤粉细度值附近选择 3~4 个细度值进行调整。

由此可见，经济煤粉细度的定量调整，可以通过制粉系统的调整试验与锅炉效率试验确定。

五、过量空气系数调整

锅炉的过量空气系数增大，燃烧生成的烟气体积增大，排烟热损失 q_2 增大，过大的过量空气量还会降低炉膛温度从而影响稳定燃烧。过量空气系数过小，会增加可燃气体（化学）未完全燃烧热损失 q_3 和固体（机械）未完全燃烧热损失 q_4。合理调整锅炉过量空气系数对锅炉燃烧的经济性有很大益处。在燃烧器结构一定、燃烧工况正常、锅炉具有较好经济性的情况下，应选用较小的过量空气系数，这样，既有利于锅炉的热经济性，又可以减小排烟中的 NO_x 等有害气体的排放量，减轻大气环境污染。

一般煤粉锅炉，燃烧室出口最适宜的过量空气系数与燃煤煤种、燃烧室形式、燃烧器结构有关，低挥发分煤种可用较高的过量空气系数，液态排渣炉以及设计考虑低氧燃烧的燃烧器可使用较低的过量空气系数。

最佳过量空气系数可通过调整试验确定，试验可稳定在锅炉的额定负荷下进行，锅炉带低负荷时，过量空气系数不易调整且数值偏大，一般不选用低负荷调整。调整试验结果可用于 75% ~ 100% 的锅炉负荷，一般认为在该负荷范围内最佳过量空气系数基本相同。过量空气系数的调整试验值可在炉膛出口设计值附近选取 3 ~ 4 个值进行，也可在 1.1 ~ 1.3 之间选取调整值。进行大过量空气系数调整时，应注意其对主蒸汽温度的影响；进行小过量空气系数的调整时，应注意燃烧的稳定性。调整时，可监视DCS 上的氧量表数值，也可直接安装抽取烟气样品的试验测点。上述过量空气系数值为炉膛出口值，由于炉膛出口烟温很高，不宜测量，一般测点都安装在过热器后的截面上，这样分析的数据应考虑炉膛出口到过热器后该段烟道的漏风系数，加以修正。

调整过量空气系数的方法，通常是考虑总风量或二次风量，在调整过程中应注意不使一次风量过小，并有足够的一次风管流速。运行调整最佳炉膛过量空气系数，可在不同的锅炉用风工况下采用热效率试验方法求得排烟热损失 q_2、可燃气体（化学）未完全燃烧热损失 q_3、固体（机械）未完全燃烧热损失 q_4。过量空气系数增大，q_2 损失增大；过量空气系数减小，$q_3 + q_4$ 损失增大。此时应有一个适宜值使（$q_2 + q_3 + q_4$）最小，即锅炉效率最高，此时的过量空气系数为最佳值。运行使用的过量空气系数可在最佳值附近某一范围内，因为它的微小变化对锅炉效率的影响并不显著，见图 13 – 5。

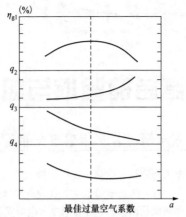

图 13 – 5　过量空气系数对锅炉效率及热损失的影响

六、锅炉燃烧最佳运行方式的确定

锅炉最佳运行方式的确定可从两个方面予以考虑。

1. 锅炉在不同负荷下的最佳运行方式

通过燃烧调整，可以获得锅炉运行中的过量空气系数、煤粉细度、一次风速和风率、二次风速和风率的最佳值以及各燃烧器合理的负荷分配方式等，将它们使用在锅炉运行的稳定负荷中，便可获得较经济的运行方式，且一般可在 75% ~100% 的锅炉负荷范围内使用。

2. 锅炉的经济负荷

在 75% ~100% 的锅炉负荷范围内，将燃烧可变因素稳定在燃烧调整的最佳值和合理运行方式下，进行负荷变化与锅炉效率的特性试验，可得出不同负荷下的锅炉效率。其中，效率最高的锅炉负荷即为锅炉的经济负荷。对带基本负荷和中间负荷的发电机组，应尽量长时间在这一负荷附近运行。

第十四章

锅炉检修后的验收与机组试验

第一节　检修前的安全措施

为保证检修工作顺利进行、检修过程中检修人员的安全以及不在检修范围的设备安全可靠运行，防止事故发生，在设备检修前时必须严格执行热力机械工作票制度和危险因素控制卡制度，《电业安全工作规程》明确了各有关人员的职责、责任和执行程序及要求，其目的是要求工作人员在具体的工作中层层把关，堵塞漏洞，消除隐患，且互相监督和制约。运行人员做安全措施时必须严格按照工作票内容进行检修设备的隔离和停电工作，并在隔离过程中严格执行操作票制度，保证完成检修任务的同时确保设备和人身的安全。

一、工作票有关人员应具备的条件与职责

（一）工作票签发人

工作票签发人必须是车间和检修班组的主要负责人和技术负责人，同时还应具备下列条件：

（1）熟悉设备系统及设备性能。

（2）熟悉安全规程、检修规程和运行规程中的有关部分。

（3）掌握检修人员安全技术条件。

（4）了解检修工艺和质量标准。

工作中对下列事项负责：

（1）检修工作是否必要和可能。

（2）工作票上所填写内容与措施是否正确和完善。

（3）定期或不定期检查检修工作的安全情况。

（二）工作负责人

工作负责人应由在技术和组织能力方面能胜任保证安全、保证质量完成检修任务的人员担任，同时还应具备下列条件：

（1）熟悉安全规程。

（2）掌握检修设备的结构和工作原理及与检修设备有关的系统。

（3）掌握安全施工方法、检修工艺和质量标准。

工作中对下列事项负责：

（1）正确地和安全地组织工作。

（2）对工作人员给予必要的指导。

（3）随时检查工作人员在工作过程中是否遵守安全规程和执行安全措施。

（三）工作许可人

工作许可人一般由运行班长或有能力正确执行和检查安全措施的主要值班人员担任，检修作业开始前对下列事项负责：

（1）检修设备与运行设备确已隔绝。

（2）安全措施已全部正确执行。

（3）对工作负责人具体说明哪些设备仍有压力、高温和有爆炸危险等事项。

二、工作票签发程序和填写内容

工作票可由工作负责人或签发人按下列内容填写，但双方必须清楚工作票的全部工作内容，经审核无误后签发。

（1）明确的检修项目。

（2）准确的开工、竣工时间及检修人员数。

（3）要求运行人员必须采取的安全措施，如设备的停运、系统的解列、必须要开启或关闭的截门、转动机械电源的切断等。

（4）要求检修人员为自身防护必须采取的措施，但要注明由检修人员自理。

（5）禁火区域的检修工作必须单独或另行填写动火工作票，并指定熟悉设备系统、防火要求，懂得消防常识的人员进行监护工作。

三、运行人员执行工作票的程序

工作票一般在开工前一天，当日消除缺陷的工作票在开工前 1h，送交运行班长，运行班接票后按以下要求审查：

（1）工作票内容清楚、完整。

（2）发现疑问时向工作负责人询问清楚。

（3）若安全措施有错误或重要内容遗漏，应要求重新签发合格的工作票。

（4）当出现下列情况时，应填写补充措施：

1）由于运行方式或设备缺陷需要扩大隔绝范围的措施。

2）运行方面需要采取的保障检修现场人身安全和设备运行安全的

措施。

3）补充工作票签发人提出的安全措施。

4）提示检修人员的安全注意事项。

四、工作票的执行

工作票经审查无问题后，签注接票时间交值长或单元长审批，值长或单元长根据实际情况安排下达有关机组停运、设备停止或解列系统的指令，运行值班员应按工作票的内容逐项完成措施。与系统或其他系统相连的阀门应加锁、挂警告牌，以防误开。开工前工作许可人和工作负责人还应核对安全措施的完成情况，运行方面对可能存在的压力、高温、爆炸等有关事项向检修方面交代清楚，提示其应加以注意。

第二节　检修后的验收

检修后的锅炉验收可分为分段验收、分部试运行、总验收和整体试运行三个阶段进行。

一、分段验收

在锅炉检修过程中，组织有关技术管理人员对已检修完毕的设备进行检查验收，包括下列设备：

（1）锅炉本体受热面、水冷壁、过热器、再热器、减温器、省煤器、空气预热器、锅水循环泵以及与其相连的管道阀门。

（2）汽包及内部汽水分离装置和外部汽水分离器。

（3）锅炉构架、炉墙、护板及其各类支吊设备、膨胀指示装置。

（4）锅炉范围内的风道、烟道及风门、挡板和防爆装置。

（5）回转机械，包括各类用途的风机及电动机。

（6）制粉设备，包括磨煤机、排粉机、给煤机、给粉机、一次风机、密封风机、煤粉分离设备及管道、风门挡板等。

（7）除渣、除尘、吹灰、排污设备及装置。

（8）监视测量仪表、报警与灯光显示装置的安装和试用。

二、分部试运行内容

（1）检查检修项目的完成情况、设备检修质量、技术资料和有关数据的记录、登记、归档情况。

（2）质量检验，包括转机试运行、水压试验、漏风试验。

（3）设备调试，包括安全门的校验和整定。

（4）性能试验，包括辅机联锁试验和各种保护装置的试验和整定。

三、总验收和整体试运行

1. 冷态验收

锅炉启动前根据质量检验、分阶段验收和分部试运行检查结果确定总验收项目，重点内容为：

（1）核对设备、系统的变动或改造情况以及交底情况。

（2）设备标志、安全装置、自动装置、保护装置、照明、通信设备是否完善齐全。

（3）转动机械、执行机构、传动机构的动作是否灵活和正确，炉本体、风烟道、制粉设备、汽水系统有无泄漏。

2. 热态验收

锅炉启动带额定负荷经过 24h 运行之后，检查下列项目是否达到设计水平及技术改造预计效果：

（1）额定工况运行的连续性。

（2）锅炉各运行参数，如汽压、汽温、水位、各部金属壁温、烟温是否满足设计要求。

（3）经济性能的反应，如排烟温度、飞灰可燃物，锅炉效率等。

（4）炉膛燃烧的稳定性和可调性能。

（5）制粉设备、通风设备的出力和经济性能。

（6）转动机械的可靠性和连续性。

（7）自动调节装置、保护装置的可靠性。

第三节　锅炉水压试验

一、水压试验的目的和种类

1. 水压试验的目的

水压试验是检查锅炉承压部件严密性的一种方法，也可检验承压部件强度。

2. 水压试验的种类

（1）工作压力的水压试验。是锅炉大、小修或局部受热面检修后必须进行的试验，根据检修人员的要求，可随时随进行。

（2）超压水压试验。根据 DL/T 612 超压水压试《电力工业锅炉压力容器监察规程》14.4 的规定，锅炉遇到下列情况之一时才进行的试验，必须严格控制试验次数：

1）在役锅炉经两个大修期时。根据设备具体技术情况，经集团公司或省电力公司锅炉监察部门同意，可适当延长或缩短时间。

2）新装或迁装的锅炉投运时。

3）停用一年以上的锅炉恢复运行时。

4）锅炉改造、受压元件经重大修理或更换后，水冷壁更换管数在50%以上，过热器、再热器、省煤器等部件成组更换，汽包进行了重大修理。

5）锅炉严重超压达 1.25 倍工作压力及以上时。

6）锅炉严重缺水后受热面大面积变形时。

7）根据运行情况，对设备安全可靠性有怀疑时。

3. 超压试验的压力

压力值应根据按制造厂家规定执行，若制造厂无明确规定时，执行 DL/T 612—2017《电力工业锅炉压力容器监察规程》中 14.9 的规定，见表 14-1。

表 14-1　　　　　　　　　　超压试验压力

名称	超压试验压力
锅炉本体（包括过热器）	1.25 倍锅炉设计压力
再热器	1.5 倍再热器设计压力
直流锅炉	过热器出口设计压力的 1.25 倍，且不得小于省煤器压力的 1.1 倍

4. 超压试验的条件

（1）具备锅炉工作压力下的水压试验条件。

（2）需要重点检查的薄弱部位，保温已拆除。

（3）解列不参加超压试验的部位，并采取了避免安全阀开启的措施。

（4）用两块压力表，压力表精度不低于 1.5 级。

二、水压试验范围

水压试验范围按设备的承压程度分为高、低压两个系统分别进行。

1. 高压汽水系统

锅炉主给水截止门至过热器出口主汽门（或汽轮机高压缸入口主汽门）范围内的省煤器、汽包、锅水循环泵、水冷壁、过热器、减温器及联箱和汽水管道、截门，与其相关的空气门、疏放水一次门以内的设备和锅水取样门、仪表取样门同时进行水压试验。

2. 低压蒸汽系统

再热器入口导汽管堵板至再热器出口导汽管堵板范围内的再热器、减温器、联箱和汽水管道、截门，以及相关的空气门、疏放水门、锅水取样和仪表取样门。

安全门、水位计不做超压试验。

三、水压试验合格标准

（1）关闭上水门、停止给水泵后，5min 内汽包压力下降值不超过 0.5MPa，再热器压力下降值不超过 0.25MPa。

（2）承压部件金属壁和焊缝没有泄漏痕迹。

（3）承压部件无明显的残余变形（水冷壁下联箱在允许限度内的下移不算作残余变形）。

（4）超压试验的合格标准。

1）受压元件金属壁和焊缝没有任何水珠和水雾的泄漏痕迹。

2）受压元件没有明显的残余变形。

四、水压试验

1. 水压试验的上水

（1）锅炉汽水系统、炉膛和烟道确已无人工作。与水压试验相关的汽轮机主汽门前的工作全部结束，并做好防止汽轮机进水的安全措施。

（2）锅炉汽水系统的有关压力表应校验准确，汽包、再热器出口、给水管道必须更换精度等级在 0.5 级以上的标准压力表，且同一试验系统不少于两块。

（3）锅炉上水温度。上水温度应执行制造厂家的规定，如厂家无规定，一般控制在 30～70℃为宜，且汽包进水水温与汽包壁的温差不超过 50℃。水温过低，金属材料有可能在试验时发生脆性破裂，且在一定的空气温度下易产生管壁外部凝结现象，影响检查；水温过高，在上水过程中产生汽化并会引起汽包等壁厚的承压部件过大的温差压力，水温过高还会使受热面轻微泄漏的水很快就被蒸干，不易发现泄漏部位。另外，达到试验压力后的检查过程中由于温度的下降促使水体积缩小而使压力下降，会影响试验的准确性。

（4）上水时间同锅炉启动前上水相同。

（5）汽包上满水后应继续向过热器中上水，利用空气门排除锅炉内的空气，待空气门连续冒水 3min 后将空气门逐一关闭；否则，在水压试验过程中由于空气具有很大的可压缩性，压力变化迟滞也影响试验的准确性。

（6）水压试验时环境温度应不低于5℃，否则应做好防冻措施。

（7）水压试验时必须有快速泄压的措施和手段，防止超压。

2. 高压汽水系统的水压试验

（1）试验压力。汽包锅炉以汽包处压力为准，直流锅炉以过热器出口压力为准。控制室监视压力应考虑高度产生的误差。

（2）水压试验的升压由调整给水泵转速进行，应保持给水压力始终略高于锅炉压力，控制锅炉上水门的开度，保持升压速度不超过0.3MPa/min。

（3）当压力升至工作压力的10%时，暂时停止升压进行设备的全面检查。如果没有渗漏即可继续升压。

（4）如果在较高压力下发现有轻微渗漏，就可继续升压到工作压力；如渗漏严重，则停止升压进行处理。

（5）当压力升至工作压力的80%时停止升压，检查进水门的严密性。

（6）达到工作压力，关闭上水门、停止给水泵，记录5min时间内的压力下降值，然后启动给水泵稍开上水门保持工作压力，进行设备的全面检查。

（7）超压试验应该在工作压力试验合格后进行，超压试验前解列安全门和水位计。

（8）从工作压力上升到超压试验压力值的过程中，升压速度以不超过0.1MPa/min为限。

（9）超压水压试验压力保持5min后降至工作压力，然后再进行设备的全面检查。超压试验时，严禁做任何检查，只有降至工作压力后方可进行检查。

（10）检查期间若压力下降过多，为方便寻找漏点可升压至工作压力。

（11）试验完毕降压时，降压速度要缓慢，不超过0.5MPa/min。

3. 低压系统的水压试验

（1）再热器以进口处压力为准。

（2）试验前汽轮机高压缸排汽导管和中压缸进汽导管要加装堵板、隔绝和封闭系统。

（3）由再热器入口事故喷水进行上水和升压，若导汽管为两侧布置时，应同时上水和升压，以避免损坏设备。

（4）当压力升至1.0MPa时停止升压，检查承压设备，无问题后继续升至工作压力保持5min，记录压力下降值。设备全面检查要在工作压力下进行。

第四节 回转机械试运行

检修后的转动机械必须经过试运行鉴别检修质量是否符合要求，试验时应记录转机转动方向、各轴承振动、温度、启动电流、电机启动持续时间以及其他异常情况，以确保其工作的可靠性。

一、试运前的检查内容

（1）试运前应确认锅炉烟风系统和制粉系统无检修工作，相关系统各风门挡板及其传动机构都已校验，并动作正确。

（2）试运设备的检修工作确已完毕，无妨碍转动部分运转的杂物，场地干净，照明充足。

（3）地脚螺栓和连接螺栓紧固无松动，保护罩和安全围栏固定牢固无短缺或损坏。

（4）稀油润滑的轴承油位计完整不漏油，最高和最低油位线标志清晰，润滑油品质符合要求，油位在中线以上。

用润滑脂润滑的轴承，其装油量符合以下标准：

1）1500r/min 以下机械不多于整个轴承室容积的 2/3。

2）1500r/min 以上机械不多于整个轴承室容积的 1/2。

（5）机械及各轴承冷却水系统完好，冷却水量畅通、充足。

（6）电动机的冷却通风道无堵塞，电动机接地线可靠连接。

（7）转机事故按钮完好并附有防止误动的保险罩和明显的设备名称标志牌。

（8）转机试验前必须经过拉合闸试验，事故按钮静态试验合格后可进行。

二、试运步骤及注意事项

（1）电动机应单独试转，检查转动方向是否正确和验证事故按钮的可靠性，然后连带机械试转。启动时必须严密注意电动机电流达到最大值后到返回正常电流的时间，如果超过 20s，应立即停运转机的运行，并进行检查。

（2）大型转机第一次启动后达到全速即用事故按钮停机，观察轴承和转动部分是否有摩擦、撞击和其他异常，小型转机在静态时盘动联轴器检查是否存有异常。

（3）转机试运连续时间，新安装的不少于 8h，检修后的不少于 2h。

（4）试运期间要随时检查机械的轴承温度和振动情况，还可用听针检查轴承内部声音。

（5）钢球磨煤机在罐内有钢球时做动态试验不准超过 10min，且需持续监视出口温度。

三、转动机械试运行的合格标准

（1）轴承及转动部分无异常现象，各部无漏油和漏水。

（2）轴承工作温度正常，一般滑动轴承不超过 70℃，滚动轴承不超过 80℃。

（3）轴承振动值应不超过厂家规定；如无规定时，根据转速不超过表 14 – 2 中的对应值。

（4）电动机采用循环油系统润滑时，其油压、油量和油温应符合规定要求。

表 14 – 2 轴承振动值

额定转速（r/min）	750	1000	1500	1500 以上
振动值（mm）	0.12	0.10	0.085	0.05

第五节 漏 风 试 验

漏风试验的目的是在冷状态下检查炉膛、冷热风系统、烟气系统的严密性，同时找出漏风处予以消除，以提高锅炉的经济运行性能。漏风试验一般有正压法和负压法两种方法。

一、正压法

正压试验是保持炉膛和烟道微正压状态来检查其是否漏风。

平衡通风锅炉是将引风机入口挡板和炉膛、烟道各炉门全部关闭，在送风机入口处撒入白粉或施放烟幕，启动送风机保持炉膛正压 50 ~ 100Pa。当白粉或烟幕被送入炉膛和烟道中，就会在有缝隙处和不严密处逸出，留下痕迹，试验后寻找痕迹进行堵塞处理。

微正压炉做漏风试验是用压缩空气向炉膛充压，试验压力为 5×10^3 Pa，在 10min 内风压下降少于 500Pa 即合格。

二、负压法

负压试验是保持炉膛和烟道负压状态以检查其是否漏风。

启动引风机，开启挡板保持燃烧室压力 – 200 ~ – 150Pa，然后用蜡烛或火把靠近各接缝或可能会漏风处，若不严密则烛光或烟火会被负压吸向该处，检查人员做好标记，试验后做堵塞处理。此外，还可用手试探或耳听响声寻找漏风处。

锅炉在运行中可用烟道各部的烟气含氧量来测定和计算炉膛和烟道各部的漏风系数。如果漏风系数较大，超过规定值，应检查各处漏风情况，以进行处理。

第六节　安全门的整定与校验

安全门是锅炉的重要保护设备，在新安装的锅炉、经过大修的锅炉、安全门经过大修等情况下应对安全阀进行校验，安全阀的校验必须在热状态下进行，以保证其动作的可靠性。

一、安全门动作压力整定值

安全门的起座压力的整定值均要以制造厂规定执行，制造厂没有规定时按《电力工业锅炉压力容器监察规程》中的规定执行。

（1）安全门的起座压力见表 14-3。

表 14-3　　　　　　　　　　　安全门起座压力

安装位置		起座压力	
汽包锅炉的汽包或过热器出口	汽包锅炉工作压力 $p < 5.88\mathrm{MPa}$（$<60\mathrm{kgf/cm^2}$）	控制安全阀	1.04 倍工作压力
		工作安全阀	1.06 倍工作压力
	汽包锅炉工作压力 $p > 5.88\mathrm{MPa}$（$>60\mathrm{kgf/cm^2}$）	控制安全阀	1.05 倍工作压力
		工作安全阀	1.08 倍工作压力
直流锅炉的过热器出口		控制安全阀	1.08 倍工作压力
		工作安全阀	1.10 倍工作压力
再热器		1.10 倍工作压力	
启动分离器		1.10 倍工作压力	

注　1. 对脉冲式安全阀，工作压力指冲量接出地点的工作压力；对其他类型，安全阀指安全阀安装地点的工作压力。

2. 过热器出口安全阀的起座压力应保证在该锅炉一次汽水系统所有安全阀中此安全阀最先动作。

（2）安全门的回座压差，一般为起座压力的 4% ~ 7%，最大不得超过起座压力的 10%。

二、安全门整定前的准备

(1) 安全门的校验必须经总工程师的批准，并在生技、安监、检修、运行锅炉工程师的指导下进行。

(2) 电气控制装置校验调试准确，电气回路经过试验能良好动作，电磁部分带电情况正确，杠杆动作要求灵活。

(3) 盘形弹簧式安全门的活塞室和空气系统进行严密性试验，保证无堵塞、卡涩和泄漏情况。

(4) 安全门整定压力以脉冲量接出地点或安全门安装地点压力为准，整定前在该地点加装或更换经校验合格精度等级在 0.5 级以上的标准压力表。

(5) 安全门整定地点与控制室之间要有可靠的通信联络。

(6) 锅炉对空排汽门或过热器疏水门经开关试验灵活好用，以备快速泄压。

三、安全门整定与校验过程的注意事项

(1) 单元机组锅炉安全门的整定一般是在机组整体启动前单独点火升压进行，以减小整定时对汽轮机的影响。

(2) 锅炉点火起压后，投入蒸汽旁路系统，升压过程应严格按规程有关规定进行，严格监视受热面的管壁温度，避免发生超温爆管。

(3) 汽包压力升至 3.0MPa 时，由校验人员手动托起脉冲阀进行管道冲洗。

(4) 压力升至工作压力的 60%～80% 时，应逐一按顺序进行远方手动启座的排汽试验，并对安全门的编号进行复查。

(5) 安全门的校验应定值由高到低的顺序逐个进行，先整定机械部分，后整定电磁部分，脉冲来汽阀应调试一个，开启一个，校验完毕的安全门应将压力再升高一次，证实其能准确动作。

(6) 当压力接近要调试安全门启座压力时应保持燃烧稳定，使压力缓慢上升，保证安全门的准确动作。

(7) 再热器安全调试时应利用旁路系统来控制压力，但要注意二级旁路的开度必须能够保证再热器的冷却。

(8) 安全门一经校验合格，其定值就不得随意改变，脉冲安全门的疏水门应卸下手轮或加锁。

四、安全门的整定方法

1. 重锤式安全门的整定

重锤式安全门多数是主安全门的脉冲阀，（即控制阀），当压力达到

起座压力且保持稳定后，向阀体方向轻轻缓慢地移动重锤位置，使其在蒸汽压力作用下起跳。脉冲阀动作后，约 10～15s 左右，主安全门起座。汽压下降后安全门应能自行回座。

主安全门与脉冲阀之间的脉冲管疏水门，在根据要求动作的灵敏度调整好开度之后加封，防止误动后影响安全门的正常工作。

2. 弹簧式安全门的整定

弹簧式安全门的整定是用旋紧或旋松螺母以改变弹簧紧力来进行整定的。当压力达到起座压力且保持稳定后，缓慢放松螺母使其起座。整定后的起座压力误差在 ±0.05MPa 范围内为合格。

3. 盘形弹簧式安全门的整定

盘形弹簧式安全门的机械动作是以调整弹簧松紧，使弹簧的作用力恰好等于安全门起座要求。安全门自行起座压力误差要求在 ±0.15MPa 范围内。为了保证安全，以采用负偏差为妥。

机械整定合格后，接通压力继电器，压力升至起座压力，由手动或自动让安全门起座。如无异常，整定即算结束。

4. 再热器安全门的整定

整定再热器安全门机械部分，须将汽轮机中压缸进汽门关闭严密，堵死汽轮机高压缸排汽管，用一级旁路进行充压整定。

第七节　辅机联锁试验

一、试验目的

确保设备故障情况下，锅炉主要辅机能按预先整定的动作逻辑跳闸，最短时间内停止异常设备，限制故障范围，保证锅炉主、辅设备安全。

二、试验条件

（1）锅炉大小修、热工联锁回路检修后及锅炉长时间停运后应进行辅机联锁试验。

（2）试验前应检查检修工作结束，工作票已注销并已收回，所有检查工作合格，整个锅炉机组处于备用状态。

（3）试验由值长（单元长）主持，运行及热控人员、机务专责人员参加。

（4）试验前应确认各转机保护及辅助设备联动试验合格并正常投入，检查各转机符合启动条件。

（5）按要求启动各转机相关辅助设备、润滑油站运行正常。

（6）联锁试验分静态和动态试验，静态试验转机电源开关送至试验位，动态试验时送至工作位。动态试验应在静态试验合格后进行。

三、试验方法

（1）检查辅机相关联锁投入。

（2）启动1、2号空气预热器。

（3）按启动程序分别启动引风机、送风机、一次风机、密封风机、磨煤机、给煤机运行，逆顺序则不能启动。

（4）停1号空气预热器，1号引风机、1号送风机、1号一次风机应联跳。

（5）停2号空气预热器，2号引风机、2号送风机、2号一次风机应联跳。

（6）重新启动1、2号空气预热器，1、2号引风机，1、2号送风机，1、2号一次风机，开启空气预热器进、出口挡板和引风机、送风机、一次风机进、出口挡板及送风机、引风机动叶。

（7）停1号引风机（或1号送风机），1号送风机（或1号引风机）应跳闸，1号一次风机应跳闸，同时跳闸风机的出口挡板及动叶应自动关闭。

（8）停2号引风机（或2号送风机），2号送风机（或2号引风机）应跳闸，2号一次风机应跳闸，同时跳闸风机的出口挡板及动叶应自动关闭。

四、注意事项

（1）为保护风机电机，动态试验一般在新机组投产或大修后才进行，且风机连续启停次数不超过两次，时间间隔5min，事故按钮停机试验可在静态及动态试验过程中穿插进行。

（2）磨煤机参与MFT试验进行。

第八节　锅炉保护装置及其试验

锅炉机组设置保护装置的目的是保证机组在异常运行状态下设备的安全，防止事故扩大，从而损坏设备，减少事故造成的损失，延长机组的使用寿命。

大容量锅炉一般都是通过锅炉安全监控系统（PSSS）来实现对锅炉设备的保护。

一、锅炉炉膛安全监控系统的组成

图 14-1 是汽包锅炉安全监控系统保护框图，当锅炉炉膛压力高二值、炉膛压力低二值、汽包水位高三值、汽包水位低三值、燃料全部失去、炉膛火焰全部失去、引风机全停、送风机全停以及手动 MFT 开关动作时，锅炉主燃料保护动作，使锅炉立即停运。

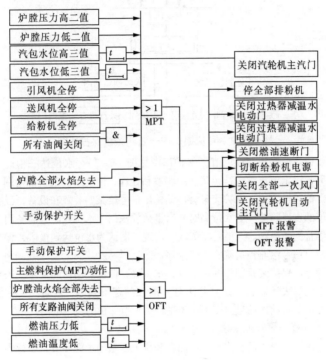

图 14-1 汽包锅炉安全监控系统保护框图

图 14-2 是直流锅炉逻辑保护框图。

1. 水位高、低保护

机组在运行中，汽包水位过高直接威胁汽轮机的安全运行，汽包出现满水会导致进入汽轮机蒸汽的温度急剧下降，严重时可导致汽轮机进水，从而导致汽轮机发生严重的设备损坏事故，是 25 种电力生产恶性事故之一。汽包水位低会破坏锅炉水循环的安全，严重时可造成受热面大面积爆管，也是锅炉恶性事故之一，所以汽包锅炉均设有汽包水位保护。

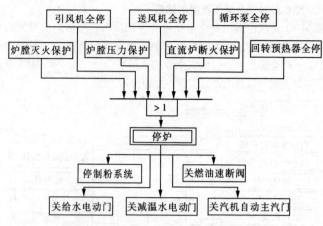

图 14 - 2　直流锅炉安全监测系统保护框图

水位高低保护分设三值（保护框图见图 14 - 3），水位达一值时，信号报警，提示值班员进行预防性的调整和处理，恢复水位至正常范围。一值、二值相继出现，保护装置会自动输出信号给某些装置和设备，强行控制水位的发展趋势。如水位高时开启事故放水门，水位低时开启备用给水门、停止锅炉排污。二值、三值同时出现，即认为水位达到极限，保护动作，输出信号给监控系统实施紧急停炉。

为保证保护装置动作的可靠性，水位高、低保护动作的信号一般是从三块不同的表计取三个信号并进行三取二的逻辑判断，经过 3～5s 的延时，发出保护动作信号。图 14 - 3 是锅炉水位保护的逻辑框图。

2. 直流锅炉断水保护

直流锅炉由于没有汽包这一储存和调节水量的中间环节，运行中发生断水故障时，因缺水或水量不足，短时间就可能导致受热面严重超温而导致爆管。为保证设备安全，在给水流量小于额定流量的 30% 时，即认为是锅炉断水（保护框图见图 14 - 4）。为避免信号误发引起保护误动，断水保护分别用两个检测仪表测量同一汽水流程的流量，只有两个信号同时出现时才能启动延时继电器，使锅炉保护动作。一般延时的下限应大于备用给水泵自投和建立压力的时间，上限则根据受热面金属材料的性能来决定。

3. 炉膛压力保护

锅炉炉膛在燃烧事故发生时造成的破坏现象有两种。一种是炉膛内可燃混合物发生爆炸所产生的爆炸力超过炉膛结构强度而造成的炉膛爆炸事

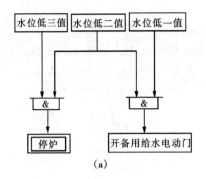

（a）

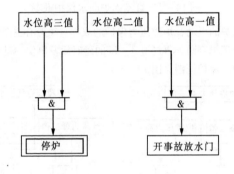

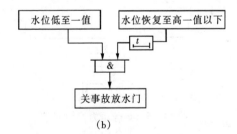

（b）

图 14 - 3　汽包锅炉水位保护框图

（a）水位低保护；（b）水位高保护

故；另一种是平衡通风的锅炉，由于炉膛内负压过大，使炉壁内外气体压
差剧增，超过结构强度而造成的向内压坏事故。另外，锅炉的燃烧在炉膛
负压达到保护动作值后燃烧稳定性已基本破坏，如不及时停运会造成锅炉
灭火放炮事故，所以大容量锅炉都设有炉膛压力保护，以保护锅炉设备的
安全。

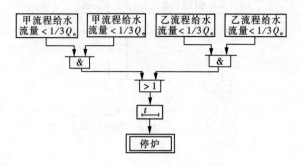

图 14－4　直流锅炉断水保护框图

　　为避免保护的误动，炉膛压力保护的取样点一般有三个，三个压力值经过三取二的逻辑判断，再经过 3～5s 的延时后发出保护动作信号，锅炉实现紧急停炉。保护框图见图 14－5。

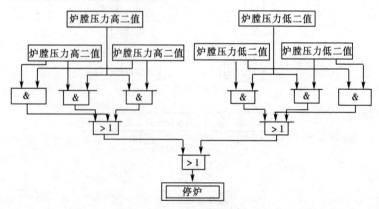

图 14－5　炉膛压力保护框图

4. 炉膛全部火焰失去保护

　　电厂锅炉以燃煤为主，一般在启停、低负荷或燃烧不稳时投用燃油或可燃气体（高炉或焦炉煤气），以提高炉膛温度，从而保持燃烧稳定。但影响锅炉燃烧工况稳定的因素非常多，如一二次风配比不合理、煤质差、燃烧器运行异常以及其他因素导致锅炉灭火，由于刚灭火后炉膛温度较高，如锅炉灭火后不能及时切断燃料，继续向炉内供应燃料，当燃料积聚到一定程度，燃料在炉内就可能发生爆炸事故，为了避免这种事故的发生、保护锅炉设备，电站锅炉均设有全炉膛灭火保护。

全炉膛灭火保护是在每个燃烧器喷口装设一个火焰监测探头，当火焰检测探头检测不到火焰后，就发出无火信号，每一层的四个燃烧器中有三个燃烧器发出无火信号，经过四取三的逻辑判断后就认为失去层火焰，当所有层的燃烧器（包括油燃烧器）失去火焰后判断为炉内无火，发出保护动作信号，实现锅炉紧急停炉。锅炉容量不同，燃烧器数量也不同。失去全部火焰保护框图见图 14 - 6。

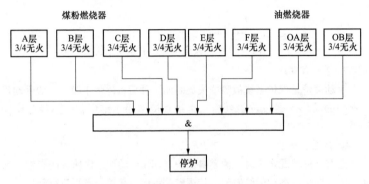

图 14 - 6　锅炉失去全部火焰保护框图

炉膛失去全部火焰保护还有临界火焰报警，当全炉膛半数喷口失去火焰后发出临界火焰报警，有些锅炉还有失去角火焰保护，但基本原理和逻辑关系与此类同，根据锅炉类型不同而稍有差别，这里不再一一叙述。

5. 失去全部燃料保护

为防止锅炉发生灭火爆燃事故，大容量锅炉均设有失去全部燃料保护，当锅炉运行中燃煤和助燃（油、气）系统同时或相继发生中断后，锅炉无法维持运行，将实行紧急停炉。

失去全部燃料保护是指煤粉燃烧器、油燃烧器全部停运，通过监视给粉机、主油电磁阀、角燃油电磁阀的状态判断煤粉燃烧器及油燃烧器是否在运行，如发生给粉机全部停运、油燃烧器全部停运后发出保护动作信号，实现紧急停炉。图 14 - 7 所示为失去全部燃料保护的逻辑框图。

6. 失去全部送风机或引风机

失去全部送风机或引风机逻辑关系比较简单，所以不再叙述。

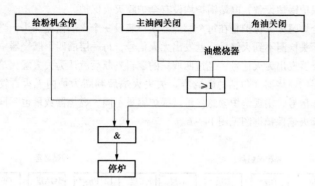

图 14 – 7 失去全部燃料保护框图

7. 手动停炉

手动停炉是保护系统故障或失灵时的一种后备停炉手段，一般手动停炉保护的动作不通过逻辑判断，而是直接作用于继电器，不经过中间环节。

8. 油燃料保护

遇有下列情况之一时，油燃料保护（OFT）动作，快速关闭燃油速断阀，停止向炉膛继续供给燃油，其逻辑关系比较简单，不再进行叙述。

（1）主燃料保护动作。

（2）失去全部油火焰。

（3）燃油压力低。

（4）燃油温度低。

（5）燃油支路油阀全部关闭。

（6）手动 OFT 保护。

9. 锅炉主燃料保护动作后动作的设备

主燃料保护（MFT）动作，同时中断燃煤和燃油的供给，其开关全部被闭锁，只有经过炉膛清扫后才能解除。切断燃料的同时，为防止汽压、汽温剧降和汽轮机进水，减温水的全部电动门和汽轮机自动主汽门关闭，为防止遗留在管道内的煤粉继续被送入炉膛，全部一次风门关闭，联动停止制粉系统。

锅炉安全保护系统根据不同类型锅炉的要求，设置相应的保护功能，基本原理及功能设置不同的监测保护项目，如直流锅炉断水的监测与保护、强制循环锅炉锅水循环泵故障停运时的监测与保护。直流锅炉灭火时，高压给水有可能直接冲过过热器而危及汽轮机的安全，在切断燃料的同时，停止给水泵和关闭汽轮机的自动主汽门可实现对汽轮机设备的保护。直流锅炉的监测与保护见图 14 – 2。

10. 炉膛清扫的条件和时间限制

紧急情况下锅炉停运，虽然燃料供应被及时切断，但仍有部分可燃物（煤粉、油、可燃气体）会滞留在炉膛或烟道内，如不清除就有可能在重新点火启动时被引燃或引爆，为可靠地杜绝爆燃造成的设备损坏事故，监控系统在清扫条件是否具备、风量是否充足以及清扫时间等环节上设置了闭锁和中断装置，以确保通风量不少于额定风量的 30%，清扫时间不少于 5min，清扫程序框图见图 14 – 8。

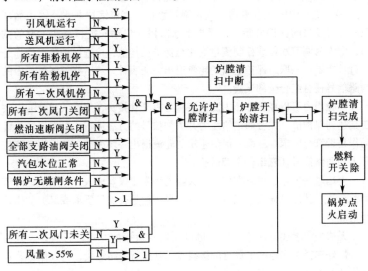

图 14 – 8 炉膛清扫程序框图

锅炉安全保护系统根据不同类型锅炉的要求，设置相应的监测保护项目及保护功能，基本原理与此类同，如直流锅炉断水的监测与保护、强制循环锅炉锅水循环泵故障停运时的监测与保护。直流锅炉灭火时，高压给水有可能直接冲过过热器而危及汽轮机的安全，在切断燃料的同时，停止给水泵和关闭汽轮机的自动主汽门可实现对汽轮机设备的保护。

二、炉膛安全监控系统的试验

炉膛安全监控系统的试验一般是进行静态试验，即主要辅机都是在试验电源下进行的。

（1）给粉机工作/备用电源送电，给粉机送电，一次风挡板送电，火检冷却风机送电并投入运行，送风机、引风机、排粉机送试验电源，所有减温水电动门送电。

（2）根据炉膛吹扫条件逐项满足，部分吹扫条件在静态下不能满足的由热控人员进行短接触点或从吹扫逻辑中予以满足。全部吹扫条件满足后，进行炉膛吹扫。吹扫完成后复位 MFT、OFT。为防止燃油进入炉膛，试验过程中所有的油枪手动门应在关闭位置。

（3）锅炉保护复位后逐项对锅炉炉膛安全监控系统进行试验，试验时应根据先试子程序后试主程序的原则进行，以便发现问题。

（4）试验中的注意事项。汽包锅炉水位、直流锅炉断水、锅水循环泵故障等项目的保护试验，在锅炉上水阶段或启动前进行真实工况的试验，即人为调节水位或控制流量变化至保护动作值，检查保护装置动作是否符合要求。三取二保护逻辑的轮流退出一块表计，然后将三路信号中的两路信号任意组合全部试验。

炉膛压力可以在炉膛压力测量装置处拆开管接头，用嘴吹或吸的方法使其达到保护值，或者通过给压力开关加信号的方法进行，检查保护装置动作是否符合要求。三取二保护逻辑的轮流退出一块表计，然后将三路信号中的两路信号任意组合全部试验。

火焰监测装置，可以在信号放大器处用专用仪器输入一电压或电流信号，在改变其信号强弱的同时，检查信号传输是否满足要求或保护动作是否正确。

无法采用上述方法进行时，也可用信号短接的方式进行验证。试验时，最好选择距实地测量最近的接线端子处进行线路短接，检查保护装置动作的可靠性。

（5）保护装置试验标准。无论以何种方式进行保护试验，都应符合下列要求：

1）保护装置整定值符合设备规定要求。

2）保护动作准确，灯光显示、报警正确。

3）信号传输到位，设备的停运、系统的封闭都应符合保护范围的要求。

4）有关开关闭锁后不能人为解除，条件满足后能自动解除。

三、锅炉其他保护

1. 压力高保护

锅炉主蒸汽压力高保护框图见图 14-9 和图 14-10。保护动作整定值

（二值）一般要低于锅炉安全门动作定值，以尽量避免安全门动作。高一值是报警信号，两个信号才能使保护动作，其目的是防止或减少保护的误动。

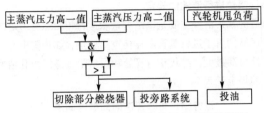

图 14-9　机组有旁路系统的压力高保护框图

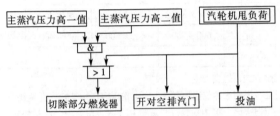

图 14-10　机组无旁路系统的压力高保护框图

机组甩负荷时，保护装置除了打开向空排汽门或投入旁路系统泄压外，还停运部分给粉机或切除部分燃烧器，以降低锅炉负荷。锅炉降负荷后为防止燃烧恶化，还应自动投入助燃油，以稳定燃烧。

2. 汽温高保护

汽温高保护是在蒸汽温度升高超出金属材料的允许极限时，自动开启事故喷水门进行微量喷水以达到降低蒸汽温度的一种保护装置。过热蒸汽喷水点一般设置在过热界的出口，再热蒸汽喷水点则设置在再热器的入口。保护值的整定根据所使用的金属材料性能决定。

事故喷水不宜频繁使用，因金属材料在交变应力作用下会产生疲劳，强度也会降低。

第九节　化 学 清 洗

一、化学清洗的目的

新安装锅炉有制造和安装过程产生的氧化物、焊渣和防护涂覆的油脂物及其他残留杂物。运行以后的锅炉在运行一段时间后，受热面内会产生水垢和金属腐蚀物。化学清洗即在碱洗、酸洗、钝化等工艺过程中使用某些化学药品溶液除掉锅炉汽水系统中的各种沉积物质，并在金属表面形成很好的防腐保护膜。

二、运行锅炉进行清洗的规定

运行以后的锅炉清洗主要是以结垢量和运行年限综合考虑的，对最易结垢和腐蚀区域的管子进行割管取样检查结垢量，如炉膛中心处燃烧器附近的管子其热负荷最大，冷灰斗弯管处和焊口附近易沉渣和结垢。具体结垢量和年限的规定见表 14 – 4。

表 14 – 4　　　　运行锅炉化学清洗时间参考间隔

炉型	汽包炉			直流炉
主蒸汽压力（MPa）	<5.83	5.88~12.64	>12.74	
沉积物量（g/m²）	600~900	400~600	300~400	200~300
清洗间隔年限（年）	一般 12~15	10	6	4

注 1. 燃烧方式以燃煤为主。

2. 燃油或燃用天然气锅炉可按表中工作压力高一级的数值考虑。

3. 测定向火面 180°内垢物沉积量达到表内极限量时，应尽快安排在近期大修时进行清洗。

三、化学清洗范围

新安装的锅炉无论是直流炉还是汽包炉，因设备沾污较普遍，对炉本体汽水系统外、凝结水泵至锅炉省煤器前的全部炉前水系统管道均应进行清洗。

运行以后的汽包锅炉，一般只清洗锅炉本体的汽水系统；运行以后的直流炉只清洗锅炉本体和高压加热器汽水系统。

四、锅炉清洗方式

化学清洗有浸泡和流动两种方式，经常采用的是流动清洗，而流动清洗又可分为以下几个方式。

1. 循环清洗方式

循环清洗方式适用各类炉型，常用药品为盐酸。若清洗管材中有奥氏体钢或渗氮钢时，可使用柠檬酸，但废液处理较麻烦。

2. 开路清洗方式

开路清洗方式适用于直流锅炉，常用药品是氢氟酸。特点是系统简单、溶垢速度快、清洗时间短，氢氟酸还可用于奥氏体钢材的清洗。

3. EDTA 络合剂低压自然循环清洗

该方式最大特点是不必等大修时安装大量临时管道进行清洗，可利用加药或排污管直接将清洗液打入锅炉，在低压自然循环中清洗。具有清洗工序简化、节省时间和不受金属材质和锅炉结构的限制的优点；但是不能除去硅垢，工艺要求严格，效果不稳定。

五、化学清洗前的准备工作

（1）根据锅炉结构、材质，决定清洗方式、循环回路的划分、系统的连接以及与无关系统的隔绝。

（2）根据清洗范围的水容积和表面积、金属质量、系统沿程阻力等，决定清洗设备的流量和储量、临时系统的通流面积、布置安装以及废液的处理和排放。

（3）割管取样测定锈蚀量、附着物和垢积量后，决定药液的浓度、温度和清洗流速以及清洗时间等工艺条件。必要时还可做小型试验来测定不同温度和流速下的除垢时间以及药液对金属材质的腐蚀程度。

（4）根据与清洗液接触的材质，按要求选择加工试片，并进行编号和记录其表面尺寸和重量，以备清洗之后的检查对比，评估清洗效果。

六、清洗步骤及要求

1. 水冲洗

化学药品清洗前进行大水量冲洗，其目的是除去管子内部的锈蚀物和其他杂质以及运行中生成的部分沉积物。同时，可检查系统的严密性和回路的畅通情况，特别是并联立式布置的管排，若有气塞现象会影响清洗质量，若不参加酸液清洗部分不能充满保护液时会出现较严重的腐蚀。水冲洗时的水流速度应保持 5m/s 以上。

2. 碱洗

碱洗的作用主要是除去设备内部油垢和湿润金属表面，同时对三氧化硅、水垢等有一定的松动和去除作用。新安装的锅炉因其设备涂有防锈剂或油脂，应在酸洗前用碱洗进行预处理。运行以后锅炉如垢内无油，一般不进行碱洗。

碱洗的方法是在系统循环时投入加热蒸汽，达到 60 ~ 70℃ 时加入碱液，水循环温度高于 80℃ 且碱液浓度符合要求时，调整系统流量，继续循环 8 ~ 10h 后，停止加热，停止循环泵，放出系统中的碱洗液。

3. 水顶碱冲洗

循环系统碱液排尽后，用除盐水继续冲洗回路，直到水清无沉积物、pH 值小于 8.5 为止。

4. 酸洗

酸洗的作用是将金属壁面的沉积物从不溶性转为可溶性的盐类或络合物，溶解在清洗液中，而后在废液排放时排掉。

酸洗系统保持循环，投入加热蒸汽，待水温达到40℃左右稳定时，加入适量缓蚀剂，循环至均匀后再加酸液，调整温度和药液浓度合乎要求，保持稳定流量（即流速）轮换清洗各循环系统。

酸洗药品采用盐酸时，循环至铁离子不再增加时结束；采用柠檬酸时，应用氨调整pH值在3.5~4.0范围内，酸洗液温度保持在90℃左右，循环至铁离子饱和时结束酸洗。

5. 漂洗

漂洗即钝化前的防锈预处理，利用柠檬酸络合铁离子的能力，除去酸液和残留在系统内的铁离子并冲洗在金属表面可能产生的二次铁锈。酸洗结束时不能用放空法直接排除酸液，防止空气进入而发生严重腐蚀。应使用连续进水继续循环的方法将酸全部置换完，直到排水的pH值为5左右时，直接加浓度为0.15%~0.4%的柠檬酸，加氨调pH值到3.5~4.0，漂洗液温度保持60~70℃，循环清洗1~3h。

6. 钝化处理

钝化处理的目的是使洗净的金属表面生成防腐蚀的保护膜，防止清洗后的腐蚀，也为运行后生成更坚实的磁性氧化铁保护膜做好基础。目前，大容量锅炉主要采用以下两种钝化法：

（1）亚硝酸钠钝化。用1.5%~2%亚硝酸钠溶液加氨水调pH为10~10.5，在60~90℃钝化3~4h，然后将废液排出。

（2）联氨钝化。用浓度为300~500mg/L的联氨及0.05%~0.1%的氨溶液，在90℃左右循环钝化12h结束。

七、化学清洗质量标准

（1）被清洗的金属表面应清洁，无残留的氧化铁皮和焊渣，无二次浮锈，无点蚀和镀铜现象。

（2）被清洗的金属表面形成完整的保护膜，经亚硝酸钠钝化生成的保护膜呈钢灰色或银灰色，经联氨钝化生成的保护膜呈棕红色或棕褐色。

（3）腐蚀指示片平均腐蚀速度应小于$10g/(m^2 \cdot h)$。

（4）固定设备上的阀门不应受到腐蚀和损伤。

八、化学清洗注意事项

（1）清洗过后的锅炉距点火启动的时间不得超过2~3周，否则，应采取保护措施。

（2）酸洗过程会生成氢气，为避免氢气爆炸或气塞影响清洗效果，清洗系统应装设接往室外的排氢管道。

（3）凡是不宜化学清洗或不能接触清洗液的系统或设备（奥氏体钢、渗氮钢和钢合金材料制成的零部件）应采取保护措施，如充防腐液、用橡胶或其他耐腐材料堵塞管口、拆除部分部件或隔断系统。

（4）化学清洗废液的排放必须经过处理，符合国家工业"三废"排放标准要求。

第十五章

锅炉热力试验

第一节　试验分类及准备

一、现场热力试验的等级

锅炉机组现场热力试验的任务，是确定锅炉机组运行的热力性能，如锅炉效率、蒸发量、热损失等，以了解锅炉机组的运行特性和结构缺陷。锅炉机组现场试验可分为三个级别。

1. 第一级试验

第一级试验是保证性能验收试验，主要是检查制造厂的供货保证是否达到要求。要验收和鉴定的内容有锅炉蒸发量、效率、蒸汽参数及蒸汽品质、锅炉辅机的运行参数等。试验中，必须求出运行负荷范围内的各项损失、炉膛的风平衡和受热面的总吸热量等数据。

2. 第二级试验

第二级试验是运行（热平衡）试验，目的是在额定蒸汽参数下测定锅炉机组的标准运行特性。凡新投产的锅炉按设计功率试运转结束之后、锅炉改装之后，以及由于燃料品种变化或发生参数值偏离额定值的情况下，均需进行此类试验。

第二级试验的任务是：

（1）查明锅炉机组在自动调节可能达到调整范围的各种负荷下炉膛最合理的运行条件，诸如火焰位置、过剩空气量、燃料和空气在燃烧器及其每层之间的分配情况、煤粉细度等。

（2）在不改变原设备和在辅机设备以不同方式编组投入的情况下，定出设备的最大负荷和最小负荷。

（3）求出锅炉机组的实际经济指标和各项热损失。

（4）查明热损失高于计算值的原因，拟出降低热损失和使效率达到计算值的措施。

（5）校核锅炉机组个别组件的运行情况。

（6）求出烟道的流体阻力特性和锅炉辅机设备的特性曲线。

锅炉设备运行（第二版）

（7）做出锅炉机组典型的（正常的）电负荷特性和蒸汽流量特性，并定出燃料量相对增长的特性。

3. 第三级试验

第三级试验是运行工况调整和校正试验。试验的目的是调整锅炉的运行工况并求出其某些单项指标值；确定最合理的过量空气系数和煤粉细度，空气沿燃烧器的合理分配，在辅机设备不同的编组方式下的最大负荷等。运行调整试验时的工作量包括确定锅炉机组某些组件运行工况的变化范围、查明这些变化对锅炉设备各项技术经济指标的影响、消除已暴露出来的缺陷和偏差。

锅炉机组正常大修之后，为鉴定检修质量和校整设备运行的特性，需按第三级进行快速运行试验。

第一级和第二级的试验是按照所提出的课题条件精确求出所求量的绝对值大小；而第三级试验则用较为简单的试验方法进行。第二级和第三级试验的差异在于试验的次数和主要指标的测量精度有所不同。

二、试验工作一般程序

一项热力试验的完成要经过如下一些程序：

（1）确立试验项目。

（2）落实试验负责人和试验单位。

（3）编写试验大纲。

（4）加工、安装试验测点。

（5）准备试验仪表、器具及试验材料。

（6）建立试验组织，试验方案交底及人员培训。

（7）预备性试验及辅助试验。

（8）按试验大纲及商定的项目进行试验。

（9）收集采集的样品的试验数据。

（10）整理数据，编写报告。

第二节　空气动力场试验

一、试验目的

判断炉内空气动力工况的好坏，要看炉内气流的方向和速度的分布，即知道气流的速度场。在锅炉运行时的热态条件下测定速度场很难，因而一般是在冷态条件下通风测定，即做冷态空气动力场试验。做空气动力场试验可以摸清锅炉运行中炉内空气动力场的好坏，以便分析原因，进一步改造设备，并给运行操作提供一定的操作依据。良好的炉膛空气动力工况主要表现在以下三个方面：

（1）从燃烧中心区有足够的热烟气回流至一次风粉混合物射流根部，使燃料喷入炉膛后能迅速受热着火，且保持稳定的着火前沿。

（2）燃料和空气的分布适宜，燃料着火后能得到充分的空气供应，并达到均匀的扩散混合，以利迅速燃尽。

（3）炉膛内应有良好的火焰充满度，并形成适中的燃烧中心。即要求炉膛内气流无偏斜，不冲刷炉墙，避免停滞区和无益的涡流区；各燃烧器射流也不应发生剧烈的干扰和冲撞。

为判断炉膛空气动力工况是否良好，简单易行的方法是在冷炉状态下进行通风示踪观测，即冷态空气动力场试验。

二、试验方法和观测内容

1. 试验方法

进行冷态空气动力场试验时，在冷炉状态下启动引风机、送风机，反复调整、测量使燃烧器喷口达到试验要求的计算风速。此时，炉膛和燃烧器喷口区域的速度场与热态工况基本相似。在此条件下，可用火花法、飘带法进行观测。飘带法指示气流方向，偏差较大；火花法便于摄影或摄像，可得到清晰直观的效果。

2. 观测内容

（1）旋流燃烧器。

1）射流形式是开式气流还是闭式气流。

2）射流扩散角、回流区的大小。

3）射流的旋转情况及出口气流的均匀性。

4）一、二次风的混合特性。

5）调节部件对上述射流的影响。

（2）四角布置的直流燃烧器。

1）射流的射程，以及沿轴线速度衰减情况。

2）四角射流形成的切圆大小和位置。

3）射流偏离燃烧器几何中心线的情况。

（3）燃烧室气流。

1）火焰或气流在炉内的充满度。

2）观察炉内气流动态，是否有冲刷管壁、贴壁和偏斜。

3）各种气流相互干扰情况。

三、冷态动力场试验应遵循的原则

按照相似理论，锅炉在冷态下模拟热态气流工况应遵守以下原则：

（1）在燃烧室及燃烧器各风口断面上，使气流运动状态进入自模化区，即气流的雷诺数 Re 要达到临界值，$Re \geqslant Re^*$（Re^* 为临界雷诺数）。此时，空间各点速度场分布将不再随雷诺数改变而改变。

当缺乏试验数据时，对于各种锅炉燃烧室和燃烧器可按表 15-1 选取其临界雷诺数，或取 $Re^* = 105$，大体是可靠的。

表 15-1　　　　典型炉子进入自模区的临界雷诺准则数值

序号	炉子类型		进入自模区的临界雷诺准则 Re^* 数值
1	旋风炉		$(3.1 \sim 4.1) \times 10^4$
2	U 形燃烧室		4.5×10^4
3	四角布置燃烧器	一次风	1.48×10^5
		周界风	4.8×10^4
		二次风	7.5×10^4
4	单层四角布置燃烧器燃烧室		$(2 \sim 6) \times 10^4$
5	多层四角布置燃烧器燃烧室		7.5×10^4
6	前墙布置旋流式燃烧器燃烧室		4.4×10^4
7	旋流式燃烧器	蜗壳式	0.9×10^5
		叶片式	1.8×10^5

（2）保持入口边界条件相似。即在冷态动力场试验时，让燃烧器喷出的冷态气流在炉内保持一、二、三次风动量比和实际燃烧的热态工况下一、二、三次风动量比相等。

（3）冷态试验时，通过燃烧器各次风口进入炉膛的总风量应不使引风机或送风机过负荷。

（4）满足几何相似的原则。试验时增设的火花及测风装置不可过多占用或遮挡燃烧器喷口面积。

四、试验风速的计算

冷态动力场试验风速要满足本节提到的各项原则，计算步骤如下：

（1）燃烧器各风口与燃烧室断面自模化临界风速的计算

$$\omega^* = \frac{\nu}{d} Re^* \tag{15-1}$$

式中 ω^*——自模化临界风速，m/s；

ν——空气运动黏度，m^2/s；

d——当量直径，m；

Re^*——自模化临界雷诺数，见表 15-1。

由此，可算出一、二、三次风出口及炉子断面的自模化临界风速 ω_1^*、ω_2^*、ω_3^* 和 ω_L^*。

（2）冷态试验时一、二、三次风出口及炉子断面的自模化临界风速比 K_{1-2}

$$K_{1-2} = \frac{w_1}{w_2} = \frac{w_{10}}{w_{20}} \sqrt{\frac{t_{20} + 273}{t_{10} + 273}(1 + K\mu)} \qquad (15-2)$$

（3）冷态试验时一、三次风速比 K_{1-3}

$$K_{1-3} = \frac{w_1}{w_3} = \frac{w_{10}}{w_{30}} \sqrt{\frac{t_{30} + 273}{t_{10} + 273}(1 + K\mu)} \qquad (15-3)$$

式中 w_1、w_2、w_3——冷态试验的一、二、三次风速，m/s；

w_{10}、w_{20}、w_{30}——热态额定工况的一、二、三次风速，m/s；

t_{10}、t_{20}、t_{30}——热态额定工况的一、二、三次风温，℃；

K——考虑煤粉流速与风速不同的系数，近似取 0.8；

μ——一次风中煤粉的质量浓度，kg/kg。

（4）冷态试验风速的确定。先选定冷态试验一次风速 w_1，并且 $w_1 \geqslant \omega_1^*$，由式（15-2）、式（15-3）计算冷态试验二、三次风速

$$w_2 = \frac{w_1}{K_{1-2}} \quad \text{必须使} \ w_2 \geqslant \omega_2^*$$

$$w_3 = \frac{w_1}{K_{1-3}} \quad \text{必须使} \ w_3 \geqslant \omega_3^*$$

（5）燃烧室达到自模化的临界风量 Q_A

$$Q_A = 3600 \overline{W_L} A \times \frac{273}{273 + t} \qquad (15-4)$$

式中 $\overline{W_L}$——燃烧室自模化断面临界风速，m/s；

A——燃烧室断面，m^2；

t——冷态试验风温，℃。

（6）冷态动力场试验的总风量 Q_A

$$Q_A = 3600(f_1 w_1 + f_2 w_2 + f_3 w_3) \qquad (15-5)$$

式中 f_1、f_2、f_3——燃烧器一、二、三次风口截面，m^2。

当 $Q_A \geqslant Q_B$ 时满足燃烧室达到自模化的条件，但不得使风机过负荷。

第三节　锅炉热效率试验

锅炉的热平衡一般指锅炉设备的输入热量与输出热量的及各项热损失的平衡，对于固体或液体燃料，通常以每千克燃料量为基础计算。

一、锅炉效率

前面讲过，锅炉效率是锅炉的输出热量占输入热量的百分比，即

$$\eta = q_1 = \frac{Q_1}{Q_r} \times 100\% \qquad (15-6)$$

式中　q_1——锅炉输出热量百分率，%；

Q_1——每千克燃料锅炉输出的热量，kJ/kg；

Q_r——每千克燃料的输入热量，kJ/kg。

在锅炉试验中，按式（15-6）计算效率需通过测量求得输出热量 Q_1 之值的方法称为正平衡法，求得的效率为正平衡效率。

锅炉效率也可由式（15-7）求得

$$\eta = 100 - q_2 - q_3 - q_4 - q_5 - q_6 \qquad (15-7)$$

式中　q_2——排烟热损失百分率，%；

q_3——可燃气体未完全燃烧热损失百分率，%；

q_4——固体未完全燃烧热损失百分率，%；

q_5——锅炉散热损失百分率，%；

q_6——灰渣物理热损失百分率，%。

此法为反平衡法或热损失法，不需要求 Q_1 值，求得的效率为反平衡效率。

测定和计算锅炉效率可采用正平衡法，也可采用反平衡法。从表面上看正平衡法计算效率看似简单，但对于大容量高效率的锅炉机组，由于燃料量的测量相当困难，且在输入输出热量的测定上常会引起较大的误差，反而不如反平衡法测定和计算方便、准确。

本文重点介绍反平衡效率的试验方法。

二、反平衡效率试验的测试项目及计算

试验时，由于测试项目和数据多，常将有关效率试验的测试和计算内容编制成表格形式，以利循序计算，校核对比，查找方便。举例见表15-2，表内引用公式已在第十三章介绍过。

表 15-2　　　　反平衡效率试验的测试项目及计算方法

序号	项目	符号	单位	测试方法及计算公式	数值
0	测试编号				
1	试验日期				
2	机组电负荷	P	MW		
3	燃料蒸发量	D	t/h		
一、燃料					
4	煤粉采样的工业分析及元素分析（分析基）		%		
5	原煤采样的收到基水分	M_{ar}	%		
6	修正后的入炉煤工业分析及元素分析				
	水分	M_{ar}	%		
	灰分	A_{ar}	%		
	挥发分（无水无灰基）	V_{daf}	%		
	低位发热量	$Q_{ar,net}$	kJ/kg		
	碳	C_{ar}	%		
	氢	H_{ar}	%		
	氧	O_{ar}	%		
	氮	N_{ar}	%		
	硫	S_{ar}	%		
	输入热量	Q_r	kJ/kg	式（13-2）	
二、各项损失					
7	飞灰百分率	a_{fh}	%	实际测量	
8	炉渣百分率	a_{lz}	%	实际测量	
9	飞灰可燃物含量	C_{fh}	%	飞灰采样	
10	炉渣可燃物含量	C_{lz}	%	炉渣采样	
11	排烟温度	θ_{py}	℃	热电偶	

序号	项目		符号	单位	测试方法及计算公式	数值
12	空气预热器后的烟气成分分析	RO$_2$	$(RO_2)_{py}$	%	氧量表或燃烧效率仪	
		O$_2$	$(O_2)_{py}$	%		
13	送风温度		t_{sf}	℃	实际测量	
14	灰渣平均含碳量		$\underline{C}$	%	式（13−15）	
15	实际烧掉的碳含量		C_{ar}^r	%	式（13−14）	
16	按实际烧掉的碳计算的理论燃烧所需干空气量		$(V_{gk}^0)^c$	m^3/kg	式（13−16）	
17	按实际燃烧的碳计算的理论燃烧所需干烟气量		$(V_{gy}^0)^c$	m^3/kg	式（13−13）	
18	排烟的过量空气系数		a_{py}		$\dfrac{21}{21-O_2}$	
19	每千克燃料燃烧生成的干烟气体积		V_{gy}	m^3/kg	式（13−12）	
20	空气的绝对湿度		d_k	kg/kg	查湿空气线图	
21	烟气中所含水蒸气容积		V_{H_2O}	m^3/kg	式（13−19）	
22	干烟气比热容		$c_{p,gy}$	kJ/(m^3·℃)	1.38	
23	水蒸气比热容		c_{p,H_2O}	kJ/(m^3·℃)	1.51	
24	干烟气带走的热量		Q_2^{gy}	kJ/kg	式（13−11）	
25	烟气所含水蒸气的显热		$Q_2^{H_2O}$	kJ/kg	式（13−18）	
26	排烟热损失		q_2	%	$\dfrac{(Q_2^{gy}+Q_2^{H_2O})}{Q}\times100\%$	
27	排烟可燃气体分析	一氧化碳	CO	%	烟气分析仪	
		氢气	H$_2$	%		
28	可燃气体未完全燃烧热损失		q_3	%	式（13−20）	
29	机械未完全燃烧热损失		q_4	%	式（13−21）	

第十五章　锅炉热力试验

序号	项目	符号	单位	测试方法及计算公式	数值
30	额定蒸发量下锅炉散热损失	q_{e5}	%	式（13-27）	
31	锅炉散热损失	q_5	%	式（13-26）	
32	炉渣比热容	c_{lz}	kJ/ $(m^3 \cdot ℃)$	0.84	
33	飞灰比热容	c_{fh}	kJ/ $(m^3 \cdot ℃)$	$0.71 + 5.02$ $\times 10^{-4}\theta_{py}$	
34	炉膛排渣温度	t_{lz}	℃	实测	
35	灰渣物理热损失	q_6	%	式（13-28）	
三、反平衡热效率					
36	反平衡热效率	η	%	式（13-8）	

注意：试验时如投入暖风器，且是外部热源加热，此时燃料输入热量 Q_r，应加上这部分外来的附加热量 Q_{wl}，即

$$Q_r = Q_{ar,net} + Q_{wl}$$

$$Q_{wl} = \beta \cdot (V_{gy}^0)^c \cdot c_k \cdot (t''_{NF} - t'_{NF}) \quad (15-8)$$

三、有关试验方法

1. 燃料采样

煤粉炉的采样应在给煤机出口进行，采样的有效时间应与锅炉试验工况时间相对应，整个采样期间应间隔均匀。采样开始时间和结束时间应视燃料从采样点送至燃烧室所需时间而适当提前。采集的煤样应立即密封保存，试验结束后应尽快将全部样品缩制成几个平行煤样，缩制后要密封保存。

煤粉的采样原则上同原煤采样，可从给粉机下粉管中插入一小取样落粉管，其中所取粉样能代表炉前煤；也可从细粉分离器下粉管上用活动煤粉取样管采样。

2. 排烟测量

排烟测量包括排烟温度测量和排烟烟气采样分析。排烟温度测量应靠近末级受热面出口处，且应与烟气取样点位置尽可能一致。烟气取样管的材料应保证在工作温度下不与烟气样品起反应。对于大容量锅炉，应考虑使用网格法布置排烟温度和烟气采样测点。

3. 基准温度的测量

送风机入口风温为基准温度，在锅炉能量平衡中是各项热量和热损失的一个能量起算点。测量时应避免其他热源如暖风器等的热源的影响。

4. 飞灰、炉渣采样

飞灰、炉渣采样应在整个试验期间相等时间间隔进行，以保证样品代表性，且每次取样量应相同，最后应加以混合缩分。灰、渣缩分后应不少于 0.5kg 两份。

对于高等级的验收试验，飞灰采样一般在垂直尾部烟道中合适的位置，采用网格法进行多点等速采样，这是因为不同粒径的飞灰颗粒含有的可燃物量不同。

炉渣采样，可根据炉底结构和排渣方式不同从渣流中连续取样，或定期从渣槽内掏取。

四、热效率试验的有关注意事项

（1）锅炉热效率试验应在设备处于正常情况下进行，如主辅机组正常运转、炉本体风烟、汽水系统不存在不应有的泄漏等等。

（2）所有参与试验的仪表、仪器，包括 DCS 上主要的表计都应工作正常，事先进行过校验。

（3）试验期间，不应进行干扰试验的任何操作，如排污、吹灰、打焦等。

（4）热效率的试验持续时间为 4h。

（5）试验期间运行参数的波动范围。

蒸发量 D，$\pm 3\%$；

蒸汽压力 p，$\pm 2\%$；

蒸汽温度 t，$+5 \sim -10℃$。

（6）测量的时间间隔。

1）DCS 记录主要参数（蒸汽温度、压力流量）15min。

2）排烟温度、烟气分析、送风温度 15min。

3）其他次要参数 30min。

4）煤粉采样每工况不少于 2 次。

5）飞灰、灰渣采样每工况不少于 2～3 次。

（7）试验工况由开始至结束时，锅炉燃烧工况、燃料量（包括粉仓粉位）、主蒸汽流量、再热蒸汽流量、给水流量、汽包水位、直流炉中间点温度、过量空气系数、制粉系统运行方式等尽可能保持一致和稳定。

（8）试验过程中或整理试验结果时，如发现观测数据有严重异常，则应考虑试验工况的取舍，或某段时间的部分舍弃。

第四节　制粉系统试验

一、制粉系统的试验项目

制粉系统的运行试验的目的是确定制粉出力 B，单位耗电量 E，调整研磨细度 R_{90}、R_{200}，以及制粉系统各种最有利的运行方式及参数。不同类型的制粉系统和磨煤机有不同的调整及试验方法，现仅以钢球磨煤机中间储仓系统为例，介绍其调整试验方法。钢球磨煤机中间储仓制粉系统应包括以下一系列试验：

（1）最佳钢球装载量试验。

（2）钢球磨煤量试验。

（3）磨煤机最佳通风量试验。

（4）最佳煤粉细度调整试验。

（5）粗粉分离器试验。

制粉系统试验时，一般进行下述测量：

（1）磨煤出力。

（2）原煤及煤粉试样采集。

（3）煤粉通道各处温度及负压。

（4）磨煤机通风量。

（5）电动机电流。

（6）制粉系统耗电量。

二、试验方法

1. 最佳钢球装载量试验

磨煤机最佳钢球装载量试验的目的，是求得最经济运行的钢球装载量数值。对于一定型号的磨煤机和一定煤种，存在着一个最佳钢球装载量。在设计通风量下，保持锅炉燃烧所需最佳煤粉细度，然后逐次改变钢球装载量 G_m，同时测量磨煤出力 B_m、磨煤电动机电流 I_m、磨煤机及制粉系统单位电耗 E_m、E_{zf}。增加钢球装载量时，磨煤出力增加，制粉系统单位电耗下降。但钢球装载量增加到一定程度，制粉系统单位电耗反增大。当制粉系统单位电耗最小时，所对应的钢球装载量即为最佳钢球装载量。该试验计算结果可绘制成如图 15-1 所示的关系曲线。钢球装载量试验应注意

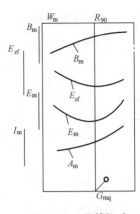

图 15-1 最佳钢球
装载量的确定

B_m—煤粉产量，t/h；

E_{zf}—总耗电率，kWh/t；

E_m—磨煤机耗电率，kWh/t；

I_m—磨煤机电流，A；

G_{mq}—钢球装载量

以下事项：

（1）每种钢球装载量下，至少应进行两次试验，两次试验结果煤粉产量相差不大于 5%。

（2）最佳钢球装载量下的制粉出力必须满足锅炉需要。

2. 钢球磨煤机最佳存煤量试验

当钢球磨煤机维持筒内最佳存煤量时，钢球撞击动能得到最充分的利用。为了提高磨煤出力，降低磨煤电耗，应通过试验确定筒内最佳存煤量。

试验时，在维持钢球装载量、系统通风量、煤粉细度不变的情况下，逐次增减给煤量，以改变磨煤机存煤量。测量磨煤机出入口压差 ΔH，差压 ΔH 反映磨煤机内存煤量多少。不同的差压值代表不同存煤量，对应不同的磨煤机出力 B_m 及不同的制粉系统单位电耗 E_{zf}。当差压 ΔH 为某值时，其制粉系统单位电耗 E_{zf} 最低，而磨煤出力 B_m 最高时，此 ΔH 值对应下的磨煤机装载量为最佳存煤量，如图 15-2 所示。

3. 最佳通风量与粗粉分离器挡板开度试验

该试验能使磨煤机在最佳通风量下产生细度符合锅炉燃烧要求的煤粉，是制粉系统的一项重要试验。在 60% 至最大系统通风量范围内选定 3~4 种系统的风量，其中包括设计的系统通风量。在每种通风量下，分别改变 3~4 次粗粉分离器挡板开度，使煤粉细度的变化均在试验预计的变化范围内，且维持制粉出力为相应各工况下的最大值。将试验获得的数据整理成几种关系曲线：

第一步，对应于每一系统通风量，分别以分离器挡板开度 Y 为横轴，绘制煤粉

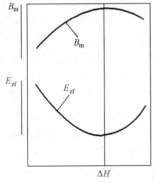

图 15-2 球磨机最佳
存煤量的确定

B_m—煤粉产量，t/h；

E_{zf}—总耗电率，kWh/t；

ΔH—磨煤机出入口压差

产量 $B_m = f_1(Y)$、制粉系统总耗电率 $E_{zf} = f_2(Y)$，煤粉细度 $R_{90} = f_3(Y)$ 三组关系曲线，如图 15-3 所示。

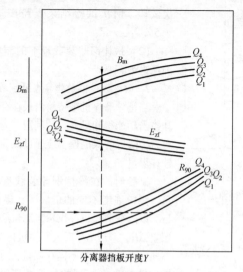

图 15-3　出力、细度、电耗与粗粉分离器挡板开度关系曲线

B_m—制粉出力；E_{zf}—制粉系统总耗电率；R_{90}—煤粉细度

第二步，将图 15-3 进一步整理成图 15-4 所示曲线。在试验的细度范围内，均匀地选取 4 个煤粉细度值，在图 15-3 上分别查找煤粉细度 R_{90} 为某值时，对应于各种通风量下的煤粉产量 B_m、系统单耗 E_{zf}，以及粗粉分离器挡板开度 y。将这些数据整理成以系统通风量 Q 为横坐标，以制粉出力 B_m、粗粉分离器挡板开度 y、系统总单耗 E_{zf} 为纵坐标的关系曲线 $B_m = f_1(Q)$、$Y = f(Q)$、$E_{zf} = f_3(Q)$，如图 15-4 所示。

在图 15-4 的曲线上，可找到制粉系统总电耗率 E_{zf} 最小点对应的最佳通风量 Q_{zj}，这是对应于某一煤粉细度的最佳通风量。如若选取 4 个煤粉细度，

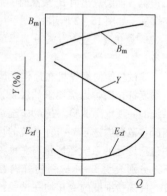

图 15-4　在某煤粉细度下最佳通风量的确定

B_m—制粉出力；Y—粗粉分离器挡板开度；E_{zf}—系统电耗；Q—系统通风量

将应绘制出 4 个类似于图 15 - 4 的曲线图，相应有 4 个最佳通风量。

第三步，在前一步的基础上，绘制以煤粉细度 R_{90} 为横坐标，以煤粉产量 B_m、粗粉分离器挡板开度 Y、制粉系统总电耗 E_{zf}、最佳通风量 Q 为纵坐标的关系曲线 $B_m = f_1(R_{90})$、$Y = f_2(R_{90})$、$Q = f_3(R_{90})$、$E_{zf} = f_4(R_{90})$，如图 15 - 5 所示，此曲线可供运行燃烧调整使用。

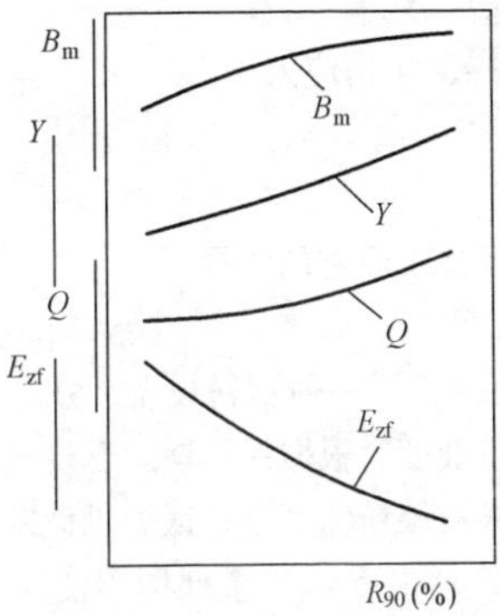

图 15 - 5　出力、电耗挡板开度、最佳通风量与煤粉细度的关系曲线

进行此项试验时，要维持煤种、钢球装载量、球磨机内载煤量不变，注意监视磨煤机电流、出入口差压值。

4. 粗粉分离器试验

粗粉分离器可根据煤种的变化调整锅炉所需的煤粉细度，它对锅炉燃烧工况和制粉系统本身（如制粉出力和制粉电耗）都会产生直接的影响。因此，必要时要进行粗粉分离器的试验。

粗粉分离器试验时，应在最大磨煤机出力下重复进行两次。试验时要测量通风量 Q、分离器阻力 Δp、分离器出口粉量 B、回粉量 C，以及分离器入口、出口、回粉的煤粉细度 R'_{90}、R'_{200}、R''_{90}、R''_{200}、R^h_{90}、R^h_{200}，分离器出入口静压 S'、S'' 等。试验后，计算整理出分离器的如下工作指标。

（1）分离器的循环倍率

$$K = \frac{R^h_{90} - R''_{90}}{R^h_{90} - R'_{90}} \qquad (15 - 9)$$

（2）粗粉分离器效率

$$\eta = \frac{1}{K}\left(\frac{100 - R''_{90}}{100 - R'_{90}} - \frac{R''_{90}}{R'_{90}}\right) \qquad (15 - 10)$$

（3）分离器煤粉细度调节系数

$$\varepsilon = \frac{R'_{90}}{R''_{90}} \qquad (15 - 11)$$

ε 越大，分离器对细度调节的能力就越强。

（4）分离器煤粉均匀性改善程度

$$e = \frac{n'}{n''} \qquad (15 - 12)$$

其中
$$n' = \frac{\lg\ln\dfrac{100}{R'_{200}} - \lg\ln\dfrac{100}{R'_{90}}}{\lg 200 - \lg 90} \qquad (15-13)$$

$$n'' = \frac{\lg\ln\dfrac{100}{R''_{200}} - \lg\ln\dfrac{100}{R''_{90}}}{\lg 200 - \lg 90} \qquad (15-14)$$

式中　n'、n''——分离器进出口煤粉均匀系数，e 值应大于 1。

（5）分离器阻力 Δp

$$\Delta p = S'' - S'$$

上述各项指标是分析分离器运行工况及技术改进的依据。

5. 确定最佳煤粉细度的试验

（1）最佳煤粉细度的确定。对于一种燃料、一种制粉设备，在一定的炉型及运行条件下，具有一定的最佳煤粉细度。根据保证锅炉燃烧效率和满足节省制粉系统消耗的要求，在最佳煤粉煤粉细度下，锅炉机械未完全燃烧热损失 q_4、排烟热损失 q_2 和制粉系统耗电率 q_N、金属磨损消耗 q_M 的总值最小，如图 15-6 所示。

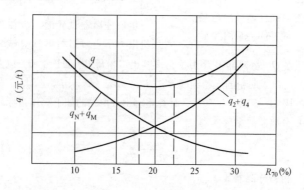

图 15-6　最佳煤粉细度的确定

q_2—排烟热损失；q_N—磨煤电能消耗；q_4—机械不安全燃烧热损失；

q_M—制粉金属消耗量；q—q_2、q_N、q_4、q_M 的总和

（2）试验应满足的技术条件。

1）在锅炉的经济负荷（75%～80%额定负荷）下试验。

2）选用长期燃用的有代表性的煤种。

3）锅炉机组及制粉系统设备状况正常。

4）在合理范围内确定几种煤粉细度，并逐一进行稳定工况下的热效

率及制粉系统试验。

三、测点选择及测量方法

1. 测点选择

测点装置的齐全、正确、合理及采用先进的测试方法是保证试验质量的关键。一般钢球磨中煤机间储仓式制粉系统所选择的试验测点见表15－3。

表 15－3 　　　　钢球磨煤机中储式制粉系统测点选择

序号	测点名称	地点	备注
1	磨煤机出入口静压	磨煤机出入口短管	
2	粗粉分离器出入口静压	粗粉分离器出入口直管	
3	旋风分离器出入口静压	旋风分离器出入口直管	
4	排粉机出入口静压	排粉机入口管及出口方箱上	
5	三次风入炉处静压	尽可能靠近炉膛	
6	回粉量	锁气器前1.5m	
7	磨煤机入口混合风温	原煤与煤粉接触处	
8	磨煤机入口热风温度	靠近磨煤机的热风管上	
9	磨煤机入口冷风风温	靠近磨煤机的冷风管上	
10	磨煤机出口风温	磨煤机出口短管上部	
11	排粉机入口温度	靠近排粉机入口管道	
12	总风量测座	排粉机入口平直管道	
13	热风风量测座	靠近磨煤机入口平直管道	
14	再循环风量测座	再循环管平直部分	
15	冷风风量测座	冷风管平直部分	
16	三次风风量测座	三次风管平直部分	
17	回粉采样	回粉管垂直中心	
18	细粉采样	旋风筒下锁气器之间	
19	粗粉分离器出口采样	粗粉分离器出口直管上	

2. 测量方法

（1）制粉系统通风量。在测定管道及设备内流速、流量时，用皮托管、靠背管或笛彩管配用微压计，在各等环面积的中心上测动压值，求得平均动压值后，可算出管道流速、流量。计算时需要测量气流的温度、静压，以求得气流密度。

（2）制粉出力。制粉出力有测量给煤出力、在粗粉分离器出口进行等速采样两种测量方法；并测量气流速度，由此计算出制粉出力。

（3）功率测定。可用 0.2 级或 0.5 级双功率表测量系统测量磨煤机和排粉机的功率，记下电流互感器、电压互感器的变比和功率表的倍数；也可用 0.5 ~ 1.0 级电能表精确测定。从电流互感器到仪表的导线电阻不应超过 0.2Ω。

（4）静压测量。在管道壁上垂直打孔 $\phi2 ~ 4$，焊上 $\phi10 \times 2mm$、长 100mm 的管子，用作与 U 形压力计的连接。

（5）分离器回粉量的测定。在分离器下、锁气器以上 1.0 ~ 1.5m 处，装一静压测点，用 U 形管液位显示粉位。测定时掀起锁气器重臂，把内部煤粉放完，然后瞬时压下锁气器使处于密封位置，开始记录积粉时间，当 U 形压力计内压差消失时，表明煤粉已积满至静压测点，记录下积粉秒数。事先应查明和测定积粉容积和自然堆积比重。

（6）原煤及煤粉取样。原煤可在输煤皮带上也可在煤斗下皮带给煤机上连续取样。每次试验采样 25kg，立刻进行水分分析，经击碎用四分法分割，留下 2 ~ 5kg 做分析用。

煤粉取样用两个开槽的圆筒取，先把外圆筒的槽向上，插入取样点后，旋转内筒使筒槽口都朝上，取样后旋内筒向下取出。取样筒长度与管道直径一致，取样时间据下粉量而定。

（7）温度测量。在管道壁上焊 $\phi14 \times 2mm$ 的管子，插入深 1/3 内径，测量时可用玻璃温度计或热电偶。

第五节 风 机 试 验

一、试验目的和试验种类

风机是锅炉机组的主要辅机之一。如果引、送风机发生问题会影响锅炉机组出力，或造成厂用电过高等情况。为了检验风机性能指标，必须进行风机的试验。无论进行哪种试验，都应取得送风机、引风机特性（见图 15 - 7、图 15 - 8）和烟风道总阻力曲线（见图 15 - 9）的数据。

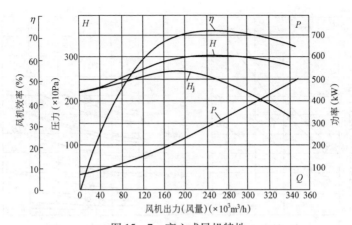

图 15 – 7 离心式风机特性

H—全压；H_j—静压；P—功率；η—风机效率；Q—风机出力（风量）

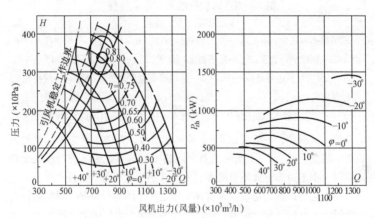

图 15 – 8 轴流式风机特性

H—全压；H_j—静压；P_{zh}—功率；η—风机效率；φ—风机出力（风量）

　　引风机、送风机的试验可分为全特性试验（冷态）和运行试验（热态）。

　　全特性试验是在锅炉冷态时风机单独运行或并列运行条件下进行，目的是获得全特性曲线。锅炉冷态条件下风机风量不受锅炉燃烧限制，可以在很大范围内变动，这样可以把风机的特性做得完整一些。此时，要求将风机入口的导向器或节流门全开，用专设的或远离风机的调节设备调节风

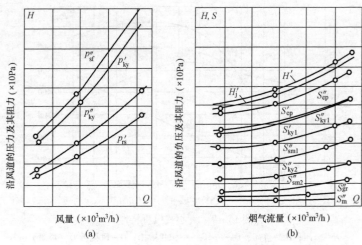

图 15 – 9　锅炉机组风、烟道特性

（a）风道；（b）烟道

p''_{sf}—送风机出口压力；p'_{ky}、p''_{ky}—空气预热器入口、出口压力；p'_{rs}—燃烧器入口压

力；S''_{m}—炉膛出口负压；S''_{gr}—过热器出口负压；S''_{sm2}—二级省煤器出口负压；

S''_{ky2}—二级空气预热器出口负压；S''_{sm1}——级省煤器出口负压；S''_{ky1}——级空气

预热器出口负压；S'_{ky1}——级空气预热器入口负压；S''_{ep}—电除尘器出口负压；

S'_{ep}—电除尘器入口负压；H'—引风机入口压力；H'_{j}—引风机入口静压

机的流量。试验中，一般应做 4～6 种风量试验，其中 2 次应为风机的最大、最小流量，其余 2～4 次为两者之间的中间风量试验。进行风机全特性试验时，由于冷态下介质密度大，要注意不使风机电动机过负荷。

　　风机的运行试验，是校验风机在工作条件下的运行情况，即在运行的锅炉机组上进行的试验。由于这些试验受锅炉负荷范围限制，风机风量随着负荷变化而变化，得出的是较窄范围内的风机特性。试验时要求锅炉应分别稳定在约 5 种不同负荷下进行试验，其中，应有两次为最大负荷和最小负荷。在运行的锅炉机组上的送风机、引风机试验，其优越之处在于风机出力的改变可以通过其导向叶片或者其他调节手段，即可求出风机的单位耗电量。运行试验取得风机特性和烟道特性后，可不用换算而直接评判所装风机是否适合于该锅炉机组。

二、测试项目及测试方法

　　风机全特性试验的测量项目及风机运行试验的基本测量项目见表

15 - 4。

表 15 - 4　全特性试验的测量项目及运行试验的基本测量项目

序号	测量项目	单位	符号	测试方法
1	风机吸入侧的电压	Pa		U 形管压力计或倾斜式压力计
2	风机压力侧风压	Pa		U 形管压力计或倾斜式压力计
3	大气压力	Pa		大气压力表
4	风机进出口输送介质的温度	Pa		热偶、热电阻或水银温度计
5	输送介质的流量	m³/h	Q	测速管或带差压计的节流装置
6	风机转速	r/min	n	转速表
7	风机电动机的轴端功率	kW	P_{zf}	0.2 级或 0.5 级双功率表测量系统
8	电流	A	I	0.2 级或 0.5 级电流表、电压表
	电压	V	U	
风机运行试验应增加的测量项目				
9	新蒸汽流量、再热蒸汽流量	kg/h	D_{gr}、D_{zr}	DCS 记录
10	过热蒸汽压力	MPa	p_{gr}	DCS 记录
	再热蒸汽入口、出口压力		p'_{zr}、p''_{zr}	
11	过热变蒸汽温度	℃	t_{gr}	DCS 记录
	再热蒸汽入口、出口温度		t'_{zr}、t''_{zr}	
12	给水温度	℃	t_{gs}	DCS 记录
13	排烟温度	℃	θ_{py}	热电偶网格测量
14	再循环空气温度	℃	t_{zs}	测量
15	有再循环时，送风机后空气温度	℃	t''_{sf}	测量
16	排烟及引风机处烟气成分		RO_2、O_2、CO	网格采样、奥氏仪、CO 测定或氢量计
17	燃料及大渣、飞灰采样			定时间间隔采样
18	燃料工业分析、元素分析			化验室煤分析

序号	测量项目	单位	符号	测试方法
19	大渣、飞灰中可燃物含量	%		
20	再热器减温水量及其焓值	t/h kJ/kg	ΔD_{jw} i_{jw}	DCS 记录、查录

三、测点位置的选择

1. 风机出力

(1) 送风机。空气流量的测量，最方便的是在风机吸入侧直管段上装测速管，也可装在出口压力管段上，但必须在进入空气预热器之前。

(2) 引风机。可采用测速管或皮托管测风量。由于在引风机吸入侧往往因为没有令人满意的速度场区段，难以选择装设测速管的位置，因而不得不在较短的吸入管上测量烟气流量，或者在引风机的压力侧扩压管上，甚至在通向烟囱的砖砌烟道上测量烟气流量。这时，截面上的测点数应比推荐的值增加一倍，以便得到足够精确可靠的数据。

2. 静压测点

(1) 风机进口。应尽可能布置在导向装置前 1~1.5m 处。在导向装置前装有密封挡板时，应将静压测点放在挡板之前或在挡板与导向装置之间，这种情况下，不允许使用密封挡板进行节流，因为会导致被测压力失真。

(2) 风机出口。应布置在压力侧扩压管出口截面上。速度场严重偏斜时，静压测点就要移到别的位置。对送风机应当移到空气预热器前的风箱上；对引风机则移到水平烟道初始段。不得已需将静压测点移开时，风机产生的压头将减少从风机到静压测点这一段管道上的阻力损失。

(3) 测点数量。在锅炉每一侧进口风箱或出口扩压管上，测取静压应不少于两点；在圆形烟道中，应装设互成 90° 的四个测点。

必须求出布置静压测点处的管道截面尺寸，这对计算流速和动压是不可缺少的，动压与静压之和即为该截面上的全压。

四、试验资料的整理和计算

在送风机、引风机试验结束后，即应进行测试记录的校核和整理工作；计算出平均值，进行必要的仪表读数修正，最后算出对应于相应压头、功率和效率下的流量。利用表格按一定步骤整理、计算会比较方便一些，见表 15-5。

表 15 – 5　　　　　　　　**试验资料的整理和计算**

锅炉机组_____　　　风机型号_____　　　　　　　　　工况_____

序号	名称	符号	单位	测定方法
1	试验日期和时间			
2	介质温度	t	℃	平均值
3	大气压力	p_a	Pa	平均值
4	转速	n	r/min	平均值
5	试验条件下介质密度	ρ	kg/m³	$\rho = \rho_0 \dfrac{273}{273+t} \times \dfrac{p_a \pm p''}{101325}$
6	设计参数下的介质密度	ρ_{aj}	kg/m³	按技术条件计算
7	风机吸入侧负压	S'	Pa	平均值
8	风机出口压力侧风压	p''	Pa	平均值
9	风量测点动压	h_d	Pa	平均值
10	实测风机风量	Q	m³/h	$Q = 5092.7A\sqrt{h_d/\rho}$
11	换算到设计转速下风量	Q_{sj}	m³/h	$Q_{sj} = Qn_{sj}/n$
12	吸入侧静压截面流速	w'	m/s	$w' = Q/3600A'$
13	出口侧静压截面流速	w''	m/s	$w'' = Q/3600A''$
14	风机吸入侧动压	H'_d	Pa	$H'_d = \rho w'^2/2$
15	风机压力侧动压	H''_d	Pa	$H''_d = \rho w''^2/2$
16	风机入口气流全压	H'	Pa	$H' = H'_d + S'$
17	风机出口气流全压	H''	Pa	$H'' = H''_d + S''$
18	风机产生的全压	H	Pa	$H = H'' - H'$
19	换算到设计参数	H_{sj}	Pa	$H_{sj} = H\,(n_{sj}/n)^2 \times \rho_{sj}/\rho$
20	电动机所需功率测量值	P_E	kW	平均值
21	换算到设计参数	P_{sj}	kW	$P_{sj} = P_E\,(n_{sj}/n)^3 \times \rho_{sj}/\rho$
22	电流	I		平均值
23	电压	U		平均值
24	功率因数（W_1、W_2为两个功率因数表的读数）			

第十五章　锅炉热力试验

序号	名称	符号	单位	测定方法
25	风机装置的总效率	η	%	$\eta = \dfrac{QH/1000 \times 3600}{P_E} \times 100\%$
26	电动机的效率	η_E	%	产品说明
27	风机的总效率	η_0	%	$\eta_0 = \eta / \eta_E \times 100\%$

第十六章

发电厂可靠性管理和锅炉寿命

第一节 发电厂可靠性管理

可靠性管理工作是国外工业发达国家的经验证明，是较适合电力工业特点的行之有效的科学管理方法，近年来已在我国得到广泛的应用，并在促进企业安全、经济发供电，提高管理水平等方面发挥了重要作用。

可靠性管理是对设备进行全过程管理的一个重要部分和重要手段，它可以揭示出影响电力生产工作质量链条上一个环节上的缺陷，并分析这种缺陷影响的程度，从而研究采取改进对策，提供切实的依据。这种管理符合现代化的管理思想，不局限于某一单一事件的评价，而在于总体的分析，不仅可以定性，还可以定量。不是事后算账，而更重视事前的控制，所以这种方法对于改进设备质量、改进管理工作，提高管理水平是有利的。

一、可靠性管理中锅炉主机的状态划分、状态定义、性能指标

1. 机组状态（见图 16-1）

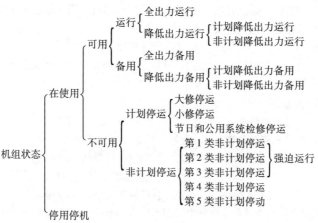

图 16-1 机组状态

2. 状态定义

（1）在使用。指锅炉处于要评价的状态。

（2）可用。指锅炉处于能运行状态，不论其是否在运行，也不论其能够提供多少容量。

（3）运行。指锅炉处于在向汽轮机供汽，可以是全出力运行，也可以是降低出力运行。

（4）备用。指机组处于可用、但不在运行状态，可以是全出力备用，也可以是降低出力备用。

（5）不可用。指机组因故不能运行的状态，不论其由什么原因造成。

（6）计划停用。指机组处于计划检修期内的状态，分大小修、小修、节日和公用系统检修三类。

（7）非计划停运指机组处于不用而又不是计划停运的状态。根据停运的紧迫程度分为：

1）第1类非计划停运是指机组需立即停运或被迫不能投入运行的状态。

2）第2类非计划停运是指机组虽不需立即停运，但需在6h以内停运的状态。

3）第3类非计划停运是指机组可延迟至6h以后，但需在72h以内停运的状态。

4）第4类非计划停运是指机组可延迟72h以后，但需在下次计划停运的状态。

5）第5类非计划停运是指处于计划停运的机组因故超过原定计划期限的延长停运状态。

6）强迫停运是指第1、2、3类非计划停运。

7）停运停机是指机组经网局批准封存停用者。处于该状态的机组不参加统计评价。

3. 可靠性管理性能指标

计划停运系数% ＝计划停运小时/统计期间小时×100%

非计划停运系数% ＝非计划停运小时/统计期间小时×100%

强迫停运系统% ＝强迫停运小时/统计期间小时×100%

可用系统% ＝可用小时/统计期间小时×100%

运行系数% ＝运行小时/统计期间小时×100%

机组降低出力系数 ＝降低出力等效停运小时/统计期间小时×100%

等效可用系数% ＝（可用小时 －降低出力等效停运小时）/

统计期间小时×100%

毛容量系数% = 毛实际发电量/（统计期间小时×毛最大容量）×100%

出力系数% = 毛实际发电量/（运行小时×毛最大容量）×100%

强迫停运率% = 强迫停运小时/（强迫停运小时 + 运行小时）×100%

非计划停运率% = 非计划停运小时/（非计划停运小时 + 运行小时）×100%

等效强迫停运率% =（强迫停运小时 + 第1、2、3类非计划降低出力

等效停运小时之和）/（运行小时 + 强迫停运小时

+ 第1、2、3类等效备用停机小时之和）×100%

强迫停运发生率% = 强迫停运次数/可用小时×100%

平均计划停运间隔时间 = 运行小时/计划停运次数

平均非计划停运间隔时间 = 运行小时/非计划停运次数

平均计划停运持续小时 = 计划停运小时/计划停运次数

平均非计划停运持续小时 = 非计划停运小时/非计划停运次数

平均连续可用小时 = 可用小时/（计划停运次数 + 非计划停运次数）

平均无故障可用小时 = 可用小时/强迫停运次数×100%

启动成功可靠度% = 启动成功次数/（启动成功次数 + 启动失败次数）

×100%

平均启动间隔小时 = 运行小时/启动成功次数

利用小时 = 实际发电量/铭牌容量

二、锅炉主要辅机可靠性统计范围及内容

1. 统计范围

磨煤机及其电动机、送风机及其电动机、引风机及其电动机。

2. 辅机状态划分（见图16-2）

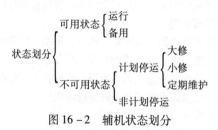

图16-2 辅机状态划分

3. 状态含义

（1）运行。辅机全出力或降出力为主机工作。

（2）备用。辅机处于可随时启动为主机工作的状态。

第十六章 发电厂可靠性管理和锅炉寿命

（3）计划停运。

1）辅机随主机计划停运而停运。

2）月度生产计划中安排的辅机计划停运。

3）辅机在主机低谷消缺中进行了维护工作的停运。

（4）非计划停运。

1）辅机故障且不能拖延至主机计划停运或消缺停运时的停运。

2）主机非计划停运期间，辅机进行了 8h 以上维护检修工作的停运。

4. 辅机可靠性指标

可用系数 =（运行小时 + 备用小时）/统计期间小时 ×100%

运行系数 = 运行小时/统计期间小时 ×100%

计划停运系数 =（大修小时 + 小修小时 + 定期维护小时）/

统计期间小时 ×100%

非计划停运系数 = 非计划停运小时/统计期间小时 ×100%

平均连续运行小时 = 运行小时/计划停运次数 + 非计划停运次数

平均无故障运行小时 = 运行小时/非计划停运次数

平均修复小时 = 非计划停运小时/非计划停运次数

故障率 = 8760/平均无故障运行小时

修复率 = 8760/平均修复小时

第二节 锅炉金属高温性能

锅炉受热面等承压部件在很高的温度和压力下工作，根据工作条件的不同，选用的钢材有几十种。因此需要对金属材料的性能和工作状况进行全面了解，以保证锅炉的安全运行和受热面金属材料的合理、经济选择。

一、锅炉受热面用钢

锅炉受热面管子在高温、腐蚀介质及应力作用下长期工作，钢管外壁受烟气的作用，内壁受炉水或蒸汽的作用。锅炉受热面主要包括水冷壁、过热器、再热器、省煤器和空气预热器等，其金属工作在高温和亚高温区域，主要由不同规格的碳素钢或合金钢管材构成。

（一）钢材要求

（1）钢材的机械性能。受热面管材要具有足够的抗拉、抗压、抗弯、抗剪等强度极限，足够的弹性极限和屈服极限，适当的塑性、硬度和韧性，在高温下有足够的蠕变极限、持久强度和持久塑性。对水冷壁管子材料，要有足够的强度，这样可使管壁厚度不致太大，以利于加工和热量传递。

（2）钢材要有在高温条件下长期使用的组织结构稳定性。在高温长期应力的作用下，保证组织结构基本稳定，避免受热面金属的热强度降低和脆性增大。一般情况下，如果受热面在发生明显蠕变的温度下运行，则在考虑钢材耐热性的同时，需考虑钢材的组织稳定性问题。

（3）良好的钢材热加工、冷加工和焊接等工艺性能。尤其要求可焊性和弯曲性能要好。

（4）钢材抗氧化和抗腐蚀性能。锅炉受热面在高温烟气和水、水蒸气的长期作用下工作，因而会出现氧化和腐蚀问题，使金属强度下降，甚至造成爆破事故。通常要求在工作温度下，腐蚀速度应小于 0.1mm/年。

（二）各受热面工作特点

1. 过热器和再热器用钢管

过热器和再热器管内工质为蒸汽，换热能力较差，而且处在烟气温度较高的区域，所以受热面金属工作在高温范围。过热器在锅炉内布置在炉膛辐射和烟气对流共同作用的地方，运行时管壁温度高于蒸汽温度几十至一百摄氏度左右；再热器内蒸汽温度与过热器内相同，处在烟气温度仍较高的区域，运行中管壁温度低于过热器，但再热蒸汽压力低、密度小、传热性能差，放热系数比过热蒸汽小得多，因而需选用级别较高的钢材。

过热器和再热器管用钢的选择主要以金属温度为依据，强度计算时通常以高温持久强度为基础，用蠕变极限来校核。

2. 水冷壁和省煤器用钢材

水冷壁虽然处于锅炉温度最高的炉膛区域，但由于管内汽水沸腾换热能力很强，管壁温度与管内工质温度接近，壁温不很高，属于亚高温范围。从温度水平看，大部分钢材都能承受。但在运行中，如果锅水品质不合格造成结垢时，会带来换热减弱和垢下腐蚀问题；如果燃料中含硫量较高，则易使管外产生硫腐蚀，都会给受热面金属造成损坏。

省煤器附近烟气温度下降，管内水侧的换热能力较好，管壁温度与工质温度相差不多，金属温度不高，但波动比较大。由于烟气温度较低，烟气中飞灰变硬，所以管外磨损现象比较明显。

3. 空气预热器用钢材

空气预热器不属于锅炉承压部件，它利用烟气的热量来加热锅炉送风的换热器，用于向燃烧供热风和降低排烟温度。目前使用最多的空气预热器有管式和回转式两种，由于压力和温度都不高，使用普通碳钢发的薄壁管和波纹板即可。在锅炉各受热面中，空气预热器的钢材用量最大。

在空气预热器的低温段，排烟温度已降到150℃左右，而另一侧为冷风，使得金属温度很低，往往低于烟气中的酸露点，造成受热面上的腐蚀和堵灰，故要求低温段的钢材有较强的抗腐蚀能力。

锅炉承压受热面长期在高温和应力下运行，金属材料会出现蠕变、断裂、应力松弛、组织变化和其他损坏等常温下所没有的情况，增加了温度、时间和组织变化等影响因素，构成金属热强性问题。

二、锅炉受热面用钢管最高允许温度（见表 16-1）

表 16-1　　　　　　　锅炉受热面用钢管最高允许温度

中国高压锅炉管钢号 （GB/T 5310—2017）	我国常用的有关国家钢号	最高使用温度 （℃）
20G	st35.8，st45.8（德国）	500
16Mo*	15Mo3y16Mo3（德国）； T1（美国）	530
15CrMo	13Cr3Mo44（德国）； T11yT12（美国）	560
12CrMo	10CrMo910（德国）；T22（美国）； HT8（SANDIK）	580~590
12Cr2MoV	12X1M（苏联）	580
12Cr2MoWVTiB（钢102）		600
12Cr3MoVSiTiB（Ⅱ11）		600
	X20CrMoV121（德国）； HT9（SANDVIK）	630~650
	T91，T9（美国）	650
1Cr18Ni9	TP304，TP304H（美国）	700
12Gr2MoWVTiB	TP347，TP347H（美国）	700（800**）
	TP321（美国）	700（800**）
	TP316，TP316H（美国）	700（800**）

*　GB/T 5310—2017 中无此钢号，但国内 15Mo3、T1 等使用不少。

**　作为受热面管子连续使用可达700℃，短期使用可达700℃。

三、高温机械性能

1. 温度对金属强度的影响

金属在高温时所表现出来的机械性能与常温下的机械性能有很大差别，因为高温机械性能受工作温度、时间及组织变化等因素的影响。

金属的强度取决于金属原子间的结合力，由于高温下原子活动能力增加，原子间结合力下降，因此强度下降。金属的强度由晶内强度和晶界强度两部分组成，室温下晶界强度大于晶内强度，随着温度升高，使晶内和晶界强度都下降，但高温下晶界强度要比晶内强度下降要快。到达一定温度后，晶界强度与晶内强度相等，此时的温度称为等强温度。当金属温度超过等强温度时，金属的断裂就由室温下的穿间断裂转变为晶间断裂。

高温下，金属原子结合力下降的同时，组织结构也要发生变化，使金属的高温机械性能，特别是高温强度和塑性显著下降。

2. 蠕变

金属材料在高温条件下，其所受的应力，即使低于其在此温度下的屈服极限，经过长时间的作用，仍然能产生连续的、缓慢的塑性变形积累。金属材料长时间在一定温度和一定应力作用下，产生缓慢、连续塑性变形的现象，称为金属的蠕变。

金属的蠕变现象可用蠕变曲线表达，蠕变曲线即金属的变形与时间关系曲线。在恒定温度和拉应力下，金属首先在应力作用下出现瞬时变形，包括弹性变形和塑性变形。然后随着时间加长，逐渐经历蠕变减速、等速和加速三个阶段，典型的蠕变曲线见图 16-3。

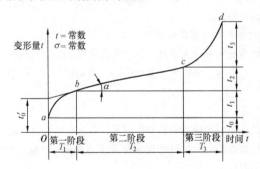

图 16-3　典型蠕变曲线

Oa—瞬时变形阶段；ab—蠕变减速阶段；bc—蠕变等速阶段；

cd—蠕变加速阶段；d—断裂点

为表征金属在高温下抵抗蠕变的能力，必须把强度、蠕变变形和时间结合起来，工程上通常用蠕变极限衡量，即金属在一定温度下与规定的持续时间内，产生一定蠕变变形量或引起规定蠕变速度时的最大应力。火电厂高温金属部件条件蠕变极限有两种方法：

（1）在一定温度下，引起规定变形速度能使钢材产生 1×10^{-7} mm/（mm·h）（或 1×10^{-5}%/h）的等速阶段蠕变速度的应力，称为该温度下 1×10^{-7}%（或 1×10^{-5}%）的蠕变极限，记为 $\sigma'_{1 \times 10^{-7}}$（或 $\sigma'_{1 \times 10^{-5}}$）。

（2）在一定温度下，能使钢材在 10^5h 工作时间内发生 1% 总蠕变变形量的应力，称为该温度下 10^5h 变形 1% 的蠕变极限，记为 $\sigma'_{1/10^{-5}}$。

以上两种方法都是有条件的，故又称条件蠕变极限。

在实际中，多采用第二种表示方法。

3. 蠕变断裂

在蠕变过程中，金属晶粒之间不断重新排列，最终导致晶粒之间出现微裂纹并沿晶界发展，形成晶间断裂，最后导致金属部件脆性断裂。

由于蠕变和常温塑性变形机理不同，其断裂的塑性值比常温时小很多。常用持久强度反映金属在高温和应力下断裂时的强度，即用给定温度下经一定时间破坏时所能承受的应力评定。火电厂高温金属部件持久强度的具体规定为：在给定温度下，使钢材在 10^5h 工作时间发生破坏的应力，称为该温度下 10^5h 的持久强度，记为 σ'_{10^5}。

另外，根据持久强度试验试样断裂后测定的延伸率和断面收缩率可以确定金属的持久塑性，反映其承受蠕变变形的能力。如果持久塑性较高，则不易发生脆性破坏。

4. 影响蠕变和持久强度的因素

钢的抗蠕变能力和持久强度一般统称为热强性。钢的热强性主要因素有冶金质量、晶粒度、热处理、金相组织、机械加工、运行过程中温度波动等。

5. 应力松弛

金属零件在高温和应力的长期作用下，若总变形不变，而工作应力将随时间的延长而逐渐降低的这种现象称为应力松弛。在应力松弛过程中，应力和变形的变化关系是

$$\varepsilon_0 = \varepsilon_p + \varepsilon_e = 常数 \qquad (16-1)$$

式中　　ε_0——松弛过程开始时的总变形；

　　　　ε_p——塑性变形；

ε_e——弹性变形。

松弛与蠕变有差别也有联系，蠕变是在恒定应力下塑性变形随时间增长的持续增加过程；而松弛是在总变形一定的条件下随时间增长的应力减小过程，当应力接近于零时就不再发生松弛。从根本上说，两者是一致的，应力松弛可以看作是随塑性变形的增加而应力不断减小的蠕变过程。在火电厂设备中，处于松弛条件下工作的部件有螺栓等紧固件、弹簧等。

6. 热疲劳

金属材料由于温度的循环变化而引起热应力的循环变化，由此而产生的疲劳损坏称为热疲劳。热疲劳产生的原因是零件在工作过程中受到反复加热和冷却后，在零件内部产生温度梯度或零件的自由膨胀和收缩受到约束而产生附加热应力。若温差值周期变动，则零件会在周期性的变动的热应力作用下产生塑性变形，热疲劳变形是塑性变形逐渐积累损伤的结果，最终导致零件的破裂。

影响热疲劳的因素主要是部件内部的温度差，温度差越大，造成的热应力越大，则越容易发生热疲劳损坏。

7. 热脆性

某些金属材料由于高温和应力的长期作用，而产生冲击韧性下降的现象，称为热脆性。在高温和应力作用下的时间越长，热脆性就越明显。

四、高温用钢的组织稳定性

在常温下，金属原子的扩散能力很低。组织结构基本上不发生变化，但在高温下长期运行时，除出现蠕变、断裂和应力松弛等现象外，由于扩散过程的加速进行，内部也会发生缓慢的组织性质变化。对锅炉所使用的耐热钢，最主要的组织性质变化有珠光体球化、石墨化、合金元素转移和碳化物结构的变化等。

1. 珠光体球化

锅炉珠光体热强钢的金相组织为珠光体加铁素体，珠光体组织中的渗碳体是呈薄片状相间分布的。在高温和应力的长期作用下，珠光体中的片状渗碳体将逐渐变为球状，并且聚积长大，这种现象称为珠光体球化，球化后的碳化物继续长大，小直径的球变成大直径的球，并向晶界处聚集，这就是碳化物的聚集。金属热强性降低。整个过程示意见图 16 - 4，由于晶界上原子扩散能力比晶内强，因此球化首先从晶界开始。

通常依据球化的组织状态和相应力学性能区分珠光体球化程度，由于不同钢种的初始状态不同，其评级标准也不相同。对已产生珠光体球化的材料，通过热处理可使其基本恢复原来的组织和力学性能。

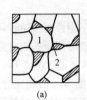

| (a) | (b) | (c) | (d) |

图 16 - 4　球光体球化过程示意

（a）原始组织；（b）珠光体分散；（c）成球；（d）球化组织

1—铁素体；2—片状珠光体；3—球状碳化物

2. 石墨化

钢在高温下长期运行中，由于原子活动能力增加，渗碳体会分解出游离碳，以石墨方式析出并不断增大，从而形成石墨夹杂现象，称为石墨化，见图 16 - 5。当游离石墨析出后，割断了基体的连续性，产生应力集中，使钢材脆性增大，强度和塑性降低，组织结构发生危险变化，通常根据钢材组织特性、弯曲角和冲击韧性来判定石墨化程度。

一般只有碳钢和 0.5% Mo 等珠光体热强钢在高温下长期运行过程中会出现石墨化现象。钢中加入铬、钒、锯、钦等元素能有效阻止石墨化过程的进行，加入镍、硅、铝则会促进石墨化进程。

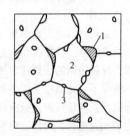

图 16 - 5　钢的石墨化示意

1—石墨；2—铁素体；
3—已球化的渗碳体

碳钢在 450℃ 以上、0.5% Mo 钢在 480℃ 以上开始石墨化，温度越高，石墨化进程越快，但温度过高达 700℃ 左右时，不但不出现石墨化现象，反而可使已生成的石墨与铁化合成渗碳体。

3. 合金元素的重新分配

钢在高温长期应力的作用下，除球化和石墨化外，还会出现合金元素重新分配现象。这一现象包含两个方面，一是固溶体和碳化物中合金元素成分的变化；二是同时发生的碳化物结构类型、数量、形状和分布形式的变化。

锅炉高温钢材从根本上说只有固溶体和碳化物两种相，即铁素体和碳化物，钢中合金元素存在于这两种相内。在高温下，合金元素活动能力增加，产生转移过程，铬、锰、铝等固溶元素不断脱溶，向碳化物转移，导致碳化物中合金元素逐步增多，并造成碳化物析出相类型的转变、碳化物在晶内和晶界的析出与聚集。合金元素的转移使钢的固溶强化和沉淀强化作用降低，造成钢的热强性下降。

以下因素会加速合金元素的重新分配过程：

(1) 钢的原始组织不稳定。碳化物在基体中呈不均匀分布。

(2) 运行温度增高，合金元素原子活动能力增加。

(3) 运行中部件承受的应力增加。

五、受热面的失效分析

锅炉高温承压部件发生事故直接表现为金属材料断裂的泄漏或爆破，可以从金属组织、断口形状和氧化腐蚀情况来分析事故的原因。失效分析一般包括现场调查、残骸分析、试验鉴定和综合分析几个方面。

1. 锅炉承压受热面金属失效方式

(1) 塑性破坏。指由于壁厚不够或超温、超压的作用，材料的应力达到或接近其工作温度下的抗拉强度，使部件发生较大范围的显著塑性变形直至破裂。塑性破坏是锅炉承压受热面破坏的主要方式，也称为强度的基本问题，破坏后一般管壁都有明显伸长，不发生碎裂，断口呈暗灰色纤维状，无金属光泽，断口不齐平与主应力方向呈 45°夹角。

(2) 蠕变破坏。承压受热面部件在发生蠕变的温度下长期运行时，逐步发生不断累积的塑性变形，当变形超量或发生破裂时，部件失效、蠕变破裂和材料的高温持久强度有直接联系。

(3) 脆性破坏。部件在较低应力状态下发生突然的断裂破坏，取决于材料的韧性，破坏后无明显伸长变形，裂口齐平呈金属光泽且与主应力方向垂直，有指向裂口的辐射状裂纹。

(4) 疲劳破坏。承压受热面部件在多次加载、卸载或脉动载荷的作用下，会产生疲劳微裂纹，最后导致破裂。疲劳破裂中应力循环的次数比承压的时间更重要。有低周疲劳破坏和高周疲劳破坏两种情况。

(5) 腐蚀破坏。腐蚀破坏主要为金属表面的均匀腐蚀和点状腐蚀，造成承压部件有效壁厚减薄而引起不同方式的破坏，另外，也存在应力与腐蚀综合作用引起的破坏和交变载荷与腐蚀综合作用引起的破坏。

2. 锅炉高温金属部件失效的判断

(1) 锅炉各部件可能的失效方式。锅炉各部件在运行中可能产生的损坏现象见表 16-2，失效原因可能有一种或多种，需综合分析。

表 16－2　锅炉各高温承压部件可能产生的损坏现象

部件名称	可能产生的损坏现象
汽包	热疲劳，应变时效，苛性脆化，低周疲劳
水冷壁	短时过热，应变时效，垢下腐蚀，氢腐蚀，硫腐蚀
过热器管子和联箱 过热蒸汽管道	短时过热，长期蠕变破裂，高温氧化，钒腐蚀，氢腐蚀，球化，石墨化，碳化物沿晶界析出，热脆性
省煤器	磨损，氧腐蚀，硫腐蚀，热疲劳

（2）锅炉部件失效特征与失效原因对照见表 16－3。

表 16－3　失效特征与失效原因对照

损坏特征	损坏原因
破口大且边缘锐利	短时过热
破口处壁后无明显变化	材料缺陷
破口处管子周长明显增加	短时过热
破口处管子周长增加不多	长期过热蠕变，材料缺陷
大量纵向裂纹且有氧化皮	长期过热，错用材料
脆性脆裂	热脆性，石墨化，苛性催化
晶间断裂	长期过热蠕变，蒸汽腐蚀，氢损坏，苛性脆化
穿间断裂	热疲劳，缺陷破裂，短时过热，应力过高
珠光体球化	长期过热
珠光体消失	蒸汽腐蚀，氢损坏
表面脱碳	蒸汽腐蚀，氢损坏，高温氧化
析出石墨	石墨化
晶粒长大	过热
冲击韧性明显下降	石墨化，热脆性，苛性脆化

六、受热面的超温运行问题

在电厂运行过程中，锅炉事故，特别是承压受热面中水冷壁、过热器、再热器和省煤器的爆漏事故在全厂事故及非计划停运中占有较大的比重，是影响机组安全稳定运行的主要原因之一。从技术分类角度看，"四管"爆漏中由于磨损造成爆漏约占30%，焊接质量约占30%，金属过热约占 15%，腐蚀约占 10%，其他占 15%。受热面超温是运行中造成爆管的主要原因之一。

（一）温度对金属部件寿命的影响

对锅炉受热面高温部件，目前设计运行时间为 105h，其温度水平是选择钢号的主要考虑指标。在相同应力下，钢材设计运行时间 τ 和工作温度 T 的关系一般可用拉尔森 – 米列尔公式表示

$$T(C + \lg\tau) = 常数 \tag{16-2}$$

式中　C——与参数有关的常数，可按表 16-4 选取。

表 16-4　　　　　　　　　　不同钢材的 C 值

钢种	C 值	钢种	C 值
低碳钢	18	Cr – Mo – Ti – B 钢	22
钼钢	19	18Cr8Ni 奥氏体不锈钢	18
铬钼钢	23	高铬不锈钢	24~25

由式（16-2）可知，在相同工作应力下，其工作温度越高，则设计运行时间越短。如果钢材工作温度为 510℃，长期超温 10℃运行，则可对其寿命损耗估算如下

$$(273 + 510)(20 + \lg\tau_1) = (273 + 520)(20 + 20 + \lg\tau_2)$$

$$\tau_1/\tau_2 \approx 0.56 \tag{16-3}$$

可见部件壁厚如无余量，长期超温 10℃后部件寿命几乎降低至 1/2。由于温度高低对金属蠕变状况影响很大，为保证设备的安全运行，要特别注意运行中防止超温，同时在检修时要定期对蠕变变形量和蠕变速度进行测量。

（二）受热面的短期过热和长期过热爆管

金属超过其额定温度运行时，有短期超温和长期超温两种情况，受热面过热后，管材金属温度超过允许使用的极限温度，发生内部组织变化，降低了许用应力，管子在内压力下产生塑性变形，最后导致超温爆破。由于过热器、再热器处于高温区域，而汽侧换热效果又相对较差，所以过热现象多出现在这两个受热面中。水冷壁在管内水动力工况发生破坏后，往往发生短期过热爆管。

1. 受热面短期过热

锅炉受热面内部工质短时内换热状况严重恶化时，壁温急剧上升，使钢材强度大幅度下降，会在短时内造成金属过热引起爆破。由于短时过热

爆破是沿一点破裂而相继张开,所以破口常呈喇叭形撕裂状,断面锐利,减薄较多,损坏时伴随较大的塑性变形,破口处管子胀粗较大,有时在爆破情况下高压工质的作用力会使管子明显弯曲。尽管爆破前壁温很高,但在这一温度下短时就产生了破坏。因此管子外壁还没有产生氧化皮,同时,爆破后金属从高温下迅速冷却,破口处金相组织为淬硬组织或加部分铁素体。

2. 受热面长期过热

锅炉受热面部分管子由于热偏差、水动力偏差或积垢、堵塞、错用材料等原因,管内工质换热较差,金属长期处于幅度不很大的超温状态下运行,会造成长期过热蠕变直至破裂。

长期过热爆破之前,管子由于蠕变变形而胀粗,但破口周长增加不如短时过热爆破大,由于长期在高温下运行,破口内外壁有一层疏松氧化皮,组织上碳化物明显呈球状,合金元素由固溶体向碳化物转移。管壁过热程度较大时,较短时间后即发生蠕变破裂,破口也呈喇叭形。当断面粗糙,过热程度较小时,要经较长时间才产生蠕变破裂,于内外壁形成许多纵向平行裂纹,有些裂纹可能穿透管壁,但破口不明显张开。

(三)运行中受热面超温的原因及应采取的措施

在设计上,如果存在锅炉炉膛高度偏低、火焰中心偏高,受热面偏大、受热面选材裕度不够、水动力工况差、蒸汽质量流速偏低和受热面结构不合理等因素,都会造成受热面普遍超温或存在较大的热偏差局部超温;在制造、安装和检修中如果出现诸如管内异物堵塞、屏式过热器联箱隔板倒等缺陷,会造成工质流动不畅、断路、短路等情况,引起受热面超温;运行中如果出现燃烧控制不当、火焰后移、炉膛出口烟温高或炉内热负荷偏差大、风量不足燃烧不完引起烟道二次燃烧、减温水投停不当等情况,也会造成受热面超温。

给水品质不良,一方面会对管子形成化学腐蚀和电化学腐蚀;另一方面会引起受热面管内结垢积盐,影响传热。当给水硬度较高时,水冷壁上会形成结垢并形成垢下腐蚀,在个别过热器弯头也有出现,会造成受热面在运行中的超温现象。

为防止锅炉受热面运行中超温爆管,在检修上应对受热面进行蠕胀、变形和磨损等情况的定期检查,同时应对受热面重点部位设立固定监视段,给予长期连续监督检查,摸清规律。对长期存在过热问题的受热面,应加装壁温测点进行监督控制。应定期进行割管检查,对高温过热器、再热器管子做金相检验,对炉膛热负荷最高区域水冷壁管内壁结垢、腐蚀情况进行检查，在大修前最后一次小修检查水冷壁向火侧垢量或锅炉运行年限达到规定值时，应在大修中进行锅炉酸洗。对锅炉受热面管子，在碳钢和低合金钢管壁厚减薄大于 30% 或计算剩余寿命小于一个大修期时，碳钢管外径胀粗超过 3.5%、合金钢管外径超过 2.5% 时，石墨化达到或超过四级时，高温过热器表面氧化皮超过 0.6mm 且晶界氧化裂纹深度超过 3~5 晶粒时，都应进行更换。

在运行方面，锅炉启停时应严格按启停曲线进行，控制锅炉参数和各受热面管壁温度在允许范围内，并严密监视及时调整，同时注意汽包、各联箱和水冷壁膨胀是否正常。运行人员应认真监盘和巡回检查，当受热面发生爆漏后，应及时采取有效措施，查明爆漏部位，对可能危及人身安全或带来设备严重损坏的严重爆漏情况，应在报告调度的同时实行紧急停炉。要提高自动投入率。完善热工表计，灭火保护应投入闭环运行，并执行定期校验制度。严密监视锅炉蒸汽参数、蒸发量及水位，主要指标要求压红线运行，防止超温超压、满水或缺水事故发生。应了解近期内锅炉燃用煤质情况，做好锅炉燃烧的调整，防止气流偏斜，注意控制煤粉细度，合理用风，防止结焦，减少热偏差，防止锅炉尾部再燃烧。加强吹灰和吹灰器管理，防止受热面严重积灰，防止吹灰器漏水、漏汽和吹坏受热面管子。注意过热器、再热器管壁温度监视，在运行上尽量避免超温。保证锅炉给水品质正常及运行中汽、水品质合格。把好煤质控制关，减少煤种偏离设计值较多而且变化较大的情况，从根本上避免因燃煤灰分加大、石子多、热值低带来锅炉制粉系统和受热面的磨损或积灰加重，同时使运行工况与设计工况偏离，造成受热面频繁爆漏的后果。

第三节 锅炉寿命管理

一、基本概念

1. 寿命及寿命损耗

一个设备或部件的寿命是指在设计规定条件下的安全使用期限，锅炉部件的寿命则是在设计工况下预期能运行的时间。由于设备制造所用材料批次的不同，制造公差以及材料性能试验数据的分散，设备设计时强度计算都采用了一定的安全系数，所以以设计寿命实际上应该是最低安全使用期限，即制造厂所保证的使用寿命。通常锅炉设备的寿命是 30 年。

2. 造成锅炉部件寿命损耗的因素

造成锅炉部件寿命老化损伤的因素，主要是疲劳、蠕变、腐蚀和磨损。

疲劳损伤是由于部件长期受交变载荷作用而造成材质的损伤；蠕变是由于部件持续在高温和应力的共同作用下造成的；材质损伤、腐蚀和磨损是由于部件长期接触腐蚀性介质或含尘气流使有效壁厚减薄而造成的老化损伤。

3. 寿命评估的主要对象

锅炉寿命管理的主要对象是它的承压部件，即通常称为锅炉本体的部分。但在实际监测的是不和烟气直接接触的炉外部件，如锅炉汽包、联箱、主蒸汽管道等，其原因是：

（1）属厚壁元件，消耗金属材料多，价格昂贵，且地位重要，影响面大，损坏难于修复，更换工作量大，其破坏的后果十分严重，故必须给予充分重视，其使用寿命一版为30年。

（2）多设在炉外，易于进行监测。

（3）受到的随机影响较小，人们对其寿命损耗的规律认识较充分，故较易估算。

4. 锅炉寿命管理

锅炉寿命管理的目的就是在安全、经济运行的基础上保证锅炉的使用寿命，同时以科学的态度经过慎重的研究，探讨延长其寿命的可能性。

锅炉寿命管理是锅炉安全管理的重要组成部分，其内容概括如下：

（1）按锅炉制造厂给出的操作规程进行操作，运行人员要建立起寿命损耗的概念，以保证其在使用期限中的安全。

（2）装置关键部件的寿命监测系统，对各种运行工况和参数利用计算机进行在线实时监测并对寿命损耗进行统计，使运行管理人员了解设计寿命的剩余约值。

（3）拟定检修计划，根据寿命损耗情况，确定应重点检查的部件和内容，并建立技术档案。

（4）在运行超过一定期限后，进行无损探伤，以进一步验证材质是否处于完好状态。

（5）在确认设备已处于接近寿命终结时，需进行破坏性试验，研究是否要对运行参数进行限制或将设备报废、更换。

二、锅炉寿命与强度

锅炉本体由各种不同规格、不同材料的管子组成，它们承受内压，在高温或较高温度下工作，有些还要受到有害气体的腐蚀和磨损，对调峰机组还要承受交变载荷和应力的作用，所以，锅炉寿命管理的核心，就是在这种条件下能保证承压管件的强度。

寿命管理和安全运行两者有联系又有区别。对于安全运行，故障常来源于介质的热力参数的异常，而造成正常工况的破坏，所以要保证热力参数处于正常状态；而寿命管理则着重于保证设备的机械强度。

强度是指在一定的材料和形状结构的条件下，部件承受外载而不失效的能力。对于锅炉承压部件，外载中最重要的是压力和温度，它们会使部件内部产生一定的变形和应力。只有当应力低于材料的强度极限，甚至屈服极限时，部件的强度才能得到保证，这类问题可参阅 GB/T 16507.4—2013《水管锅炉　第 4 部分：受压元件强度计算》。

1. 内压应力

在锅炉强度计算中，内压应力属于一次应力，即由外载（内部介质压力）引起并且始终与外载相平衡的应力。它是承压部件强度必须保证的条件，通常用薄膜应力的当量应力必须小于材料的许用应力来保证（其值接近于平均切向应力）。

我国强度计算标准中规定内压应力角中径公式计算，即

$$\sigma_p = pD_m/2s \qquad (16-4)$$
$$D_m = (D_n + D_w)/2$$

式中　　σ_p——内压应力；

　　　　p——内压，MPa；

　　　　D_m——圆筒壁的平均直径；

　　　　s——圆筒壁壁厚；

　D_n、D_w——圆筒壁的内径和外径。

2. 热应力

热应力在强度计算中属于二次应力，它是由于温度作用，元件各部分的变形不同，其衔接处为满足位移连续条件而形成的应力。

在锅炉部件中，热应力主要是内外壁温差热应力和上下壁温差热应力（主要发生在汽包）两种，它们不同于管道整体均温膨胀受限时所受的热应力。所以，即使管筒的膨胀是自由的，由于不均匀的温度分布，也会产生热应力。

（1）内外壁温差热应力。在稳定工况下（负荷恒定时），管件的内外壁温差取决于壁厚和热流量。一般炉外承压部件（如汽包或联箱等）具有良好的保温绝热设施，对外散热损失很小，故内外壁温差也很小（常不足 1℃），由此产生的热应力很小。但炉内的受热面管子，因热流很大，则可能造成一定的内外壁温差。其产生的热应力应在强度计算中加以校

核，特别是压力愈高，则壁厚就愈厚，对热负荷高处的管子，更应注意。在不稳定工况下（如启停、变负荷时），炉外部件的内外壁温差将加大。

（2）上下壁温差热应力。上下壁温差主要发生在自然循环汽包炉的汽包上。由于内置汽水分离器对汽水的阻隔作用及水汽的放热系数不同，在锅炉启、停时造成汽包的上下部温度不同。

汽包上下壁温差使汽包发生弯曲变形，从而形成热应力。热应力主要是轴向的，其大小与位置和汽包的环向温度分布有关。实际上，往往由于缺乏温度分布的实测数据而难于分析计算，其变化规律也较难掌握。一般规程中规定不得大于40℃（或50℃），是沿袭苏联的经验。从分析角度来看，主要是从强度来考虑的。

3. 高温蠕变与持久强度

锅炉承压部件有一部分是处于高温下工作的，如过热器、再热器及其出口联箱和主蒸汽管道等，这类部件受压力、高温和持续时间三个因素的作用会发生蠕变变形，材质受到损伤，强度降低。它们的设计都是根据某一高温下持续工作一定时间的强度极限来设计的，即所谓的持久强度。

三、负荷变化对锅炉寿命的影响

（1）不稳定热工况。锅炉的炉外厚壁承压部件，在稳定工况下运行时，内外壁温差及由此产生的热应力是很小的。但是，在不稳定热工况下，由于金属壁的吸热使部件的内外壁温差大大增加，在一定的材质和壁厚的条件下，其数值取决于介质温度变化的速度。温度变化愈剧烈，则造成的内外壁温差就愈大，内外壁温差热应力也愈大。

（2）疲劳损伤。材料在承受多次重复变变应力的作用下发生破坏称为疲劳破坏。通常用破断时经历的应力循环次数作为疲劳寿命的定量标识，并用经历次数与破断时应力循环次数的百分比表示疲劳损伤。

锅炉承压部件因负荷变化而造成的疲劳多属低周疲劳。发生部位多在受最大应力的应力集中区，该处应力值常高于屈服极限，故又属于应变疲劳。锅炉汽包及强制流动锅炉的炉外汽水分离器等，其运行温度大都低于400℃，其寿命损耗主要来源于疲劳。

对疲劳损伤目前还没有良好的试验检测方法，只能用分析法来进行评估，评估时，要取承受最大应力的点作为样点。计算出该点所受的总应力及其在运行中的变化范围，再根据一定的计算标准，确定其破断周次，从而估计出其在该应力循环下应有的寿命。

与强度计算不同，影响疲劳寿命的，不是部件所受应力的最大值，而是其变化的幅度。计算时，不仅要把同一时间内压应力和各种热应力在样点处叠加，还要找出它们最大的变化幅度。

因此，锅炉的冷态启停和热态启停（日启停），以及低（变）负荷运行，其寿命损耗是不同的。冷态启停一次应力变化幅度最大，其寿命损耗也最大；热态启停则相对较少，滑参数到低负荷运行（50%额定负荷）则更小一些。以超高参数（$p = 15.7\text{MPa}$）锅炉的汽包为例，设其温度变化范围冷态为 $100 \sim 346℃$，热态为 $224 \sim 346℃$，滑压低负荷运行（$50\% \sim 100\%$）为 $290 \sim 346℃$，则热态启停一次寿命损耗是冷态启停一次寿命损耗的 $1/5 \sim 1/4$ 倍，变负荷运行的寿命损耗约为冷态启停时的寿命损耗或更低。这些数据只是一个粗略的估计，具体的寿命损耗和设备的几何结构、应用的材料、温度变化率以及计算标准的选取有关。

四、高温部件的寿命损耗

炉外高温承压部件包括过热器、再热器出口联箱以及对外联络的主蒸汽管道等。对调峰机组，它们也有疲劳损伤，其估算方法与第三节讲述的方法相同；它们还存在蠕变损伤，而且这类部件无论是在变负荷运行，还是在定负荷下工作，只要高温和应力持续作用，就会发生蠕变损伤。

1. 蠕变寿命损耗

蠕变损伤是在高温、应力和时间三个因素的作用下发生的。当温度和应力一定时，某种钢材的破断时间也是一定的，这个时间实际上是它在相应条件下的蠕变寿命。通常按某高温下持久强度设计部件，则规定时间是该部件的蠕变寿命的统计平均值。不过由于设计中采取了一定的安全系数，部件的实际蠕变寿命比设计时的蠕变寿命要高。

其次，蠕变寿命随应力和温度的提高而缩短，所以，运行温度超过设计温度时，部件的寿命会急剧缩短。根据拉森 – 米勒（Larson – Miller）公式的计算。若温度提高 $10℃$ 则寿命将减少一半。所以运行人员必须尽可能防止超温现象，以保证设备在寿命期内的安全运行。

2. 高温下金属组织的变化

总结为下列三种：

（1）珠光体球化。是指金属组织珠光体中的渗碳体由层片状变成球状，并逐渐增大，向晶界上聚集的现象。珠光体球化使钢的屈服极限、抗拉强度、硬度下降，并加快蠕变速度。

（2）渗碳体石墨化。是指钢中的渗碳体，在高温长期作用下分解成游离碳，并以石墨的形式析出的现象。石墨化使材料的强度降低，并大大降低冲击韧性，由于石墨在钢中割裂基体，而石墨本身的强度又非常低，故石墨化比珠光体球化更为有害。

（3）合金元素的迁移。钢在高温下长期工作会发生合金元素由固溶体内碳化物中的迁移，使固溶体中的合金元素减少，钢材的强度降低。钼是最容易迁移的元素，而高温部件，如过热器、再热器、联箱、主蒸汽管道等，多为铬钼钢。

五、锅炉寿命管理的方法

锅炉部件的寿命管理是一件长期的又非常复杂的工作。按涉及管件及所处环境各不相同，大体上可以分为接触火（热烟气）的炉内部件和不接触火（热烟气）的炉外部件两大类，而且它们又可分为低温（<400℃）和高温（>400℃）两种。

1. 寿命评估的三级管理法

三级管理法也可称为三阶段管理法，即常规肉眼检查、无损检验和破坏性检验。第一阶段炉外部件主要是常规的疲劳寿命损耗和蠕变寿命损耗测算。根据运行历史可以进行离线计算，也可以用微机在线监测。炉内部件则依靠在大修期间，实行肉眼观察为主的检查。如观察管子的变形、腐蚀、管壁减薄量，以及有无裂纹等情况。根据测算及检查的结果，估计最可能出现的破坏机制，以运行史和企业经验为基础，对照当前和预计的机组运行模式做出剩余寿命的估计，并确定何时进行二级评估。

一般在寿命损耗到一定百分数时，即要进行二级评估。有的国家规定在寿命损耗达50%或60%时，开始二级评估。此时应进行详细的无损检验（如超声、磁粉探伤、复膜金相等），并进行简单的应力分析。根据检验及分析结果，估计剩余寿命及进行三级评估的时间，

三级评估的时间可以在总寿命损耗达100%时开始，也可以在单项寿命损耗达100%时开始，根据二级评估的结果确定，但通常要缩短检验周期和扩大检验范围。由于这一阶段材料已有了较大的损伤，再继续运行没有安全保证，需要进行破坏性取样，以进行各种力学特性试验、金相组织检查以及断裂力学分析。

2. 炉外厚壁承压部件寿命损耗的微机在线监测

目前，国内外多对炉外厚壁承压部件的寿命损耗实行微机在线监测，以提高运行和寿命管理的水平。其方法是以最大应力点（通常是部件开孔或接管处）作为计算的取样点，装设壁面温度测点，用分析法计算热应力或直接测定热应力，与算得的内压应力叠加，并连续跟踪启停及变工况运行过程，求出应力交变幅值，从而再求出该应力循环过程的疲劳寿命损耗，逐次叠加。对蠕变寿命损耗，也可以按不同的温度分段，记录其运行时间，求得蠕变寿命损耗。这些工作都由计算机来完成，在线寿命监测可

以由软件来完成，作为某种炉型专用时，也可配备专门的硬件来完成这项工作，或把软、硬件结合起来，由硬件采集数据送至计算机，再由机内已编制好的程序，对寿命损耗进行计算。

用计算机对寿命进行在线监测，不仅可以提示寿命损耗的状况，还可以指导启停操作，建立运行档案，进行超温报警和检修提示。可以比较计算机输出的计算结果与设计规定的极限值和控制值，越限时发出信号，甚至可以和自动调节系统相连接，具有对锅炉进行反馈控制的功能，并有向智能化管理方向发展的趋势。

通常，分析法确定寿命损耗只具有统计上的准确性，因此必须辅以其他的检查手段，所以三级评估中规定在寿命损耗达 50% 时，就应该对部件进行无损检验，然而，作为寿命预报和经常性的评估，它仍具有指导性价值。

3. 炉内薄壁管的寿命管理

前面谈到炉内管件的寿命管理，主要依靠检修时的检查。一般可把这类管件分为与水或饱和蒸汽接触的管子和与蒸汽接触的管子。前者如省煤器和水冷壁管，其温度均低于 400℃；后者如过热器和再热器管子，其温度均高于 400℃。

省煤器管子和水冷壁管子损伤的原因主要是腐蚀疲劳。它主要发生在压力管与无压力附件连接处，会产生环向和纵向裂纹，甚至造成泄漏；另外，吹灰器附近由于飞灰的冲蚀，造成管子壁厚严重减薄。除此以外，局部的氢腐蚀和机械疲劳也会造成管子的损伤；水冷壁管子堵塞或水平管段形成汽泡，也会造成局部过热，从而发生爆管。

过热器和再热器管子的损伤，主要是由于高温和蠕变造成的。此时，管子表面严重氧化，爆管时呈纵向裂开。此外，火侧的腐蚀、吹灰器附近和气流变向处的冲蚀，以及应力腐蚀，也是损坏的原因。被腐蚀的管子表面，沉积着低熔点的黄色或白色的硫酸盐。管子焊口的热影响区温度过高，还会出现石墨化的现象。在停炉期间疏水不良和保护性处理不好，还会在管子内表面出现点蚀的凹坑，甚至针孔泄漏。

4. 主蒸汽管的寿命评估

电厂的主蒸汽管道运行温度高，承受压力大，使用大量贵重金属，无论从经济或安全运行方面都影响巨大。因此，其寿命评估引起各国的重视。主蒸汽管道与锅炉厚壁承压部件相类似，但薄弱环节都在焊缝、弯头和异型件上，国内外很多电厂都曾在上述部位发生过破裂情况。

锅炉寿命管理是一项长期的、综合性的工作，涉及运行、检修、试验，以及计划、技术、物资、财务等多方面内容，应纳入电厂主机设备寿命管理的范畴以内。电厂的运行、检修人员，要对设备的原始资料、运行参数、运行及故障史、有缺陷或可疑的部位做到心中有数，对设备的损伤和寿命损耗情况有一个合理的估计，以保证设备的安全运行，避免发生重大事故。同时，在保证合理寿命损耗的前提下，提高运行和投资的经济性。